Einheit und Vielfalt in den Wissenschaften

Einheit und Vielfalt in den Wissenschaften

Herausgegeben von Michael Klasen und
Markus Seidel

DE GRUYTER

ISBN 978-3-11-061255-4
e-ISBN (PDF) 978-3-11-061483-1
e-ISBN (EPUB) 978-3-11-061303-2

Library of Congress Control Number: 2019938025

Bibliografische Information der Deutschen Nationalbibliothek
Die Deutsche Nationalbibliothek verzeichnet diese Publikation in der Deutschen Nationalbibliografie; detaillierte bibliografische Daten sind im Internet über http://dnb.dnb.de abrufbar.

Satz: Integra Software Services Pvt. Ltd.
Druck und Bindung: CPI books GmbH, Leck

www.degruyter.com

Inhalt

Michael Klasen und Markus Seidel

Einleitung

1 Einführung

In dieser Einleitung wird zuerst in Abschnitt 2 die Relevanz und Aktualität der Fragestellung des Sammelbandes verdeutlicht, bevor in den Abschnitten 3 bis 7 ihre verschiedenen Dimensionen entwickelt werden. Im Abschnitt 8 wird dann die inhaltliche Konzeption des Bandes zur Beantwortung der aufgeworfenen Fragestellung dargelegt, bevor im Abschnitt 9 schließlich die geplanten Beiträge einzeln in kompakter Form vorgestellt werden.

2 Motivation

Universitäten weisen als institutioneller Inbegriff von Wissenschaft eine immense Fächervielfalt auf: Nach Auskunft des statistischen Jahrbuchs der Westfälischen Wilhelms-Universität Münster für das Jahr 2015 gibt es allein dort mehr als 120 verschiedene Studienfächer.[1] Doch was hält diese Vielfalt der Wissenschaften zusammen, und was sind deren jeweiligen Besonderheiten? Regelmäßig müssen einflussreiche Organisationen wie das Bundesministerium für Bildung und Forschung, der Wissenschaftsrat, die Deutsche Forschungsgemeinschaft oder private Förderer in kompetitiven Verfahren und fächerübergreifend über die Vergabe finanzieller Mittel entscheiden, aktuell z. B. in der Exzellenzstrategie des Bundes und der Länder. Auch hier stellt sich dabei die Frage: Ist es überhaupt sinnvoll, solch unterschiedliche Forschungsbereiche wie zum Beispiel die Koptologie und die Materialphysik nach ähnlichen Standards zu bewerten und zu vergleichen? Ist solch eine Vielfalt notwendig für den Erkenntnisfortschritt oder eher ein Hemmnis, das es zu überwinden gilt? Wie hängen die Theorien, Methoden und Gegenstandsbereiche der verschiedenen Disziplinen miteinander zusammen – haben die Disziplinen einen je eigenen Zugriff auf verschiedene Aspekte der Wirklichkeit, oder lassen sich die Theorien und Erklärungen einiger

1 Vgl. <www.uni-muenster.de/imperia/md/content/wwu/cd/stat.jahrbuch2015_web.pdf>, letzter Zugriff am 28.04.2019.

https://doi.org/10.1515/9783110614831-001

Disziplinen auf die anderer zurückführen? Fragen dieser Art werden in diesem Buch aus der Perspektive verschiedener Disziplinen betrachtet.[2]

3 Vielfalt

Die angesprochene Vielfalt der Studienfächer stellt zuerst in der Wissenschaftsausbildung eine besondere Herausforderung dar. Der starke Fokus auf fachinterne Spezialprobleme und Methoden ist einerseits notwendig, um die angemessene Tiefe der Fachdebatten zu vermitteln und somit Studierenden ein eigenständiges Verstehen eben dieser zu ermöglichen. Andererseits fördert eine solche Ausbildung – freundlich ausgedrückt – die Anfälligkeit für selektive Wahrnehmung und eine daraus folgende Ignoranz anderer Sichtweisen auf breitere Fragestellungen. Weniger freundlich ausgedrückt: Eine disziplinär einseitige Ausbildung droht Studierende zu „Fachidioten" werden zu lassen, die ihr spezifisches, disziplinäres Wissen in der Praxis nicht anwenden können. Bildungspolitisch wird entsprechend gegengesteuert: So ist es das erklärte Ziel der Einrichtung des universitären Studium Generale in Bachelorstudiengängen, die fachwissenschaftlichen Qualifikationen mit überfachlichen Angeboten derart zu verknüpfen, dass jene umfassend wirksam werden können.[3]

Zum zweiten spiegelt sich diese Spannung zwischen notwendiger fachlicher Tiefe und mangelnder disziplinärer Breite auch in Forschungskontexten wider. Auch in der Forschung ist heute eine immer größere Spezialisierung notwendig. Experte ist man nur noch auf einem sehr engen Gebiet, wie z. B. in der Materialphysik für „weiche Materie an Grenzflächen" oder in der Musikwissenschaft für Ethnomusikologie. Die wissenschaftliche – und auch disziplinäre – Arbeitsteilung seit dem 19. Jahrhundert mag zwar dazu geführt haben, dass es den Polyhistor nicht mehr gibt, sie hat aber fraglos auch einen immensen Zuwachs an Detailwissen hervorgebracht. Gleichzeitig wird jedoch der Ruf nach verschiedenen Formen von „Bindestrichdiziplinarität" stärker: Inter-, Trans-, Multi- oder Pluridisziplinarität sind Schlagworte, die dazu dienen, den

---

2 Dieser Band geht zurück auf eine Ringvorlesung zum gleichen Thema, die die Herausgeber 2015 am Zentrum für Wissenschaftstheorie (ZfW) der Westfälischen Wilhelms-Universität Münster veranstaltet haben.

3 Vgl. dazu etwa die aktuell gültige Prüfungsordnung für die Allgemeinen Studien der WWU Münster: <https://www.uni-muenster.de/imperia/md/content/wwu/studieren2/studienreform/2013_07_24_pr__fungsordnung_ast_ab_ws_13-14_ab_uni_23_2013.pdf>, letzter Zugriff am 28.04.2019.

Wunsch nach stärkerer wissenschaftlicher Vernetzung zu artikulieren. Begrüßt wird dies keineswegs umfassend, und Skeptiker stärkerer Kooperation der Disziplinen machen drastisch auf die Probleme aufmerksam:

> [Es] gibt [...] kaum Belege dafür, daß die gepriesene Praxis außerhalb der PR- und Werbeagenturen jemals ein wirklich neuartiges oder intellektuell kreatives Ergebnis gezeitigt hätte – vor allem nicht durch Zusammenarbeit zwischen Natur- und Geisteswissenschaften. Eigentlich scheint die Zusammenarbeit zwischen den ‚Ungewaschenen und den Weißkittelträgern' (um einen griffigen Ausdruck von Bruno Latour zu verwenden) sogar völlig *unproduktiv* zu sein. Praktische Bestätigung gibt es nur für die vor hundert Jahren von Max Weber geäußerte Feststellung, ‚Mittelmäßigkeit' sei alles, was den Universitätsangehörigen durch diverse Versuche des ‚Zusammenwirkens' zuwachse.[4]

Dieses Pauschalurteil Roger Cooters mag überzogen sein, denn wie und ob disziplinäre Zusammenarbeit in der Praxis gelingt, ist eine unabhängig von der konkret zu behandelnden Fragestellung kaum zu beantwortende Frage. Nichtsdestoweniger kennt fast jede/r Wissenschaftler/in die zum Teil gravierenden Schwierigkeiten, die durch das Aufeinanderprallen verschiedener Wissenschaftskulturen in kooperativen Forschungskontexten auftreten. Wissenschaftliche Vielfalt führt also zu epistemischer Produktivität und gleichzeitig disziplinärer Entfremdung, wodurch die Frage nach der Einheit der Wissenschaften besonders dringlich wird.

4 Einheit

Was also hält die Vielfalt der Wissenschaften zusammen? Historisch lässt sich der Ursprung vieler – wenn auch nicht aller[5] – Wissenschaften in unserem Kulturkreis auf ihre Ursprünge in der Antike zurückführen. Doch gibt es neben diesem historischen Ursprung systematische Gründe von einer Einheit wissenschaftlicher Disziplinen auszugehen? Kann man so unterschiedliche Disziplinen wie die Materialphysik und die Koptologie überhaupt miteinander vergleichen?

---

4 Cooter 2012 S. 98 f.

5 Ausnahmen sind insbesondere die Wissenschaften, die – um mit Thomas Kuhn zu sprechen – der „experimentellen Tradition" angehören, den praktischen Künsten entstammen und besonders im 16. und 17. Jahrhundert einen starken Aufschwung erfuhren. Vgl. Kuhn 1977.

5 Sprache und Methode

Naturwissenschaftler/innen denken beim Begriff „Einheit der Wissenschaften" vielleicht zunächst an zum einen die einheitliche Sprache der Mathematik und zum anderen das methodische Ineinandergreifen von Theorie und Experiment beziehungsweise Erfahrung, das jedes wissenschaftliche Unternehmen auszeichnen soll. Selbst wenn die Mathematik jedoch eine Universalsprache bereitstellen sollte, so kann die mögliche Einheit in der derzeitigen Vielfalt der Wissenschaften wohl nicht auf diese Weise beschrieben werden. Bekanntermaßen sprach bereits Charles Percy Snow in seiner Rede-Lecture von – mindestens – zwei Kulturen, die sich unter anderem durch verschiedene Sprechweisen auszeichnen sollten: „[...] die Angehörigen der zwei Kulturen können nicht miteinander sprechen."[6] Und abgesehen von der durch Snow aufgeworfenen Problematik wird man sagen müssen, dass sich sprachliche Vereinheitlichungsversuche, die in der Wissenschaftstheorie besonders im logischen Empirismus eine Rolle gespielt haben, als nicht erfolgreich erwiesen haben.[7]

Ebenso umstritten ist freilich die methodische Einheit der Wissenschaften. Zwar halten auch in den Sozialwissenschaften quantitative Methoden verstärkt Einzug, doch stößt die Forderung nach der Reproduzierbarkeit experimenteller Ergebnisse unter sonst gleichen Bedingungen hier bereits auf größere Schwierigkeiten. Die Frage nach der Vergleichbarkeit einzelner Ereignisse stellt sich erst recht in den Geschichtswissenschaften.

Geisteswissenschaftler/innen werden daher ihre Arbeit methodisch wohl weniger über den Zusammenhang von Theorie und Experiment beschreiben wollen: Manche denken dabei an eine eigenständige hermeneutische Methode, mit der sich vielleicht nicht alles „erklären", aber doch manches „verstehen" lässt. Muss man jedoch – wie zum Beispiel Jürgen Habermas – einen grundlegenden methodologischen Unterschied zwischen „empirisch-analytischen" und „hermeneutischen" Wissenschaften verteidigen, da diesen verschiedenen Bereichen je eigene Interessen – einmal ein technisches, einmal ein kommunikativ-praktisches – zugrunde liegen?[8] Oder ist der Gedanke eines methodologischen Grabens zwischen Natur- und Geisteswissenschaften, der mit Hilfe der Begriffe „Erklären" und „Verstehen" adäquat beschrieben werden kann, nichts

---

6 Snow 1961, S. 17.

7 Vgl. dazu in diesem Band auch die Besprechung der Inkommensurabilität im Beitrag von Paul Hoyningen-Huene.

8 Vgl. Habermas 1968. Habermas unterscheidet bekanntlich nicht nur zwei, sondern drei Wissenschaftsgruppen: Hinzu kommen die kritisch orientierten Sozialwissenschaften, die ein emanzipatorisches Interesse ausdrücken.

als ein ungerechtfertigtes, wissenschaftstheoretisches Dogma, dessen Existenz sich historisch aus einem Minderwertigkeitsgefühl der Geisteswissenschaften gegenüber den methodologisch gefestigteren Naturwissenschaften erklären (und verstehen) lässt?[9]

6 Reduktion und Emergenz

Neben der einheitlichen Methode wird oft in der Reduzierbarkeit der Wissenschaften aufeinander das zentrale Bindeglied gesehen. Ontologisch, so die Grundidee dieser Form des Reduktionismus, sind chemische, biologische, psychologische, soziale und kulturelle Phänomene entweder immer auch physikalisch manifestiert oder nicht existent. Aus dieser Tatsache folge nach reduktionistischer Vorstellung epistemologisch und explanatorisch, dass letztlich auch bezüglich des Wissens- und Erklärungsanspruchs der einzelnen Disziplinen ein hierarchisches Verhältnis bestehe, das gleichzeitig die Einheit der Wissenschaft konstituiert: Chemie sei nichts weiter als komplexe Physik, Biologie nichts weiter als komplexe Chemie etc.[10]

Tatsächlich spricht der explanatorische Erfolg reduktionistischer Forschungsprogramme prima facie dafür, dass im Prinzip alle Makro-Phänomene durch ihre Reduktion auf das Wissen auf der Mikroebene erklärt werden können. So lassen sich in der Tat komplexe biologische und neurologische Phänomene wie Herzflimmern oder Migräne oft auf kollektive, chaotische, aber dennoch mathematisch beschreibbare Zusammenhänge zurückführen. In den Naturwissenschaften sind grundsätzlich reduktionistische Forschungsansätze oft der Königsweg zum Erkenntnisgewinn.

Doch darf man deswegen so weit gehen wie der Kasseler Evolutionsbiologe Ulrich Kutschera, der verächtlich und polemisch von Geisteswissenschaftler/innen nur noch als „ghost scientists“ spricht und ihren Erkenntnis- und Verstehensbemühungen außerhalb biologisch fundierter Tatsachen die Existenzberechtigung abspricht:

> Welche Bedeutung hat nun die Biologie für den in der Bibliothek ‚forschenden‘ Verbalwissenschaftler?

---

9 Vgl. etwa Patzig 1996. Vgl. zur Verteidigung der methodologischen Einheit der Wissenschaften auch: Føllesdal 2008.

10 Vgl. dazu exemplarisch: Oppenheim/Putnam 1970.

> Er analysiert letztendlich immer gedachte Geistesproduktionen des Menschen. Denken aber ist ein biologischer Vorgang und das Verständnis seiner Produkte deswegen Sache der Biologie. Das ist natürlich wegen der Komplexität des Gehirns erst seit kurzem und auch erst in Ansätzen analysierbar. So hat die Biologie dem Problem der Willensfreiheit eine reale Grundlage gegeben. Erst die Biologie wird imstande sein, zu sagen, was „Intelligenz" ist und wie sie zu messen sei. Also gilt: Nur im Lichte der Biologie können geistige Produktionen sinnvoll ergründet und verstanden werden.[11]

Folgt also aus der ontologischen Annahme, dass Denken ein biologischer Vorgang ist, dass das Verständnis seiner Produkte Sache der Biologie ist? Oder allgemeiner, und in einer angenommenen Reduktionshierarchie grundlegender: Folgt aus der Annahme, dass alle wissenschaftlich untersuchbaren Phänomene letztlich physikalisch manifestiert sein müssen, tatsächlich, dass diese Phänomene letztlich nur adäquat durch die Physik verstanden werden können? Gibt es nicht vielmehr doch emergente Phänomene, die das Ganze zu mehr als der Summe seiner Teile machen und deren Existenz weder durch die Mikroebene erklärt noch durch Erkenntnisbemühungen auf dieser Ebene adäquat erkannt werden können?

Berühmte Beispiele hierfür sind etwa das räumliche Sehen, das erst mit zwei Augen möglich wird, oder die La-Ola-Welle, bei der tausende Sportfans zusammenwirken. Doch gerade diese Beispiele von Systemeigenschaften scheinen eher Argumente für den Reduktionismus zu liefern, da sie erfolgreich durch die Mikroebene erklärt werden können: das räumliche Sehen durch das Zusammenspiel unter anderem der Augen und die La-Ola-Welle durch die Bewegungen der einzelnen Sportfans.

Auch wenn es wissenschaftstheoretisch umstritten bleibt, ob emergente Phänomene und Eigenschaften tatsächlich anti-reduktionistische Intuitionen bestärken und somit ein Argument für eine notwendige Vielfalt der Wissenschaften liefern können,[12] bleibt festzustellen, dass die Forschung in der wissenschaftlichen Praxis die Suche nach genuinen Zusammenhängen und Gesetzmäßigkeiten auf höherliegenden Ebenen faktisch keinesfalls aufgibt. Zumindest eines scheint sicher: Die Grenze zwischen sinnvollen und nicht-sinnvollen Forschungsunternehmen

---

11 Kutschera 2008. Es soll an dieser Stelle betont werden, dass Ulrich Kutschera ein extremer und in seiner Polemik besonders für Geisteswissenschaftler/innen kaum erträglicher Vertreter eines allumfassenden biologischen Reduktionismus ist: Freilich verlässt Kutschera den Rahmen wissenschaftstheoretisch ernstzunehmender und letztlich rationaler Argumentation spätestens dann, wenn er im Zitat durch Anführungszeichen suggeriert, dass Geisteswissenschaftler/innen nicht wirklich oder eigentlich forschen sowie im weiteren Text im gleichen Atemzug – ohne Beleg – den Naturwissenschaftler/innen höheren Arbeitsaufwand und persönlichen Einsatz und den Geisteswissenschaftler/innen Arbeitsscheu und Faulheit zuspricht.

12 Vgl. dazu etwa Stephan 2005. Interdisziplinäre Beiträge zum Thema finden sich in: Greve/Schnabel 2011.

anhand der Reduzierbarkeit an der vermeintlichen Grenze von Naturwissenschaften und Geisteswissenschaften zu ziehen, wirkt willkürlich. Denn warum sollte ein/e Literaturwissenschaftler/in, die/der nach genuinen Regelmäßigkeiten in der Darstellung von Kriminalität in der Literatur des 18. Jahrhunderts sucht, ohne sich explanatorisch auf die – unbestritten gültigen – Tatsachen der synthetischen Evolutionstheorie zu beziehen, ein weniger sinnvolles Projekt betreiben als ein/e Evolutionsbiologe/in, die/der sich mit der Evolution der Ringelwürmer befasst, ohne sich explanatorisch auf die – unbestritten gültigen – Tatsachen der Quantenchromodynamik zu berufen?

7 Wissenschaftlichkeit

Doch freilich darf Toleranz bezüglich des Sinns von Forschungsunternehmen nicht unkritisch dazu führen, dass jede Form des Erkenntnisinteresses in den Kanon der Wissenschaften aufgenommen wird. Was Wissenschaften mindestens einen muss, ist schließlich ihre Wissenschaftlichkeit. Auf diese Weise betrifft die Frage nach der Einheit und Vielfalt der Wissenschaften letztlich eine der Kernfragen der Wissenschaftstheorie: Was zeichnet Wissenschaft überhaupt als solche aus?

Fokussiert man sich auf epistemologische Aspekte dieser Fragestellung, dann muss man wissenschaftliches Wissen zum einen von solchem Wissen, das selbst gar nicht den Anspruch erhebt, wissenschaftliches Wissen zu sein, abgrenzen. Dies betrifft sehr viele Aspekte unseres im Alltag verwendeten Wissens – sei es beispielsweise das einfach zu erwerbende Wissen, wo sich der nächste Supermarkt befindet, sei es das schwierig zu erwerbende, berufsspezifische Wissen über die geeignete Marketingstrategie, den Absatz eines Unternehmens zu erhöhen. Selbst wenn wissenschaftliches Wissen unser Alltagswissen in vielerlei Hinsicht bereichern mag, so erhebt das Alltagswissen selbst doch nicht den Anspruch, wissenschaftliches Wissen zu sein – nutzloser ist es dadurch aber nicht. Zum anderen ist wissenschaftliches Wissen abzugrenzen von solchen Wissensansprüchen, die einen gleichwertigen epistemischen Status wie den der Wissenschaften anstreben, diesen aber nicht erreichen. Hier verschränkt sich die Diskussion um die Einheit und Vielfalt der Wissenschaften mit der wissenschaftstheoretisch klassischen Abgrenzungsfrage von Wissenschaften und Pseudowissenschaften. Offensichtlich wird hier, dass Antworten auf die Frage nach der Einheit und Vielfalt der Wissenschaften normative Konsequenzen nach sich ziehen: Stellte sich etwa heraus, dass zum Beispiel die Theologien insofern nicht zur Einheit der Wissenschaften beitragen, als sie gar nicht Teil des wissenschaftlichen Unternehmens sind, so würde sicherlich der Ruf nach dem Ausschluss derartiger Pseudowissenschaften aus dem universitären Fächerkanon erklingen.

8 Inhaltliche Konzeption des Bandes

Die Beiträge des Bandes greifen die angesprochenen Fragestellungen aus verschiedener Perspektive auf: Paul Hoyningen-Huene verbindet seine historische Beschreibung der Beantwortung der Frage nach Einheit und Vielfalt mit einem eigenen Vorschlag zur Bestimmung von Wissenschaftlichkeit. Georg Schiemer erörtert die Frage, warum mathematisches Wissen derart erfolgreich in der wissenschaftlichen Beschreibung empirischer Probleme angewandt werden kann. Herman Haken stellt seinen Ansatz der Synergetik vor, der eine Möglichkeit anbietet, emergente Phänomene physikalisch beschreib- und erklärbar zu machen. Claus Jacob argumentiert anhand von Beispielen aus dem Grenzgebiet von Chemie und Biologie, wie aus Sicht der Praxis disziplinäre Grenzen aufgelöst und neue Disziplinen geschaffen werden. Eric Achermann unterscheidet zwischen thematischen und aspektuellen Wissenschaften und versucht vor diesem Hintergrund, sowohl das Verhältnis von Natur- und Geisteswissenschaften als auch den Wissenschaftsstatus letzterer zu klären. Wolfgang Tschacher beleuchtet die Stellung der Psychologie zwischen Geistes- und Naturwissenschaften aus historischer und systematischer Perspektive. Jens Greve behandelt das Mikro-Makro-Problem sowie die Rede von Emergenz in der Soziologie anhand reduktionistischer und anti-reduktionistischer Argumentationslinien. Benedikt Paul Göcke möchte schließlich den Ort der (katholischen) Theologie im Kanon der Wissenschaften bestimmen, und er verteidigt deren Wissenschaftsstatus gegen die prominentesten Einwände. Die Ordnung der Beiträge folgt grob einer möglichen Hierarchie der Disziplinen.

Bei der Auswahl und Zusammenstellung der Beiträge waren die Herausgeber von drei Zielen geleitet. Zum einen sollte die Breite der Fragestellung nach der Einheit und Vielfalt der Wissenschaften in den Beiträgen widergespiegelt werden, zunächst mit der Frage der sprachlichen und methodologischen Einheit von Natur- und Geisteswissenschaften; dann der Probleme und Chancen fachlicher Kooperation in disziplinären Grenzgebieten; Mikro-Makro-Fragen, die einerseits Reduktionsansprüche und andererseits die Rede von Emergenz provozieren; schließlich der für einige Disziplinen nicht leicht zu beantwortenden Frage, inwiefern sie sich überhaupt als Wissenschaften verstehen lassen. All diese miteinander zusammenhängenden Aspekte der Frage nach der Einheit und Vielfalt der Wissenschaften sollten im Band abgebildet werden. Zweitens war es den

Herausgebern, die selbst unterschiedliche disziplinäre Perspektiven auf das Thema mitbringen, ein besonderes Anliegen, die wissenschaftstheoretische Fragestellung nach der Einheit und Vielfalt der Wissenschaften durch in ihren jeweiligen Fächern ausgewiesene Forscher/innen selbst behandeln zu lassen – dies zeichnet den Sammelband vor anderen Bänden zum Thema aus. Die in Abschnitt 3 dieser Einleitung angesprochene Spannung zwischen notwendiger fachlicher Tiefe und mangelnder disziplinärer Breite droht auch auf der Metaebene der Wissenschaftsreflexion: Professionelle Wissenschaftstheorie – im Sinne von „der Profession nach" – hat dadurch, dass sie selbst Disziplin inklusive starker epistemischer Arbeitsteilung geworden ist, unser Verständnis des Phänomens „Wissenschaft" zweifelsohne erweitert, muss sich aber auf der anderen Seite stets selbst vergewissern, dass sie den Bezug zur wissenschaftlichen Praxis und ihren „Untersuchungsgegenständen" – nämlich den Wissenschaftler/innen – nicht verliert. Die Auswahl der Autor/innen war daher geleitet von dem Wunsch, direkt aus den jeweiligen Fachdisziplinen Forscher/innen zu finden, die wissenschaftstheoretisch ausgewiesen sind. Drittens – und damit zusammenhängend – kennen die Herausgeber die Schwierigkeiten und Chancen erfolgreicher interdisziplinärer Kooperationen in wissenschaftstheoretischen Kontexten selbst gut aus ihrer Arbeit am Zentrum für Wissenschaftstheorie der WWU Münster. Wenn beide – Schwierigkeiten und Chancen – auch auf vielen Ebenen aktualisiert werden können, werden sie doch bei interdisziplinärer Kommunikation vor allem dann relevant, wenn es um die Frage des Umgangs mit unterschiedlichen disziplinären Argumentationskulturen geht. Für den Band haben sich die Herausgeber dafür entschieden, die verschiedenen Zugänge zu Themen der Wissenschaftstheorie, die sich auch in disziplinären Unterschieden der Art und Weise abbilden, wie ein wissenschaftlicher Text konzipiert ist, weitestgehend zu erhalten. Daher haben die Herausgeber zwar editorisch, aber – bis auf Offensichtliches – in keiner Weise argumentativ und konzeptionell in die einzelnen Beiträge eingegriffen. Für den/die Leser/in ist daher nicht nur inhaltlich, sondern auch anhand der Argumentationsweise in den einzelnen Beiträgen die Frage der Einheit und Vielfalt der Wissenschaften im Band thematisiert. Ob dem/der Leser/in auch auf dieser nicht-inhaltlichen Ebene neue Perspektiven eröffnet oder alte Vorurteile bestätigt werden, kann aus Sicht der Herausgeber nur die Leseerfahrung zeigen.

9 Die Beiträge im Einzelnen

Der Beitrag des Philosophen und Wissenschaftstheoretikers *Paul Hoyningen-Huene* liefert einen sowohl historischen als auch systematischen Einblick in die Diskussion um die Einheit und Vielfalt der Wissenschaften. Er beginnt mit der

Diskussion der durch den logischen Empirismus geprägten Auffassung einer hierarchisch, aufgrund der Komplexität des Untersuchungsgegenstandes geordneten Einheit der Wissenschaft, die nicht nur ontologisch, sondern auch epistemologisch interpretiert wird: Das Wissen der in der Komplexitätshierarchie weiter oben stehenden Disziplinen sei gänzlich aus dem Wissen der fundamentalen Disziplinen – letztlich dem fundamentalen Wissen der Physik – ableitbar. Um diesem Einheitsideal der Reduktion verschiedener Niveaus aufeinander gerecht zu werden, müssen jedoch im Besonderen die Begriffe der Niveaus miteinander (semantisch) verknüpft werden. Doch genau an dieser Bedingung scheitert nach Hoyningen-Huene das reduktionistische Einheitsideal des logischen Empirismus aufgrund des durch Paul Feyerabend und Thomas Kuhn entdeckten Phänomens der (semantischen) Inkommensurabilität: Begriffe verschiedener Niveaus, so die für das Scheitern des reduktionistischen Einheitsideals relevante These, weisen derartige Bedeutungsunterschiede auf, dass die Begriffe höherer Niveaus nicht durch die Begriffe niedriger Niveaus verstanden und definiert werden können. Die für die Reduktion vorgesehene Ableitung ist damit nicht möglich. Historisch, so argumentiert Hoyningen-Huene, folgte damit auf das Scheitern des Einheitsideals des logischen Empirismus in der Wissenschaftstheorie eine Phase der Betonung der Besonderheiten der Disziplinen und der Nicht-Einheit der Wissenschaften. So bekräftigte etwa Jerry Fodors Argument der multiplen Realisierbarkeit der Makroebene durch die Mikroebene das Phänomen der semantischen Inkommensurabilität – und damit die begriffliche Irreduzibilität der Wissenschaften aufeinander trotz der dabei vorausgesetzten grundsätzlichen Reduzierbarkeit auf ontologischer Ebene. An der Seite begrifflicher Vielfalt und Autonomie der Wissenschaften steht somit deren ontologische Einheit und Reduzierbarkeit.

Auch diesen Ansatz hält Hoyningen-Huene jedoch für nicht befriedigend und schlägt stattdessen einen Perspektivwechsel auf die Frage der Einheit und Vielfalt der Wissenschaften vor. Anstatt die Frage vor dem Hintergrund der Reduktionismusproblematik beantworten zu wollen, lohne es sich, sich zu fragen, was die Wissenschaften überhaupt auszeichnet. Hoyningen-Huenes Antwort auf diese Frage besteht in seiner Systematizitätstheorie: Wissenschaft, so deren Kernbehauptung, unterscheidet sich vom Alltagswissen durch ihren höheren Grad von Systematizität. So einfach diese Lösung klinge, so sehr hänge ihre Überzeugungskraft jedoch davon ab, wie der Begriff der Systematizität konkret ausbuchstabiert sei: Je nach Dimension (z. B. Systematizität der Beschreibung, Systematizität der Erklärung etc.) und Disziplin variiere der Systematizitätsbegriff. Zusammengehalten werden, so Hoyningen-Huene, die konkret zu fassenden Systematizitätsbegriffe dabei lediglich durch Familienähnlichkeitsbeziehungen. Die durch den Systematizitätsbegriff gestiftete Einheit der Wissenschaften sei somit nicht hierarchisch und auch nicht durch die Angabe notwendiger und zusammen hinreichender Bedingungen aufzufassen: Ähnlich, wie die Einheit eines Fadens durch das Überlappen vieler einzelner Fasern und nicht durch eine einzige durchgehende Faser entsteht, gebe es auch bei der Einheit der Wissenschaften lediglich überlappende Ähnlichkeiten. Diesem Verständnis nach kann der Systematizitätsbegriff somit dazu dienen, sowohl die Einheit als auch die Vielfalt der Wissenschaften zu erläutern. Geeint sind die Wissenschaften dadurch, dass sie – abstrakt betrachtet – systematischer sind als das ihnen korrespondierende Alltagswissen, vielfältig darin, dass sie – konkret betrachtet – auf sehr unterschiedliche Weise systematischer sind.

Viele Wissenschaften eint die Tatsache, dass sie in ihren Theorien, Modellen und Erklärungen ausgiebigen Gebrauch von der Mathematik machen. Der Philosoph *Georg Schiemer* behandelt in seinem Beitrag diese Form der Einheit der Wissenschaften, indem er das Anwendungsproblem der Mathematik aufgreift; also die Frage, was die Gründe dafür sind, dass mathematisches Wissen, das gemeinhin als notwendig gültig und apriorisch angesehen wird, nachweislich erfolgreich in der wissenschaftlichen Beschreibung empirischer Phänomene angewandt werden kann. Zuerst behandelt er die Fragestellung historisch, indem er die sich wandelnde Rolle der Mathematik in den Wissenschaften beleuchtet. Schiemers Marksteine sind hier die wissenschaftliche Revolution, die zu der Auffassung führt, dass – um Galileo zu zitieren – das Buch der Natur in der Sprache der Mathematik geschrieben ist, sowie die Inauguration der reinen Mathematik als eigenständiger Disziplin in der zweiten Hälfte des 19. Jhd., deren Auswirkung darin besteht, dass in wissenschaftlicher Beschreibung und Erklärung stark idealisierte Modellannahmen prominent werden. Letztere Entwicklung führt jedoch nach Schiemer direkt zum Anwendungsproblem, da nun – anders als bei Galileo – philosophisch rätselhaft wird, wie abstrakte und idealisierte Modelle die Wirklichkeit repräsentieren. Diesem wendet sich Schiemer in den darauf folgenden Abschnitten dann im Bezug auf die derzeitige Debatte in der Philosophie der Mathematik zu. Zuerst bespricht er Eugene Wigners These der „uneinsichtigen Effektivität" (unreasonable effectiveness) des Einsatzes mathematischer Begriffe in der Formulierung von physikalischen Gesetzen; für den Erfolg dieses Einsatzes könne nach Wigner über Ähnlichkeitsannahmen hinaus keine angemessene Erklärung gegeben werden. Wigners explanatorischer Skeptizismus kann Schiemer zufolge philosophisch jedoch kaum befriedigend sein. Auf der Suche nach einer Antwort auf das Anwendungsproblem wendet er sich daher als nächstes dem Ansatz von Mark Steiner zu, der eine Weiterentwicklung und Präzisierung von Wigners Position darstellt. Steiner differenziert die Anwendungsfrage unter anderem in zum einen die Frage nach der Adäquatheit spezifischer mathematischer Begriffe zur Beschreibung physikalischer Phänomene und zum anderen die Frage nach der heuristischen Funktion der Mathematik bei naturwissenschaftlicher Hypothesenbildung. Seine Antwort auf die erste Frage ist zweigeteilt: Während für einfache Beispiele angewandter Mathematik – etwa bei der Addition und Multiplikation – eine angemessene Erklärung durch den Aufweis einer strukturellen Korrespondenz der mathematischen Begriffe mit der beschreibenden Wirklichkeit gegeben werden kann, bleibt die Anwendungsfrage bei komplexen mathematischen Begriffen ungeklärt. Die zweite Frage beantwortet Steiner, indem er die zentrale Funktion der Mathematik in der modernen Physik in der Bildung nicht-physikalischer Analogien, die darauf abzielen, die hypothetisch angenommenen Prozesse zu modellieren, sieht. Wie Wigner auch kommt Steiner hier zu dem Schluss, dass dieser Umstand jedoch nicht rational erklärbar ist, da die hier eingesetzte Mathematik einen anthropozentrischen Charakter hat. Insgesamt bleibt – so Schiemers Resümee – also auch Steiners Position nahe an Wigners Schlussfolgerung der Rätselhaftigkeit der erfolgreichen Anwendung der Mathematik in den Wissenschaften. Aus diesem Grund behandelt Schiemer anschließend den mathematischen Strukturalismus vor dem Hintergrund der Anwendungsproblematik. Schiemer diskutiert die Lösungskapazitäten von zwei strukturalistischen Ansätzen: einem abbildungs-basierten und einem inferentialistischen Ansatz. Im ersten Ansatz wird die angenommene strukturelle Ähnlichkeit zwischen mathematischem Modell und repräsentiertem physikalischen System durch den modell-theoretischen Begriff einer strukturerhaltenden Abbildung expliziert. Die Anwendung der Mathematik wird nach diesem Ansatz also dadurch erklärbar, dass zwischen Modell und physikalischem System ein strukturerhaltenes Abbildungsverhältnis – etwa Isomorphie – besteht. Spannend wird an dieser Stelle dann jedoch die Frage, wie die im abbildungs-basierten Ansatz vorausgesetzte mathematische Struktur überhaupt in die Welt kommt – hier geben Strukturenrealisten und Empiristen in der wissenschaftstheoretischen Diskussion unterschiedliche Antworten. In jedem Fall ist der Anspruch der Vertreter des abbildungs-basierten Ansatzes das Anwendungsproblem gelöst zu haben. Aus der Kritik an dieser Auffassung hat sich Schiemer zufolge der zweite strukturalistische – der inferentialistische – Ansatz entwickelt. Demnach ist der abbildungs-basierte Ansatz unvollständig und muss um pragmatische Aspekte, die spezifizieren, welche Teile einer mathematischen Struktur eine repräsentative Funktion übernehmen sollen, erweitert werden. Da mathematische Modelle oft deutlich mehr innere Struktur als die zu repräsentierenden Phänomene aufweisen und zudem stark abstrahierend und idealisierend sind, ist die Anführung pragmatischer Aspekte in einer angemessenen Erklärung der erfolgreichen Anwendung der Mathematik unerlässlich. Anders als die bisherigen Ansätze betonen inferentialistische Ansätze zudem, dass die vornehmliche Funktion der Mathematik darin besteht, aus mathematischen Modellen Schlüsse auf die Eigenschaften empirischer Zielsysteme zu ziehen, die dann zur Interpretation des empirischen Systems dienen. Der abbildungs-basierte Ansatz muss demnach durch pragmatische und inferentialistische Elemente ergänzt werden. Inferentialisten sehen unter anderem als einen Vorteil ihres Ansatzes an, dass der Fokus auf die inferentiellen Funktionen von mathematischen Modellen auch eine Erklärung der nicht-repräsentationalen Funktionen der Mathematik in den Wissenschaften liefern kann. Schiemer schließt, indem er feststellt, dass somit für Strukturalisten die verschiedenen Funktionen der Mathematik in den Wissenschaften, von der Vereinheitlichung von Theorien bis zur mathematischen Erklärung empirischer Phänomene, im Gegensatz zur These von der Rätselhaftigkeit des Anwendungserfolgs erklärbar werden.

In seinem Aufsatz stellt der Physiker *Hermann Haken* die von ihm begründete Synergetik als einen Beitrag dazu vor, disziplinäre Gräben zwischen Natur- und Geisteswissenschaften überbrücken zu helfen. Einleitend erläutert Haken die Synergetik als Lehre vom Zusammenwirken von Teilen eines Systems durch Selbstorganisation, der sich die Grundfrage stelle, ob es allgemeine, von den Teilen unabhängige Prinzipien der Strukturbildung durch Selbstorganisation gibt. Der Fokus zur Beantwortung dieser Frage liege dabei auf der qualitativen Änderung des makroskopischen Verhaltens von Systemen. Die Synergetik befasse sich also mit emergenten Eigenschaften.

Haken argumentiert, dass die Synergetik eine Antwort auf eine Problematik, die sich in vielen wissenschaftlichen Bereichen stellt, geben kann: Wie kann es, gegeben den zweiten Hauptsatz der Thermodynamik, in einem System einen Übergang von Unordnung zu Ordnung geben? Zur Erläuterung führt Haken in die Grundbegriffe der Synergetik ein: Ordner, Versklavung, zirkuläre Kausalität, Kontrollparameter, Instabilität und Phasenübergänge. Nach Haken bestehen Beziehungen zwischen makroskopischen Ordnern und den Teilen eines Systems über das sog. „Versklavungsprinzip“: Die Dynamik von Systemteilen wird durch Systemparameter bestimmt. Umgekehrt entstehen nach Haken die Ordner nur durch das Zusammenwirken – die Synergie – der Teile eines Systems. Diese Wechselwirkung zwischen makroskopischen Parametern und Teilen eines Systems bezeichnet Haken als „zirkuläre Kausalität“. Systemzustände können Haken zufolge instabil sein. Ob und wie sich ein Systemzustand ändert und es somit zu einem Phasenübergang von einem Ordner zum anderen kommt, hängt dann davon ab, welche Kontrollparameter, über die die Änderung gesteuert werden kann, beeinflusst werden. Für Haken ist die so etablierte Begrifflichkeit explizit nicht auf den Gegenstandsbereich der Physik beschränkt, sondern einheitlich und interdisziplinär angelegt.

Die Fruchtbarkeit der Synergetik als disziplinübergreifenden und somit wissenschaftsvereinheitlichenden Ansatz belegt Haken an mehreren Beispielen aus der Psychologie (etwa Fingerbewegungen und Kippfiguren) und der Informatik (Mustererkennung von Computern). Haken scheut sich hierbei auch nicht, die Synergetik zur (Auf-)lösung der Leib-/Seele-Problematik zu verwenden. In der mehr als vierzig Jahre alten Geschichte der Synergetik habe sich die Fruchtbarkeit dieses Ansatzes für viele Disziplinen gezeigt. Wenn die Fragen seien, wie aus Chaos Ordnung entstehe und warum es überhaupt Systemveränderungen gebe, könne die Synergetik also in vielen Disziplinen den Weg zu einer Antwort weisen. Letztere, so gesteht Haken zu, müsse natürlich auf der Mikroebene dann durch entsprechende Fachkenntnis gegeben werden. Die Synergetik sei somit keine Universalwissenschaft, könne aber mit ihrem Ansatz Brücken zwischen den Disziplinen schlagen und somit die Einheitlichkeit der Wissenschaften begründen.

Vor dem Hintergrund der Perspektivenunterschiede zwischen philosophischer und praktisch-naturwissenschaftlicher Zugangsweise betrachtet der Chemiker *Claus Jacob* das Thema der Einheit und Vielfalt der Wissenschaften. Anhand fiktiver Dialoge zwischen einem Philosophen und einem Molekularbiologen nähert sich Jacob dem zum Teil durch Missverständnisse und Konflikte geprägten Verhältnis dieser Perspektiven auf unterhaltsame, aber dennoch illuminierende Weise an. Naturwissenschaftler/innen, so Jacob, nähmen eine grundlegend pragmatische Sichtweise auf ihre Arbeit ein, der gegenüber die vermeintlichen „Scheinprobleme" der Wissenschaftsphilosophie nur Kopfschütteln oder bestenfalls Achselzucken hervorrufen würden. Diese pragmatische Sichtweise betreffe für die/den praktizierenden Naturwissenschaftler/in auch die Frage der Einheit und Vielfalt der Wissenschaften. Disziplinäre Grenzen seien für den Praktiker unwichtig, sofern deren Überschreitung epistemischen und/oder praktischen Erfolg verheiße. Eine (eliminative) Reduktion sei aus diesem Grund gar nicht gewünscht, da nur die disziplinäre Vielfalt die Möglichkeit biete, aus verschiedenen Perspektiven denselben Gegenstandsbereich zu betrachten und die für den Erfolg nötige Kooperationsoption der Disziplinen durch eine Reduktion untergraben werde. Dennoch können nach Jacob Reduktionsprojekte natürlich auch für die/den pragmatisch denkenden Naturwissenschaftler/in produktiv sein, das Kriterium der Produktivität bleibe aber auch hier ein pragmatisches. Die Möglichkeit produktiver Kooperation unter pragmatisch geleiteten Fragestellungen sei damit auch das einheitsstiftende Band in der nötigen und gewünschten Vielfalt der Wissenschaften. Jacob vertieft diese Sichtweise anhand von vier aktuellen

Beispielen aus Grenzbereichen der Biologie und Chemie zu anderen Wissenschaften, die auch für die philosophische und wissenschaftstheoretische Diskussion schwerwiegende Fragen aufwerfen. Aus der Sicht der Praxis, so Jacob, zeige sich etwa gerade bei der Analyse des Beispiels der synthetischen Biologie, dass Reduktionsbestrebungen nicht einzig unter die Kategorien ‚erfolgreich/nicht-erfolgreich' subsumiert werden können: In diesem Fall zeige sich keine erfolgreiche oder fehlschlagende Reduktion, sondern eine Expansion der Wissenschaften, indem eine eigenständige Disziplin mit eigenständigen Begriffen in einem disziplinären Grenzgebiet entstehe. Auf diesem Wege beschreibt Jacob einen Mechanismus der Entstehung neuer fruchtbarer Disziplinen anstelle von Reduktion, der somit bei der Erklärung der historisch zu beschreibenden Vielfalt der Wissenschaft durchaus weiterhilft.

Der Beitrag des Germanisten *Eric Achermann* geht eine besonders im deutschsprachigen Raum vieldebattierte Fragestellung an, nämlich die Frage des Verhältnisses von Geistes- und Naturwissenschaften bezüglich ihres Wissenschaftsstatus.

Im Hinblick auf die Frage, was Disziplinen eint, führt Achermann die Unterscheidung zwischen thematischen und aspektuellen Wissenschaften ein. Erstere setzen die Existenz eines gemeinsamen Gegenstands voraus, den es zu erforschen gilt. Die disziplinären Forschungsbemühungen eint also das Thema. Letztere berufen sich auf die Einheit einer vorgängigen Einstellung, aus welcher heraus Gegenstände erforscht werden. Sie sind demnach durch den Blickwinkel oder Aspekt geeint. Beispielhaft erläutert er diese Unterscheidung anhand der Geographie und der Physik, wobei erstere als Wissenschaft, die eine determinierte räumliche Ausdehnung als zu erforschende Einheit präsupponiert, ihrem Selbstverständnis nach eine thematische, letztere als Wissenschaft, die dieselben Gegenstände wie andere Wissenschaften aus einem spezifischen, nämlich physikalischen Blickwinkel betrachtet, eine aspektuelle Wissenschaft sei. Die Unterscheidung bedeutet dabei, dass thematische Wissenschaften Aussagen über Korpora – zwar womöglich komplexe, aber nichtsdestotrotz individuelle Ganzheiten –, aspektuelle Wissenschaften hingegen solche über durch Eigenschaftszugehörigkeit definierte Klassen machen. Achermann zufolge ist die Unterscheidung zwischen thematischen und aspektuellen Wissenschaften aber keinesfalls derart eindeutig. Zwar sei einerseits intuitiv klar, dass „Die Sprache und Literatur einer Region B" in einer anderen Teil-Ganzes-Beziehung zur Gesamtheit „Sprache und Literatur" – und damit die thematische Wissenschaft Germanistik zur Philologie – als die aspektuelle Wissenschaft Serologie zur Immunologie stehe. Doch andererseits setze die Identität des Untersuchungsgegenstands einer thematischen Wissenschaft die sortale – und damit aspektuelle – Identifizierung eben dieses Gegenstands voraus. Die einheitsstiftenden, formalen und strukturellen Komponenten entsprechen dabei demjenigen, was wir als Bedingungen der Zugehörigkeit zu einer Klasse verstehen – räumliche und zeitliche Nähe seien starke intuitive, aber keinesfalls exklusive kompositionelle Kräfte. Auch thematische Wissenschaften, so Achermanns Konklusion, können daher ihren Gegenstand nicht ausschließlich mereologisch – als reine Summe seiner Teile – bestimmen, sondern müssen ihren Untersuchungsgegenstand mit Hilfe einer Ontologie, die Strukturen eine prädikative Rolle zuspricht, auswählen. Dennoch führe die Unterscheidung zu wissenschaftstheoretisch bemerkenswerten Beobachtungen. Da etwa thematische Wissenschaften es mit einem Kompositum, das aus heterogenen Teilen zusammengesetzt sein kann, zu tun haben, bildet das Wissen dieser Wissenschaften diese Heterogenität, z. B. durch die Anwendung einer Pluralität von Erklärungsformen, ab. Der gelegentlich erhobene Vorwurf an thematische Wissenschaften wie die Germanistik oder die Geschichte, lediglich einen ungeordneten Haufen an Wissen hervorgebracht zu haben, deute dabei auf das wissenschaftstheoretische Problem hin, dass diese Disziplinen bisher keine theoretische Sprache entwickelt haben, die der Heterogenität ihrer Gegenstände zu entsprechen vermag.

Bezüglich der Frage des Verhältnisses von Natur- und Geisteswissenschaft(en) wirke es nach Achermann nun auf den ersten Blick klar, dass die Differenz eine thematische ist: Gegenstand der Naturwissenschaft ist der Korpus ‚Natur', jener der Geisteswissenschaft der Korpus ‚Geist'. Diese erste Antwort verkennt jedoch, dass es die Geisteswissenschaften mit abstrakten und damit immateriellen Gegenständen zu tun haben. Die Geisteswissenschaft fragt nicht nach der materiellen Beschaffenheit eines Buches, sondern nach dem Sinn eines Textes, und somit ist es der Aspekt, unter dem ein Gegenstand betrachtet wird, der diesen zu einem der Geisteswissenschaft macht. Vor diesem Hintergrund wäre der Unterschied von Natur- und Geisteswissenschaft identisch mit demjenigen von thematischer und aspektueller Wissenschaft. Vor dem Hintergrund der resultierenden Schwierigkeit, die Differenz von Natur- und Geisteswissenschaft(en) anhand der eingeführten Unterscheidung zu fassen, diskutiert Achermann daher kritisch die alternativen Dichotomien ‚simpel/komplex', ‚singulär/generell', ‚konkret/abstrakt' sowie ‚natürlich/sozial', die im Zusammenhang der Diskussion des Verhältnisses der Wissenschaftsbereiche oft verwendet werden.

Im Anschluss daran befasst sich Achermann historisch mit den Begründungsstrategien zur Etablierung der Unterscheidung von Geisteswissenschaft (bzw. Geschichts-, Kultur- und Sozialwissenschaft) und Naturwissenschaft um die Wende zum 20. Jahrhundert, in denen er die Dichotomien ‚singulär/generell' und ‚konkret/abstrakt' reflektiert sieht. Achermanns Diskussion besonders der Ideen Windelbands und Rickerts führt ihn zur Betrachtung des viel diskutierten (vermeintlichen) Gegensatzes von Erklären und Verstehen:

Geistes- bzw. Kulturwissenschaft hat es demzufolge – im Sinne Rickerts – mit solchen Gegenständen und Ereignissen zu tun, die dem Menschen bedeutsam und sinnvoll erscheinen. Obwohl es dadurch Geistes-/Kulturwissenschaft mit Wertbeziehungen zu tun hat, schließe dies nach Achermann eine wertfreie Untersuchung – anders als bei Rickert – keinesfalls aus.

Im letzten Abschnitt seines Beitrags wendet sich Achermann der Frage der möglichen Reduktion zu. Kann der gesamte Bereich, in welchem der Mensch (sein Tun, sein Denken, sein Fühlen, kurz: die Person) im Zentrum steht, auf eine niedrigere, fundamentalere und gleichzeitig „nomische" Ebene reduziert werden? Zweifel an dieser Reduzierbarkeit scheinen nach Achermann immer mit der zeit-räumlichen, historisch bedingten Gegebenheit „geisteswissenschaftlicher Ereignisse" begründet zu werden. Letztlich sei darauf der idiographische, anomische Charakter der interpretierenden Wissenschaften zurückzuführen. Da in diesem Zusammenhang die Frage der Rolle des Gesetzes- und Kausalitätsbegriffs in den Wissenschaften von entscheidender Bedeutung ist, diskutiert Achermann diesen anhand klassischer positivistischer Einwände. Weniger ambitioniert als Reduktionsversuche, aber dennoch auf eine mögliche Höherwertigkeit der Naturwissenschaften ausgerichtet können die beiden folgenden Fragen verstanden werden, nämlich was zu wissen möglich und was zu wissen erwünscht sei. Nach Achermann sei bezüglich der ersten Frage festzustellen, dass sich eine klare Trennlinie zwischen den Geistes- und die Naturwissenschaften sowohl ontologisch als auch methodologisch nicht ziehen lasse. Bezüglich der zweiten Frage mute es merkwürdig – ja letztlich geradezu unwissenschaftlich – an, bestimmten Erkenntnisinteressen den Vorrang zu geben. Thematische und aspektuelle Wissenschaften, so Achermanns Fazit, seien derart eng miteinander verwoben, dass eine wertende Hierarchisierung der Wissenschaften unzulänglich sei.

Der Psychologe *Wolfgang Tschacher* geht in seinem Beitrag von der traditionellen Trennung der Wissenschaftskulturen von Natur- und Geisteswissenschaften aus. Während erstere nomothetisch, erklärend sowie experimentell vorgehen, und es mit objektiv gegebenen Objekten zu tun haben, haben letztere idiographische Ziele und behandeln einen subjektiv verstehbaren und intentionalen Gegenstandsbereich. Wenn auch weitere Disziplinen – wie etwa die Mathematik und die Systemtheorie durch ihren Status als Strukturwissenschaften – nicht ganz in das Raster dieser zwei Kulturen passen, stellt sich die Frage der Einordnung aus Tschachers Sicht doch besonders bei einer Disziplin: der Psychologie. Da sich diese selbst als Wissenschaft vom – eigentlich geisteswissenschaftlich zu untersuchenden – Erleben und – eigentlich naturwissenschaftlich zu untersuchenden – Verhalten des Menschen verstehe, falle sie zwischen beide Kulturen. Derart verstanden benötigte die Psychologie selbst eine vielfältige theoretische Grundlage.

Doch selbst wenn dies stimmte, ist die Frage des Verhältnisses von Erleben und Verhalten damit keineswegs geklärt. Historisch standen sich bereits bei der Inauguration der Psychologie als eigenständiger Disziplin ein dualistischer, erkenntnistheoretischer Parallelismus bei Wilhelm Wundt, eine monistische, psychophysikalische Auffassung bei Gustav Fechner und der hermeneutische Ansatz Wilhelm Diltheys gegenüber. Die Geschichte der Psychologie seither bis in die Gegenwart kann, Tschacher zufolge, als ein dialektisches Wechselspiel zwischen monistischen und dualistischen Auffassungen beschrieben werden, wobei die heutige Situation am ehesten als pluralistisch bzw. dualistisch bezeichnet werden müsse. Das bedeutet freilich nicht, dass es nicht fortwährend Vereinheitlichungsbestrebungen in der Psychologie gebe: Die in der Philosophie des Geistes diskutierte Frage der Reduzierbarkeit mentaler auf neuronale Prozesse bezeuge dies. Trotz der Erfolge neurowissenschaftlicher Reduktionsstrategien zeigen neuere Befunde der Neurowissenschaften sowie das hartnäckige Problem der Qualia nach Tschacher, dass sich die reduktionistische Auffassung, kognitive Prozesse seien nichts anderes als neuronale Prozesse, jedoch kaum aufrechterhalten lasse. Dies bedeute jedoch nicht, dass es nicht auch Fortschritte auf dem Weg der Naturalisierung der Psychologie gebe. So sei es mit Hilfe der durch Hermann Haken begründeten Synergetik möglich, Wege in Richtung einer Naturalisierung der Intentionalität einzuschlagen. Auch die Untersuchung der bidirektionalen Verbindungen zwischen Körper und Geist finden unter dem Begriff „Embodiment" in der heutigen Diskussion verstärkte Aufmerksamkeit, ohne sich damit gleichzeitig einer stark reduktionistischen Sichtweise verschreiben zu müssen.

Die beschriebene Vielfalt der Ansätze in der Psychologie ist für Tschacher abschließend insofern wünschenswert, als sich Versuche einer einheitswissenschaftlichen Reduktion auf naturwissenschaftliche Erkenntnisse und Tatsachen als nicht durchführbar und wenig fruchtbar erwiesen haben. Die Hoffnung auf Einheit in der Vielfalt der Psychologie muss aber nicht aufgegeben werden, da mit Hilfe der Strukturwissenschaften – wie der Synergetik – eine „duale-Aspekte-Einstellung" bezüglich der Psychologie ausgearbeitet werden kann, die die Erforschung einer gemeinsamen strukturellen Grundlage von mentalen und materiellen Prozessen ermöglicht. Einem durch die Vielfalt der psychologischen Ansätze auch therapeutisch fragwürdigem „Anything goes" könne so die Grundlage entzogen werden.

Als Soziologe widmet sich *Jens Greve* in seinem Beitrag den Gesellschaftswissenschaften. Im Fokus seiner Überlegungen steht dabei die Diskussion um den Individualismus und den Holismus, die Greve an andere Reduktionsdebatten anknüpft. Nach einem allgemeinen Überblick über reduktionistische und anti-reduktionistische Argumentationslinien in der Philosophie des Geistes weist Greve auf die Spezifizität der Debatte um den Reduktionismus sozialer

Phänomene hin. Er bespricht und beleuchtet dabei besonders auch den Zusammenhang sowie die Differenz der Individualismus-Holismus-Debatte in der Soziologie mit der Emergenzdiskussion: Holistische Positionen werden auch in der Soziologie mit Hilfe des Emergenzbegriffs begründet, dies aber in der soziologischen Debatte zum Teil auf andere Weise als in der klassischen Emergenzdiskussion. Als Zwischenposition könnten ein nicht-reduktiver Individualismus und ein Strukturindividualismus prima facie plausible Lösungen der Debatte anbieten, doch Greve diskutiert u. a. unter Berücksichtigung von Kims Argument des kausalen Ausschlusses und Fodors Argument der multiplen Realisierbarkeit die Probleme eines solchen Mittelwegs. Ontologisch ließen sich Emergenz und Realisierungsvorbehalt nicht vereinbaren und auch eine epistemische Autonomiebehauptung durch die Annahme heterogener Vokabulare sei im Falle von Beschreibungen individueller und sozialer Eigenschaften nicht plausibel. Weder sei es der Soziologie gelungen, ein Vokabular zu formulieren, das nicht auf spezifische individuelle Eigenschaften zurückgreift, noch lasse sich die Idee einer unabhängigen Beschreibbarkeit sozialer Phänomene mit der Deutungsabhängigkeit sozialer Beziehungen in Einklang bringen. Abschließend erteilt Greve der Idee einer Reduktion der Soziologie auf die Psychologie jedoch eine Absage, da sowohl hinter dieser als auch hinter der emergentistischen Idee die geteilte, aber wenig überzeugende Voraussetzung stehe, dass eine Schichtung der Wirklichkeit in Ebenen das Fundament der beobachtbaren Differenzierung der Einzelwissenschaften liefere. Die Vielfalt der Wissenschaften sei auch intern deutlich komplexer zu beschreiben, als dies durch ein simples Ebenen- oder Hierarchiemodell ausdrückbar sei.

Der Theologe und Philosoph *Benedikt Paul Göcke* behandelt in seinem Beitrag die gesellschaftlich, hochschulpolitisch und wissenschaftstheoretisch wichtige Frage der Wissenschaftlichkeit der (katholischen) Theologie. Zur Beantwortung dieser Frage widmet sich Göcke zuerst den zwei entscheidenden Was-Fragen im Zusammenhang seines Beitrags: Was ist Theologie? Was ist Wissenschaft? Bezüglich der ersten Was-Frage argumentiert er dafür, dass die Frage der Wissenschaftlichkeit der Theologie im Besonderen dann an Brisanz gewinnt, wenn sie sich auf die Kerndisziplinen Fundamentaltheologie und Dogmatik fokussiert: Zum einen machten diese Disziplinen die Theologie erst *theo-logisch*, zum anderen sei die Frage der Wissenschaftlichkeit anderer theologischer Disziplinen derivativ zu ihren Mutterdisziplinen (etwa die Wissenschaftlichkeit der Kirchengeschichte zur Wissenschaftlichkeit der Geschichtswissenschaft). Im Kontext seines Beitrags geht es Göcke somit um Theologie im Sinne der Kerndisziplinen Fundamentaltheologie und Dogmatik. Auf die zweite Was-Frage möchte Göcke grundsätzlich mit einem Verständnis des Begriffs „Wissenschaft" als Clusterbegriff antworten: Der Begriff benennt verschiedene, von jeder Disziplin zu erfüllende notwendige Kernkriterien der Wissenschaftlichkeit und stellt zudem hinreichende, je am Untersuchungsgegenstand einer Disziplin zu verstehende Spezifika bereit. Die von Göcke intuitiv begründeten Kriterien sind dabei: a) Jede Wissenschaft orientiere sich am regulativen Ideal der Wahrheit (im korrespondenztheoretischen Sinne), b) Jede Wissenschaft ziele auf das Erklären und Verstehen von Sachverhalten in ihrem Gegenstandsbereich, c) Keine Wissenschaft darf den Erkenntnissen einer anderen Wissenschaft widersprechen. So verstanden habe Wissenschaft nach Göcke zwei transzendentalphilosophische Bedingungen ihrer Möglichkeit: Zum einen müssen die Kategorien des menschlichen Verstandes deckungsgleich mit den metaphysischen Kategorien der Wirklichkeit sein, und zum zweiten müsse die von den Wissenschaften beschriebene Wirklichkeit den Bedingungen der Harmonie und Ordnung genügen, die sich in den Wissenschaften wiederfinden lassen.

Vor dem Hintergrund dieser begrifflichen Klärungen bespricht Göcke dann verschiedene Argumente gegen die Wissenschaftlichkeit der Theologie. Der erste Einwand bestehe darin, dass der Theologie vorgeworfen werde, mit unklaren Begriffen zu arbeiten und demnach nicht wissenschaftlich vorzugehen. Göcke hält dagegen, dass das in dieser Kritik angewendete Kriterium der Begriffsklarheit zu restriktiv sei – so kann und ist die Klärung von Begriffen genuiner Teil wissenschaftlicher Arbeit. Zudem sei ein an der Rede von Erfahrungsgegenständen gemessener Klarheitsbegriff bezüglich des Gegenstandsbereichs der Theologie ohnehin inadäquat, um die Wissenschaftlichkeit der Theologie zu beurteilen: Von Gott als letztem Grund der Wirklichkeit könne schlicht nicht wie von einem beliebigen Gegenstand der Erfahrungswelt gesprochen werden. Als zweites werde gegen die Wissenschaftlichkeit der Theologie eingewandt, dass deren Grundlagen und Theorien nicht revidierbar seien. Nach Göcke verfehle dieser Einwand jedoch zum einen das gegenwärtige Selbstverständnis von Dogmatik und Fundamentaltheologie, das von der Revidierbarkeit ausgehe, und zum zweiten spreche die (vermeintliche) Unrevidierbarkeit ohnehin nicht originär gegen die Wissenschaftlichkeit der Theologie, da jede Disziplin auf in der jeweiligen Forschungsgemeinschaft geteilten Grundannahmen basiere. Der dritte Einwand betrifft den behaupteten Mangel an sowohl intersubjektiver Kritisierbarkeit theologischer Annahmen als auch an Einigkeit bezüglich des theologischen Explanandums, der deren Status als Wissenschaft untergrabe. Dieser Einwand überzeuge nach Göcke einerseits nicht, da jede Weltanschauung notwendig auf nicht intersubjektiv kritisierbaren Grundannahmen beruhe, und andererseits nicht, da zwar durch den spezifischen, umfassenden Gegenstandsbereich der Theologie, deren Erkenntnisse tatsächlich auf einem nicht intersubjektiv kritisierbarem Glaubenswissen beruhen, dieses Wissen jedoch nur bezüglich seiner Reichweite und nicht seiner Art nach von Wissen in anderen Wissenschaften verschieden sei. Neben diesen ersten drei Einwänden wissenschaftstheoretischer Art sei die Kritik an der Wissenschaftlichkeit nach Göcke prominent jedoch besonders durch Einwände aus einer naturalistischen Weltsicht heraus geprägt. Der erste Einwand beruht auf agnostischen oder atheistischen Argumenten, die die begründete Annahme der Existenz Gottes untergraben sollen. Somit, so die Argumentation, fehlt es der Theologie am wissenschaftlich zu erforschenden Gegenstandsbereich. Göcke argumentiert dagegen, dass die durchgängige Schwierigkeit der agnostischen oder atheistischen Argumente die Voraussetzung eines Begriffs Gottes sei, der am theologischen Verständnis des Begriffs vorbeigehe. Vielmehr nähere sich die katholische Theologie dem Gottesbegriff über die grundlegende Erklärungsbedürftigkeit der Welt sowie der daraus folgenden Notwendigkeit der Annahme eines die Welt gründenden Grundes. Zweitens machten naturalistische Gegner der Wissenschaftlichkeit der Theologie geltend, dass die Annahmen der Theologie den Annahmen anderer Wissenschaften widersprechen. So sei nach diesem Argument etwa die theologische Annahme des Handelns Gottes in der Welt nicht mit den Annahmen der Naturwissenschaften vereinbar. Diesen Einwand weist Göcke damit zurück, dass in dieser Argumentation Annahmen wie etwa die physikalische Geschlossenheit der Welt als naturwissenschaftlich erwiesene Annahmen deklariert werden, die tatsächlich jedoch metaphysische Annahmen seien. Somit widerspreche der Theologie keine naturwissenschaftliche Erkenntnis, sondern lediglich eine metaphysisch-naturalistische Interpretation naturwissenschaftlicher Erkenntnisse.

Göcke schließt seinen Beitrag somit zum einen mit der Konklusion, dass die bekannten Argumente gegen die Wissenschaftlichkeit der Theologie nicht zu überzeugen vermögen. Zum zweiten geht er jedoch noch darüber hinaus und verteidigt den Sonderstatus der Theologie als Wissenschaft. Aus seiner Sicht hat die katholische Theologie den Vorteil, dass sie im Gegensatz zu atheistischen und naturalistischen Weltanschauungen die für den Wissenschaftsbegriff transzendentalpragmatisch notwendigen Annahmen der Erkennbarkeit und der Geordnetheit der Welt erklären kann. Wissenschaftlicher Erfolg, so Göckes sicherlich streitbare These, wird erst durch Existenz eines vernünftigen Gottes erklärbar: Die katholische Theologie sei daher die Wissenschaft „par excellence", da allein sie die angemessene Erklärung für den epistemischen Erfolg der Wissenschaften liefern kann.

Literatur

Roger Cooter, „Preisgabe der Demokratie. Wie die Geschichts- und Geisteswissenschaften von den Naturwissenschaften absorbiert werden", in: Michael Hagner (Hg.), Wissenschaft und Demokratie, Berlin 2012, S. 88–111.

Dagfinn Føllesdal, „Hermeneutik und die hypothetisch-deduktive Methode", in: Axel Bühler (Hg.), Hermeneutik. Basistexte zur Einführung in die wissenschaftstheoretischen Grundlagen von Verstehen und Interpretation, Heidelberg 2008, S. 157–176.

Jens Greve, Annette Schnabel (Hg.), Emergenz. Zur Analyse und Erklärung komplexer Strukturen, Frankfurt/M. 2011.

Jürgen Habermas, Erkenntnis und Interesse, Frankfurt/M. 1968.

Thomas S. Kuhn, „Mathematische versus experimentelle Traditionen in der Entwicklung der physikalischen Wissenschaften", in: Ders., Die Entstehung des Neuen. Studien zur Struktur der Wissenschaftsgeschichte, Frankfurt/M. 1977, S. 84–124.

Ulrich Kutschera, „Das Reale und Verbale in den Wissenschaften", in: Laborjournal online http://www.laborjournal.de/editorials/320.lasso, 2008, letzter Zugriff am 13.2.2017.

Paul Oppenheim und Hilary Putnam, „Einheit der Wissenschaft als Arbeitshypothese", in: Lorenz Krüger (Hg.), Erkenntnisprobleme der Naturwissenschaften. Texte zur Einführung in die Philosophie der Wissenschaft, Köln/Berlin 1970, S. 339–371.

Günther Patzig, „Erklären und Verstehen. Bemerkungen zum Verhältnis von Natur- und Geisteswissenschaften", in: Ders., Gesammelte Schriften. Theoretische Philosophie, Göttingen 1996, S. 117–145.

Charles Percy Snow, The Two Cultures and the Scientific Revolution, New York 1961.

Achim Stephan, Emergenz. Von der Unvorhersagbarkeit zur Selbstorganisation, Paderborn 2005.

Paul Hoyningen-Huene

Worin könnten die Einheit und die Vielfalt der Wissenschaften bestehen?

Abstract: *What could the unity and diversity of the sciences consist in?* In the heyday of logical empiricism, the answer to the title question was easy. The sciences stand in hierarchical order, and the diversity of the sciences is domesticated by reduction relations among them, leading to their unity. However, in the 1960s Feyerabend and Kuhn claimed that these reduction relations cannot be that simple because usually, the concepts of the involved sciences do not fit neatly together. Instead, there are conceptual incongruities between them, which where baptized "incommensurability". This holds both diachronically, that is for precursor and successor theories, and synchronically, that is for sciences whose subject matter is some whole and sciences whose subject matter is their parts, respectively. If one does not accept the resulting, seemingly unbridgeable diversity of the sciences, one needs a different viewpoint. This viewpoint may be delivered by "Systematicity Theory" that is a new general philosophy of science. Systematicity theory claims that all sciences exhibit, in several dimensions, a higher degree of systematicity, when compared with everyday knowledge. However, as the concept of systematicity varies with the different disciplines and sub-disciplines, the unity among the sciences generated by systematicity is of the Wittgensteinian family resemblance kind which, at the same time, respects their diversity.

1 Es war einmal ...

Es war einmal eine Zeit, da war die Titelfrage noch einfach zu beantworten, jedenfalls in der damals dominanten Richtung der Wissenschaftsphilosophie. Das war von den 1940er bis in die 1960er Jahre, und die Wissenschaftsphilosophie war geprägt durch den logischen Empirismus (oder „logischen Positivismus"). Entstanden war diese Wissenschaftsphilosophie durch den „Wiener Kreis" in den 1920er und 1930er Jahren.[1] Die Grundidee bezüglich der Vielfalt der Wissenschaften war, dass sie in einer hierarchischen Ordnung stehen, und zwar

1 Das Programm des Wiener Kreises wurde 1929 von Rudolf Carnap, Hans Hahn und Otto Neurath in einem vielgelesenen Dokument niedergelegt: Carnap/Hahn/Neurath, 1979 [1929]. Für eine kürzlich erschienene, einfach zugängliche illustrierte Darstellung der Geschichte des Wiener Kreises siehe Sigmund, 2015.

https://doi.org/10.1515/9783110614831-002

gemäß der Komplexität ihres jeweiligen Gegenstands.[2] Die einfachsten Gegenstände der Wissenschaften sind die Elementarteilchen: im Idealfall gänzlich unzusammengesetzte Teilchen und *in diesem Sinne* maximal einfach. Danach kämen, dem damaligen Erkenntnisstand entsprechend, die aus Elementarteilchen zusammengesetzten Atome. Für Elementarteilchen und Atome ist primär die Physik zuständig. Gehen die Atome untereinander Verbindungen ein, so entstehen Moleküle, und das ist der primäre Gegenstandsbereich der Chemie. Moleküle lassen sich in den verschiedensten Konfigurationen zusammensetzen. In ganz besonderen Konfigurationen ergeben sich, so die in der Wissenschaft unumschränkt geltende Überzeugung, lebende Organismen, der Gegenstandsbereich der Biologie. Unter den vielen verschiedenen Arten von Organismen sticht eine Art besonders heraus, die Menschen, die besonders komplex sind, insbesondere ihr Gehirn. Dessen Leistungen werden von der Psychologie untersucht. Schließlich bilden Menschen Gruppen und Gesellschaften, dem Gegenstandsbereich der Soziologie (und Politologie, Ethnologie, etc.).

Diese Hierarchie der Wissenschaften entsteht aus einer ontologischen Perspektive, d. h. aus dem Blick auf die Gegenstände der Wissenschaften. Spezifischer gesagt ist diese Perspektive mereologisch, d. h. das Verhältnis von Teilen und Ganzem betreffend. Die Hierarchie ergibt sich dann zwanglos daraus, dass die Gegenstände einer bestimmten Ebene aus den Gegenständen einer Ebene darunter zusammengesetzt sind; die mereologische Komplexität der Gegenstände nimmt beim Aufstieg in der Hierarchie zu. Gleichzeitig aber impliziert diese ontologische Hierarchie, so die Überzeugung des logischen Empirismus, eine strukturgleiche epistemologische Hierarchie. Diese epistemologische Hierarchie beruht nicht mehr auf mereologischen, sondern auf logischen Verhältnissen: Sie artikuliert Fundierungsverhältnisse des Wissens der jeweiligen Wissenschaften. Gemäß diesem Bild formuliert die Physik das fundamentalste Wissen, das aus anderem Wissen unableitbar ist. Das Wissen der Chemie, so die damalige Überzeugung, ist dagegen aus der Physik gänzlich ableitbar, wie das etwa der Nobelpreisträger Paul Dirac schon 1929 behauptet hatte: „The underlying physical laws necessary for the mathematical theory of ... the whole of chemistry are thus completely known".[3] Analog ist dann das Wissen der Biologie aus dem der Chemie ableitbar, das der Psychologie aus der Biologie, und das der Soziologie aus der Psychologie.[4]

---

2 Die klassische Darstellung dieser Grundidee findet sich bei Oppenheim/Putnam, 1970 [1958].

3 Dirac, 1929, p. 714.

4 Die Behauptung der Ableitbarkeit der Soziologie aus der Psychologie trägt heute den Namen „methodologischer Individualismus" (siehe dazu den Beitrag von Jens Greve in diesem Band).

Worin besteht nun aber genauer die hier genannte „Ableitbarkeit“? Die Ableitung des Wissens einer bestimmten Stufe aus dem einer mereologisch niedrigeren Stufe wird „Mikroreduktion“ genannt und benötigt zwei wesentliche Komponenten. Einmal benötigt man Definitionen der spezifischen Begriffe der „höheren“ Wissenschaft durch die Begriffe der „niedrigeren“ Wissenschaft: erst dies macht eine Verknüpfung der verschiedenen Wissensbestände möglich. Diese Komponente der Reduktion wird vielfach die „Verknüpfbarkeitsbedingung“ genannt. Zum anderen muss dann das Wissen der höheren Stufe, das nun mit dem Vokabular der niedrigeren Stufe artikuliert werden kann, aus dem Wissen der niedrigeren Stufe logisch abgeleitet werden. Diese Komponente der Reduktion wird auch „Ableitbarkeitsbedingung“ genannt. Klarerweise ist die Verknüpfbarkeitsbedingung eine notwendige (aber nicht hinreichende) Voraussetzung für die Ableitbarkeitsbedingung, denn ohne die erstere könnten zwischen den beiden Niveaus keine logische Beziehungen bestehen.

Hier zwei Beispiele. Bei der Reduktion der Chemie auf die Physik müssen die Kräfte, die die chemische Bindung – die Bindung von Atomen zu Molekülen – hervorbringen, auf die Kräfte der Physik reduziert werden. Das war verhältnismäßig einfach für die sogenannte Ionenbindung, bei der die Bindung durch elektrische Anziehung zwischen umgekehrt geladenen Ionen entsteht. Für die sogenannte homöopolare (oder „kovalente“) Bindung, z. B. relevant für die Bindung von zwei Wasserstoffatomen zum Wasserstoffmolekül H_2, schien es keine physikalische Erklärung zu geben. Erst durch die Quantenmechanik konnte die homöopolare Bindung physikalisch verstanden werden: Sie stellt einen spezifisch quantenmechanischen Effekt dar, der 1927 durch Walter Heitler und Fritz London aufgeklärt wurde.[5] Bei der Reduktion von Biologie auf Chemie stand nach der Aufklärung der Struktur der DNS die Reduktion der klassischen Genetik auf die Molekularbiologie im Mittelpunkt. Auch hier gelang es, wesentliche Aspekte der klassischen Genetik aufgrund der Struktur der DNS und weiterer relevanter Biomoleküle zu verstehen.[6]

Die Reduktion von wissenschaftlichen Gebieten auf das jeweils darunter liegende Niveau erzeugt, wenn durchgängig erfolgreich, eine Einheit der Wissenschaften, die durch die zugrunde liegende Physik gestiftet wird. Das ist die Vision, die in einer klassischen Arbeit von Paul Oppenheim und Hilary Putnam von 1958 formuliert ist. Sie trägt den Titel: „Die Einheit der Wissenschaften als Arbeitshypothese“.[7] „Arbeitshypothese“ war diese Einheit insofern, als das

5 Heitler/London, 1927; zur Diskussion siehe z. B. Primas/Müller-Herold, 1990, S. 259–263.

6 Wie weit diese Reduktion tatsächlich erfolgreich ist, ist bis heute in der Philosophie der Biologie kontrovers; siehe z. B. Brigandt/Love, 2015.

7 Oppenheim/Putnam, 1970 [1958].

Programm der Reduktion aller Wissenschaften auf die Physik noch nicht durchgeführt war, aber als möglich und als eine für die Philosophie lohnenswerte Aufgabe angesehen wurde. In dieser Perspektive war die Vielfalt der Wissenschaften dann nur ein Schein: In Wirklichkeit gab es eine strenge Einheit der Wissenschaften, gestiftet durch die Physik, auf die alle anderen Wissenschaften reduziert werden konnten.

2 Aber dann ...

Aber dann, nämlich im Jahre 1962, passierte etwas ganz Schreckliches, nämlich die Entdeckung der Inkommensurabilität durch Paul Feyerabend und Thomas Kuhn.[8] Inkommensurabilität betrifft sowohl das „vertikale" (oder „synchrone") Verhältnis von Wissenschaften in der genannten Hierarchie, als auch das „horizontale" (oder „diachrone") Verhältnis von historisch aufeinander folgenden Theorien auf ein und demselben Niveau, also in der gleichen Wissenschaft. Dieser Doppelaspekt zeigt die Wichtigkeit von Inkommensurabilität; sie ist beileibe kein Randphänomen der Wissenschaften.[9]

8 Wenn ich hier von der „Entdeckung der Inkommensurabilität" spreche, so nehme ich keinen philosophisch neutralen Standpunkt ein, vielmehr unterstelle ich, dass es Inkommensurabilität tatsächlich gibt. Dies ist in der Philosophie aber höchst kontrovers, ebenso wie die genaue Charakterisierung und die Konsequenzen von Inkommensurabilität (siehe hierzu etwa Hoyningen-Huene/Sankey, 2001 und Oberheim/Hoyningen-Huene, 2013. Sogar zwischen Kuhn und Feyerabend gibt es nicht unerhebliche Differenzen ihrer Auffassungen von Inkommensurabilität (siehe z. B. Hoyningen-Huene, 2005). – Zudem ist das Wort „Entdeckung" ungenau, denn es handelt sich um eine Wiederentdeckung. Bereits Duhem und Einstein war Inkommensurabilität bekannt: siehe Oberheim, 2005; Oberheim/Hoyningen-Huene, 2013, Abschnitte 3.2.1 und 3.2.3; Oberheim, 2016.

9 Zudem können diese beiden Aspekte historisch ineinander greifen, wenn Theoriewandel mit Reduktionsversuchen einhergeht. – Es ist anzumerken, dass im vertikalen Fall das Wort „Inkommensurabilität" nicht gebräuchlich ist (z. B. bei Fodor, siehe den folgenden Abschnitt). Das hat den Grund, dass Kuhn und Feyerabend das Wort vor allem für die Abfolge von Theorien verwendet haben, also den „horizontalen" Fall. Inkommensurabilität war die Diagnose für die Unmöglichkeit der Reduktion der früheren Theorie auf die spätere, also die diachrone (oder „sukzessive") Reduktion. Ich verwende für den vertikalen Fall nun auch „Inkommensurabilität" und zwar aus folgendem Grund. Auch im vertikalen Fall handelt es sich um den Versuch der Reduktion, die synchrone (oder „interlevel") Reduktion (zum Unterschied der beiden Reduktionsarten siehe Nickles, 1973 und kommentierend Hoyningen-Huene, 2007, S. 178–180). Auch sie wird durch eine Inkongruenz von Begriffen unmöglich, weil die Begriffe der einen Ebene nicht durch die Begriffe der anderen Ebene wiedergegeben, genauer: redefiniert werden können. In beiden Fällen gibt es also kein gemeinsames begriffliches Maß für die involvierten Theorien, und genau das ist die Bedeutung von „semantische Inkommensurabilität".

Die Inkommensurabilität selbst hat ebenfalls verschiedene Aspekte, und in unserem Kontext nimmt der begriffliche Aspekt eine Schlüsselrolle ein; man spricht hierbei auch von „semantischer" Inkommensurabilität.[10] Die Grundidee ist, dass sich in der historischen Abfolge von Theorien die Kernbegriffe der Theorien subtil ändern können. Dies ist manchmal schwer erkennbar, weil diese Änderung gewissermaßen unter der Hand geschieht, indem die begriffliche Änderung nicht durch eine neue Namensgebung kenntlich gemacht wird. So hat beispielsweise der Begriff des Gens eine Geschichte durchgemacht, weil sich das Verständnis dessen, was ein Gen ist, markant gewandelt hat. Dennoch wurde und wird einfach von „Genen" gesprochen, und man sieht dem gleichbleibenden Wort den historischen Wandel des von ihm bezeichneten Genbegriffs nicht an. In ganz analoger Weise können im „vertikalen" Fall, also den Reduktionsversuchen zwischen verschiedenen Niveaus, Begriffe subtile Bedeutungsunterschiede aufweisen. Die hier wesentliche Konsequenz von semantischer Inkommensurabilität ist, dass die späteren bzw. weiter oben lokalisierten Begriffe durch die früheren bzw. weiter unten lokalisierten Begriffe nicht vollständig verstanden und daher auch durch sie nicht redefiniert werden können.

Ich erläutere das an einem leicht zugänglichen „horizontalen" Beispiel (ein „vertikales" Beispiel folgt später). Es handelt sich um den Planetenbegriff im Übergang vom Ptolemäischen Weltbild, dem „Geozentrismus", zum Kopernikanischen Weltbild, dem „Heliozentrismus".[11] Im geozentrischen Weltbild sind die Planeten die „Wandelsterne", d. h. diejenigen Himmelskörper, die nicht der starren Ordnung der Fixsternbewegung folgen, sondern sich relativ zu ihnen bewegen. Das sind Sonne, Mond, Merkur, Venus, Mars, Jupiter und Saturn. Sonne und Mond zählen hier zu den Planeten, die Erde dagegen nicht – denn sie bewegt sich nicht am Himmel. Direkt nach der Kopernikanischen Revolution, also im heliozentrischen Weltbild, sind Planeten diejenigen Himmelskörper, die die Sonne umkreisen. Das schließt nun die Sonne und den Mond aus – er gehört zur neuen Gruppe der Satelliten -, aber die Erde ein. Es ändern sich also sowohl die Begriffsbedeutung (oder „Begriffsintension") als auch der Begriffsumfang („Begriffsextension") des Planetenbegriffs, aber das Wort „Planet", der Begriffsname, wird für den veränderten Begriff beibehalten. Diese Art der Begriffsänderung wird „Begriffsverschiebung" genannt, und sie ist charakteristisch für semantische Inkommensurabilität.

---

10 Siehe z. B. Sankey/Hoyningen-Huene, 2001.

11 Thomas Kuhn hat das Beispiel wiederholt verwendet, siehe z. B. Kuhn, 1957 und Kuhn, 1962.

Tritt diese Art der Begriffsverschiebung zwischen verschiedenen Niveaus auf, zwischen denen eine Reduktion versucht werden soll, so muss diese Reduktion scheitern. Der Grund ist, dass man die Begriffe der oberen Ebene ja durch die Begriffe der unteren Ebene wiedergeben (oder „redefinieren") muss, und das nicht möglich ist. Das liegt daran, dass die den beiden Begriffssystemen unterschiedliche, sich gegenseitig widersprechende Annahmen zugrunde liegen. Im Falle des Geozentrismus ist das die Vorstellung einer im Mittelpunkt des Universums ruhenden Erde, um die alle anderen Himmelskörper kreisen, und diese Vorstellung wird im Heliozentrismus aufgegeben. Im geozentrischen Planetenbegriff ist diese Annahme enthalten, im heliozentrischen dagegen gerade nicht, und daher lässt sich der heliozentrische Planetenbegriff nicht mit dem geozentrischen Vokabular artikulieren. Semantische Inkommensurabilität macht die Erfüllung der oben genannten Verknüpfbarkeitsbedingung unmöglich. Genauere Untersuchungen beispielsweise des Verhältnisses von Biologie zur Chemie oder von Psychologie zu den Neurowissenschaften legten nun den Verdacht nahe, dass zwischen solchen Disziplinen in der Regel semantische Inkommensurabilität auftritt. Damit aber brach auch die spezifische Vorstellung der Einheit der Wissenschaften durch Reduktion aller Wissenschaften auf Physik zusammen.

3 Ja, und jetzt?

Die Konsequenz in der Wissenschaftsphilosophie war eine tiefgreifende Umorientierung ihres Mainstreams: Nicht mehr die Reduktion aller Wissenschaften auf Physik war nun das Arbeitsziel, sondern das Herausarbeiten der Besonderheiten der einzelnen Wissenschaften, die diese Reduktionen unmöglich machten. In anderen Worten: Es ging nicht mehr um die Einheit der Wissenschaften durch Reduktion, sondern um die Nicht-Einheit der Wissenschaften (disunity of science) durch antireduktionistische Argumente. Eine klassische Arbeit von Jerry Fodor aus dem Jahr 1974 belegt dies sehr schön bereits im Titel, der natürlich auf den Titel der klassischen Arbeit von Oppenheimer und Putnam von 1958 anspielt: „Special Sciences, or The Disunity of Science as a Working Hypothesis".[12] In dieser Arbeit wird ein Argument entwickelt, dass für die nachfolgende Durchsetzung des Antireduktionismus – und damit der Nicht-Einheit der Wissenschaften – in der Wissenschaftsphilosophie eine zentrale Rolle gespielt hat. Der grundsätzliche Mechanismus, der zur Nicht-Einheit der Wissenschaften führt, besteht nach

12 Fodor, 1974.

Fodor in der multiplen Realisierung von natürlichen Arten der oberen Ebene durch Objekte der unteren Ebene, wodurch die Inkommensurabilität der Begriffe der beiden Ebenen entsteht.[13]

Ich erläutere dies mit einem einfachen Modell-Beispiel. Betrachten wir die Situation, dass wir in einem Holzbrett ein rundes Loch vom Durchmesser d haben und einen Holzstab mit quadratischem Querschnitt; die Seitenlänge des Quadrats sei a. Wenn wir fragen, unter welchen Bedingungen der Stab sich durch das Loch führen lässt, so sagt eine einfache geometrische Überlegung: Der Durchmesser des Lochs muss mindestens so groß sein wie die Diagonale des quadratischen Querschnitt des Stabs.[14] Die „Durchstoßbedingung" lautet damit: $d \geq a \sqrt{2}$. Wenn wir diese makroskopischen Verhältnisse nun auf die darunterliegende molekulare Ebene reduzieren wollen, müssen wir untersuchen, wie das verwendete Holz seine Festigkeit gewinnt, denn die genannte Durchstoßbedingung gilt natürlich nur für feste Materialien. Um zu verstehen, warum das gewählte Holz unter den gegebenen physikalischen Bedingungen fest ist, müssen wir verstehen, wie bei dem verwendeten Holz aus der spezifischen Anordnung der Moleküle unter den gegebenen physikalischen Bedingungen die Festigkeit des Materials Holz resultiert. Nun kann man aber stutzig werden, weil man sich nun auf die Spezifika des Materials Holz einlässt, auf die es aber eigentlich gar nicht ankommt: Es kommt lediglich darauf an, dass das gewählte Material fest ist; ob es sich um Eisen, Keramik, Hartgummi, Glas, Kristall, harten Kunststoff oder sonst einen harten Stoff handelt, ist irrelevant. Nur zufälligerweise haben wir es mit Holz zu tun; die Durchstoßbedingung gilt aber für alle festen Materialien. Was auf der makroskopischen Ebene „festes Material" ist, lässt sich auf der mikroskopischen Ebene auf sehr viele sehr verschiedene Weisen realisieren. Wir können auf der mikroskopischen Ebene zwar viele Beispiele für feste Materialien beschreiben, aber diese Beispiele sind extrem heterogen und nicht erschöpfend. Sie führen daher nicht dazu, dass wir den makroskopischen Begriff der Härte, wie wir ihn für die Durchstoßbedingung benötigen, mittels mikroskopischer Begriffe definieren können. Wegen der unabschließbaren „multiplen Realisierbarkeit" von makroskopischer Härte erreichen wir also mittels mikroskopischer Beispiele für Härte nicht den allgemeinen makroskopischen Begriff der Härte.

Das Beispiel illustriert den Sachverhalt, der Fodor zu seiner Arbeitshypothese der Nicht-Einheit der Wissenschaften führt: Jede Wissenschaft bildet Begriffe, die genau auf ihren Gegenstandsbereich zugeschnitten sind. Diese Begriffe können von den darunter liegenden Ebenen her oft nicht genau

---

13 Siehe dazu auch den Beitrag von Jens Greve in diesem Band.

14 Das Beispiel stammt im Wesentlichen von Hilary Putnam: Putnam, 1975, S. 295–297.

rekonstruiert (im Sinne einer Redefinition) werden, weil sie auf unabschließbare Weise multipel realisiert werden können. Daher besitzen die Grundbegriffe einer Einzelwissenschaft Autonomie in dem Sinne, dass sie nicht auf Begriffe der darunter liegenden Ebenen reduziert werden können. Damit aber kann die Verknüpfbarkeitsbedingung zwischen den Ebenen nicht erfüllt werden, die eine notwendige Voraussetzung für die Ableitbarkeitsbedingung war (siehe Abschnitt 1). Und damit scheitert jeder Reduktionsversuch der Einzelwissenschaften auf die darunter liegenden Wissenschaften, und eine Nicht-Einheit der Wissenschaften resultiert. Der Kern dieser irreduziblen Vielheit der Wissenschaften ist die begriffliche Autonomie der Einzelwissenschaften.

Wichtig ist, dass diese Irreduzibilität entsteht, obwohl in *ontologischer* Hinsicht die Reduzierbarkeit der Einzelwissenschaften auf die darunter liegenden Wissenschaften angenommen wird: Die Gegenstände der Einzelwissenschaften sind aus den Gegenständen der darunter liegenden Wissenschaften zusammengesetzt und aus nichts sonst.[15] Diese ontologische Annahme ist heute für die Hierarchie der Einzelwissenschaften weitestgehend unbestritten: Alle von den empirischen Wissenschaften untersuchten Systeme bestehen letzten Endes aus Atomen und Molekülen. Wegen der multiplen Realisierbarkeit der Phänomene der oberen Ebene folgt aber aus der ontologischen Reduzierbarkeit nicht ihre epistemologische Reduzierbarkeit, weil die Begriffe der oberen Ebene Autonomie gegenüber den Begriffen der unteren Ebene besitzen.

Ist damit die Frage nach der Einheit der Wissenschaften erledigt, nämlich restlos negativ beantwortet? Das scheint auch irgendwie unbefriedigend – schließlich sind es alle Wissenschaften von der *einen* Welt, und schließlich sind es alle *Wissenschaften*, trotz aller sonstigen Unterschiede. Vielleicht kann man hier eine andere Perspektive einnehmen, die unsere Vorstellungen von Einheit bzw. irreduzibler Vielfalt, also Nicht-Einheit der Wissenschaften verändern würde.

4 Ein anderer Blick

Unser bisheriger Blick auf die Einheit und Vielfalt der Wissenschaften war durch zwei Perspektiven geprägt: die ontologische und die epistemologisch/begriffliche Perspektive. Diese beiden Perspektiven liegen historisch und systematisch nahe, wenn man die Frage nach Einheit und Vielfalt der

15 Genau genommen gilt diese Annahme für das Verhältnis von Psychologie zu den Neurowissenschaften nicht, denn die mentalen Phänomene, mit denen sich die Psychologie beschäftigt, sind nicht aus neuronalen Entitäten *zusammengesetzt*; sie sind von ihnen allenfalls *hervorgebracht*. Es ist mir seit langem nicht klar, wie relevant diese Korrektur für die Reduktionismusdiskussion ist.

Wissenschaften von der Reduktionismus-Thematik her angeht. Man kann sich aber von diesen Perspektive lösen und versuchen, einen allgemeineren Standpunkt einzunehmen. Man kann z. B. fragen, was die Wissenschaften überhaupt auszeichnet, und was sich daraus für ihr Verhältnis bzgl. Einheit und Vielheit ergibt. Ob dieses Vorgehen fruchtbar ist, lässt sich nicht im Vorneherein ausmachen, aber es scheint einen Versuch wert. Die neue „Systematizitätstheorie" der Wissenschaften bietet diese Möglichkeit, weil sie danach fragt, was die Wissenschaften im Allgemeinen auszeichnet, was sie demnach miteinander verbindet.[16] Dabei geht die Systematizitätstheorie vom Kontrast zwischen den Wissenschaften und dem Alltagswissen aus und fragt für alle Wissenschaften, also auch die Geistes- und Sozialwissenschaften: Was unterscheidet das wissenschaftliche Wissen vom Alltagswissen? Die Antwort der Systematizitätstheorie lautet, ganz allgemein formuliert: Wissenschaft unterscheidet sich vom Alltagswissen durch seinen höheren Grad von Systematizität. Zur Illustration vergleiche man das Wissen, das man sich auf alltägliche Weise von einer Person bildet mit den Testverfahren der Psychologie. Im Alltag benutzen wir auf höchst unsystematische Weise Eindrücke von der Person, vielleicht ergänzt durch bestimmte Vormeinungen, während in der Psychologie eine sorgfältig ausgewählte Batterie von Persönlichkeitstests zum Einsatz kommt. Klarerweise ist das wissenschaftliche Verfahren in höherem Grad systematisch. Die allgemeine These, dass wissenschaftliches Wissen einen höheren Grad an Systematizität besitzt, klingt extrem simpel, wird aber komplexer, wenn man sie entwickelt und konkretisiert.

Die Systematizitätstheorie behauptet nämlich, dass sich dieser höhere Grad an Systematizität der Wissenschaften im Vergleich zum Alltagswissen in neun verschiedenen Dimensionen zeigt. Diese Dimensionen sind Beschreibungen, Erklärungen, Vorhersagen, die Verteidigung von Wissensansprüchen, kritischer Diskurs, epistemische Vernetztheit, ein Ideal der Vollständigkeit, die Vermehrung von Wissen und die Darstellung von Wissen. Die Theorie behauptet also z. B.: Wissenschaftliche Beschreibungen sind systematischer als Alltagsbeschreibungen, wissenschaftliche Erklärungen sind systematischer als Alltagserklärungen, etc. Diese Thesen müssen natürlich begründet werden, und dies geschieht in der Entwicklung der Theorie mittels vieler heterogener Beispiele. Die Systematizitätstheorie formuliert also nicht eine (simple) These, sondern deren neun.

---

16 Für die vollständig entwickelte Theorie siehe Hoyningen-Huene, 2013; eine kurze Zusammenfassung ist Hoyningen-Huene, 2015. Für Kritik an der Systematizitätstheorie siehe beispielsweise Carrier, 2015; Scholz, 2015; Seidel, 2014 und Thalos, 2015.

Das Ganze wird aber noch komplizierter, wenn man nun den Systematizitätsbegriff genauer unter die Lupe nimmt. Betrachten wir beispielsweise die höhere Systematizität, die eine botanische *Beschreibung* von Pflanzenarten in einer biologischen Klassifikation durch Unterscheidungen von Unterarten erhält. Vergleichen wir das mit der höheren Systematizität einer botanischen *Erklärung* für die Eigenschaften einer bestimmten Art: z. B. durch Beizug von neuen Daten aus der Phylogenese der Art, die bestimmte Eigenschaften der Art verständlich machen. Ganz offensichtlich ist in diesen beiden Fällen mit „höherer Systematizität" nicht genau das Gleiche angesprochen: die (höhere) Systematizität einer Beschreibung ist nicht das Gleiche wie (höhere) Systematizität einer Erklärung. Und dies gilt ganz allgemein: Was man unter Systematizität versteht, hängt von der Dimension ab, die man gerade im Blick hat. Es kommt aber noch schlimmer: Die (höhere) Systematizität (in einer bestimmten Dimension) für eine bestimmte Disziplin ist nicht identisch mit der (höheren) Systematizität für eine andere Disziplin (in der gleichen Dimension). Hier ein Beispiel. Die höhere Systematizität einer Beschreibung in der Botanik, nämlich durch eine verfeinerte Klassifikation, ist nicht das Gleiche wie die höhere Systematizität einer Beschreibung in der Geschichtswissenschaft, die typischerweise eine detailliertere Erzählung von Geschehnissen betrifft. Ja, es kommt sogar noch schlimmer: Der Systematizitätsbegriff (in einer bestimmten Dimension) variiert sogar mit den Subdisziplinen einer bestimmten Disziplin. Betrachten wir z. B. die Subdisziplinen Mentalitätsgeschichte und Wirtschaftsgeschichte der Disziplin Geschichte, und bleiben wir bei der Dimension Beschreibungen. Erhöhung der Systematizität von mentalitätsgeschichtlichen Beschreibungen ist typischerweise qualitativ, während die Erhöhung der Systematizität von wirtschaftsgeschichtlichen Beschreibungen typischerweise eine starke quantitative Komponente hat.

Unser bisheriges Resultat ist also, dass man den Unterschied von Wissenschaften und Alltagswissen zwar durch einen einzigen Begriff charakterisieren kann, nämlich den der Systematizität, dass dieser Begriff aber je nach Dimension, Disziplin und Subdisziplin etwas andere Bedeutungen hat. Ist das nicht etwas merkwürdig? Das ist es nicht, denn unsere Sprache funktioniert nun einmal so. Betrachten wir dazu z. B. den Begriff der Verfeinerung. Dieser Begriff hat sehr verschiedene Bedeutungen, je nach dem Kontext, in dem er verwendet wird. So bedeutet das „Verfeinern einer Sauce" in der europäischen Küche typischerweise das Hinzufügen von Sahne oder Eigelb und das Reduzieren (Einkochen) der Sauce. Das „Verfeinern des Schreibstils" bedeutet typischerweise weniger die Passivform und weniger Substantive zu verwenden, und keine Schachtelsätze zu bauen. Das „Verfeinern optischer Geräte" bedeutet typischerweise eine genauere Justierung der Komponenten, die Verwendung besserer

Linsen oder optischer Gitter, etc. Das sind höchst unterschiedliche Bedeutungen des Begriffs der Verfeinerung, die bei einer abstrakten Betrachtung dieses Begriffs zunächst gar nicht ins Auge fallen. Also: Abstrakte Begriffe können, wenn auf konkrete Situationen angewandt, sehr verschiedene Bedeutungen gewinnen; ihre konkrete Bedeutung ist kontextabhängig. Nun kann man sich fragen, in welchem Verhältnis solche Konkretisierungen eines abstrakten Begriffes zueinander stehen.

Wir haben es bei diesen konkreteren Begriffen von „Systematizität" (wie von „Verfeinerung") mit einem Beispiel dafür zu tun, was Ludwig Wittgenstein „Familienähnlichkeit" genannt hat.[17] Das bedeutet: Es gibt keine einziges Merkmal, das allen konkretisierten Systematizitätsbegriffen zukommt, aber gibt es eine Vielzahl von Merkmalen, die jeweils einigen konkretisierten Systematizitätsbegriffen zukommen, so dass viele bezüglich einiger ihrer Merkmale überlappende konkrete Systematizitätsbegriffe entstehen. Man kann sich die Einheit, die der abstrakte Systematizitätsbegriff über die konkreten Systematizitätsbegriffe stiftet, mit der Einheit eines Fadens veranschaulichen, die nicht etwa durch Fasern gestiftet wird, die durch den ganzen Faden hindurchlaufen, sondern durch die Überlappung von vielen Fasern, die kürzer als der ganze Faden sind. Ein aus solchen Fäden gewebtes Tuch erhält seine Einheit dann durch eine mehrdimensionale Überlagerung von kürzeren Fasern; keine Faser ist so lang wie das Tuch lang oder breit ist.

Analog ist es nun in den Wissenschaften: Die Wissenschaften weisen, gestiftet durch für sie jeweils charakteristische, unterschiedliche konkrete Systematizitätsbegriffe, eine Vielzahl von überlappenden Ähnlichkeiten auf. Man kann das folgendermaßen darstellen. Man denke sich einen 9-dimensionalen Raum, der durch die neun Systematizitätsdimensionen aufgespannt wird. Auf jeder der neun Systematizitätsachsen sind die verschiedenen konkreten Systematizitätsbegriffe aufgetragen, die für die entsprechende Dimension einschlägig sind. Jeder Subdisziplin entspricht in diesem 9-dimensionalen Raum dann ein Punkt, dessen Lage durch die neun verschiedenen konkreten Systematizitätsbegriffe bestimmt ist, die für die Subdisziplin charakteristisch sind. Einer Disziplin, die verschiedene Subdisziplinen enthält, entspricht dann ein Cluster von benachbarten Punkten; einer Disziplinengruppe entspricht eine Wolke benachbarter Cluster (von Disziplinen).

Durch diesen 9-dimensionalen Raum kann man verschiedene Linien legen, die benachbarte (Sub-)Disziplinen verbinden. Benachbart sind Subdisziplinen, die Ähnlichkeiten in einer oder mehreren Systematizitätsdimensionen

17 Wittgenstein, 1953, §§ 65–71.

aufweisen. Auf diese Weise lassen sich sehr heterogene (Sub-)Disziplinen, die dementsprechend weit auseinander liegen, in diesem 9-dimensionalen Raum durch Linien verbinden, z. B. die reine Mathematik mit der Politologie. Die Line könnte folgendermaßen verlaufen: Reine Mathematik – mathematische Physik – theoretische Physik – Experimentalphysik – physikalische Chemie – anorganische Chemie – organische Chemie – Biochemie – Molekularbiologie – Zellbiologie – organismische Biologie – Verhaltensforschung – Soziobiologie – evolutionäre Psychologie – allgemeine Psychologie – Sozialpsychologie – Soziologie – Politologie. Oder man könnte historische Disziplinen von der Kosmologie bis zur Mentalitätsgeschichte verbinden: Kosmologie – Planetologie – historische Geologie – Paläontologie – biologische Anthropologie – Urgeschichte – Frühgeschichte – Alte Geschichte – Sozialgeschichte – Mentalitätsgeschichte.

Mit der vorher genannten Fasern-Faden Metapher Wittgensteins gesprochen ist die Einheit der Wissenschaften dann wie die Einheit der Fadenfasern in einem Mantel; sie bilden ein gut zusammenhängendes, dreidimensionales Ganzes. Im Fall der Wissenschaften ist dies ein 9-dimensionales Ganzes, das gegen außen allerdings nicht so klar abgegrenzt ist wie ein Mantel, weil es Übergangsphänomene zu nicht-wissenschaftlichen Aktivitäten gibt. Dazu gehört beispielsweise der fließende Übergang von den angewandten Wissenschaften zur Produktentwicklung.[18] Die Einheit der Wissenschaften wird demnach durch die Einheit des abstrakten Systematizitätsbegriffs gestiftet, während die Vielheit der Wissenschaften an den verschiedenen Gegenständen liegt, die ihrerseits in der jeweiligen historischen Situation zu unterschiedlichen konkreten Systematizitätsbegriffen führt. Die konkreten Systematizitätsbegriffe sind durch ein Netz von Familienähnlichkeiten untereinander verbunden. Wohl kann man dann allgemein sagen, dass das wissenschaftliche Wissen systematischer ist als das Alltagswissen, aber es gibt keine konkrete Eigenschaft, die das wissenschaftliche Wissen allgemein charakterisiert.

Es kommt nun auf den Ausgangspunkt an, ob man unter diesen Umständen von der Einheit oder der Nicht-Einheit der Wissenschaften spricht. Gemessen an dem alten, starken Ideal des reduktiven Zusammenhangs der Wissenschaften ist das natürlich eine Nicht-Einheit. Daher spricht John Dupré, der in seinen Arbeiten Familienähnlichkeiten zwischen den Wissenschaften konstatiert und ein durchgängiges Kriterium für Wissenschaftlichkeit für nichtexistent hält, von der Nicht-Einheit der Wissenschaften („disunity of science").[19] Wenn man jedoch

---

18 Siehe dazu Hoyningen-Huene, 2013, S. 11–13.
19 Dupré, 1983 und Dupré, 1993, besonders S. 10.

nicht vom (früheren) reduktionistischen Ideal ausgeht und den Blick auf wissenschaftliche Wissensgewinnung und das daraus resultierende wissenschaftliche Wissen lenkt, dann kann man den durchgängigen Kontrast zu anderen Wissensarten sehen, besonders zum Alltagswissen. Dann kann man trotz aller disziplinären und historischen Vielfalt die Einheit sehen, die durch den abstrakten Systematizitätsbegriff gestiftet wird. Wie in vielen anderen Situationen auch kommt es auf den Maßstab an, den man zur Beurteilung einer Sache anlegt. Um letzteres drastisch zu illustrieren: Gemessen am Maßstab der reinen Mathematik sind fast alle Wissenschaften (außer den axiomatisierten Teilen der Physik und der Mathematik selbst) eigentlich wie Lyrik.

5 Resultat

Es gibt eine (ontologische) Einheit der Wissenschaften, die durch die Einheit der Welt gestiftet wird. Diese Einheit gibt aber nicht viel her, weil sie analytisch wahr ist: alles was uns irgendwie begegnet, gehört zu der einen Welt, ungeachtet der immensen Verschiedenheiten dieser Gegenstände. Trotz dieser einen Welt gibt es aber keine (epistemologische) Einheit der Wissenschaften im Sinne einer begrifflichen Einheitlichkeit der Wissenschaften und darauf basierender Reduktionsverhältnisse. Dies war ein Philosophentraum, dessen Unhaltbarkeit mit dem rasanten Wachstum der Diversität der Wissenschaften und genaueren Detailanalysen ihrer gegenseitigen Verhältnisse besonders in den letzten Jahrzehnten manifest geworden ist. Aber es gibt eine schwächere (epistemologische) Einheit der Wissenschaften, die durch ein Netz von Familienähnlichkeiten zwischen den verschiedenen, (sub-)disziplin-spezifischen Systematizitätsbegriffen in einem 9-dimensionalen Raum der Wissenschaften gestiftet wird. Mehr an epistemologischer Einheit scheint es nicht zu geben.

Literatur

Brigandt, Ingo/Alan Love, 2015: „Reductionism in Biology". In: The Stanford Encyclopedia of Philosophy, hg. von Edward N. Zalta. URL = http://plato.stanford.edu/archives/fall2015/entries/reduction-biology/.

Carnap, Rudolf/Hans Hahn/Otto Neurath, 1979 [1929]: Wissenschaftliche Weltauffassung – Der Wiener Kreis. Wien: Artur Wolf. Abgedruckt in Rainer Hegselmann (Hg.): Otto Neurath: Wissenschaftliche Weltauffassung, Sozialismus und Logischer Empirismus. Frankfurt: Suhrkamp 1979, S. 81–101.

Carrier, Martin, 2015: „Systematizität: Eine systematische Charakterisierung von Wissenschaft? Kommentar zu Paul Hoyningen-Huenes Systematicity“. Zeitschrift für philosophische Forschung 69 (2):230–234.
Dirac, P.A.M., 1929: „Quantum mechanics of many electron systems“. Proceedings of the Royal Society (London) A123:714–733.
Dupré, John, 1983: „The Disunity of Science“. Mind 92:321–346.
Dupré, John, 1993: The Disorder of Things: Metaphysical Foundations of the Disunity of Science. Cambridge: Harvard University Press.
Fodor, Jerry A., 1974: „Special Sciences, or The Disunity of Science as a Working Hypothesis“. In: Readings in Philosophy of Psychology, Vol. I., hg. von Ned Block. Cambridge: Harvard University Press, pp. 120–133 (originally in Synthese 28: 97–115 (1974)).
Heitler, Walter/Fritz London, 1927: „Wechselwirkung neutraler Atome und homöopolare Bindung nach der Quantenmechanik“. Zeitschrift für Physik 44:455–472.
Hoyningen-Huene, Paul, 2005: „Three biographies: Kuhn, Feyerabend, and incommensurability“. In: Rhetoric and Incommensurability, hg. von Randy Harris. West Lafayette: Parlor Press, pp. 150–175.
Hoyningen-Huene, Paul, 2007: „Reduktion und Emergenz“. In: Wissenschaftstheorie. Ein Studienbuch, hg. von Andreas Bartels/Manfred Stöckler. Paderborn: mentis, pp. 177–197.
Hoyningen-Huene, Paul, 2013: Systematicity: The Nature of Science, Oxford studies in philosophy of science. New York: Oxford University Press.
Hoyningen-Huene, Paul, 2015: „Précis zu Systematicity: The Nature of Science“. Zeitschrift für philosophische Forschung 69 (2):225–229.
Hoyningen-Huene, Paul/Howard Sankey, 2001: Incommensurability and related matters. Band 216, Boston studies in the philosophy of science. Dordrecht: Kluwer Academic Publishers.
Kuhn, Thomas S., 1957: The Copernican Revolution: Planetary Astronomy in the Development of Western Thought. Cambridge: Harvard University Press, Übs.: Die kopernikanische Revolution, Braunschweig: Vieweg 1981.
Kuhn, Thomas S., 1962: The Structure of Scientific Revolutions. Chicago: University of Chicago Press, 2nd ed. 1970. Übs.: Die Struktur wissenschaftlicher Revolutionen, Frankfurt: Suhrkamp, 1967, 2. Aufl. 1976.
Nickles, Thomas, 1973: „Two Concepts of Intertheoretic Reduction“. Journal of Philosophy 70:181–201.
Oberheim, Eric, 2005: „On the historical origins of the contemporary notion of incommensurability: Paul Feyerabend's assault on conceptual conservativism“. Studies in History and Philosophy of Science 36:363–390.
Oberheim, Eric, 2016: „Rediscovering Einstein's legacy: How Einstein anticipates Kuhn and Feyerabend on the nature of science“. Studies in History and Philosophy of Science Part A 57:17–26.
Oberheim, Eric/Paul Hoyningen-Huene, 2013: „The Incommensurability of Scientific Theories“. In: The Stanford Encyclopedia of Philosophy, hg. von Edward N. Zalta. URL = <http://plato.stanford.edu/archives/spr2013/entries/incommensurability/>.
Oppenheim, Paul/Hilary Putnam, 1970 [1958]: „Einheit der Wissenschaft als Arbeitshypothese“. In: Erkenntnisprobleme der Naturwissenschaften. Texte zur Einführung in die Philosophie der Wissenschaft, hg. von Lorenz Krüger. Köln: Kiepenheuer & Witsch, pp. 339–371.

Primas, Hans/Ulrich Müller-Herold, 1990: Elementare Quantenchemie. Stuttgart: Teubner.
Putnam, Hilary, 1975: „Philosophy and our mental life". In: Mind, Language, and Reality. Philosophical Papers, Vol. 2, hg. von Hilary Putnam. Cambridge: Cambridge University Press, pp. 291–303.
Sankey, Howard/Paul Hoyningen-Huene, 2001: „Introduction". In: Incommensurability and Related Matters, hg. Von Paul Hoyningen-Huene/Howard Sankey. Dordrecht: Kluwer, pp. vii-xxxiv.
Scholz, Oliver, 2015: „Wissenschaft, Systematizität und Methoden. Anmerkungen zu Paul Hoyningen-Huenes Systematicity. The Nature of Science". Zeitschrift für philosophische Forschung 69 (2):235–242.
Seidel, Markus, 2014: „Rezension von Paul Hoyningen-Huene: Systematicity. The Nature of Science". Zeitschrift für philosophische Literatur 2 (4):33–38.
Sigmund, Karl, 2015: Sie nannten sich Der Wiener Kreis: Exaktes Denken am Rand des Untergangs. Wiesbaden: Springer Spektrum.
Thalos, Mariam, 2015: „Review of Systematicity" Mind 124 (493):351–357.
Wittgenstein, Ludwig, 1953: Philosophische Untersuchungen. Frankfurt: Suhrkamp.

Georg Schiemer

Mathematik in den Wissenschaften

Abstract: *Mathematics in the sciences*. Mathematics is known to play a central role in the modern sciences. Its theorems and methods often function as necessary conditions for the formulation of scientific laws as well as for the scientific explanation of investigated phenomena. This is true specifically in the context of the natural and the social sciences where the use of mathematical models and simulations has led to a steady development and rigorization of as diverse fields as particle physics, evolutionary biology, and macroeconomics. The present article aims to give a general discussion of the different roles that mathematical models or representations play in scientific reasoning. Moreover, it addresses Wigner's famous claim of the "unreasonable effectiveness" of mathematics in physics. Based on recent discussions of Wigner's puzzle in work by Steiner, Bueno, and Pincock, we compare two structuralist accounts of mathematical representation in the sciences, namely a "mapping-based" and an "inferentialist" approach.

1 Einleitung

Mathematik spielt bekanntermaßen eine zentrale Rolle in den modernen Wissenschaften. Mathematische Resultate und Methoden bilden häufig eine notwendige Voraussetzung für die Formulierung von wissenschaftlichen Gesetzen und für die Erklärung von untersuchten Phänomen. In den Natur- und Sozialwissenschaften wie der Biologie, der Physik oder der Ökonomie hat in den vergangenen Jahrzehnten insbesondere der Einsatz von mathematischen Modellen und Simulationen zu einer stetigen Weiterentwicklung und Rigorisierung dieser Felder geführt.[1]

Beispiele für die erfolgreiche Anwendung von mathematischen Modellen in unterschiedlichen Wissenschaftsdisziplinen sind leicht zu finden. Man denke an die Modellierung von sozialen Interaktionen mittels spieltheoretischer Modelle in der Ökonomie oder den Einsatz von unterschiedlichen mathematischen

1 Vgl. Frigg/Hartmann 2017 für einen hilfreichen Überblick über unterschiedliche Typen von wissenschaftlichen Modellen. Siehe Pincock 2012 für eine detaillierte Studie der Funktionen von Mathematik in wissenschaftlicher Repräsentationen.

Anmerkung: Forschung zu diesem Aufsatz wurde gefördert durch das European Research Council (ERC) unter dem European Union Horizon 2020 Forschungs- und Innovationsprogramm (Projektnummer Nr. 715222).

https://doi.org/10.1515/9783110614831-003

Wachstumsmodellen zur Beschreibung von Populationsprozessen in der Ökologie. Weitere Beispiele sind numerische Modelle zur Beschreibung von Klimaprozessen in der Klimaforschung sowie der Einsatz von stochastischen Modellen (wie dem Black-Scholes Modell) in der Finanzmathematik zur Prognose der Kursentwicklung von Finanzderivaten. Eine noch grundlegendere Bedeutung kommt dem mathematischen Modellieren in der modernen Physik zu. Physikalische Gesetze wie Newtons Gravitationsgesetz, Einsteins Feldgleichungen oder die Gesetze des Elektromagnetismus sind üblicherweise in der Sprache der Mathematik, etwa durch gewöhnliche oder partielle Differentialgleichungen, formuliert.

Diese Beispiele zeigen, dass die modernen Wissenschaften (und insbesondere die Naturwissenschaften) ohne Mathematik nur schwer vorstellbar sind und dass der Mathematik eine konstitutive Rolle in der wissenschaftlichen Theoriebildung zukommt. Die analytischen Philosophen W.V.O. Quine und H. Putnam sprechen in diesem Zusammenhang treffend von der „indispensability", das heißt der Unverzichtbarkeit der Mathematik in den Wissenschaften.[2] Dieser Erfolg bzw. die Effektivität der angewandten Mathematik stellt Philosophen und philosophisch interessierte Wissenschaftler vor ein Rätsel. Wie kann es sein, dass Mathematik, deren Grundsätzen und Theoremen gemeinhin der Status von notwendig gültigen und apriorischen Gewissheiten zugeschrieben wird, derart effektiv in der Untersuchung von empirischen Phänomenen ist? Anders formuliert: Was sind die Gründe dafür, dass mathematisches Wissen so nachweislich erfolgreich in der wissenschaftlichen Beschreibung der Welt *angewandt* werden kann? Die philosophische Beschäftigung mit diesen Fragen reicht in die Antike, insbesondere auf Platons Auffassung der Geometrie, zurück und bildet auch ein wiederkehrendes Thema in der modernen Philosophiegeschichte. In der zeitgenössischen Philosophie der Mathematik wird das skizzierte Rätsel üblicherweise als „Anwendungsproblem" der Mathematik bezeichnet.[3]

Das Thema des vorliegenden Aufsatzes ist dieses philosophische Anwendungsproblem. Unser Ziel ist, die unterschiedlichen Funktionen von mathematischen Modellen in den modernen Wissenschaften sowohl aus historischer wie auch aus philosophischer Perspektive näher zu beleuchten. Wie gezeigt werden soll, lasst sich die Frage, wie Mathematik in der wissenschaftlichen Naturbeschreibung eingesetzt werden kann, nicht losgelöst vom Umstand behandeln, dass sowohl die Mathematik wie auch die Wissenschaften in ihrer historischen Entwicklung grundlegenden konzeptuellen Wandel unterworfen

2 Vgl. beispielsweise Quine 1980 und Putnam 1979.

3 Zum philosophischen Problem der Anwendbarkeit der Mathematik siehe insbesondere Steiner 1998 und Bangu 2012.

waren. Die Diskussion des Anwendungsproblems ist daher auch bestimmt dadurch, wie zu unterschiedlichen Zeitpunkten in der Geschichte mathematisches und wissenschaftliches Wissen verstanden wurde.

Der Aufsatz ist folgendermaßen gegliedert: Abschnitt 1 skizziert die historische Entwicklung der modernen Auffassung von angewandter Mathematik sowie von mathematischen Modellen in den Wissenschaften. Hier wird insbesondere der Frage nachgegangen, wie sich das Verhältnis von Mathematik und Naturbeschreibung ab der neuzeitlichen wissenschaftlichen Revolution gewandelt hat. Abschnitt 2 gibt in Folge einen Überblick über die moderne philosophische Debatte zum Anwendungsproblem. Hierbei wird zuerst die einflussreiche Diagnose des Physikers und Nobelpreisträgers E. Wigner von der „unreasonable effectiveness“ der Mathematik in den Naturwissenschaften diskutiert.[4] Ausgehend von Wigners Rätsel wird auf M. Steiners Analyse von unterschiedlichen Anwendungsproblemen der Mathematik in Steiner 1998 eingegangen. Abschnitt 3 beschäftigt sich schließlich mit einer strukturalistischen Theorie von angewandter Mathematik. Strukturalismus wird hier als eine mögliche Auffassung von mathematischer Repräsentation beschrieben, mit der das philosophische Anwendungsproblem in adäquater Weise adressiert werden kann. Abschnitt 4 gibt eine kurze Zusammenfassung sowie einige Schlussfolgerungen.

2 Vom pythagoräischen Weltbild zu mathematischen Modellen

Das Verhältnis von Mathematik und den Wissenschaften ist kein statisches und hat sich im Laufe der historischen Entwicklung grundlegend geändert. Insbesondere das Aufkommen der modernen Naturwissenschaften ab der Neuzeit hat zu einem Wandel im Verständnis der Rolle der Mathematik in der Naturbeschreibung geführt. Dieser Wandel ist gekennzeichnet durch den Übergang von einer pythagoräischen Naturauffassung und dem Verständnis der Mathematik als universelle Sprache der Natur hin zum Einsatz von idealisierten mathematischen Modellen. Wie im folgenden Abschnitt gezeigt werden soll, war diese Entwicklung eng verbunden mit der im neunzehnten Jahrhundert vollzogenen Trennung von reiner und angewandter Mathematik.[5]

4 Vgl. Wigner 1960.

5 Siehe Maddy 2008 für eine Untersuchung der Entwicklung des modernen Verständnisses von reiner und angewandter Mathematik.

2.1 Eine pythagoräische Naturauffassung

Bekanntermaßen war die wissenschaftliche Revolution ab der frühen Neuzeit und bis ins achtzehnte Jahrhundert in Europa eng verbunden mit einer Neubewertung der Rolle der Mathematik in den Wissenschaften. Diese gilt in erster Linie für die Kosmologie und die entstehende moderne Physik in Nikolaus Kopernikus *De revolutionibus orbium coelestium* von 1543 sowie in den nachfolgenden Arbeiten von Johannes Kepler, Galileo Galilei und Isaac Newton.[6] Welche Funktionen übernimmt die Mathematisierung, das heißt die Anwendung quantitativen Methoden in den Arbeiten dieser Naturforscher?

Wie oben erwähnt wird Mathematik hier in erster Linie als universelle Sprache zur exakten Beschreibung von Naturphänomenen und der ihnen zugrundeliegenden physikalischen Gesetzmäßigkeiten aufgefasst. Diese Auffassung ist treffend ausgedrückt in Galileis oft zitierter Passage von 1623:

> Die Philosophie steht in diesem großen Buch geschrieben, dem Universum, das unserem Blick ständig offen liegt. Aber das Buch ist nicht zu verstehen, wenn man nicht zuvor die Sprache erlernt und sich mit den Buchstaben vertraut gemacht hat, in denen es geschrieben ist. Es ist in der Sprache der Mathematik geschrieben, und deren Buchstaben sind Kreise, Dreiecke und andere geometrische Figuren, ohne die es dem Menschen unmöglich ist, ein einziges Wort davon zu verstehen; ohne diese irrt man in einem dunklen Labyrinth herum.
> (Galilei, Il Saggiatore, 1623, übersetzt aus dem Englischen aus Kline, 1972, pp. 328–329)

Galilei zufolge ist das Buch der Natur geschrieben in der Sprache der Mathematik, konkret in der Sprache der synthetischen Geometrie. Die Kenntnis dieser Sprache bildet eine notwendige Voraussetzung für eine korrekte Beschreibung von beobachtbaren Phänomenen wie etwa der Umlaufbahnen der Himmelskörper. Physik und ebenso die Astronomie setzen also die Mathematik voraus, oder treffender ausgedrückt, die beiden Wissensformen sind nicht losgelöst voneinander denkbar.

Diese Auffassung von mathematischer Naturbeschreibung stellt einerseits einen radikalen Bruch mit einem zuvor dominanten Paradigma dar, jener aristotelischen Wissenschaftskonzeption, der zufolge die Rolle der Wissenschaften in erster Linie in der Erklärung von Naturphänomen im Sinne der Suche nach ihren letzten Ursachen liegt. Das Aristotelische Bild der Natur wird in den neuzeitlichen Wissenschaften ersetzt durch eine rein mathematische Beschreibung der sichtbaren Phänomene, die ohne Postulierung von Hypothesen über deren zugrundeliegenden Ursachen auskommt.

---

6 Vgl. Shapin 1996 für eine detaillierte Studie der wissenschaftlichen Revolution und der Ursprünge der modernen Naturwissenschaften.

Gleichzeitig unterliegt die neuzeitliche Mathematisierung der Wissenschaften ab Galilei einer alternativen Annahme über das Verhältnis von Mathematik und Natur, die üblicherweise als pythagoräische Naturauffassung bezeichnet wird. Dies ist die Annahme, dass die Natur selbst intrinsisch mathematischen Charakter hat und mathematischen Gesetzmäßigkeiten folgt, die in der Sprache der Euklidischen Geometrie, der Analysis etc. ausgedrückt werden können. Die pythagoräische Naturkonzeption ist impliziert in Galileis oben zitierter Passage zum geometrischen Gehalt des Buchs der Natur. Sie findet sich auch ausgedrückt in einer Reihe von grundlegenden Werken zur Astronomie und Physik, die zu der Zeit verfasst wurden.[7]

Als ein stellvertretendes Beispiel sei hier kurz auf Keplers Theorie der Planetenbahnen in dessen *Mysterium Cosmographicum* von 1596 hingewiesen. In dem Buch unternimmt Kepler den Versuch, die Umlaufbahnen der sechs Planeten Merkur, Venus, Erde, Mars, Jupiter und Saturn und ihre jeweiligen Verhältnisse zu bestimmten durch den Bezug auf die Radien von Kugelschalen, in denen die platonischen Körper eingeschrieben sind. Konkret sollte damit eine Korrespondenz hergestellt werden zwischen dem Verhältnis der ursprünglich von Kopernikus berechneten Planetenbahnen und dem Verhältnis der Radien aus ineinander geschachtelter Kugeln, die durch die jeweiligen Schnittpunkte mit den Kanten eines Oktaeders, eines Ikosaeders, eines Dodekaeders, eines Tetraeders und eines Würfels bestimmt sind. Ein Detailausschnitt aus Keplers bekanntem Stich ist in Abbildung 1 abgebildet. Die zentrale pythagoräische Annahme in Keplers Untersuchung ist, dass die Korrespondenz zwischen Planetenbahnen und Kugelmodellen eine der Natur zugrundeliegende mathematische Ordnung offenlegt, die durch die Analogie beschrieben wird.[8]

Das Beispiel von Keplers Suche nach einer, den Naturphänomenen zugrunde liegenden mathematischen Harmonie weist auf eine zentrale Konsequenz für das damalig angenommene Verhältnis von Mathematik und Wissenschaften hin. Die pythagoräische Naturauffassung bringt mit sich, dass die beiden Disziplinen nicht voneinander trennbar sind. Wissenschaften wie die Astronomie oder die Physik sind ihrem Gehalt nach mathematisch. Wie der Mathematikhistoriker M. Kline schreibt, „mathematics became the substance of

7 Vgl. dazu folgende Bemerkung der Mathematikhistorikers M. Kline: „(...) Descartes, Newton, Euler, and many others believed mathematics to be the accurate description of real phenomena (...) they regarded their work as the uncovering of the mathematical design of the universe." (Kline 1972, S. 1028).

8 Bekanntermaßen wurde Keplers ursprüngliche Theorie der Planetenbahnen in Folge widerlegt und durch die Keplerschen Gesetze der elliptischen Bahnen ersetzt. Vgl. dazu Losee 1977, S. 52–53.

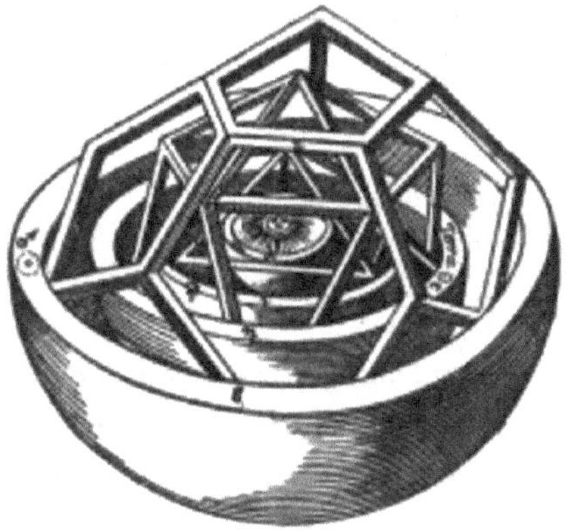

Abb. 1: Ausschnitt aus Keplers *Mysterium Cosmographicum* (Tübingen, 1596).

scientific theories“ [Kline 1972, S. 394]. Die Naturwissenschaft handelt also einerseits von beobachtbaren Phänomenen und andererseits von den diesen zugrundeliegenden mathematischen Gesetzmäßigkeiten. Ihr Ziel ist eine wahrheitsgemäße Beschreibung der der Natur inhärenten mathematischen Struktur.[9]

Dieses Bild und die damit einhergehende Fusion von Mathematik und empirischer Forschung hat die wissenschaftliche Entwicklung bis ins neunzehnte Jahrhundert geprägt. Erst die zweite Hälfte des neunzehnten Jahrhunderts brachte eine sukzessive Loslösung der mathematischen Begriffsbildung von der wissenschaftlichen Naturbeschreibung und in Folge eine Neubewertung der angewandten Mathematik mit sich.

2.2 Reine Mathematik und mathematische Modelle

Das moderne Verständnis von Mathematik in Anwendung in den Wissenschaften ist historisch betrachtet eng verknüpft mit der Etablierung der ‚reinen‘ Mathematik als eigenständige Disziplin im neunzehnten Jahrhundert. Teildisziplinen wie die abstrakte Algebra, die Zahlentheorie, oder die Topologie zeichnen sich in erster Linie dadurch aus, dass deren Grundbegriffe (wie der eines Rings oder eines Systems natürlicher Zahlen) weitgehend unabhängig von Fragen der möglichen empirischen Anwendbarkeit entwickelt wurden. Mathematik wurde damit zu einer eigenständigen und autonomen Disziplin, deren

9 Vgl. dazu Kline 1972 und Maddy 2008.

Begriffsbildung nach eigenen, innermathematischen Methoden und Standards erfolgte. Morris Kline fasst diese Enwicklung ab 1850 folgendermaßen zusammen:

> (...) after about 1850, the view that mathematics can introduce and deal with (...) concepts and theories that do not have immediate physical interpretation (...) gained acceptance. (Kline, 1972, p. 1031)

Die Etablierung der reinen Mathematik als eigenständige Wissensform ist Resultat einer vielschichtigen und komplexen Entwicklung im Zeitraum zwischen 1850 und 1920, die hier nur in ihren Grundlinien angedeutet werden kann. Sie umfasst, wie bereits erwähnt, die Entstehung von neuen Disziplinen wie der Gruppentheorie, der algebraischen Zahlentheorie und der Ringtheorie im Rahmen der strukturellen Algebra sowie der Mengentheorie durch Dedekind und Cantor.[10] In der Analysis und Zahlentheorie war diese Entwicklung unter anderem geprägt durch die axiomatische Beschreibung von Systemen der natürlichen und reellen Zahlen durch Dedekind, Peano, und Hilbert. Die Geometrie, die in den Arbeiten von Kepler, Galilei, und anderen im Rahmen der wissenschaftlichen Revolution eng verwoben war mit der Physik und Astronomie, hat im Laufe des neunzehnten Jahrhunderts ebenfalls eine dramatische Wandlung vollzogen. Während die Axiome der Euklidischen Geometrie traditionell als wahre Satze über den Erfahrungsraum verstanden wurden, wurde dieser Status durch die Entwicklung diverser nicht-Euklidischer Geometrien in den Arbeiten von Gauss, Bolyai, und Lobatschewski (unter anderen) relativiert. Darüber hinaus wurden die zulässigen Methoden in der geometrischen Forschung durch das Entstehen der modernen projektiven Geometrie, durch Kleins Erlanger Programm der Klassifizierung unterschiedlicher Geometrien auf Basis der ihnen zugehörigen Transformationsgruppen, sowie durch Hilberts neue formale Axiomatik deutlich erweitert. Schließlich hat der Begriff des geometrischen Raumes in den Arbeiten von Riemann zu n-dimensionalen Mannigfaltigkeiten eine radikale Wandlung erfahren.[11]

Die hier skizzierte Entwicklung hin zu einer reinen, von den Naturwissenschaften losgelösten Mathematik hatte zwei philosophisch relevante Implikationen. Erstens hat die Einführung neuer mathematischer Methoden, insbesondere der formalen Axiomatik, und der damit einhergehende Abstraktionsprozess zu einem 'strukturellen turn' innerhalb der Mathematik geführt. Dieser ist dadurch

10 Zur Entwicklung der modernen abstrakten Algebra vgl. insbesondere Corry 2004 und Wussing 2007. Zur Entwicklung der Mengenlehre siehe Ferreiros 1999.

11 Zur komplexen Geschichte der Geometrie im neunzehnten Jahrhundert siehe Gray 2008.

gekennzeichnet, dass die Gegenstände der Mathematik, die in der Algebra oder Geometrie untersucht werden, als abstrakte Strukturen verstanden wurden. Geometrien untersuchen demzufolge nicht länger den Anschauungsraum, sondern unterschiedliche geometrische Strukturen, die durch Axiomensysteme implizit definiert werden. Eine vergleichbare Auffassung des mathematischen Gegenstandsbereichs findet sich etwa in der abstrakten Algebra: Gruppentheorie beschäftigt sich nicht länger mit konkreten Transformationen, sondern mit deren abstrakter Gruppenstruktur oder deren strukturellen Eigenschaften.

Zweitens ist die reine Mathematik, wie bereits erwähnt, durch ihre Unabhängigkeit von der wissenschaftlichen Anwendung charakterisiert. Diese neu gewonnene Autonomie hatte nicht zur Folge, dass der modernen Mathematik keine Bedeutung in den modernen Wissenschaften mehr zukommt. Im Gegenteil, die Geschichte der modernen Physik im neunzehnten und zwanzigsten Jahrhundert ist ein Beleg dafür, dass der Einsatz von Begriffen der reinen Mathematik von entscheidender Bedeutung in der physikalischen Beschreibung der Welt ist. Einsteins Verwendung von Riemanns Differentialgeometrie, insbesondere des Begriffs eines metrischen Tensors in der Formulierung seiner Feldgleichungen im Rahmen der allgemeinen Relativitätstheorie, ist ein Beispiel hierfür. Ein zweites Beispiel ist Hermann Weyls Einsatz von Gruppentheorie, konkret die Theorie von Lieschen Transformationsgruppen, in der Formulierung der mathematischen Grundlagen der Quantenmechanik.[12]

Dieser Umstand hat schließlich zu einer fachlichen und institutionellen Trennung zwischen zwei Bereichen der Mathematik, nämlich reine und angewandte Mathematik geführt, die bis heute Bestand hat. Der Mathematikhistoriker Jeremy Gray beschreibt die generelle Entwicklung der modernen angewandten Mathematik folgendermaßen:

> As science grew in the nineteenth century, there was a growing divorce between mathematics and science (...). Mathematicians came to accept that there was increasingly a separate discipline, which we call physics, which had more and more a monopoly on the study of the natural world (...). It followed that the nature of the mathematician's contributions to the scientific enterprise changed, from discovery to explanation, and an intermediate field grew up, applied mathematics, where the results of science and mathematics could be traded back and forth. (Gray 2008, p.33)

Wie bereits erwähnt wurde, war dieser Prozess eng verbunden mit einer Neubewertung der Rolle der angewandten Mathematik in den Naturwissenschaften. Dies zeigt sich im Übergang von der ursprünglichen Funktion der Mathematik

12 Vgl. dazu Bueno/French 2018.

als wahrer Beschreibung von Naturprozessen hin zur Formulierung von idealisierten mathematischen Modellen. Anders formuliert, im modernen Verständnis wird angewandte Mathematik zur eigenständigen Disziplin der Modellbildung verstanden mit dem Ziel, physikalische Phänomenbereiche (oder 'target systems') entsprechend zu repräsentieren. Vergleiche dazu A.C. Fowler, der in seinem Textbuch *Mathematical Models in the Applied Sciences* diese Methode des mathematischen Modellierens folgendermaßen charakterisiert:

> Applied mathematicians have a procedure, almost a philosophy, that they apply when building models. First, there is a phenomenon of interest that one wants to describe or, more importantly, explain. Observations of the phenomenon lead, sometimes after a great deal of effort, to a hypothetical mechanism that can explain the phenomenon. The purpose of a model is then to formulate a description of the mechanism in quantitative terms, and the analysis of the resulting model leads to results that can be tested against the observations. Ideally, the model also leads to predictions which, if verified, lend authenticity to the model. It is important to realize that all models are idealizations and are limited in their applicability. In fact, one usually aims to oversimplify; the idea is that if a model is basically right, then it can subsequently be made more complicated, but the analysis of it is facilitated by having treated a simpler version first. (Fowler 1997, S. 3)

Fowler erwähnt hier einige Punkte, die für unsere Diskussion relevant sind. Modelle haben ihm zufolge in erster Linie die Funktion, Mechanismen oder Prozesse, die bestimmten und vorab identifizierten Phänomenbereichen zugrundeliegen, zu repräsentieren und zu erklären. Diese quantitativen Beschreibungen sind jedoch meist idealisierter Natur, d. h. sie basieren auf bewussten Vereinfachungen, die ein Modell besser handhabbar machen, unter anderem mit dem Ziel, empirisch überprüfbare Voraussagen aus diesem ableiten zu können.

Ein bekanntes Beispiel für ein solches mathematisches Modell sind die Eulerschen Gleichungen in der Strömungsmechanik zur Beschreibung von Strömung in widerstandsfreien elastischen Fluiden. Das Modell besteht aus mehreren nichtlinearen Differentialgleichungen, insbesondere der Impulsgleichung für reibungsfreie Strömungen,

$$\frac{\partial \vec{v}}{\partial t} + (\vec{v}\,\nabla\,)\vec{v} + \frac{1}{\rho}\,grad(p) = \vec{k}$$

in der der Vektor $\vec{v}$ das Geschwindigkeitsfeld im Fluid, ρ die Dichte, p den Druck und der Vektor $\vec{k}$ die volumenverteilte Beschleunigung bezeichnet.[13]

13 Das Eulersche Modell beinhaltet weiters eine Kontinuitätsgleichung sowie eine Energiegleichung.

Modelle wie die Eulerschen Gleichungen oder die allgemeiner gültigen Navier-Stokes Gleichungen stellen, wie Fowler erwähnt, keine vollständigen oder wahren Beschreibungen der Wirklichkeit dar. Sie liefern idealisierte Repräsentationen, die bestimmte in der Natur angenommene Regularitäten vereinfacht abbilden und von anderen physikalischen Eigenschaften abstrahieren. Um bei dem obigen Beispiel zu bleiben: die Eulersche Impulsgleichung beschreibt das Strömungsverhalten von Flüssigkeiten, allerdings unter stark idealisierenden Modellannahmen. Die hier beschriebenen Fluide stellen beispielsweise ideale Fluide dar, d. h. sie weisen keine innere Reibung auf.[14]

Diese moderne Auffassung des Einsatzes von mathematischen Begriffen in den Wissenschaften in Form von idealisierten Modellen stellt Philosophen und Wissenschaftstheoretiker vor ein grundsätzliches Problem. Wenn Mathematik nicht länger im ursprünglichen Galileischen Sinn als universell gültige Sprache des Buches der Natur verstanden wird, sondern als „well-stocked warehouse of abstract structures" (Maddy), die zur Formulierung von Modellen herangezogen werden können, wie lässt sich dann die Anwendung der Mathematik auf die Wirklichkeit überhaupt verstehen? Penelope Maddy beschreibt diesen grundlegenden Wandel und das daraus resultierende Verständnis von angewandter Mathematik treffend wir folgt:

> One clear moral for our understanding of mathematics in application is that we are not in fact uncovering the underlying mathematical structures realized in the world; rather, we are constructing abstract mathematical models and trying our best to make true assertions about the ways in which they do and do not correspond to the physical facts. (Maddy 2008, p. 33)

Die zentrale Frage, die sich hier ergibt, ist, wie die „Korrespondenz" zwischen mathematischen Modellen und der Wirklichkeit zu verstehen ist. Anders formuliert: Wie repräsentieren Modelle die Wirklichkeit (oder Ausschnitte daraus)? Dieses Problem wird in der modernen philosophischen Literatur üblicherweise als das „Anwendungsproblem" der Mathematik bezeichnet, dem wir uns nun widmen werden.

---

14 Zum Begriff der mathematischen Idealisierung in wissenschaftlichen Repräsentationen vgl. insbesondere Cartwright 1983, Pincock 2012 und Batterman 2009.

3 Wigners Puzzle und das Anwendungsproblem

Die Frage nach den Gründen der Anwendbarkeit der Mathematik zur Beschreibung der Wirklichkeit hat eine lange philosophische Tradition und reicht bis zu Platons Formenlehre zurück. In der modernen Philosophie der Mathematik nach Kant wird das Problem insbesondere im Rahmen von Freges logizistischem Programm der Rückführung der Mathematik auf die Logik sowie in den Arbeiten der Logischen Empiristen (Rudolf Carnap, Moritz Schlick, und Hans Reichenbach) wieder aufgegriffen.[15] Wie im vorigen Abschnitt gezeigt wurde, hat diese Frage mit dem konzeptuellen Wandel der Mathematik im neunzehnten Jahrhundert und der einhergehenden Trennung von reiner und angewandter Mathematik neue Brisanz bekommen. Eine auf den ersten Blick paradox erscheinende Folge dieser Entwicklung war, dass die Theorien der angewandten Mathematik erstmals selbst unabhängig von ihrem Einsatz in den Wissenschaften verstanden wurde. Angewandte Mathematik wurde, wie Penelope Maddy es treffend formuliert hat, selbst zu einer reinen Disziplin. Wie ist nun, unter dem modernen Bild der Mathematik als Wissenschaft von abstrakten Strukturen, die Anwendung in den unterschiedlichen Wissenschaften zu verstehen? Wir werden uns im folgenden Abschnitt mit einigen philosophischen Aspekten dieses modernen Anwendungsproblems auseinandersetzen. Wie gezeigt werden soll, ist die philosophische Debatte zu dieser Frage eng verknüpft mit einer zweiten Frage, die erstmals durch den Physiker und Nobelpreisträger Eugene Wigner formuliert wurde: Warum leistet die Mathematik in ihrer Funktion, idealisierte Modelle zu formulieren, einen derart erfolgreichen und effektiven Beitrag zur wissenschaftlichen Repräsentation der Welt?

3.1 Die „unreasonable effectiveness" der Mathematik

In der modernen Philosophie der Mathematik nach dem Logischen Empirismus ist die Frage nach der Anwendbarkeit der Mathematik zugunsten von Grundlagendebatten in den Hintergrund geraten. Nicht so in den Wissenschaften selbst. Hier wurde insbesondere von philosophisch interessierten Physikern wie Eugene Wigner oder Steven Weinberg die Rolle der Mathematik

15 Vgl. insbesondere Frege 1884 zu Freges einflussreicher Analyse der Anwendung der Arithmetik.

in den Wissenschaften immer wieder thematisiert. Wigners Aufsatz „*The unreasonable effectiveness of mathematics in the natural sciences*" von 1960 ist hierfür exemplarisch und stellt gleichermaßen den Ausgangspunkt für die aktuelle Diskussion zum Anwendungsproblem dar. Der amerikanisch-ungarische Physiker Wigner, der zentrale Beiträge zur Anwendung der Gruppentheorie und von Symmetrieprinzipien in der Quantenmechanik geliefert hat, formuliert hier ein grundlegendes philosophisches Rätsel. Seine Analyse der angewandten Mathematik basiert auf zwei zentralen Beobachtungen:

> The first point is that mathematical concepts turn up in entirely unexpected connections. Moreover, they often permit an unexpectedly and accurate description of the phenomena in these connections.
>
> Secondly, just because of this circumstance, and because we do not understand the reasons of their usefulness, we cannot know whether a theory formulated in terms of mathematical concepts is uniquely appropriate. (Wigner 1960, p. 2)

Wigners Puzzle ist also bestimmt dadurch, dass die Mathematik oft überraschend produktiv in den Wissenschaften eingesetzt wird, ohne dass eine rationale Erklärung für diesen Erfolg angegeben werden kann. Wie ist diese „unreasonable effectiveness" der Mathematik bei ihm näher charakterisiert?

Mathematik ist bei Wigner (in Übereinstimmung mit dem im zweiten Abschnitt skizzierten Bild) verstanden als autonome Disziplin, deren Begriffsbildungen und Theorien nach rein inner-mathematischen Kriterien entwickelt werden. Er beschreibt diese als exakte Wissenschaft von „geübten Operationen mit Begriffen und Regeln, die ausschließlich für diesen Zweck erfunden wurden" (ibid., S. 2). Insbesondere die Gegenstände der höheren Mathematik, wie beispielsweise die komplexen Zahlen oder abstrakte algebraische Systeme wie Körper oder Ringe, sind unabhängig von unserer empirischen Anschauung und anderen außer-mathematischen Überlegungen eingeführt worden. Und dennoch erweisen sich diese Begriffe als äußerst fruchtbar in der Beschreibung der Welt.

Wigner unterscheidet in diesem Zusammenhang grundsätzlich zwischen zwei Formen der Anwendung oder zwischen zwei Rollen, die der Mathematik insbesondere in der Physik zukommen. Die erste Funktion spielt laut Wigner eher eine untergeordnete Bedeutung und betrifft die Möglichkeit, mittels mathematischer Begriffe Schlüsse oder empirisch überprüfbare Prognosen aus physikalischen Naturgesetzen abzuleiten. Neben dieser inferentiellen Rolle kommt der Mathematik noch eine wesentlich wichtigere Rolle zu, und zwar in der Formulierung dieser Naturgesetze selbst. Diese deskriptive Funktion, d. h. die Übersetzung von informellen Hypothesen in präzise mathematische

Formulierungen ist in der zweiten, deduktiven Funktion der Mathematik bereits vorausgesetzt.[16]

Das oben erwähnte Wignersche Puzzle betrifft in erster Linie diese deskriptive Komponente von Mathematik, also den Einsatz von mathematischen Begriffen in der Formulierung von physikalischen Grundgesetzen. Wigner zufolge kann für den Erfolg dieser Form von Anwendung keine adäquate Erklärung gegeben werden. Sein Versuch, diese zu verstehen, basiert auf der Wahrnehmung von Analogien oder Ähnlichkeiten zwischen mathematischen und physikalischen Gesetzmäßigkeit. Wigner beschreibt diesen Prozess folgendermaßen:

> [The physicist] finds a connection between two quantities which resembles a connection well-known from mathematics, he will jump at the conclusion that the connection is that discussed in mathematics simply because he does not know of any other similar connection. [...] However, it is important to point out that the mathematical formulation of the physicist's often crude experience leads in an uncanny number of cases to an amazingly accurate description of a large class of phenomena. This shows that the mathematical language has more to commend it than being the only language which we can speak; it shows that it is, in a very weak sense, the correct language. (Wigner 1960, p. 8)

Die Wahl für eine bestimmte mathematische Theorie oder bestimmte mathematische Begriffe in der Formulierung von physikalischen Gesetzen basiert demzufolge auf der Einsicht in eine strukturelle Ähnlichkeit zwischen den angenommenen Regularitäten des untersuchten Phänomenbereichs und einer mathematischen Struktur. Diese Ähnlichkeit erklärt jedoch nicht, warum die auf dieser Basis ausgewählte mathematische Sprache sich oftmals als die *richtige* Sprache herausstellt, d. h. als eine, die eine nichtintendierte Präzision in der Beschreibung der Phänomene aufweist. Als Illustration für diese Form von unheimlicher Effektivität erwähnt Wigner mehrere Beispiele aus der klassischen Physik, insbesondere Newtons Gravitationsgesetz und die von Werner Heisenberg, Max Born, und Pascual Jordan entwickelte Matrizenmechanik als mathematisch exakte Formulierung der Quantenmechanik.

Die an diesen Beispielen erkennbare Fruchtbarkeit mathematischer Begriffe in der Naturbeschreibung bleibt Wigner zufolge ein rätselhaftes empirisches Faktum, das nicht aufgelöst werden kann. In einer oft zitierten Passage schreibt er:

> The miracle of the appropriateness of the language of mathematics for the formulation of the laws of physics is a wonderful gift which we neither understand nor deserve. We should be grateful for it and hope that it will remain valid in future research and that it

---

16 Wigner erwähnt die Verwendung von komplexen Hilberträumen in der Quantenmechanik als Beispiel für diese deskriptive Anwendung von Mathematik. Siehe Wigner 1960, S. 6–7.

> will extend, for better or for worse, to our pleasure, even though perhaps also to our bafflement, to wide branches of learning. (Wigner 1960, p. 14)

Die Anwendbarkeit der Mathematik stellt Wigner zufolge ein Rätsel oder ein Wunder dar, das als solches akzeptiert werden muss.

3.2 Formen des Anwendungsproblems

Wigners Analyse der Rolle der Mathematik in der modernen Physik ist aus philosophischer Sicht letztendlich nicht zufriedenstellend. Philosophen der Mathematik sind auf der Suche nach einer adäquaten Antwort darauf, warum Mathematik effektiv ist in den Wissenschaften. Die Klärung dieser Frage setzt voraus, ein Verständnis davon zu haben, wie die Anwendung der Mathematik auf die Wirklichkeit überhaupt funktioniert. Die moderne philosophische Debatte zu diesem Problem, dem sogenannten Anwendungsproblem, geht zurück auf Mark Steiners einflussreiches Buch *The Applicability of Mathematics as a Philosophical Problem* von 1998.[17]

Steiners Analyse des Anwendungsbegriffs ist motiviert durch die Frage, die bereits bei Wigner und anderen Naturwissenschaftern immer wieder gestellt wurde: Wie kann es sein, dass mathematisches Wissen, obwohl es sich in seiner abstrakten Natur und den Standards seiner Begründung eindeutig von den anderen Wissenschaften unterscheidet, einsetzbar ist in der wissenschaftlichen Repräsentation der Welt? In Steiners eigenen Worten:

> [H]ow does the mathematician – closer to the artist than the explorer – by turning away from nature, arrive at its most appropriate descriptions? (Steiner 1995, S. 154)

Steiners Beitrag zur Klärung dieser Frage basiert auf der Unterscheidung von unterschiedlichen Formen der Anwendung der Mathematik und, in Folge, von unterschiedlichen Anwendungsproblemen. Konkret differenziert er zwischen vier Typen von mathematischer Anwendung: (i) semantische, (ii) metaphysische, (iii) deskriptive, und (iv) heuristische Anwendung. Anwendungen von Typus (i) betreffen in erster Linie die bei Wigner bereits erwähnte inferentielle Rolle der Mathematik, beispielsweise den Einsatz von mathematischen Theoremen in der Ableitung von empirisch prüfbaren Folgerungen. Das Anwendungsproblem für Anwendungen von Typus (ii) betrifft dagegen die metaphysische Auffassung der Mathematik und die Frage, wie eine Korrespondenz zwischen

---

17 Vgl. auch Bangu 2006. Für eine kritische Diskussion siehe Bueno/French 2018.

den abstrakten Objekten der Mathematik und konkreten physikalischen Objekten beschaffen sein kann. Steiners Diskussion dieser beiden Typen kann hier nicht weiterverfolgt werden. Für ihn sind die philosophischen Probleme, die sich aus ihnen ergeben, zumindest für den Bereich der Arithmetik erfolgreich durch Freges logizistischen Ansatz gelost worden.

Interessanter im gegenwärtigen Zusammenhang ist Steiners Diskussion der dritten, deskriptiven Form von Anwendung der Mathematik. Diese hat mit der Adäquatheit *spezifischer* mathematischer Begriffe zur Beschreibung physikalischer Phänomene zu tun. Seine Analyse des entsprechenden Anwendungsproblems kommt hier zu einem geteilten Ergebnis. Für bestimmte einfache Beispiele von angewandter Mathematik kann eine philosophisch plausible Erklärung für diese deskriptive Funktion gegeben werden. In anderen Fällen der erfolgreichen Anwendung von komplexeren mathematischen Begriffen bleibt diese Funktion ungeklärt. Als einfache Beispiele von erklärbaren mathematischen Anwendungen führt Steiner den Einsatz von arithmetischen Operationen wie der Addition und Multiplikation an.[18] Der Einsatz der Addition zum Gewichtsvergleich von physikalischen Körpern wird folgendermaßen beschrieben:

> If one body balances 5 unit weights, and another balances 4, then both together will usually balance 5+4=9 unit weights. The natural numbers indirectly describe, by laws of nature, not only the sets of unit weights placed on the scale, but the objects they balance. Addition of numbers becomes a metaphor for „adding" another object to the scale. Arithmetic is not empirical, but it predicts experience indirectly by the law: if m and n are the numbers of unit weights that balance two bodies separately, then $m+n$ units balance both. Equivalently: if one object weights m units, and another weights n units, then the (mereological) sum of both „weighs $m+n$ units." This more usual expression looks like a tautology, but is as empirical as the former: the expression '$m+n$' is embedded in a nomological description of a phenomenon (weight). This description induces an isomorphism between the additive structure of the natural numbers and that of the magnitude, weight. (Steiner 1998, p. 28)

Diese Analyse der Verwendung von arithmetischen Begriffen zur Beschreibung von empirisch messbaren Eigenschaften von Körpern wie deren Gewicht deutet ein Verständnis von mathematischer Repräsentation an, das im folgenden Abschnitt genauer behandelt wird. Wir haben bereits bei Wigners Aufsatz gesehen, dass der Einsatz von Mathematik in der Formulierung von physikalischen Gesetzen in erster Linie auf einer formalen Analogie oder Korrespondenz

---

18 Steiners komplexere Beispiele für erfolgreiche deskriptive Anwendungen von Mathematik betreffen die Begriffe der Linearität von Gleichungen sowie den topologischen Begriff des Faserbündels. Siehe Steiner 1998.

zwischen Naturprozessen und mathematischen Gesetzmäßigkeiten basiert. Eine vergleichbare Form von Korrespondenz ist in Steiners Passage beschrieben: die üblicherweise axiomatisch definierte Operation der Addition von natürlichen Zahlen kann dazu eingesetzt werden, Gewichtsverhältnisse – konkret das Summieren von Gewichten – von physikalischen Körpern zu beschreiben und vorauszusagen. Diese Beschreibung hängt, wie Steiner hervorhebt, eng zusammen mit einer strukturellen Korrespondenz, konkret mit einer „Isomorphie" zwischen dem System der natürlichen Zahlen und der entsprechend strukturierten Klasse von Körpern, deren Gewichtsverteilung bestimmt ist.

Mathematische Anwendung in Form des Einsatzes von mathematischen Begriffen zur Beschreibung von Beziehungen in der Welt ist also in bestimmten Fällen erklärbar durch den Aufweis einer strukturellen Korrespondenz zwischen der eingesetzten Mathematik und der zu beschreibenden Wirklichkeit. Steiners Beispiel der arithmetischen Operationen ist ein einfacher Fall, in dem diese strukturalistische Auffassung von mathematischer Repräsentation zutrifft. In anderen, komplexeren Fällen von mathematischer Repräsentation, etwa bei der Verwendung von Hilberträumen zur Beschreibung von Quantensystemen in der Quantenmechanik, greift diese Analyse Steiner zufolge zu kurz. Die Anwendung bleibt hier, wie bereits bei Wigner festgestellt wurde, letztendlich rätselhaft.

Wir werden uns der strukturalistischen Auffassung von angewandter Mathematik im folgenden Abschnitt widmen. Zuvor soll der vierte, heuristische Typus von Anwendung, den Steiner in seinem Buch ausführlich analysiert, kurz beschrieben werden. Die hier entwickelte Diskussion der Rolle der Mathematik in wissenschaftlichen Entdeckungen hängt eng zusammen mit Wigners ursprünglicher Formulierung seines Puzzles. Wie dieser unterscheidet Steiner grundsätzlich zwischen zwei heuristischen Funktionen der Mathematik. Die erste Funktion ist inferentiell und betrifft die Ableitung von neuen aus bestehenden Naturgesetzen. Die zweite, nicht-inferentielle Funktion der Mathematik hängt zusammen mit der wissenschaftlichen Hypothesenbildung zum Verhalten von nicht-beobachtbaren oder theoretischen Entitäten wie Atomen oder elektromagnetischen Wellen. Vergleichbar mit Wigners Analyse übernimmt Mathematik in der modernen Physik Steiner zufolge eine zentrale Funktion in der Bildung von nicht-physikalischen Analogien, die darauf abzielen, die hypothetisch angenommenen Prozesse zu modellieren.

Steiner unterscheidet konkret zwischen zwei Typen von mathematischen Analogiebildungen, nämlich „Pythagoräische Analogien" und „formale Analogien", die insbesondere in der mathematischen Physik des neunzehnten und zwanzigsten Jahrhunderts zum Einsatz gekommen sind. Erstere sind mathematische Analogien, die eine mathematische Formulierung voraussetzen und auf bestimmten Eigenschaften der angenommenen mathematischen Objekte beruhen. Letztere sind mathematische Analogien, die sich an der Syntax von wissenschaftlichen Sprachen orientieren, jedoch von der intendierten physikalischen Bedeutung von theoretischen Begriffen abstrahieren. Steiner beschreibt in seinem Buch unterschiedliche pythagoräische Strategien der Anwendung von Mathematik im Kontext wissenschaftlicher Entdeckungen. Eine öfters eingesetzte Form von Analogiebildung skizziert er folgendermaßen:

> Equation *E* has been derived under assumptions *A*. The equation has solutions for which *A* are no longer valid; but just because they are solutions of *E*, one looks for them in nature. (Steiner 1998, p. 76)

Ein Beispiel für diese spezifische Form von mathematischer Analogiebildung sieht Steiner in der Geschichte der Elektrizitätslehre, konkret in Maxwells Entdeckung von elektromagnetischer Strahlung auf Basis seiner Differentialgleichungen.[19]

Basierend auf der Analyse der unterschiedlichen mathematischen Strategien zur Formulierung neuer wissenschaftlicher Gesetze, entwickelt Steiner eine neue Version von Wigners Position. Steiners Version des Anwendungsproblems – bezogen auf die heuristische Funktion der angewandten Mathematik – basiert auf einem explizit anti-naturalistischen Verständnis von mathematischer Begriffsbildung und lautet folgendermaßen: beide Formen von mathematischen Analogienbildungen spielen eine wichtige Rolle in wissenschaftlichen Entdeckungen (insbesondere in der Formulierung von neuen Gesetzen). Dieser Umstand ist jedoch nicht rational erklärbar, da die hier eingesetzte Mathematik im Gegensatz zur physikalischen Begriffsbildung eindeutig „anthropozentrischen" Charakter hat und sich in ihren Methoden und Begründungskriterien deutlich von den Naturwissenschaften unterscheidet. Steiners anthropozentrische Auffassung von Mathematik weist sich insbesondere dadurch aus, dass mathematische Begriffe in erster Linie auf Basis von ästhetischen Kriterien wie Eleganz oder Schönheit bestimmt werden, Kriterien, denen in der physikalischen Begriffsbildung keine Bedeutung zukommt.[20]

Steiners philosophische Analyse des Anwendungsproblems stellt in mehrfacher Hinsicht eine Weiterentwicklung und Präzisierung von Wigners Position in dessen Aufsatz von 1960 dar. Insbesondere gibt Steiner, anders als Wigner,

19 Siehe Steiner 1998 für eine Diskussion von mehrere alternativen Typen von Pythagoräischen Analogien.

20 Steiners Antinaturalismus, insbesondere sein Begriff des anthropozentrischen Charakters der Mathematik mit dem Fokus auf ästhetische Kriterien der Begriffsbildung kann hier nicht näher analysiert werden. Siehe dazu Steiner 1998.

eine detaillierte Analyse, wie Mathematik in unterschiedlichen Formen in den Wissenschaften angewandt wird. In der zentralen Schlussfolgerung bleibt dessen Position jedoch nahe an Wigners Schlussfolgerung angelehnt: Der Erfolge der Mathematik in der Physik bleibt für ihn letztendlich rätselhaft. Wir werden uns im folgendem Abschnitt einer alternativen Auffassung von Mathematik zuwenden, und prüfen, ob diese eine bessere philosophische Grundlage für das Verständnis von angewandter Mathematik liefern kann.

4 Strukturalismus und angewandte Mathematik

Für Wigner und Steiner kommt der Mathematik in erster Linie eine deskriptive oder repräsentationale Funktion in den Wissenschaften zu. Mathematische Begriffe werden in der Formulierung von wissenschaftlichen Gesetzen eingesetzt und dienen dazu, bestimmte physikalische Phänomenbereiche zu repräsentieren. Die im ersten Abschnitt skizzierte Entwicklung zum modernen Verständnis von angewandter Mathematik als Wissenschaft des mathematischen Modellierens steht im Einklang mit dieser repräsentationalen Form von Anwendung. Eine philosophische Position zum Anwendungsproblem muss in Folge erklären können, wie mathematische Repräsentation (oder genauer, die Rolle der Mathematik in wissenschaftlichen Repräsentationen der Welt) funktioniert.

Mathematischer Strukturalismus ist eine philosophische Position zur Natur der reinen Mathematik, die im Ausgang von Paul Benacerrafs Artikel „What numbers could not be" (Benacerraf 1965) entwickelt wurde. Verkürzt dargestellt besagt sie, dass Mathematik die Wissenschaft von abstrakten Strukturen ist und dass Theorien der reinen Mathematik wie die Peano Arithmetik oder die Gruppentheorie spezifische Strukturen (also etwa die Struktur der natürlichen Zahlen oder die Klasse der möglichen Gruppenstrukturen) beschreiben. Die Auseinandersetzung mit Benacerrafs Aufsatz hat in den vergangenen Jahrzehnten zur Formulierung von unterschiedlichen, realistischen wie antirealistischen Theorien des mathematischen Strukturalismus geführt, in denen versucht wird, dieses intuitive Verständnis des strukturellen Charakters der reinen Mathematik zu präzisieren.[21]

Wichtiger als die Unterscheide zwischen den bestehenden strukturalistischen Positionen ist im gegenwärtigen Kontext der Umstand, dass Strukturalismus auch

21 Vgl. insbesondere Shapiro 1997 für eine realistische oder ‚nicht-eliminative' Theorie des Strukturalismus. Reck/Price 2000 liefert einen ausgezeichneten Überblick über die unterschiedlichen Positionen in der modernen Strukturalismusdebatte.

als Beitrag zum Verständnis der Anwendung der Mathematik auf empirische Phänomene verstanden werden kann. Diese Idee lässt sich bereits bei unterschiedlichen Mathematikern und Physikern im zwanzigsten Jahrhundert finden. Vergleiche etwa, wie die Anwendung von struktureller Mathematik durch das französische Mathematikerkollektiv Nicolas Bourbaki beschrieben wurde:

> (...) mathematics appears (...) as a storehouse of abstract forms – the mathematical structures; and it so happens – without our knowing why – that certain aspects of empirical reality fit themselves into these forms, as if through a kind or preadaptation.
> (Bourbaki 1950, S. 231)

Die hier informell ausgedrückte Idee, dass die Anwendung der Mathematik auf die Natur als eine Art von Instantiierung von abstrakten mathematischen Strukturen zu verstehen ist, findet sich in der modernen philosophischen Debatte erstmals explizit bei Stewart Shapiro entwickelt. In seinem Aufsatz „*Mathematics and Reality*" von 1983 übernimmt dieser Bourbakis Auffassung, wonach mathematische Repräsentation oft gleichzusetzen ist mit der Exemplifizierung von mathematischen abstrakten Strukturen durch konkrete physikalische Systeme. [22] Vergleiche dazu Shapiro:

> At least some applications consist of incorporating mathematical structures into physical theories, so that physical systems exemplify mathematical structures. What is almost the same thing, in some theories, the structures of physical systems are modeled or described in terms of mathematical structures. (Shapiro 1983, S. 243)

Physikalische Bereiche der Realität werden demnach durch mathematische Modelle repräsentiert, indem diese Modelle eine mathematische Struktur festlegen, die durch nicht-mathematischen Systeme instanziiert wird.

Trotz ihrer Plausibilität wirft diese strukturalistische Auffassung von mathematischer Anwendung einige grundlegenden Fragen auf: Was wird von Shapiro und anderen Vertretern des Strukturalismus unter mathematischen Strukturen und physikalischen Systemen verstanden? Wie ist der Begriff der Exemplifizierung oder Instanziierung von Ersteren durch Letztere zu fassen? Schließlich: Liefert der strukturalistische Ansatz eine Erklärung für die Effektivität der Mathematik in den Wissenschaften? In den folgenden Abschnitten sollen zwei Versionen der strukturalistischen Auffassung der angewandten Mathematik skizziert werden, in denen diese Begriffe in unterschiedlicher Weise präzisiert werden.

---

22 Siehe auch Shapiro 1997.

4.1 Ein abbildungs-basierter Ansatz

In der strukturalistischen Auffassung wird die Repräsentationsbeziehung zwischen mathematischen Modellen und der Welt informell über den Begriff der Exemplifizierung bestimmt. Eine Möglichkeit, diese Beziehung zu präzisieren, besteht darin, Exemplifizierungen durch strukturerhaltende Abbildungen zu charakterisieren. Der resultierende abbildungsbasierte oder „mapping-based" Ansatz spielt eine zentrale Rolle in neueren Beitragen zum Anwendungsproblem der Mathematik.[23]

Die motivierende Idee hinter diesem Ansatz ist weithin akzeptiert: die erfolgreiche mathematische Repräsentation von Ausschnitten der Wirklichkeit ist demnach bestimmt durch das Bestehen einer Korrespondenz oder strukturellen Ähnlichkeit zwischen einem mathematischen Modell M und einem zu repräsentierenden physikalischen System oder isolierten Phänomenbereich S. Wie oben erwähnt, wird diese korrespondenztheoretische Auffassung von mathematischen Modellen beispielsweise auch bei Maddy angenommen. Der Begriff der strukturellen Ähnlichkeit wird in der strukturalistischen Auffassung expliziert durch den modell-theoretischen Begriff einer strukturerhaltenden Abbildung zwischen M und S. Vergleiche dazu Pincock, einem der ersten Proponenten dieses abbildungsbasierten Ansatzes:

> According to the mapping account of applications, the truth of a statement of applied mathematics (or 'applied statement') depends on the existence of a mapping of a certain kind from a physical situation to a mathematical domain. (Pincock 2004, S. 69)

Die Anwendung der Mathematik auf einen empirischen Bereich ist dieser Auffassung zufolge also erklärbar durch ein Abbildungsverhältnis zwischen Modell und physikalischem System. Mathematische Repräsentation kann, allgemeiner ausgedrückt, mittels der folgenden Äquivalenzaussage spezifiziert werden:

> Ein mathematisches Modell M repräsentiert ein physikalisches System S genau dann wenn es eine *strukturerhaltende* Abbildung zwischen M und S gibt.

Die Existenz einer solchen Abbildung stellt eine notwendige und hinreichende Bedingung dafür dar, dass die relevanten, d. h. strukturellen Eigenschaften und Relationen zwischen den physikalischen Objekten in System S durch entsprechende formale Eigenschaften und Relationen zwischen mathematischen Objekten in Modell M korrekt repräsentiert werden.

---

23 Siehe dazu bspw. Pincock 2004.

Dieses Grundschema des strukturalistischen Ansatzes wird üblicherweise spezifiziert durch den Bezug auf modell-theoretische Begriffe wie der Isomorphie oder der Homomorphie. Sowohl mathematische Modelle wie auch deren weltliche Korrelate, also physikalische Systeme (oder ‚target systems') werden dabei üblicherweise als mengentheoretische Strukturen repräsentiert, das bedeutet als geordnete Tupel der Form:

$$(D, R_1, \ldots R_n)$$

Relationale Strukturen dieser Form bestehen aus einem Individuenbereich D und einer geordneten Menge von Relationen $R_1, \ldots R_n$ (von bestimmter Stelligkeit und Typus).[24] Der Begriff des Homomorphismus zwischen zwei Strukturen kann nun wie folgt definiert werden:

Zwei Modelle M, M' mit derselben Signatur sind homomorph genau dann wenn es eine Funktion $f: D \rightarrow D'$ von dem einen in den anderen Individuenbereich gibt, so dass gilt:

Wenn $R_i(d_1, \ldots, d_n)$, dann $R_i'(f(d_1), \ldots, f(d_n))$ für jede (n-stellige) Relation R_i in M.

Die beiden Modelle M sind M' werden isomorph (oder strukturgleich) genannt, wenn die Funktion f bijektiv ist und weiters die Äquivalenz gilt:

$R_i(d_1, \ldots, d_n)$ genau dann, wenn $R_i'(f(d_1), \ldots, f(d_n))$ für jede (n-stellige) Relation R_i in M.

Vor dem Hintergrund dieser Begriffsbestimmungen lässt sich nun die strukturalistische Repräsentationsbeziehung zwischen Mathematik und einem Phänomenbereich wie folgt explizieren:

> Ein mathematisches Modell M repräsentiert ein physikalisches System S genau dann, wenn M und S *isomorph* sind.

Anders ausgedrückt, ein Modell lässt sich genau dann anwenden zur Beschreibung eines physikalischen Systems, wenn es eine Abbildung zwischen Modell und System gibt, die die zentralen strukturellen Eigenschaften des Systems erhält.

Einige erläuternde Kommentare und Präzisierungen zum abbildungsbasierten Ansatz von angewandter Mathematik erscheinen hier notwendig. Erstens: die Position wurde als Beitrag zum Anwendungsproblem eingeführt, der

---

24 Wir treffen im Folgenden die vereinfachende Annahme, dass Strukturen immer relationale Strukturen sind und keine Funktionen oder Individuenkonstanten erhalten.

unabhängig ist von metaphysischen Annahmen zur Natur der reinen Mathematik. Konkret werden bei Pincock und anderen Proponenten keine Voraussetzungen bezüglicher der Existenz oder Nichtexistenz von mathematischen Objekten wie Zahlen, Gruppen, etc. gemacht. Dies gilt, Pincock zufolge, insbesondere auch für eine platonistische Auffassung der Mathematik und die sogenannten „Unverzichtbarkeits-Argumente" bei Quine und Hilary Putnam. Diese stellen bekanntermaßen Argumente für die Existenz mathematischer Objekte basierend auf der Unverzichtbarkeit der Mathematik in den Naturwissenschaften dar.[25] Für Pincock und andere liefern solche Unverzichtsbarkeitsargumente jedoch, anders als der strukturalistische Ansatz, weder eine Erklärung dafür, wie mathematische Repräsentation konstituiert ist noch für deren Effektivität in den Wissenschaften. Vergleiche dazu Pincock:

> Indispensability arguments attempt to draw conclusions from the applicability of mathematics without first considering the details of how these applications actually work. But once we introduce a workable account of how mathematical structures are applied to physical situations, it will become clear that such applications do not determine whether we should be realists or nominalists about the mathematical structures themselves. Both alternatives, I will argue, are consistent with all current applications of mathematics.
> (Pincock 2004, S. 63)[26]

Eine zweite Bemerkung betrifft das sogenannte „Repräsentationsproblem" bezüglich der physikalischen Systeme, die mathematisch modelliert werden sollen. Der abbildungsbasierte Ansatz setzt voraus, dass beide Relata der Repräsentationsbeziehung, also sowohl die mathematischen Modelle selbst als auch die physikalischen Zielsysteme, strukturierte Entitäten sein müssen. Beide müssen in der vorgeschlagenen Rekonstruktion die Form von mengentheoretischen Strukturen aufweisen, damit festgestellt werden kann, ob zwischen ihnen ein Isomorphismus oder eine andere strukturerhaltene Abbildung existiert. Diese Voraussetzung führt unmittelbar zu der Frage, wie nichtmathematische, physikalische Systeme mathematisch strukturiert sein können. Anders formuliert: wie kommt die im gegenwärtigen Ansatz vorausgesetzte mathematische oder mengentheoretische Struktur in die Welt?

---

25 Siehe Quine 1980, Putnam 1979 und Colyvan 2001.

26 Dies gilt in Folge auch dafür, welche Auffassung von mathematischem Strukturalismus (verstanden als Theorie der reinen Mathematik) angenommen wird. Das heißt, die Gültigkeit der strukturalistischen Theorie der Anwendung von Mathematik auf nichtmathematische Bereiche ist unabhängig davon, ob man wie Shapiro Realist oder Antirealist bezüglich der Existenz von abstrakten mathematischen Strukturen ist. Vgl. dazu Pincock 2004.

In der wissenschaftstheoretischen Literatur lassen sich, grob gesprochen, zwei Positionen identifizieren, die dieses Repräsentationsproblem auf unterschiedliche Weise beantworten. Auf der einen Seite finden sich realistische Ansätze, denen zufolge abstrakte Strukturen bereits in der Welt zu finden sind. Vertreter des *strukturellen Realismus* wie James Ladyman vertreten eine Auffassung von wissenschaftlichem Wandel, der die Voraussetzung einer der Natur intrinsischen Struktur macht. Der strukturelle Gehalt der Natur wird demnach durch den mathematischen Teil von wissenschaftlichen Theorien beschrieben und bleibt selbst in Formen von radikalem Theorienwandel erhalten.[27] Struktureller Realismus, insbesondere in seiner „ontischen" Variante, behauptet also die Existenz von den empirischen Phänomenen zugrundeliegenden abstrakten Strukturen. Er entspricht daher in wesentlicher Hinsicht der in Abschnitt 2 skizzierten pythagoräischen Naturauffassung in der neuzeitlichen Wissenschaft bei Kepler und anderen. Hier hatte die mathematische Naturbeschreibung in erster Linie das Ziel, die den Naturphänomenen zugrundliegende mathematische Harmonie offenzulegen.

Im Gegensatz zu dieser realistischen Auffassung wird von Vertretern einer empirischen Auffassung angenommen, dass die mengentheoretische Struktur von physikalischen Systemen nicht in der Natur selbst angesiedelt ist, sondern bereits ein Ergebnis der wissenschaftlichen Theoriebildung darstellt. Anders ausgedrückt, strukturierte Systeme als Relata einer mathematischen Repräsentationsbeziehung finden sich nicht unabhängig von uns in der Welt vor, sondern sind das Resultat einer wissenschaftlichen Anstrengung zur Ordnung und Systematisierung von unstrukturierten Erfahrungen. Bas van Fraassen, einer der führenden Proponenten dieser Auffassung von mathematischer Repräsentation, beschreibt diese Annahme folgendermaßen:

> The question of how a specific mathematical object can be used to represent some specific phenomena makes sense only in a context in which some description of the latter is at hand. (van Fraassen 2006, S. 541–542)

Das Ergebnis dieser Beschreibungen bilden üblicherweise strukturierte Datensätze oder sogenannte „Datenmodelle", in denen die empirische Basis oder die untersuchten Phänomene bereits in strukturierte Form gebracht werden. Die mathematische Repräsentation bezieht sich demzufolge nicht auf eine der Welt inhärente Struktur und auch nicht auf die Phänomene selbst, sondern auf strukturierte Datenansammlungen, die bereits Teil der wissenschaftlichen Theorie sind.

---

27 Vgl. Worrall 1989 und Ladyman 1998.

Unabhängig vom Verständnis davon, was dem abbildungsbasierten Ansatz von Anwendung zufolge eigentlich repräsentiert wird, stellt sich die Frage, ob durch diese Position der Erfolg der Mathematik in den Wissenschaften erklärbar wird. Meine dritte Bemerkung betrifft also die Frage, ob die strukturalistische Auffassung dazu beitragen kann, das Wignersche Rätsel in zufriedenstellender Weise zu adressieren. Vertreter des strukturalistischen Ansatzes wie Pincock, Bueno, und French vertreten entgegen Steiner die Ansicht, dass ihre Position eine allgemeine Erklärung für die deskriptive oder, allgemeiner gesprochen, für die repräsentationale Funktion der Mathematik in den Wissenschaften hat. Dies gilt nicht nur für Fälle von elementarer Mathematik wie für den Einsatz der reellen Zahlen zur Messung, sondern auch für die Anwendung von komplexeren mathematischen Strukturen. Die Existenz einer strukturerhaltenden Abbildung zwischen solchen Strukturen und einem Zielbereich wird als ausreichende Begründung für den Umstand angesehen, dass die eingesetzte Mathematik die Phänomene adäquat repräsentiert. Mehrere Einwände gegen diese Auffassung haben zur Formulierung einer alternativen, „inferentialistischen" Theorie der mathematischen Repräsentation geführt, der wir uns nun abschließend widmen werden.

4.2 Ein inferentialistischer Ansatz

Bueno & Colyvans „inferentialistische" Konzeption der Anwendung von Mathematik in den Wissenschaften ist als kritische Weiterentwicklung der abbildungsbasierten Auffassung eingeführt worden.[28]Den Autoren zufolge liefert die letztere Position eine eingeschränkt gültige Beschreibung von mathematischer Repräsentation, die jedoch in wesentlichen Punkten unvollständig bleibt. Ein zentraler Einwand ist, dass eine rein strukturalistische Auffassung um pragmatische Aspekte erweitert werden muss, auf Basis dessen festgelegt werden kann, welche Teile einer mathematischen Struktur eine repräsentative Funktion übernehmen sollen. Dies ergibt sich aus der Beobachtung, dass in der Anwendung von Mathematik auf die Wirklichkeit die eingesetzten mathematischen Modelle oft deutlich mehr innere Struktur aufweisen als die zu repräsentierenden Phänomene. Für Bueno & Colyvan ist dieser Umstand eng verbunden mit der ursprünglichen, in Wigner (1960) beschriebenen Tatsache, dass Mathematik sich oft nachträglich als die korrekte

28 Siehe Bueno/Colyvan 2011 und Bueno/French 2018.

Sprache zur Formulierung von neuen wissenschaftlichen Gesetzen erweist. Siehe dazu Bueno & Colyvan in ihrem Aufsatz:

> But here we have an interesting feature of applied mathematics that needs explaining: very often the mathematics employed either captures more physical structure than was intended, or solutions that, from physical considerations alone, appear not to be physically significant yet turn out to be physically significant. As Heinrich Hertz once suggested, mathematics, it seems, is wiser than we are. This is one aspect of what has become known as „the unreasonable effectiveness of mathematics“ (Wigner, 1960), and has been made much of by Mark Steiner (1998). (Bueno/Colyvan 2011, S. 350)

Ein weiterer Einwand gegen die strukturalistische Position hängt zusammen mit dem Umstand, dass mathematische Modelle oft stark idealisierenden oder abstrahierenden Charakter haben und in Folge keine wahre Beschreibung der Welt liefern. Dieser Punkt wurde bereits in Abschnitt 2 ausführlicher diskutiert. Siehe dazu nochmals Penelope Maddys Beschreibung der Entwicklung der angewandten Mathematik hin zum Einsatz von idealisierten Modellen:

> mathematics has been peeled away from science; the actual claim the scientist makes about the world is that it is probably, at least approximately, similar in structure to the mathematical model in certain respects and that the idealizations involved are beneficial and benign for the purposes at hand. (Maddy 2008, S. 32–33)

Die Verwendung von angewandter Mathematik in den Wissenschaften ist folglich gekennzeichnet durch einen „mismatch“ zwischen idealisierten mathematischen Modellen und weltlichen Systemen. Für Maddy wie für Bueno & Colyvan kann die strukturelle Ähnlichkeit zwischen diesen daher nicht in Form einer vollständigen Strukturgleichheit, das heißt, mittels des Begriffs der Isomorphie erklärt werden. Wie Maddy es formuliert, „the hope of a simple isomorphism between abstract model and worldly structure seems too optimistic.“ Folglich greift die strukturalistische Auffassung, der zufolge mathematische Repräsentation durch die Existenz einer Isomorphie hinreichend erklärt ist, zu kurz.

Die inferentialistische Auffassung von angewandter Mathematik wird explizit als „Erweiterung“ oder konzeptuelle Präzisierung des strukturalistischen Ansatzes in die Debatte eingeführt, in denen diese Einwände berücksichtigt werden. Bueno & Colyvans Ausgangsidee ist, dass die zentrale Rolle der Mathematik in der Anwendung in den Wissenschaften inferentieller Natur ist: Mathematik hat in erster Linie die Funktion, Schlüsse aus mathematischen Modellen über die Eigenschaften von empirischen ‚target systems‘ zu ziehen, die in einem zweiten Schritt zur Interpretation des empirischen Systems herangezogen werden können.

Die inferentielle Auffassung liefert eine Theorie von angewandter Mathematik, die, wie in Figur 2 schematisch dargestellt ist, aus drei Komponenten besteht: (1) Einbettung (Immersion); (2) Ableitung (Derivation), und (3) Interpretation.[29] Phasen (1) und (3) entsprechen der Grundannahme des strukturalistischen Ansatzes, der zufolge mathematische Repräsentation durch die Existenz strukturerhaltender Abbildungen zwischen mathematischen Modellen und physikalischen Systemen bestimmt ist. Der Prozess der Immersion besteht in der Wahl einer entsprechenden Abbildung eines physikalischen Systems in einem mathematischen Modell, die erlaubt, diverse physikalische Eigenschaften durch mathematische Eigenschaften auszudrücken. Phase (2) umfasst die (deduktive) Ableitung von Folgerungen aus dem Modell. In Phase (3) werden Bueno & Colyvan zufolge die rein mathematischen Folgerungen rückübersetzt in empirisch prüfbare Informationen über das Zielsystem. Die damit verbundene Reinterpretation erfolgt wie in Phase (1) durch die Wahl einer entsprechenden Abbildung zwischen System und Modell.

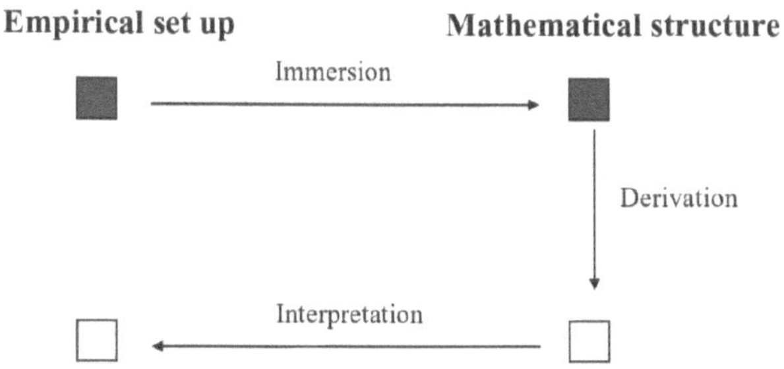

Abb. 2: Bueno & Colyvans inferentialistische Auffassung (Bueno/Colyvan 2011, S. 353).

Worin unterscheidet sich der hier grob umrissene inferentielle Ansatz von der abbildungsbasierten Auffassung? Neben dem Fokus auf die deduktive Rolle der angewandten Mathematik stehen für Bueno & Colyvan drei Unterschiede im Vordergrund. Der erste Punkt betrifft den Umstand, dass die ausgewählten Abbildungen in Phase (1) und (3) nicht invers sein müssen. Vielmehr ist die Wahl von adäquaten „mappings“ zwischen physikalischem System und mathematischem Modell das Ergebnis von kontextuellen Faktoren und pragmatischen

29 Bueno & Colyvans Modell von angewandter Mathematik basiert auf einem allgemeineren und nicht-reduktivem Model von wissenschaftlicher Repräsentation, dem sogenannten DDI-Modell. Siehe dazu Hughes 1997.

Überlegungen, die im strukturalistischen Ansatz unberücksichtigt bleiben (Bueno/Colyvan 2011, S. 354–355).

Neben diesem Fokus auf pragmatische Überlegungen zur Wahl des passenden mathematischen Modells und der adäquaten Abbildungsbeziehungen, unterscheidet sich der inferentielle Ansatz vom ursprünglichen strukturalistischen Ansatz Pincocks dahingehend, dass hier die Behandlung von idealisierten Repräsentationen berücksichtigt wird. Dies basiert auf der Annahme, dass die strukturelle Ähnlichkeit zwischen idealisierten Modellen und empirischen Systemen nicht vollständig (wie im Fall der Isomorphie), sondern auch *partieller* Natur sein kann. Vergleiche dazu nochmals Bueno & Colyvan:

> (...) in cases involving idealizations, there's no full mapping between the empirical set up and the mathematical structures. (...) although there are no full mappings between the empirical world and the mathematical structures, there are partial mappings between these empirical and mathematical structures. (Bueno/Colyvan 2011, S. 357)

Ein formaler Rahmen für die Explikation von unvollständigen Übereinstimmungen dieser Art ist Buenos Theorie partieller Strukturen.[30] Verkürzt ausgedrückt, geht diese Theorie davon aus, dass sowohl mathematische Modelle wie physikalische Systeme als partielle mengentheoretische Strukturen der Form

$$(D, R_1, \dots R_n)$$

darstellbar sind, in denen die Relationen $R_1, \dots, R_n$ partielle Relationen auf den Grundbereich D darstellen. Relationen dieser Form zeichnen sich dadurch aus, dass sie nicht notwendigerweise für alle Objekte im Individuenbereich D definiert sind. Eine partielle Relation R ist formal gekennzeichnet durch ein Tripel (R_1, R_2, R_3), wobei R_1 die Extension, R_2 die Antiextension und R_3 die Menge der unbestimmten Objekte in R darstellt. Weiters gilt für R, dass (i) $R_1 \cap R_2 \cap R_3 = \emptyset$ und (ii) $R_1 \cup R_2 \cup R_3 = D$. Der Umstand, dass die Relationen in einem partiellen Modell nicht notwendigerweise vollständig definiert ist, lässt sich Bueno zufolge philosophisch unter anderem als eine Form von epistemischer Unvollständigkeit, d. h. als das Bestehen von unvollständiger Information über ein System, deuten.

Wichtig hier ist, dass mit diesem Ansatz auch die partielle Repräsentation mittels idealisierter mathematischer Modelle auf Basis von sogenannten „partial mappings„ formulierbar wird. Ein zentrales Beispiel für eine solche Abbildung ist der Begriff der partiellen Isomorphie zwischen zwei Strukturen. Zwei partielle Modelle M und M' mit derselben Signatur sind demnach partiell

30 Siehe dazu auch Bueno/French 2018.

isomorph zueinander genau dann, wenn es eine bijektive Funktion $f: D \rightarrow D'$ von dem einen in den anderen Individuenbereich gibt, so dass gilt:

$R_1(d_1 \ldots, d_n)$ genau dann, wenn $R_1'(f(d_1) \ldots, f(d_n))$ und $R_2(d_1 \ldots, d_n)$ genau dann, wenn $R_2'(f(d_1), \ldots, f(d_n))$ für jede (n-stellige) Relation R in M.

Für Bueno & Colyvan erlaubt diese Rahmentheorie von partiellen Strukturen eine formale Beschreibung der Repräsentationsbeziehung in Phasen (1) und (3), insbesondere des Einsatzes von idealisierten Modellen.[31]

Ein dritter und letzter Unterschied zur strukturalistischen Auffassung, der hier nur kurz angedeutet werden kann, betrifft die Frage nach den Gründen für den Erfolg der Mathematik in den Wissenschaften. Wir haben im letzten Abschnitt gesehen, dass die strukturalistische Auffassung von Pincock und anderen eine adäquate Analyse der repräsentationalen Rolle der Mathematik liefert. Bueno & Colyvan zufolge kann dieser Ansatz jedoch darüber hinaus keine Erklärung für andere Funktionen der Mathematik in den Wissenschaften liefern. Diese gilt insbesondere für deren Bedeutung in der Vereinheitlichung von Theorien oder der Ableitung von neuen und empirisch prüfbaren Voraussagen aus bestehenden Theorien. Im Gegensatz dazu erlaubt der Fokus auf die inferentiellen Funktionen von mathematischen Modellen ein besseres Verständnis dieser nicht-repräsentationalen Funktionen der Mathematik. Für Bueno & Colyvan sind diese Funktionen letztendlich rückführbar auf die Existenz von unterschiedlichen „inferentiellen Relationen“ zwischen mathematischen Strukturen und der Welt.[32]

5 Schlussbemerkungen

Das Thema dieses Aufsatzes war die Rolle der Mathematik in den Wissenschaften. Angewandte Mathematik wird heute in erster Linie als Disziplin zur Formulierung von mathematischen Modellen verstanden, die eingegrenzte Phänomenbereiche repräsentieren und die Ableitung von empirisch überprüfbaren Modellvoraussagen ermöglichen. Die Entwicklung dieser moder-

31 Entscheidend hierfür ist, dass sowohl mathematische Modelle wie physikalische Systeme als partielle mengentheoretische Strukturen aufgefasst werden, deren jeweils unbestimmte Komponenten R_3 den oben erwähnten „mismatch“ zwischen den beiden darstellt (siehe Bueno/Colyvan 2011, S. 358–359).

32 Eine detaillierte Analyse des Zusammenhangs des inferentiellen Charakters von angewandter Mathematik und dessen Rollen der Vereinheitlichung, der Voraussage, und der wissenschaftlichen Erklärung wird in Bueno/French 2018 entwickelt.

nen Auffassung von angewandter Mathematik war, wie im ersten Abschnitt dargelegt wurde, historisch eng verbunden mit der Etablierung der reinen Mathematik im neunzehnten Jahrhundert und am Anfang des zwanzigsten Jahrhunderts, beispielsweise mit der Entwicklung der abstrakten Algebra und diverser nicht-euklidischer Geometrien. Eine unmittelbare Folge der Loslösung der mathematischen Begriffsbildung von nicht-mathematischen Überlegungen war, dass auch die Anwendung der Mathematik in den Wissenschaften neu gefasst wurde. Mathematik wurde nicht mehr, wie im Rahmen der pythagoräischen Naturauffassung angenommen, als korrekte Sprache zur Beschreibung der den Naturphänomenen inhärenten mathematischen Struktur verstanden, sondern als autonom entwickeltes Begriffswerkzeug zur Konstruktion von idealisierten Modellen. Angewandte Mathematik wurde, wie Penelope Maddy es formuliert hat, selbst zu einem Zweig der reinen Mathematik.

Eine weitere Folge der Loslösung der mathematischen Begriffsbildung von außer-mathematischen Überlegungen ist philosophischer Natur und betrifft das erwähnte Anwendungsproblem. Eugene Wigners Diagnose der „unreasonable effectiveness" der Mathematik in den Naturwissenschaften wirft die Frage auf, warum sich Begriffe der reinen Mathematik als derart erfolgreich in der Beschreibung von physikalischen Phänomenen erweisen. Wigners Rätsel hat, wie im zweiten Abschnitt gezeigt wurde, in der zeitgenössischen philosophischen Diskussion zu einer Neubewertung des Anwendungsproblems der Mathematik geführt. Die Beiträge zu dieser Debatte, insbesondere die Arbeiten von Mark Steiner, haben einerseits darauf hingewiesen, dass man anstelle von dem einem Anwendungsproblem besser von unterschiedlichen Formen des Problems sprechen sollte: einem Problem der mathematischen Beschreibung, einem semantischen und metaphysischen Problem und so fort. Andererseits hat sich gezeigt, dass das Wignersche Puzzle weitgehend unabhängig von der Wahl einer realistischen oder antirealistischen Auffassung der Mathematik existiert. So etwa bleibt etwa die Frage, warum Mathematik effektiv in der wissenschaftlichen Anwendung ist, unbeantwortet in Quines platonistischer Auffassung von Mathematik (gestützt durch sein Unverzichtsbarkeits-Argument).

Wir haben im dritten Abschnitt eine strukturalistische Auffassung vorgestellt, die eine neue Perspektive auf das Anwendungsproblem liefert. Dieser Position zufolge lässt sich die Repräsentationsbeziehung zwischen mathematischen Modellen und physikalischen Systemen am besten durch die Existenz von strukturerhaltenden Abbildungen – wie etwa durch Isomorphismen oder Homomorphismen – erklären. Eine kritische Weiterentwicklung dieses abbildungsbasierten Ansatzes von mathematischer Repräsentation stellt, wie gezeigt wurde, Buenos & Colyvans inferentieller Ansatz dar. Hier wird erfolgreiche Anwendung der Mathematik nicht nur durch eine passende

Abbildungsbeziehung zwischen mathematischen Modellen und Zielsystemen bestimmt, sondern darüber hinaus durch das Bestehen diverser inferentieller Beziehungen zwischen diesen beiden Strukturen.

Liefern die neueren Beiträge zu einem strukturalistischen Verständnis von angewandter Mathematik eine zufriedenstellende Antwort auf Wigners einflussreiches Rätsel? In gewisser Weise bringt die strukturalistische Auffassung eine Relativierung von Wigners Behauptung mit sich, der zufolge der Erfolg der Mathematik in den Wissenschaften letztendlich ungeklärt bleiben muss. Für Vertreter des Strukturalismus wie Bueno & Colyvan ist dieses Faktum weniger rätselhaft: der Erfolg der Mathematik ist hier bestimmt durch eine strukturelle Ähnlichkeit zwischen mathematischen Strukturen und den Phänomenen. Strukturerhaltende Abbildungen zwischen diesen liefern letztendlich auch eine Erklärung für die unterschiedlichen Funktionen, die der Mathematik in den Wissenschaften zukommt, von der Vereinheitlichung von Theorien bis hin zur mathematischen Erklärung empirischer Phänomene.

Literatur

S. Bangu. Steiner on the applicability of mathematics and naturalism. *Philosophia Mathematica*, 14:26–43, 2006.

S. Bangu. *The Applicability of Mathematics in Science: Indispensability and Ontology*. Palgrave Macmillan: Basingstoke, 2012.

R. Batterman. Idealization and modeling. *Synthese*, 169:427–446, 2009.

P. Benacerraf. What numbers could not be. *Philosophical Review*, 74(1):47–73, 1965.

N. Bourbaki. The architecture of mathematics. *The American Mathematical Monthly*, 57(4): 221–232, 1950.

O. Bueno and M. Colyvan. An inferential conception of the application of mathematics. *Nous*, 45(2):345–374, 2011.

O. Bueno, und S. French. *Applying Mathematics: Immersion, Inference, Interpretation*. Oxford: Oxford University Press, 2018.

N. Cartwright. *How the Laws of Physics Lie*. Oxford: Oxford University Press, 1983.

M. Colyvan. The miracle of applied mathematics. *Synthese*, 127:265–277, 2001.

L. Corry. *Modern Algebra and the Rise of Mathematical Structures*. Basel: Birkhauser, 2004.

J. Ferreiros. *Labyrinth of Thought – a History of Set Theory and its Role in Modern Mathematics*. Basel: Birkhauser, 1999.

A. C. Fowler. *Mathematical Models in the Applied Sciences*. Cambridge: Cambridge University Press, 1997.

G. Frege. *Die Grundlagen der Arithmetik: eine logisch mathematische Untersuchung über den Begriff der Zahl*. Hildesheim: Georg Olms Verlagsbuchhandlung, 1884.

S. Frigg und S. Hartmann. Models in science. *The Stanford Encyclopedia of Philosophy (Spring 2017 Edition)*, Edward N.*Zalta (ed .)*, URL = https://plato.stanford.edu/archives/spr2017/entries/models-science/.

J. Gray. *Plato's Ghost: The Modernist Transformation of Mathematics*. Princeton: Princeton University Press, 2008.

R.I.G. Hughes. Models and representation. *Philosophy of Science*, 64:325–335, 1997.

M. Kline. *Mathematical Thought from Ancient to Modern Times*. New York: Oxford University Press, 1972.

J. Ladyman. What is structural realism? *Studies in History and Philosophy of Science*, 29(3): 409–424, 1998.

J. Losee. *Wissenschaftstheorie – Eine historische Einführung*. Becksche Elementarbücher. München: Beck, 1977.

P. Maddy. How applied mathematics became pure. *Review of Symbolic Logic*, 1(1):16–41, 2008.

C. Pincock. A revealing flaw in Colyvan's indispensability argument. *Philosophy of Science*, 71, 61–79, 2004.

C. Pincock. *Mathematics and Scientific Representation*. Oxford University Press, 2012.

H. Putnam. Philosophy of logic. In *Mathematics Matter and Method: Philosophical Papers, Volume 1*. Cambridge: Cambridge University Press, 323–357, 1979.

W. V. O. Quine. On what there is. In *From a Logical Point of View*. Cambridge, MA: Harvard University Press, 1–19, 1980.

E. Reck and M. Price. Structures and structuralism in contemporary philosophy of mathematics. *Synthese*, 125(3):341–383, 2000.

S. Shapin. *The Scientific Revolution*. Chicago: University of Chicago Press, 1996.

S. Shapiro. Mathematics and reality. *Philosophy of Science*, 50:523–548, 1983.

S. Shapiro. *Philosophy of Mathematics: Structure and Ontology*. New York: Oxford University Press, 1997.

M. Steiner. *The Applicability of Mathematics as a Philosophical Problem*. Harvard: Harvard University Press, 1998.

M. Steiner. The Applicabilities of Mathematics. *Philosophia Mathematica*, 3(2):129–156, 1995.

B. van Fraassen. Representation: The problem for structuralism. *Philosophy of Science*, 73: 536–547, 2006.

E. Wigner. The unreasonable effectiveness of mathematics in the natural sciences. *Communications of Pure and Applied Mathematics*, 13:1–14, 1960.

J. Worrall. Structural realism: the best of both worlds? *Dialectica*, 43:99–124, 1989.

H. Wussing. *The Genesis of the Abstract Group Concept – A Contribution to the History of the Origin of Abstract Group Theory*. Dover Publications, 1984/2007.

Hermann Haken

Synergetik als ein Beitrag zur Einheit der Wissenschaft

Abstract: *Synergetics as a Contribution to the Unity of Science.* Physicist Hermann Haken presents Synergetics (founded by him) as a contribution to help bridging the gap between science and the humanities. He defines Synergetics as 'science of cooperation between the parts of a system by self-organization' that deals with the basic question whether there are general principles of structure formation by self-organization, independently of the parts. Haken assumes that qualitative changes of the macroscopic behavior of systems are central to answer this question. Thus, Synergetics deals with emergent properties. To this end, Haken introduces basic concepts of Synergetics: order parameters, enslavement, circular causality, control parameters, instability, and phase transitions.

1 Einleitung

In der allgemeinen Entwicklung der Wissenschaft, zu der ich auch die Technik zähle, lassen sich zwei Strömungen erkennen: Zum einen ihre zunehmende Aufsplitterung in immer kleinere Spezialdisziplinen, zum anderen aber auch die Notwendigkeit der Zusammenarbeit bei der Bewältigung von Problemen, die gesellschaftlich oder wissenschaftlich bedeutsam sind. Hierzu gehören Umwelt, Medizin oder Raumfahrt. Aber Wissenschaft sollte nicht nur als Instrument zur Bewältigung von praktischen Aufgaben gesehen werden, sie ist ein hohes, gemeinschaftliches, geistiges Kulturgut, dessen Wurzeln bis in die Antike und darüber hinaus reichen. Seitdem der Mensch begann, durch wohlüberlegte Experimente, etwa wie Galilei, Fragen an die Natur zu stellen, wurde aus der Naturphilosophie die Naturwissenschaft. Dabei erwuchs auch ein gewisses Spannungsfeld zwischen den Natur- und Geisteswissenschaften, sodass Snow sogar von den zwei Kulturen sprach. Diese Ausdrucksweise scheint zu suggerieren – oder tut es sogar – dass mit den verschiedenen Untersuchungsobjekten auch verschiedene Denkweisen, „Denkkulturen" verknüpft sind. Dies mag vielleicht mit dem Grad der Mathematisierung zusammenhängen, worauf ich noch eingehe, scheint mir aber kein wesentliches Untersuchungsmerkmal zu sein. Es gibt vielmehr auf beiden Gebieten gleiche Denkweisen – oder Denkmuster. Ihr Unterschied ist vielmehr ein anderer: Analytisch versus synthetisch, wobei ich sogar glaube, dass etwa im Angelsächsischen das analytische, im Östlichen (Russland, China, Japan, Indien) das ganzheitliche Denken mehr „zu Hause"

https://doi.org/10.1515/9783110614831-004

ist, wozu es natürlich auch wichtige Gegenbeispiele gibt. Mein Beitrag wird also vornehmlich dem Brückenschlag zwischen diesen Betrachtungsebenen gelten, wobei sich auch einer zwischen Natur- und Geisteswissenschaften ergibt.

Um diesen vorzubereiten, gehe ich in Abschnitt 2 der Frage nach, welche Eigenschaften denn viele Untersuchungsobjekte in Natur- und Geisteswissenschaften gemeinsam haben. Dabei stoßen wir auf das weit verbreitete Phänomen der Selbstorganisation. Hier spielt die Verknüpfung zwischen Analyse und Synthese eine grundlegende Rolle, die uns bis zum Seele/Leib Problem führen wird. Zugleich wird dabei auch die Verknüpfung zwischen Theorie und praktischen Anwendungen deutlich. Das Forschungsgebiet habe ich Synergetik genannt.[1]

2 Grundlagen der Synergetik

2.1 Was ist Synergetik?

Das dem Altgriechischen entlehnte Wort „Synergetik" bedeutet „Lehre vom Zusammenwirken".[2] Aber was soll hier zusammenwirken und was bewirkt dann das Zusammenwirken? Zunächst einmal: alle Gegenstände, die wir mit unseren Sinnen wahrnehmen können, bestehen aus einzelnen Teilen. Die Gegenstände können *künstlich* sein – wie Häuser, Autos, Fernseher – oder *natürlich* – wie die unglaubliche Vielfalt der Tier- und Pflanzenwelt zeigt. Je nachdem, wie wir die Gegenstände tatsächlich oder gedanklich zerlegen, und wie diese tatsächlich „beschaffen" sind, können die Teile verschiedenartiger Natur sein. Dazu einige einfache Beispiele aus der unbelebten Welt: Wasser besteht aus einzelnen Wassermolekülen (H_2O), Luft aus einem Gemisch verschiedener Molekülsorten, ein Siliziumkristall aus Siliziumatomen. In der belebten Natur besitzen Tiere verschiedene Organe, die aus einzelnen Zellen zusammengesetzt sind, die wiederum aus vielfältigen Strukturen bestehen – bis hinunter zu den komplizierten Biomolekülen. Ein besonders faszinierendes Organ ist das menschliche Gehirn, das aus Myriaden von Neuronen besteht. Menschen und Tiere können selbst wieder Teile einer Gesamtheit sein. Zum Beispiel bilden Menschen eine Glaubensgemeinschaft, einen Staat, etc., Vögel und Fische bilden Schwärme, Wölfe Rudel, andere Tiere Herden, ja sogar Bakterien bilden Kolonien. Immer haben wir es mit einem *System* bestehend aus einzelnen Teilen zu tun, wobei es

1 Darstellungen der historischen Entwicklung finden sich bei Kröger 2013 und Haken 2016. Letzteres enthält auch einen Abriss des mathematischen Teils der Theorie, auf den ich hier nicht eingehe.
2 Haken/Graham 1971.

manchmal uns überlassen bleibt was wir zum System zählen – wo wir also seine Grenzen ziehen. Immer wieder sehen wir, wie stark verschiedene Systeme miteinander verwoben sind – etwa das Ökosystem. Diese Bemerkungen mögen genügen, was wir im Folgenden unter „Teilen" (oder auch Elementen, Komponenten,. . .) verstehen wollen. Was hat es nun mit dem Zusammenwirken auf sich? Teile können aufeinander einwirken. Atome, Moleküle, ja ganze Körper üben Kräfte aus: Beispiele sind die elektrische und magnetische Kraft zwischen elektrischen Ladungen oder die stets wirkende Schwerkraft. Beeinflussungen bestehen in der Übertragung von Energie, Stoffen sowie Information. Hierzu einige Beispiele: Bei der Wärmeleitung wird in einem Gas, einer Flüssigkeit oder einem festen Körper Wärmeenergie von einem Teilbereich auf einen benachbarten übertragen. Bei der Diffusion, einem speziellen Stofftransport, wandern Moleküle in einem Stoff. Energie- und Stofftransport sind grundlegend für alle Lebensvorgänge. Dies gilt nicht nur für die Vorgänge innerhalb des jeweiligen Systems Pflanze, Tier, Mensch sondern auch, und das ist fundamental, für die Vorgänge zwischen dem eigentlichen System (Pflanze, Tier, Mensch) und seiner *Umwelt*. Eine Pflanze braucht Wasser, Nährstoffe und das Sonnenlicht. Pflanzen, Tiere und Menschen müssen ständig Nahrung aufnehmen (und in degradierter Form ausscheiden). Was bewirken nun die verschiedenen Wechselwirkungen: Das Ergebnis ist – eigentlich – so alltäglich, dass uns das eigentliche Wunder nicht so bewusst wird: Unsere Welt ist nicht eine wüste Ursuppe, sondern besteht aus meist hochgeordneten Strukturen, die in der belebten Natur höchst sinnvoll sind.

Im Gegensatz zu menschlichen Artefakten sind die natürlichen Strukturen aufgrund des *Zusammenwirkens* der jeweiligen einzelnen Teile untereinander von selbst entstanden, durch *Selbstorganisation* also. Kein Mensch, kein Bildhauer etwa, war hier am Werk. Damit gelangen wir zu einem ersten groben Umriss des Problemkreises der Synergetik: Wie kommt es durch das Zusammenwirken der einzelnen Teile eines Systems zur Bildung von Strukturen durch Selbstorganisation? Angesichts der ungeheuren Vielfalt der Systeme in der Welt ist diese Fragestellung viel zu allgemein und ihre Beantwortung bleibt der Forschung in den verschiedensten wissenschaftlichen Disziplinen vorbehalten. Dennoch ist die grundlegende Fragestellung der Synergetik allgemein: gibt es allgemeine Prinzipien für die Strukturbildung durch Selbstorganisation unabhängig von der Natur der Teile? Angesichts der Vielfalt der Teile scheint auch diese Frage nicht beantwortbar.

Der Durchbruch der Synergetik wurde durch eine wichtige Einengung der Fragestellung möglich: zumindest in ihrer gegenwärtigen Entwicklungsphase richtet die Synergetik ihr Augenmerk auf das Studium solcher Situationen bei denen sich das *makroskopische Verhalten* des jeweiligen Systems *qualitativ* ändert. Die Synergetik befasst sich also mit der *Emergenz* neuer Qualitäten. An dieser Stelle ist die historisch relevante Frage aufzuwerfen ob es in der Wissenschaft schon früher, d. h. vor der Begründung der Synergetik, allgemeingültige Prinzipien für das Verhalten von Vielteilchensystemen gab. Für Physik und Chemie ist diese Frage mit ja zu beantworten und wir werden ihrer Antwort sogleich nachgehen. Es handelt sich um die Thermodynamik (Wärmelehre). Dabei werden wir sehen, dass die daraus gezogenen Schlussfolgerungen ein fundamentales Hindernis für die Erklärung der Entstehung und Funktion lebender Systeme waren. Bevor wir die entscheidende Einsicht der Synergetik darlegen, kurz eine Erinnerung an die Thermodynamik.

2.2 Eine Erinnerung an die Thermodynamik

Dieses Gebiet bezieht sich auf die gesamte Materie, ist also universell angelegt. Grundbegriffe sind Temperatur und Entropie. Während der Temperaturbegriff uns über unseren Wärmesinn direkt zugänglich ist, ist der Entropiebegriff nur indirekt zu erschließen. Grob gesprochen, ist Entropie ein Maß für Unordnung (Abb. 1). Die Universalität der Thermodynamik schlägt sich in ihren drei Hauptsätzen nieder:

(1) Satz von der Erhaltung der Energie.
(2) Der sogenannte zweite Hauptsatz, den wir, um das Wesentliche deutlich zu machen, so formulieren: In einem abgeschlossenen System kann die Entropie nur zu-, aber nicht abnehmen.
(3) Der absolute Nullpunkt ist unerreichbar.

An diesen Sätzen wird die Synergetik nicht rütteln (um schon hier mögliche Missverständnisse auszuschließen). Dennoch wird sie bezüglich der Anwendung der Hauptsätze auf Naturvorgänge eine fundamentale Lücke aufzeigen. Der Ausgangspunkt der Überlegungen die zum Entropiebegriff (Clausius, Helmholtz) führten, waren Ausgleichsvorgänge: Bringt man einen warmen und einen kalten Körper zusammen, so gleicht sich die Temperatur aus. Der umgekehrte Vorgang: Spontane Erwärmung des einen verbunden mit einer Abkühlung es anderen Körpers wird nicht beobachtet. In der Physik war es stets erfolgreich, nach Extremalprinzipien zu suchen (Beispiel: Minimierung der Energie bei der Bildung eines Kristalls), d. h. nach einer Größe deren Maximierung oder Minimierung den Prozessverlauf bestimmt. Dies leistet in der Thermodynamik die Entropie, die nach dem oben erwähnten zweiten Hauptsatz in einem abgeschlossenen System einem *Maximum* zustrebt. Die Entropie eines Körpers lässt sich berechnen und auch messen. In unserem Kontext jedoch ist

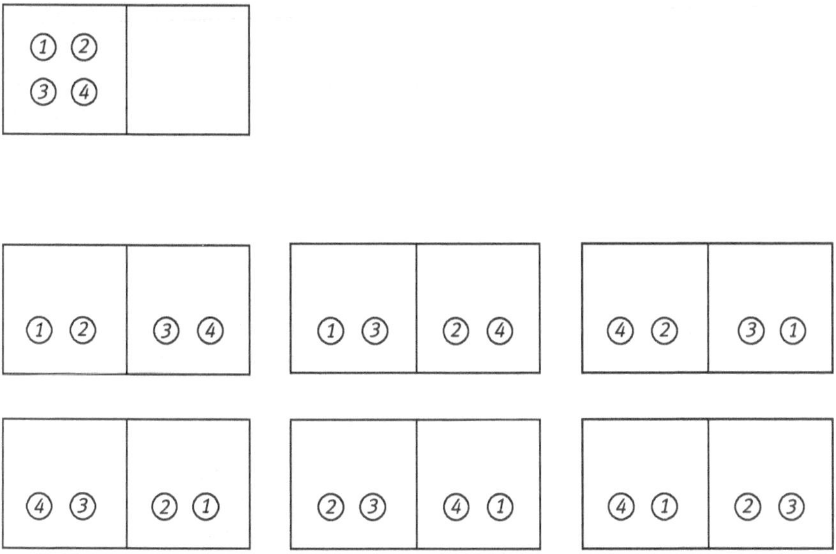

Abb. 1: Zur Veranschaulichung der Abzählungsvorschrift von Boltzmann, um die größte Entropie zu ermitteln. Obere Bildhälfte: Es gibt nur eine Möglichkeit, die vier Kugeln in einem Gefäß unterzubringen. Untere Bildhälfte: Es gibt sechs Möglichkeiten, die vier Kugeln gleichmäßig auf die beiden Gefäße zu verteilen.

ihre atomare Formulierung, die wir Ludwig Boltzmann verdanken, wesentlich. Sein Grundgedanke lässt sich am Beispiel von Abb. 1 erkennen, bei dem vier Kugeln auf zwei Kästen zu verteilen sind. Offenbar gibt es nur *eine* Möglichkeit („Realisierung"), alle Kugeln im linken Kasten unterzubringen, hingegen sechs Realisierungen, um die Kugeln gleichmäßig auf die beiden Kästen zu verteilen. Im ersten Fall ist die Zahl W der Realisierungen = 1, im zweiten Fall = 6.

Nach Boltzmann gilt die Beziehung

$$S = k \ln W,$$

wobei S die Entropie, k die Boltzmann Konstante, ln der natürliche Logarithmus und W die Anzahl der mikroskopischen Realisierungen von Zuständen (siehe Abb. 1) sind. Damit ergibt sich eine neue Einsicht: Das beobachtete Anwachsen der Entropie bedeutet, dass ein physikalisches System danach strebt, die Anzahl W seiner mikroskopischen Realisierungen zu *maximieren*. Halten wir fest:

Das Maß für die Entropie beruht auf der *Abzählung von Zuständen*. Wie schon Abb. 1 nahelegt, ist die Entropie ein Maß für Unordnung: Die Moleküle können ganz verschiedenartig auf die Kästen verteilt sein. Die Bedeutung der Entropiezunahme können wir selbst „erfahren": Fährt ein Auto, so ist hier nur

1 Freiheitsgrad (Zustand) beteiligt, W=1 und S=0. Bremst das Auto, so werden Bremsen und Räder erwärmt – die kinetische Energie des ursprünglich einen Freiheitsgrads wird nun auf die sehr, sehr vielen Freiheitsgrade bei der Wärmebewegung der großen Zahl der Atome und Moleküle in Bremsen und Reifen verteilt. Dabei ist W sehr groß und damit, nach Boltzmanns berühmter Formel, die Entropie stark angewachsen. Umgekehrt kann man durch Abkühlen warmer Räder und Bremsen nie ein Auto in Bewegung setzen.

Der so wunderbare zweite Hauptsatz erwies sich als fundamentales Hindernis für die Erklärung von Lebensvorgängen: Wie sollte die *Entstehung und Aufrechterhaltung* so hochgeordneter Systeme wie es ein Lebewesen darstellt, mit dem zweiten Hauptsatz in Einklang stehen, nach dem Ordnung doch zerfallen sollte. Einen ersten Versuch, dieses Dilemma aufzulösen, unternahm Erwin Schrödinger in seinem Buch „What is Life?".[3] Er schlug vor, dass Lebewesen mit der Nahrung „Negentropie" aufnehmen und so die Entropie des Lebewesens verringert wird. Der russische Biophysiker Blumenfeld verglich die Entropie eines Lebewesens mit der eines gleich großen Felsblocks und konnte keinen Unterschied feststellen. Anscheinend ist die Entropie doch nicht die entscheidende Größe, worauf ich weiter unten zurückkommen werde. Die Lösung des oben genannten Dilemmas ergab sich aus einer anderen Richtung, nämlich der Laserphysik.

Mein „aha-Erlebnis" verdanke ich meiner Erklärung der Wirkungsweise einer vor mehr als 50 Jahren entwickelten Lichtquelle genannt „Laser", die gegenüber allen anderen Lampen ein völlig neuartiges Licht erzeugte (vgl. Abb. 2). Stellen wir uns hierzu einen mit Gas gefüllten Gaszylinder vor, durch den ein elektrischer Strom geschickt wird, der aus einzelnen Elektronen besteht. Stoßen diese mit den Gasatomen zusammen, so werden die letzteren angeregt und senden völlig unregelmäßig Lichtwellen aus. Könnte man diese hören, so klänge es wie Meeresrauschen. Beim Laser entsteht hingegen ein einziger, fast unendlich langer Wellenzug, der wie ein reiner Ton klingen würde. Wie kommt es in genau dem gleichen System zu diesem verblüffenden Übergang von Unordnung zu Ordnung, der spontan, ohne äußere Eingriffe, also durch Selbstorganisation geschieht? Anhand meiner Theorie, die dann detailliert experimentell bestätigt wurde, entwickelte ich allgemeine Konzepte der Selbstorganisation die ich in meinem Beitrag an Hand von Beispielen außerhalb der Physik erläutern werde. Soviel sei schon vorweggenommen: Der Widerspruch zum oben erwähnten zweiten Hauptsatz der Thermodynamik löst sich auf, da der Laser ein *offenes* System ist, in das ständig Energie (in meinem Beispiel der elektrische Strom) „hineingepumpt" und teils als Laserlicht, teils als Wärme abgeführt wird.

---

3 Schrödinger 1944.

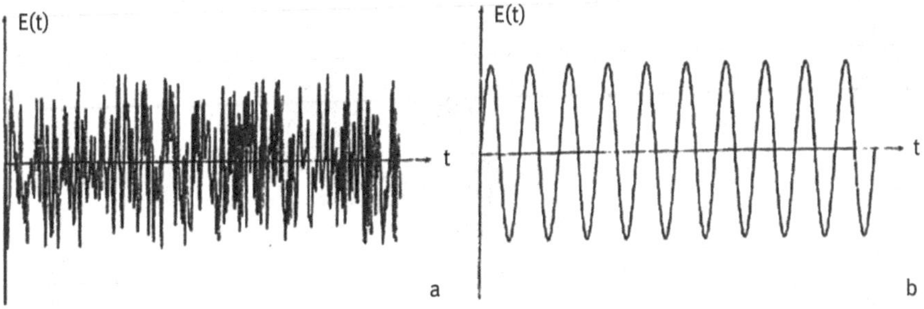

Abb. 2: Schematisch a) Feldstärke E(t) als Funktion der Zeit im Falle einer Lampe b) E(t) im Falle eines Lasers.

2.3 Warum „Prinzipien"?

Warum soll man in der Wissenschaft überhaupt nach Prinzipien, allgemeinen Gesetzmäßigkeiten, suchen?

Angesichts der Fülle der Erscheinungen in der Natur (aber auch in der Gesellschaft) besteht seit jeher der Drang, diese Fülle zu ordnen. Hierzu gibt es berühmte Beispiele: Mendelejews System der chemischen Elemente, Linnés System der Pflanzenwelt, bis hin zur Vereinigung von Elektrizität und Magnetismus durch Maxwell oder gar zu Einsteins allgemeiner Theorie der Vereinigung von Raum, Zeit, Materie. In der Physik wird eine Theorie gesucht, die Quantentheorie und Relativitätstheorie vereinigt und damit zugleich eine Brücke zwischen dem Allerkleinsten, den Elementarteilchen, und dem Allergrößten, dem Weltall, schlägt. Was ist der „Nutzen" solcher Gesetze? Meiner Ansicht nach zweierlei:

(1) Eine tiefe Befriedigung für den forschenden Geist auf dem Weg zu einem Verständnis „was die Welt im Innersten zusammenhält" (Goethe).
(2) Eine weitreichende Denkökonomie, oder anders ausgedrückt: eine Komplexitätsreduktion.

Es gibt also leuchtende Vorbilder bei der Suche nach „Prinzipien". In vielen wissenschaftlichen Disziplinen beschäftigen wir uns mit Systemen, die aus vielen Teilsystemen bestehen. Sehr oft können die Eigenschaften großer Systeme nicht durch eine bloße Überlagerung der Aktivitäten der Untersysteme erklärt werden.

Ganz im Gegenteil verhalten sich die Untersysteme wohlorganisiert, so dass sich das Gesamtsystem in einem geordneten Zustand befindet, oder Aktionen zeigen, die man sogar als sinnvoll bezeichnen würde. Darüber hinaus beobachtet man oft mehr oder weniger abrupte Wechsel zwischen Unordnung und

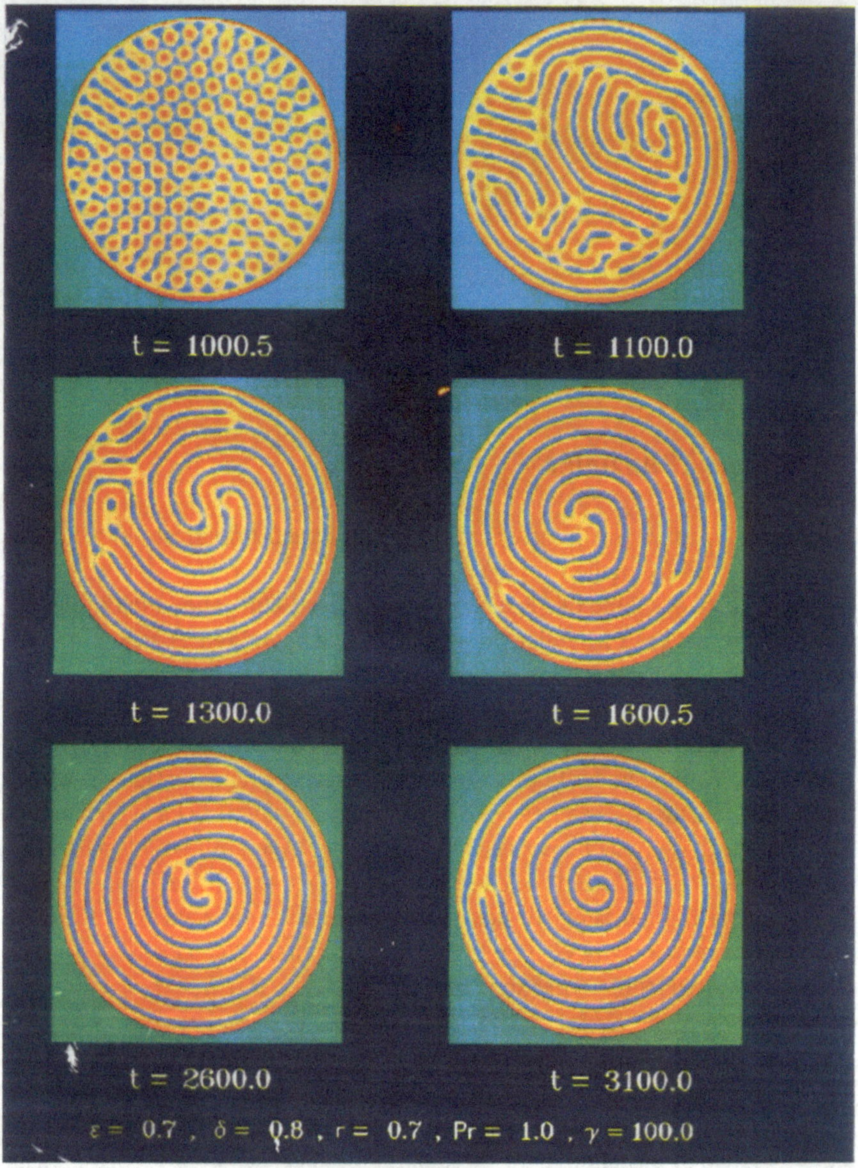

Abb. 3: Strukturbildung in einer von unten gleichmäßig erhitzten Flüssigkeitsschicht. Links oben: Ausbildung von Konvektionszellen. Wird gleichzeitig der Rand erhitzt, so tritt eine Umstrukturierung auf, bei der sich Spiralen ausbilden. (Bestehorn et al. 1993).

Ordnung oder Übergänge zwischen verschiedenen Zuständen von Ordnung (vgl. Abb. 3). Damit erhebt sich die Frage: Wer sind die geheimnisvollen Dämonen, die den Untersystemen sagen, wie sie sich verhalten sollen, oder, in einer mehr wissenschaftlichen Sprache: welche sind die Prinzipien, durch die Ordnung geschaffen wird?

3 Aufbau der Synergetik

3.1 Grundkonzepte

Das Gedankengebäude der Synergetik stützt sich auf nur wenige Begriffe und Konzepte, nämlich Ordner, Versklavung, zirkuläre Kausalität, sowie die mehr mathematisch/physikalisch gefärbten Begriffe Kontrollparameter, Instabilität, Fluktuation, Phasenübergänge. Schon jetzt sei darauf hingewiesen, dass „Versklavung" ein reiner terminus technicus ist (s.w.u.). Beginnen wir mit dem Konzept des Ordners, das ich am Beispiel erläutere.

Die Sprache eines Volkes ist ein Ordner. Wird ein Baby geboren, so wird es der Sprache seiner Eltern ausgesetzt. Es wird von ihr versklavt (diesem Prozess kann das Baby nicht ausweichen, er ist zwangsläufig!). Wächst das Kind heran, so trägt es seine Muttersprache weiter. Dabei steht es in Wechselwirkung mit anderen Angehörigen seiner Sprache. Diese Individuen tragen so durch ihre Wechselwirkung die Sprache weiter, erhalten sie also an der Existenz. Wir erkennen hier die „zirkuläre Kausalität" als typisches synergetisches Merkmal. Wie bei anderen Ordnern der Synergetik kann es zu einem Wettbewerb kommen, wobei einer gewinnt (Beispiel USA, wo ursprünglich Englisch und Deutsch gesprochen wurde). Auch Koexistenz zwischen Ordnern ist möglich (Beispiel: Schweiz mit Deutsch, Französisch, Italienisch, Räto-Romanisch). Weitere Beispiele für die Koexistenz: Fachsprache neben Landessprache, Gaunersprache etc. Es gibt auch durch bestimmte Umstände hervorgerufene Phasenübergänge von einer Sprache zu einer anderen. Ein Beispiel ist die Unterwerfung eines Volkes durch ein anderes, wo die Sprache des Verlierers nicht mehr gesprochen werden darf. Aus der Fülle weiterer Beispiele nenne ich hier nur einige als Anlass zu eigener Betrachtung des Lesers, der Leserin:

Glaubensgemeinschaft – Gläubige,
Staat – Bürger,
Gesetz – Bürger,
Partei – Mitglied (Freund/Genosse),
Unternehmenskultur – Mitarbeiter,

Wissenschaftliches Paradigma – Wissenschaftler,
Industrienorm – Benutzer,
Ideologie – Anhänger.

Das erste Wort dieser Liste kennzeichnet offenbar eine „makroskopische" Eigenschaft eines Ensembles, das zweite seine „Teile". Das Entscheidende an der Synergetik sind aber Beziehungen zwischen der jeweiligen linken und rechten Seite dieser Liste; diese Beziehungen sind:
(1) Das Versklavungsprinzip.
(2) Das Prinzip der zirkulären Kausalität.

Während die Wirksamkeit des Versklavungsprinzips im Falle des Spracherwerbs durch ein Baby wohl nicht in Frage gestellt werden kann, ist die Anwendung dieses Prinzips auf das Verhalten von Menschen von Soziologen immer wieder heftig kritisiert worden: Der Mensch ist ein freies Wesen, frei in seinen Entscheidungen, er lässt sich nicht versklaven. Ursprünglich hatte ich das Versklavungsprinzip auf physikalische und chemische Prozesse angewendet, um es dann im Bereich der Soziologie als terminus technicus zu verwenden. Derartige „Umwidmungen" von Begriffen der Umgangssprache geschehen des Öfteren in der Wissenschaft. Als Beispiel sei hier nur die „Chaos"-Theorie genannt. Doch soll dieser Hinweis keine Entschuldigung für mein Vorgehen sein, dessen Bedeutung in der Tat einer genaueren Diskussion bedarf, was an Hand konkreter Beispiele geschehen soll. Beginnen wir mit einem, auch in der modernen Welt nicht ungewöhnlichem Extremfall: Die Einwirkung einer Diktatur auf den Einzelnen. Hier schreibt das Regime (die Verkörperung des Ordners) dem Bürger das Verhalten vor: Es versklavt seinen „Untertan"! Wird dadurch dessen freier Wille ausgeschaltet? Die klare Antwort darauf lautet: nein! Der Bürger kann sich den Anordnungen widersetzen, er kann versuchen, ins Ausland zu fliehen etc. Aber jeder, der eine Diktatur erlebt hat weiß, dass der Preis hoch ist. Es reicht z. B. von schweren beruflichen Schikanen für den Bürger und seine Familie bis hin zu Gefängnis, Folter, Hinrichtung oder Erschießen bei seiner Flucht. Durch das Konzept des „Preises, Aufwandes" etc., das ich Diskussionen mit Soziologen verdanke, bietet sich also eine Lösung des Konflikts zwischen „Versklavung" und „Freiheit" des Einzelnen an.

Ich möchte dies an einem weiteren, zwar weniger drastischen, aber doch immer wieder aktuellen Beispiel erläutern: Das *Betriebsklima* ist ein Ordner, dem der einzelne Mitarbeiter des betreffenden Betriebs in gewissen Umfang „unterworfen" ist. Hierbei kann es offensichtlich zu Konflikten kommen. Will der Arbeitnehmer (die Arbeitnehmerin) bei einem Konflikt im Betrieb bleiben oder ihn verlassen – was u. U. einen erheblichen persönlichen Aufwand bedeutet (Umzug, neue Umgebung, andere Schulen für die Kinder etc.)? Ich glaube, dass es wichtig ist, in diesem Sinne das hier erläuterte „Versklavungsprinzip“ zu interpretieren, sich aber seiner Gültigkeit nicht zu verschließen. Dies führt nämlich zu der Frage, wie überhaupt ein Ordner geändert werden kann.

Wie ich eben diskutierte, erfordert es immer einen – mehr oder weniger hohen – Preis, wenn der Einzelne sich der „Versklavung“ entziehen will. Diese Situation ändert sich nur dann, wenn ein erheblicher Teil der Gesamtheit der Individuen *gleichzeitig* das Ordnungssystem ändert. Mit anderen Worten, ein Ordner kann nur durch kollektives Verhalten zum Verschwinden gebracht werden – er muss destabilisiert werden. Was danach kommt, ist oft offen – an Instabilitätspunkten können im Prinzip neue Ordner entstehen – welcher dann realisiert wird, hängt meist von Zufallsschwankungen ab. Ich habe dies mehrfach am Beispiel von Revolutionen erörtert – ein Mechanismus, den schon Lenin erkannte und den ich hier nochmals schildere, um die Konzepte Kontrollparameter, Instabilität, Phasenübergänge zu verdeutlichen. Auslöser einer Revolution sind spezielle soziologische Bedingungen, z. B. ein verlorener Krieg, oder eine schwere wirtschaftliche Krise. Die kollektive Bürgermeinung wünscht die Abschaffung der bestehenden gesellschaftlichen Ordnung, d. h. im Sprachgebrauch der Synergetik ihre Instabilität (oft ist es das Ziel von Terroristen, durch Anschläge das Vertrauen in die staatliche Ordnung zu erschüttern, sie zu destabilisieren). An einer Instabilität gibt es in der Regel mehrere Optionen, wie das neue (gesellschaftliche) System strukturiert sein soll. Die spezielle „Auswahl“ wird dann von einer kleinen Gruppe entschlossener Männer und Frauen getroffen und so die neue Ordnung, der neue Ordner, etabliert. Im Hinblick auf die mathematischen/physikalischen Wurzeln bezeichnen wir die „spezielle Bedingung“ als Kontrollparameter (die dann auch als solche in die Gleichungen eingehen). Den Umschwung von einem Systemzustand in den anderen bezeichnen wir als Phasenübergänge in Anlehnung an solche der Physik (Wasser/Eis etc.) oder bei Lichtquellen (Lampe/Laser), wobei es sich in diesen Fällen um einen schlagartigen Übergang von einem mehr oder weniger ungeordneten Zustand in einen hochgeordneten handelt: etwa bei Lampe/Laser Übergang, wo aus der Überlagerung völlig unregelmäßiger Wellenzüge der Lampe eine einzige hochgeordnete Welle wird.

Übrigens sind diese Erkenntnisse der Synergetik aufs engste mit dem in den Wirtschaftswissenschaften oft zitierten „Nash-Gleichgewicht“ verbunden. In diesem Fall befinden sich zwei Unternehmen in einer nicht optimalen Situation (Versklavung), die sie aber durch *kollektives* Handeln (Zusammenarbeit = neuer Ordner!) verbessern können. Wie wir an zahlreichen Beispielen sahen, wird der Übergang zwischen einem Ordner zu einem neuen durch eine Änderung eines *Kontrollparameters* (oder mehrerer) mit Hilfe von *Selbstorganisation* induziert. Dies führt zum Prinzip der *indirekten Steuerung* die in vielen Fällen an die Stelle der direkten Steuerung nicht nur treten kann, sondern sogar muss, um komplexe Systeme zu beeinflussen. Einige Beispiele mögen hier als Denkanstöße genügen, um sich mit Art und Wirkung von Kontrollparametern auseinander zu setzen. Einige sind schon lange bekannt und Praxis, andere werden erst jetzt (nicht zuletzt unter dem Einfluss der Synergetik) erkannt:

Wirtschaftliche Entwicklung – Zinsniveau,

Wohnungsbau – Steuererleichterungen,

Betriebsklima – Arbeitsbedingungen, z. B. Kaffeezimmer fördert Kommunikation; aber „du musst mehr arbeiten" ist kein „Kontrollparameter"

Psychische Erkrankungen – z. B. verbal: Hinlenkung auf neue Gesichtspunkte, aber nicht: „du musst Dich ändern"; medikamentöse Intervention, z. B. Haldol blockiert Dopamin 2 Rezeptoren; etc.

3.2 Der hierarchische Aufbau der Synergetik

Hier können wir zwischen drei Stufen unterscheiden

(1) Verbalisierung. Begrifflichkeiten

$\updownarrow$

(2) Phänomenologische Theorie

$\updownarrow$

(3) Mikroskopische Theorie

3.2.1 Verbalisierung, Begrifflichkeiten

Der interdisziplinäre Anspruch der Synergetik wird durch (1) gewährleistet, da hierbei keine (oder fast keine) mathematischen Relationen benötigt werden. Diese Begrifflichkeiten sind: Ein Verbund aus einzelnen Teilen, den wir als System bezeichnen. Die Teile können von ganz verschiedener Natur sein: von Atomen und Molekülen bis hin zu Menschen oder sogar Firmen in einer Wirtschaft. Diese Teile stehen in einer Wechselbeziehung, indem sie Stoffe (Materie), Energie und/oder Information austauschen. Das System selbst ist in eine Umgebung eingebettet, mit der es seinerseits Materie, Energie und/oder Information austauscht. Das Charakteristikum der Synergetik besteht darin, dass sie solche Situationen behandelt, bei denen sich der *makroskopische* Zustand eines Systems aufgrund äußerer oder innerer Ursachen (genannt Kontrollparameter) qualitativ ändert. Beispiele sind: Schmelzen von Eis zu Wasser bei einer Temperaturerhöhung, psychiatrische Störungen bei geänderter Neurotransmitterkonzentration, Ausbruch einer Revolution aufgrund katastrophaler Wirtschaftslage, oder aber Entstehung eines neuen wissenschaftlichen Paradigmas (nach Thomas S. Kuhn) aufgrund neuer meist experimenteller Ergebnisse. In der Sprechweise der Synergetik wird ein zuvor stabiler Zustand des Systems instabil – er macht einem neuen Zustand Platz. Eine grundlegende Erkenntnis der Synergetik besteht darin, dass das Verhalten des komplexen Systems mit seinen oft zahlreichen Teilen durch nur ganz wenige Kenngrößen, genannt Ordner, beschrieben werden kann. Diese Ordner, die sowohl materieller als auch ideeller Natur sein können, entstehen durch das Zusammenwirken (der Synergie) der Teile eines Systems, umgekehrt bestimmen die Ordner das Verhalten der Teile: in der Fachsprache der Synergetik *versklaven* die Ordner die Teile. Dabei ist „versklaven" als terminus technicus zu verstehen. Diese wechselseitige Beziehung Teile ⇄ Ordner bezeichne ich als zirkuläre Kausalität. An den Übergängen von einem Systemzustand zu einem anderen, als Phasenübergang bezeichnet, treten besondere Schwankungen der Ordner auf, die schon vor dem eigentlichen Phasenübergang diesen ankündigen.

In einer Reihe von Fällen kooperieren die Ordner, sie stabilisieren sich gegenseitig, in anderen Fällen konkurrieren sie, wobei oft einer gewinnt („winner takes all", „survival of the fittest"), und schließlich können sie koexistieren, indem sie z. B. verschiedene ökologische Nischen besetzen, die z. B. lokal verschieden sind, sich aber auf ganz verschiedene Bedingungen (z. B. Nahrung) beziehen können. Wie im Laufe von Jahrzehnten gezeigt werden konnte, lassen sich in diesen begrifflichen Rahmen eine Fülle von Vorgängen in den verschiedensten Disziplinen einordnen, wobei zum einen interessante Analogien zwischen scheinbar ganz verschiedenen Phänomenen hervortreten, zum anderen sich ein Ausgangspunkt für eine Mathematisierung ergibt. Ein erster Schritt hierzu ist die phänomenologische Theorie.

3.2.2 Die phänomenologische Theorie

Diese identifiziert die relevanten Ordner und formuliert für diese speziellen Gleichungen, die die zeitliche Entwicklung der Ordner aufgrund ihrer Wechselwirkung mit anderen oder mit sich selbst beschreiben. Lässt man den Einfluss von Fluktuationen weg, so leistet die Theorie dynamischer Systeme nützliche Dienste.

Bei einem Ordner strebt dieser einen Gleichgewichtszustand an oder hat mehrere solche zur Auswahl. Welchen Zustand der Ordner ansteuert, darüber entscheidet seine Ausgangslage – oder, bei Symmetrie, eine Fluktuation. Bei zwei Ordnern gibt es entweder Gleichgewichtslagen, oder es kommt zu Oszillationen. Bei drei Ordnern liegen entweder die vorher genannten Fälle vor, oder es kommt zu einer ganz neuartigen Dynamik, dem „deterministischen Chaos", einer unregelmäßig verlaufenden zeitlichen Veränderung der Ordner.

Eine wichtige Klasse stellen Ordner dar, die sich wie ein (gebremstes) Teilchen in einer „Potentiallandschaft" bewegen, also in das nächstgelegene Tal „rutschen". Während man sich bei einer oder zwei Ordnern diese Landschaft noch vorstellen kann, sind sie in höheren Dimensionen der Anschauung verschlossen, aber mathematisch behandelbar. Neben diesen rein deterministischen Gleichungen haben wir auch solche mit Zufallseinflüssen behandelt. Hierauf näher einzugehen, würde den Rahmen meines Beitrages wesentlich überschreiten. Auf jeden Fall lässt sich feststellen, dass es das Niveau (2) gestattet, zahlreiche Vorgänge nicht nur in den Naturwissenschaften, sondern auch in den Geisteswissenschaften bis hin zur Psychologie und den Finanzwissenschaften zu modellieren. In die explizite Modellierung fließt in jedem Einzelfall das Fachwissen des jeweiligen Gebietes ein, wobei aber auch umgekehrt der Erfahrungsschatz der Synergetik eine wesentliche Hilfe ist.

3.2.3 Mikroskopische Theorie

Bei diesem Niveau spielt das Fachwissen mit seiner Detailkenntnis die entscheidende Rolle, wobei in vielen Fällen die allgemeinen Konzepte der Synergetik gerade bei Ausnutzung von Analogien wichtige Einblicke gewähren können. Sie kann aber keinesfalls das Fachwissen ersetzen. Dies beruht u. a. darauf, dass ganz verschiedenartige „miskroskopische" Prozesse zum gleichen makroskopischen Verhalten führen. Allerdings geben z. B. bei der Konzeption von Maschinen („devices") etwa im IT-Bereich, die Einsichten der Niveaus (1) und (2) wichtige Hinweise, welche mikroskopischen Prozesse in Physik, Chemie, Biologie in Betracht kommen. Hierbei tritt das Konzept der Selbstorganisation immer mehr in den Vordergrund. Sowohl die phänomenologische als auch die mikroskopische Theorie bedürfen der Mathematik.

3.3 Die Verbindung zwischen Mathematik und ihren Anwendungen

Es ist unverkennbar, dass die „Mathematisierung" der Wissenschaft immer mehr zunimmt. Die grundlegende Rolle der Mathematik bei der Formulierung der Grundgesetze der Physik ist selbstverständlich, aber auch die Entwicklung neuer Medikamente oder der Entwurf molekularer Roboter auf der Grundlage von DNS-Bausteinen bedarf der Mathematik. Darüber hinaus dringt die Mathematik immer mehr in die Domäne der Geisteswissenschaften ein: Soziologie, Psychologie,

Linguistik, um nur einige zu nennen. Ich will hierzu eine persönliche Erfahrung darstellen, die besonders für junge Forscher von Interesse ist.

Überspitzt ausgedrückt besteht die Mathematik aus formalen Regeln für die Manipulation abstrakter Größen. Deren Übersetzung in *konkrete Zusammenhänge* der realen Welt ist oft schwierig für Mathematiker. Umgekehrt ist das Verständnis der formalen Mathematik eine Hürde für „Empiriker" sowohl in den Natur- als auch in den Geisteswissenschaften. Übersetzer sind meist selten. Daher ist der *Dialog* zwischen den am gleichen Problem Interessierten wichtig. Zumeist bedarf es der Auffindung einer gemeinsamen Sprache. Ohne Dialoge und Zusammenarbeit sind kaum fruchtbringende Ergebnisse zu erwarten. Oft ist auch ein mathematisch anspruchsvolles Problem für Anwendungen in der Empirie uninteressant, oder ein experimentelles Resultat für den Mathematiker nicht attraktiv. Eine vorherige Klärung der Interessenlage ist also ratsam. Ich selbst habe derartige Diskussionen als höchst wichtig erlebt, wobei sogar meist die Initiative von der „anderen" Seite ausging. Drei Beispiele mögen dies beleuchten. Während meines Aufenthaltes 1960 bei den Bell-Laboratorien in den USA machte mich mein Freund Wolfgang Kaiser mit dem Laser-Projekt bekannt. (Damals anders als „optischer Maser" bezeichnet). Später wurde ich von den Psychologen Brunner, Schiepek und Tschacher zu deren „Herbstakademien" eingeladen, woraus sich eine enge Zusammenarbeit mit Schiepek bzw. Tschacher entwickelte, die auch jetzt noch anhält. Schließlich sei noch der Besuch des Psychologen Scott Kelso bei mir in Sindelfingen genannt, woraus eine enge Zusammenarbeit über menschliche Bewegungsmotorik wurde, wobei eine Reihe meiner Mitarbeiter tatkräftig mitwirkte. Auf diese Weise erschlossen sich für die neuartigen Konzepte der Synergetik ganz neue Anwendungsgebiete. Dies gilt auch für meine Kooperation mit Juval Portugali, einem vielseitig interessierten Professor der Geographie, zum Thema Information und Selbstorganisation.

4 Synergetik des Gehirns

4.1 Scott Kelso und die Fingerbewegung

Kelso befasste sich mit der Koordination von Fingerbewegungen gewissermaßen als ein Modellsystem für die Bewegungskoordination beim Menschen.[4] Er instruierte seine Testperson ihre beiden Zeigefinger parallel zueinander zu bewegen. Während dies bei kleiner Bewegungsgeschwindigkeit (Frequenz ω)

4 Kelso 1981.

gelang, trat bei einer kritischen Frequenz ω_c völlig unwillkürlich ein Übergang zu einer anderen Koordination auf: die Zeigefinger bewegten sich symmetrisch. Bei diesem Übergang hat sich also die relative Lage der Finger geändert, oder, mit anderen Worten, die relative Phase ϕ (die man mathematisch sogar durch den relativen Winkel zwischen den Fingern ausdrücken kann). (vgl. Abb. 4)

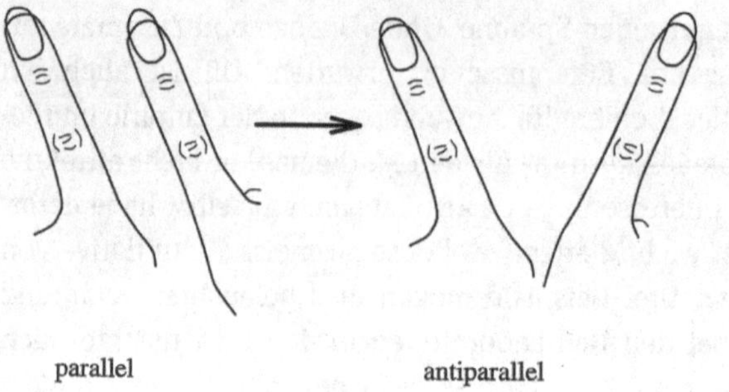

Abb. 4: Kelso-Experiment.

Wir entwickelten ein Modell in Anlehnung an unsere bisherigen „synergetischen“ Erfahrungen.[5] Da der Übergang infolge einer Änderung der Frequenz ω erfolgt, bietet sich ω als Kontrollparameter an. Da sich bei einem kritischen Wert ω_c die relative Phase φ ändert, kommt diese als Ordner in Frage. Von anderen Beispielen aus der Synergetik inspiriert, formulierten wir eine „Bewegungsgleichung“ für die Phase φ. Diese fassten wir als Koordinate eines Teilchens auf, das sich stark gebremst in einem Potential„gebirge“ $V(\varphi)$ unter dem Einfluss von Zufallsstößen („Kräften“) bewegt. Das eigentliche Problem bestand in der expliziten Formulierung von $V(\varphi)$, die ich dann nach einigen Überlegungen fand. Dabei war zu berücksichtigen, dass die Form des Potentials vom Kontrollparameter ω (Bewegungsfrequenz) abhing, vgl. Abb. 5. Für kleines ω ist die parallele Koordination der Zeigefinger durch das obere Minimum bei $\varphi=\pi$ (oder äquivalent dann bei $\varphi=-\pi$) gekennzeichnet. (Auch der Fall $\varphi=0$ wäre denkbar; aber dann wäre die Testperson von Anfang instruiert worden: bewege die Finger symmetrisch!).

Bleiben wir aber beim Anfangszustand $\varphi=\pi$. Wird ω erhöht, so wird das obere Tal flacher, bis es ganz verschwindet: der Zustand $\varphi=\pi$ wird instabil und geht in den Zustand $\varphi=0$ über: symmetrische Fingerbewegung!

---

5 Haken/Kelso/Bunz 1985.

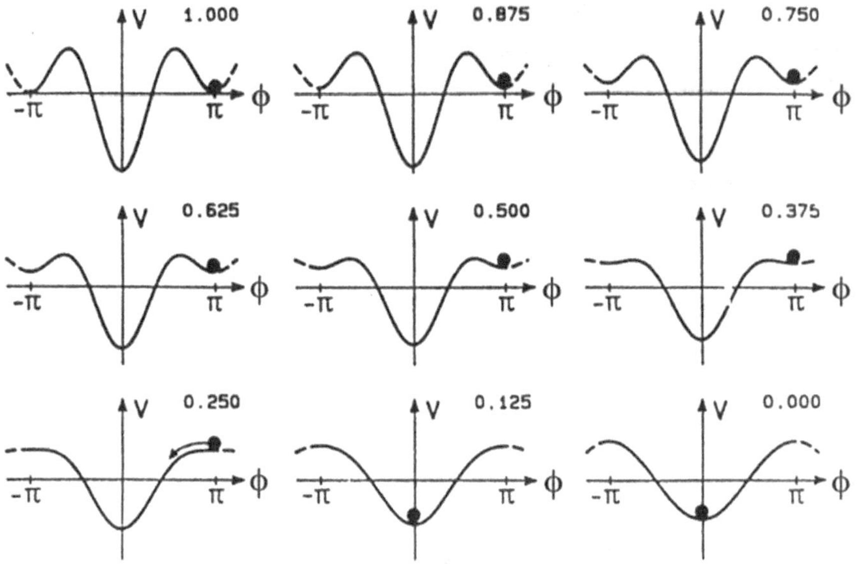

Abb. 5: Änderung des Potentials V mit wechselnder Frequenz ω.

Bereits jetzt lassen sich aus diesem Modell mehrere Voraussagen ableiten:

(1) Hysterese: Der Systemzustand hängt von der Vorgeschichte ab: erhöhen wir ω, so erfolgt der Übergang von $\varphi=\pi$ zu $\varphi=0$. Erniedrigen wir aber jetzt umgekehrt ω, so bleibt $\varphi=0$ erhalten; das System springt also nicht auf $\varphi=\pi$ zurück.

(2) Kritisches Langsamerwerden: Wird das Potential flacher, so wird die rücktreibende Kraft kleiner – das „Teilchen" rollt den Berg langsamer ins Tal herunter.

(3) Kritische Fluktuationen: aus dem gleichen Grund wie bei 2) können die zufälligen Stöße das „Teilchen" weiter weg von der Gleichgewichtslage treiben.

Diese Voraussagen konnten sowohl theoretisch quantitativ untermauert und experimentell verifiziert werden. Die Resultate widersprechen der Vorstellung eines Motorprogramms eines Computers, untermauern aber das Konzept, dass das Gehirn ein sich selbst organisierendes System ist, das den Gesetzmäßigkeiten der Synergetik unterliegt.

Die HKB-Arbeit enthielt übrigens nicht nur das oben angedeutete „Potential"-Modell, sondern zeigte auch, wie dieses aus Gleichungen für die einzelnen Finger und deren Kopplung (über das Nervensystem) hergeleitet werden kann.

Beide Modellstufen waren Ausgangspunkt für eine Fülle von experimentellen und theoretischen Arbeiten an Kelsos Institut, an denen eine Reihe meiner früheren Mitarbeiter wesentlich beteiligt waren.

4.2 Kippfiguren

Beim Betrachten eines derartigen Bildes erscheint erst die eine „Interpretation" (z. B. Vase), die dann verschwindet und einer zweiten (z. B. Gesichter) Platz macht, die dann aber wieder verschwindet, wobei die Vase „zum Vorschein" kommt usw. – ein ständiges Wechselspiel, eine Oszillation der Wahrnehmungsinhalte also. Um diesen Vorgang im Sinne der Synergetik zu modellieren, ordne ich jedem Wahrnehmungsinhalt einen Ordner und einen Aufmerksamkeitsparameter zu.

Abb. 6: *Vase oder Gesicht? (Von Bryan Derksen – Original image Cup or faces paradox.jpg uploaded by Guam on 28 July 2005, SVG conversion by Bryan Derksen, CC BY-SA 3.0,* https://commons.wikimedia.org/w/index.php?curid=1733355.

Ich nahm nun an, dass, wenn ein Wahrnehmungsinhalt (d. h. sein Ordner) erscheint, der zugehörige Aufmerksamkeitsparameter abklingt, und damit der andere Inhalt erscheinen kann usw. Mein Modell wurde dann von meinem Doktoranden Thomas Ditzinger weiter entwickelt und auch auf dem Computer numerisch gelöst. Dabei ergaben sich interessante Zusammenhänge zwischen den Periodenlängen, unter denen die Wahrnehmungsinhalte erscheinen, einem „Bias" etc. So konnten wir eine Reihe experimenteller Befunde von Borsellino et al. in einen inneren Zusammenhang stellen.[6] Wie wir später erfuhren, hatte der bekannte Gestaltpsychologe Wolfgang Köhler 1920 schon die Idee der ermüdenden Aufmerksamkeit geäußert, hatte dies aber nicht in einem mathematischen Modell konkretisiert.[7]

Thomas Ditzinger hat später ein sehr schönes populärwissenschaftliches Buch über optische Illusionen verfasst, in dem auch die Kippfiguren vorkommen, darunter solche, bei denen es mehr als zwei Interpretationen gibt.[8]

4.3 Direkte oder indirekte Beeinflussung?

Zweifellos wird unser Denken von unserer alltäglichen Erfahrung zumindest teilweise geprägt, die auf wissenschaftlicher Ebene, etwa im Rahmen der Physik, dann in präziser Weise formuliert wird. Ein Paradebeispiel ist die Mechanik mit ihren Newtonschen Gesetzen, insbesondere der weithin geläufigen Beziehung Kraft gleich Masse mal Beschleunigung. Will ich einen Wagen in Bewegung setzen, d. h. eine *Wirkung* erzielen, so muss ich eine Kraft als *Ursache* dieser Wirkung aufwenden. Um eine doppelte Beschleunigung zu erzielen, muss ich eine doppelte Kraft aufwenden: eine *lineare* Beziehung also. Die Ursache/Wirkung-Beziehung wie auch ihre Linearität sind Denkmuster, die sich in vielen Wissenschaftszweigen wiederfinden und die Möglichkeit erschließen, Regeln zur direkten Beeinflussung von Prozessen zu entwickeln. Wie die Synergetik gezeigt hat, gibt es eine zweite Möglichkeit der Beeinflussung, die sich – unerwarteterweise – von der Physik über Psychologie/Psychiatrie bis hin zu Gesellschaft und Wirtschaft erstreckt: die indirekte. Diese ist aufs Engste mit dem Wesen der Selbstorganisation verknüpft. Scheinbar unspezifische und geringfügige Einwirkungen führen zu einer oft dramatischen Änderung des Gesamtverhaltens eines Systems, eines Organismus, etwa. Diese Umschläge im Verhalten gehören zwar, zumindest z. T. zu unseren alltäglichen Erfahrungen, bleiben aber unter dem „Dogma" Ursache/Wirkung rätselhaft. Wenn wir Kaffee trinken, so ändert sich unser Aktivitätsmuster. Wenn einer Person bei einer Psychose z. B. Haldol verabreicht wird, so weichen etwa ihre Wahnvorstellungen. Im Sinne der Synergetik wirken diese Stoffe als Kontrollparameter. Um anpassungsfähig zu bleiben, muss gerade ein hochsensibles System nahe an Instabilitätspunkten „operieren". Dann genügen relativ kleine Änderungen von Kontrollparametern, das System von einem in

6 Ditzinger/Haken 1989; Borsellino et al. 1972; Borsellino et al. 1982.
7 Köhler 1920.
8 Ditzinger 2013.

einen anderen Zustand zu bringen. Mathematisch gesehen ist dieser Vorgang nichtlinear. Ein erheblicher Teil unserer Gehirnfunktionen beruht auf diesem Steuerungsprinzip mit der Verwendung neuronaler Botenstoffe. Dieses Prinzip verwendet auch unser gesamter Körper mit Hilfe von Hormonen etc. Dank der Arbeiten von Hansch,[9] Schiepek,[10] Kriz,[11] Tschacher[12] und anderen fanden diese Konzepte Eingang in die Psychotherapie und Psychiatrie. Zugleich lässt die synergetische Betrachtungsweise ganz allgemein in der Medizin die Wirkung von Medikamenten in einem neuen Licht erscheinen.

5 Der Synergetische Computer zur Mustererkennung

Die Entwicklung von Computern zur Mustererkennung, insbesondere zur Gesichtserkennung, stellt ein wichtiges Forschungsgebiet der künstlichen Intelligenz dar. Denn, was uns als Menschen in der Regel leicht fällt, nämlich andere Menschen zu erkennen, bereitet einem Computer – immer noch – erhebliche Schwierigkeiten. Dies liegt insbesondere daran, dass wir Gesichter unter den verschiedenen Beleuchtungsverhältnissen, in den verschiedensten Positionen und auch dann erkennen, wenn wir nur einen Teil eines Gesichts sehen.

Damit ein Computer trotz dieser erschwerten Bedingungen ein Gesicht z. B. auf einem Reisepass erkennen kann, müssen die entsprechenden Fotos ganz strengen Regeln genügen. Hier will ich darstellen wie mir Konzepte der Synergetik geholfen haben, einen Algorithmus zur Mustererkennung zu entwickeln, der dann auf einem seriellen Computer implementiert werden konnte, der aber auch einen Bauplan für einen Parallelcomputer enthielt. Mit letzteren war es möglich, auch Kontakte zu sogenannten neuronalen Netzen herzustellen. Bevor ich auf meinen konkreten Ansatz eingehe, muss ich erst noch einige prinzipielle Fragen klären.

5.1 Was ist Mustererkennung?

Der Karlsruher Informatiker Karl Steinbuch gab schon 1938 darauf eine prinzipielle Antwort: Mustererkennung ist nichts anderes als die Wirkung eines

9 Hansch 1997.

10 Schiepek et al. 2016.

11 Kriz 1990.

12 Tschacher/Dauwalder 2003.

assoziativen Gedächtnisses. Hierzu ein Beispiel: Wenn wir im Telefonbuch einen Namen aufschlagen, so nennt uns dieses die zugehörige Telefonnummer. Allgemein bedeutet dies: ein assoziatives Gedächtnis ergänzt in wohldefinierter Weise einen Satz *unvollständiger Daten* zu einem *vollständigen*. Dies kann z. B. durch eine Liste geschehen, aber auch durch die Wirkung einer Dynamik.

5.2 Wirkung einer Dynamik

Um die Grundidee zu verstehen, erinnern wir uns an die Gebirgslandschaftsmodelle, denen wir in meinem Beitrag schon mehrfach begegnet sind. Das einfachste besteht aus einer Gebirgslandschaft mit zwei Tälern, wobei die Lage einer Kugel den (Computer- oder Gehirn-) zustand symbolisiert. Jedes der Täler entspricht einem Gesicht. Bei einem unvollständigen Datensatz liegt die Kugel noch nicht am Boden eines Tals, wird aber durch die Dynamik in die nächstgelegene Talsohle hineingezogen: das Gesicht ist erkannt. Aber wie kann die entsprechende Dynamik realisiert werden?

5.3 Analogie zwischen Musterbildung und Mustererkennung

Betrachten wir aus dem Blickwinkel der Synergetik, was bei der *Musterbildung* (z. B. in Flüssigkeiten, Abb. 3) geschieht. Anfänglich ist ein teilweise geordneter Zustand vorhanden, der zu mehreren Ordnern gehören kann. Es setzt dann ein Konkurrenzkampf unter diesen ein, den einer nach dem Prinzip „winner takes all“ gewinnt. Dieser Ordner versklavt alle Teile (z. B. alle Flüssigkeitselemente) und erzeugt dabei das vollständig geordnete Muster.

Bei der *Mustererkennung* sind die einzelnen Teile, d. h. jeweils bestimmte Merkmale, vorgegeben, die zu verschiedenen Ordnern (Gesichtern!) gehören können. In Analogie zu dem Prozess der Musterbildung führen die Ordner einen Konkurrenzkampf durch. Der Gewinner bringt, wiederum nach dem Versklavungsprinzip, dann alle Merkmale in den geordneten Zustand – das Muster ist erkannt.

Diesen Gedankengang habe ich im Sinne der „Synergetischen Strategie“ sowohl auf der makroskopischen Ebene der Ordner und der mikroskopischen der Teile – der Modellneurone – durchgeführt. Dies kann ich hier natürlich nur andeuten.[13]

13 Haken 1979.

Wie bei anderen Algorithmen zur Mustererkennung – bis hin zum „deep learning“ besteht das Verfahren aus zwei Teilen: 1) dem Lernen von den später zu erkennenden „Prototypen“, d. h. bei der Gesichtserkennung den einzelnen Personen zuzuordnenden Gesichtern. 2) dem Erkennungsvorgang selbst. Im jetzigen Schritt wird mit Hilfe eines Ähnlichkeitsmaßes bestimmt, wie stark in einem angebotenen, z. B. zum Teil verdeckten Gesicht die verschiedenen Prototypen – dargestellt durch ihre Ordner – vertreten sind. Auf Grund dieser Ausgangslage (mathematisch: Anfangsbedingungen) beschreibt der Algorithmus den Wettbewerb der Ordner, von denen einer gewinnt und so den originalen Prototyp wiederherstellt. Bei meinem Verfahren ist jedem Prototyp nicht nur ein *Ordner*, sondern auch ein *Aufmerksamkeitsparameter* zugeordnet. Diese beiden Konzepte unterscheiden u. a. den Synergetischen Computer von allen anderen Mustererkennungsverfahren. Damit gelingt es auch, Szenen mit mehreren Gesichtern (Abb. 7) zu analysieren, indem der Aufmerksamkeitsparameter eines jeweils erkannten Gesichtes beim folgenden Erkennungsvorgang gleich Null gesetzt wird. Schließlich sei hier noch eine interessante Anwendung des Synergetischen Computers auf die Erkennung von Hybridbildern (vgl. Abb. 8) erwähnt. Für Details

Abb. 7: Eine vom Synergetischen Computer erkannte Szene.

muss ich auf die demnächst in der Zeitschrift „Entropy“ erscheinende Arbeit „Information und Selbstorganisation“ von H. Haken und J. Portugali verweisen.[14]

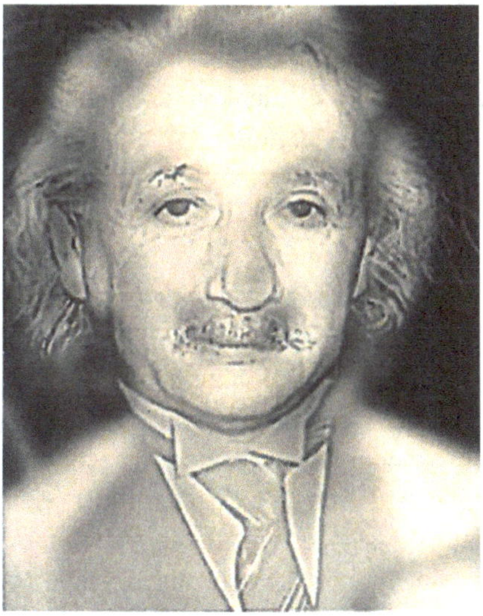

Abb. 8: Beispiel eines Hybrid-Bildes, das vom Synergetischen Computer erkannt wird.[15] Aus der Nähe ist Einstein zu erkennen, aus der Entfernung hingegen Marilyn Monroe.

Im Vorangegangenen habe ich versucht, den dem Synergetischen Computer zugrunde liegenden „Algorithmus“ auf der Ebene der Ordner zu erläutern. Gemäß dem Schema von Abschnitt 3.2 gibt es auch hier eine dritte Ebene – die mikroskopische, die sich mit dem Verhalten der einzelnen Teile eines Systems befasst. Diese sind im vorliegenden Fall die Neuronen des Gehirns. Unter Benutzung experimenteller Daten habe ich eine Theorie für das kollektive Verhalten von realistischen Neuronen entwickelt, die ich im Rahmen meines Beitrages nicht darstellen kann – bis auf einen wichtigen Hinweis: Die materiellen Erregungsmuster des neuronalen Netzes, die sich „im Prinzip“ messen lassen (dank immer weiter verfeinerter Methoden), sind durch bestimmte *Ordner* bestimmt. Andererseits ist dieser mit einem *psychischen* Wahrnehmungszustand (z. B. Erkennung eines bestimmten Gesichts) verknüpft. Die Doppelrolle des Ordners (materiell, psychisch) bietet nach meiner Interpretation den Schlüssel zum Leib/Seele-Problem. Im Sinne von Spinoza ist er jeweils die Medaille mit ihren zwei Seiten.

14 Haken/Portugali 2015.
15 Oliva/Schyns 1997.

Mit einigen kurzen Bemerkungen möchte ich auch die Beziehung des synergetischen Computers zum großen Gebiet der künstlichen Intelligenz (K.I.) einerseits und zur Gehirnforschung andererseits beleuchten. Ausgangspunkt für die KI war wohl die Erkenntnis, dass logische Operationen wie „und", „oder" etc. (im Sinne der Booleschen Algebra) sich mit Hilfe von Operationen mit Zahlen („plus", „mal" etc.) realisieren lassen, was sofort die Möglichkeit eröffnete, logische bzw. der Kognition zugeschriebene Prozesse auf digitalen Computern wiederzugeben. Dies führte u. a. zur Entwicklung von einfachen Algorithmen, die sich einerseits auf digitalen, seriellen Computern durchführen und andererseits als ein dreischichtiges Netzwerk graphisch wiedergeben lassen. Ein in der Informatik besonders beliebtes Beispiel ist das „feed forward" Netz, das u.a. bei der Muster- (bzw. Gesichter-) Erkennung benutzt wird. In seiner ursprünglichen Fassung bestand dieses Netz aus *drei* Schichten: der Eingangsschicht, einer mittleren Schicht aus sog. „hidden variables" und einer Ausgangsschicht. Dabei sind die Eigenschaften der mittleren Schicht schwer oder gar nicht zu durchschauen, sondern müssen durch ein Training (supervised learning) indirekt geändert werden. Während in einer Reihe von Fällen solche „Netze" das ihnen antrainierte Verhalten ausführen können, versagen sie in anderen, wobei die Ursache im Dunkeln bleibt. Dies gilt sogar für die inzwischen entwickelten „deep learning" Netze mit bis zu 20 und mehr Schichten, die z. T. verblüffende Resultate liefern (auch bei der Spracherkennung). Zumindest bei mir bleibt das Unbehagen, dass es keine Theorie für die Zwischenschichten gibt. Irgendwie fühlt man sich wie bei der Dressur eines Tieres: Wir wissen nicht, was sich in seinem Kopf abspielt – und irgendwann beißt der Tiger dann doch zu. Interessanterweise gibt es auch für den synergetischen Computer eine Netzwerk-Darstellung mit drei Schichten, wobei die mittlere Schicht gerade die Ordner sind, deren Eigenschaften wir aber genau kennen.

6 Vom Wesen der Ordner

Oder wissenschaftlicher ausgedrückt: die Ontologie der Ordner. Wie mein Beitrag zeigt, ist der Begriff „Ordner" zentral für die Synergetik. Daher soll er gegen Schluss nochmals im Überblick erörtert werden. In meinem Beitrag verwende ich die Bezeichnung „Ordner", die aus dem des Ordnungsparameters hervorgegangen ist. Diese Bezeichnung wurde ursprünglich von Lev Landau[16] im Rahmen der Physik eingeführt, um bestimmte kollektive Ordnungszustände

16 Landau/Lifshitz 1959.

zu beschreiben. Ein berühmtes Beispiel ist die Ginzburg-Landau Theorie der Supraleitung für ein Quantensystem im thermischen Gleichgewicht. Hierbei wurde der Ordnungsparameter phänomenologisch eingeführt. Der Laser war das erste Quantensystem fern vom Gleichgewicht, dessen Ordnungszustand „kohärentes Licht“ durch einen Ordnungsparameter, die Lichtamplitude, wiedergegeben werden kann und von „first principles“ hergeleitet wurde.[17] Wichtig im jetzigen Kontext ist, dass der Ordner „Lichtfeld“ eine physikalische Bedeutung hat, die sich in seiner physikalischen Wirkung dokumentiert: Das Lichtfeld bringt die Elektronen (der Atome) zum Mitschwingen. Ähnliches lässt sich für die Flüssigkeitsdynamik sagen, wo sich die durch Ordner beschriebenen Strömungsmuster durch ihre Wirkung auf Probeteilchen messen lassen. Konzeptionell anders wird die Lage, zumindest im Allgemeinen, in der Biologie. In der Populationsdynamik ist die jeweilige Tierpopulation ausgedrückt als Zahl ihrer Individuen, der Ordner, der bestimmten (Modell-) Gleichungen genügt. Ein Beispiel ist die Verhulst-Gleichung, die darstellt, wie eine Population durch Nahrungszufuhr und eigenen Verbrauch bestimmt wird. Dabei sagen Ordnungsparameter (und Versklavungsprinzip) nichts darüber aus, welches spezielle Individuum aus Nahrungsmangel sterben muss (ich habe diesen Fall das schwache Versklavungsprinzip genannt). Ebenso verhält es sich bei Räuber-Beute Systemen von Tieren, z. B. Fischen, wie sie durch die Lotka-Volterra Gleichungen beschrieben werden.

Wenden wir uns abschließend dem wohl faszinierendsten System zu, dem menschlichen Gehirn. Ich habe hier in konkreten Fällen immer wieder das Konzept des Ordners verwendet, z. B. bei der Koordination von Bewegungen, aber auch bei Kippfiguren, der Gesichtererkennung etc. Hier entspricht einem jeweiligen Perzept (z. B. ein spezielles Gesicht) ein bestimmter Ordner. Damit stellt der Ordner eine Idee dar. Anderseits ist er in zirkulärer Weise mit materiellen, neurologischen Zuständen bzw. Prozessen verknüpft. Ich gelange so, allgemein ausgedrückt, zu folgendem Schema:

Geist – Ordner,

Gehirn – materielles Substrat.

Offensichtlich stehen wir hier vor dem (ewigen) Körper-Geist-Problem, bei dieser ontologischen Frage scheiden sich die philosophischen Schulen. Die Materialistische (der wohl die meisten Naturwissenschaftler angehören) sieht in der Materie das „Grundlegende“, dem der Geist als emergente Qualität entspringt. Die idealistische Schule sieht, wie der Name sagt, die „Idee“ als Ursprüngliche

17 Haken 1964.

an. Ich selber berufe mich auf die „zirkuläre Kausalität“: das Eine bedingt das Andere und umgekehrt. Oder, anders ausgedrückt: Ordner und Teile, oder hier: Geist und Materie sind zwei Seiten der gleichen Medaille (Spinoza).

In der letzten Zeit hatte ich höchst anregende Diskussionen mit Harald Atmanspacher und Wolfgang Tschacher. Harald Atmanspacher sagt, dass hier keine Kausalität Ursache-Wirkung am Werk ist, sondern es sich um Koinzidenzen handelt. Dies ist, meiner Meinung nach, gerade die Aussage des „psychophysischen Parallelismus“. Wolfgang Tschacher fragt: Was ist denn die Medaille „eigentlich“? In beiden Fällen berufe ich mich auf mathematische Relationen. Erst durch unsere Interpretation der dort auftretenden Größen („Symbole“) entsteht, wenn man so will, das „ontologische Dilemma“. Ich will diese Problematik am Beispiel des Newtonschen Gesetzes:

Kraft = Masse x Beschleunigung

erläutern, indem ich es in der Form

Kraft/Masse = Beschleunigung

schreibe. Auf der linken Seite stehen typische physikalische Größen, während rechts Raum- und Zeitmaße stehen, jeweils ganz verschiedene Begrifflichkeiten (oder Wesensarten) also. Im Kontext des Körper-Geist Problems bedeutet dies, dass wir die Ordner sowohl als Ideen interpretieren, als auch als Größen, die das materielle Geschehen der Neuronen (nach dem Versklavungsprinzip) festlegen. Das „ontologische Dilemma“, nämlich die dem jeweiligen Fachgebiet entsprechende adäquate Deutung mathematischer Größen begegnet uns auch in anderen Gebieten, wie z. B. in der von Wolfgang Weidlich begründeten „Quantitativen Soziodynamik“,[18] deren Gleichungen wertfrei (im ethischen Sinne) sind. Ersetzt man hier z. B. „Angehörige der Parteien A bzw. B“ durch „Weiße“ und „Schwarze“, so kommt man bereits in „Teufels Küche“. Gewisse Epigonen haben dieses Gebiet auch „Soziophysik“ genannt, wobei sie völlig übersehen, dass es sich überhaupt nicht um physikalische Prozesse handelt.

7 Ist die Synergetik eine Universalwissenschaft?

Im Laufe ihrer mehr als vierzig Jahre alten Geschichte hat die Synergetik zu fast allen Wissenschaftsdisziplinen Bezüge herstellen können. Dies ist sicher auf den ersten Blick erstaunlich, befassen sich doch die Wissensgebiete mit den verschiedenartigsten Forschungsobjekten, seien diese materieller oder geistiger

18 Weidlich 2000.

Natur, mögen sie der belebten oder unbelebten Welt, der Technik oder der Gesellschaft zugerechnet werden. Aber trotz dieser praktisch unermesslichen Vielfalt der Erscheinungen fesselt den menschlichen Forschergeist ein Problem ganz besonders: Wie entsteht spontan etwas Neues? Und zwar aus dem jeweiligen „Objekt" (was immer das sein mag) von selbst heraus – ohne eine ordnende Hand, etwa eines Bildhauers – also durch *Selbstorganisation*. Dies führt zu Fragen, wie entsteht Ordnung aus dem Chaos, wie und warum ändern sich Strukturen und Prozesse, oder noch anders ausgedrückt: Was bestimmt die (materielle und geistige) Evolution. Ist es überhaupt sinnvoll, hier nach allgemein gültigen Prinzipien zu suchen? In meinem Beitrag habe ich versucht, einen ersten Schritt zu tun. Dabei konnte ich durch glückliche Umstände begünstigt, einen, wie mir scheint, erfolgreichen Weg gehen. Um Selbstorganisation zu verstehen, muss man sich mit solchen (materiellen oder geistigen) Situationen befassen, in denen das „Neue" entsteht. Und hier ist es wieder vorteilhaft, sich mit Vorgängen zu befassen, die gut reproduzierbar sind und sich theoretisch gut behandeln lassen. Um die hier gültigen Prinzipien offenzulegen, bedurfte es eines entsprechenden Abstraktionsniveaus, wie es die Mathematik und auch eine adäquate Verbalisierung bieten. Wie wir heute wissen, und wie ich in meinem Beitrag beispielhaft dazulegen versuchte, lassen sich die Prozesse der Emergenz in einer Fülle von Gebieten auf wenige Konzepte zurückführen, an die hier nur kurz erinnert sei:

Kontrollparameter, Instabilität, Ordnungsparameter, Fluktuationen, Versklavung, zirkuläre „Kausalität". Selbst in komplexen Systemen mit vielen Komponenten werden die evolvierenden Zustände von *wenigen* Ordnern regiert. Dabei ist das Wort „wenig" relativ zu sehen. Im menschlichen Gehirn haben wir es z. B. bei der visuellen Wahrnehmung von Gesichtern mit ca. 1000 Ordnern zu tun (was aber noch *wenig* im Vergleich zu den 100 Milliarden Neuronen ist). Aufgrund des Konzepts der Ordner lassen sich weitgehende Analogien im makroskopischen Verhalten ganz verschiedener Systeme erkennen, was z. B. bei der Entwicklung neuartiger technischer „Devices" sehr hilfreich sein kann.

Zugleich ergaben sich neue Einblicke in die *indirekte* Steuerung („Kontrolle") komplexer Systeme durch adäquate Kontrollparameter sowie die Erkenntnis, dass Stabilität und Adaptabilität eines Systems nur in Grenzen miteinander vereinbar sind: Damit ein System anpassungsfähig (an neue Bedingungen) ist, muss es sich in der Nähe einer Instabilität befinden, wo Fluktuationen neue Entwicklungsmöglichkeiten aufzeigen können. Kürzlich konnte ich hierfür eine einfache Formel herleiten: Stabilität mal Adaptibilität gleich Eins!

Diskutieren wir eine wichtige *Grenze* des synergetischen Ansatzes. Während es möglich ist, auch für verschiedenartige Systeme analoges makroskopisches Verhalten herzuleiten, ist es nicht möglich, aus dem makroskopischen

Verhalten detailliert auf die mikroskopischen Prozesse zurück zu schließen. Hier können die Gesetzmäßigkeiten der Synergetik nur allgemeine Rahmenbedingungen abgeben. Im konkreten Fall ist dabei das Spezialwissen des jeweiligen Fachgebiets unverzichtbar. In diesem Sinne ist die Synergetik sicherlich keine Universalwissenschaft, vermag aber Brücken zwischen den Disziplinen zu schlagen. Die Synergetik befasst sich insbesondere mit offenen Systemen, d. h. offen gegenüber Ein- und Ausströmen von Materie, Energie und/oder Information. Dabei ist sie als Forschungsgebiet selbst offen gegenüber neuen Fakten, Ideen, Entdeckungen. In diesem Sinne stellt mein Beitrag nur einen ersten Schritt dar, dem weitere folgen werden. Dies kann nur durch eine enge Zusammenarbeit zwischen Praxis und Theorie erfolgen. Zugleich könnte es sich lohnen, die Denkanstöße der Synergetik in einer Reihe von Gebieten noch intensiver zu verfolgen. Hier nur ein Beispiel: Die Astrophysiker gehen anscheinend von der Annahme aus, dass dunkle Materie und dunkle Energie *Bestandteile* unseres Universums sind. Aber was wäre, wenn dunkle Materie und dunkle Energie einem Umgebungssystem angehören und im Sinne der Synergetik Kontrollparameter sind? Dann gäbe es keinen „Wärmetod“ der Welt! Zweifellos hält die Erforschung der Selbstorganisation komplexer Systeme noch viele Überraschungen bereit, wozu insbesondere die Entdeckung neuer Prinzipien gehören wird.

8 Zusammenfassung – der „Mechanismus“ der Selbstorganisation

In den letzten fünfzig Jahren haben sich sowohl meine Stuttgarter Gruppe als auch andere intensiv mit den Prozessen der Selbstorganisation in den verschiedensten Gebieten befasst, wobei besonderes Augenmerk auf die mathematische Behandlung gelegt wurde. Diese war jedoch nicht Gegenstand meines Beitrags. Interessanterweise lässt sich der Formalismus gut verbal wiedergeben. Einige Beispiele hatte ich in den vergangenen Abschnitten dargestellt. Hier soll nun das Prozedere systematisch dargelegt werden, wobei wir uns auf die schon eingeführten Begriffe stützen können. Wir betrachten jeweils ein *System*, das aus einzelnen Teilen besteht, die mit sich und der Umgebung wechselwirken. Ein solches System ist sowohl deterministischen als auch zufälligen Einflüssen ausgesetzt. Die *äußeren* Einflüsse werden durch *Kontrollparameter* dargestellt (etwa die Energiezufuhr bei einem physikalischen System, Stoffzufuhr bei einem chemischen System, Informations „zufuhr“ bei einem soziologischen System). In einigen Systemen (z. B. Menschen, Tieren) können solche *Kontrollparameter* auch *innerlich* erzeugt werden: z. B. im Gehirn Dopamin, Serotonin; im Körper Hormone etc.

Werden Kontrollparameter geändert, so können an deren *kritischen* Werten Umschwünge im Systemverhalten ermöglicht werden, der *Systemzustand* wird *instabil*. In der Nähe solcher kritischer Werte werden *Zufallseinflüsse* einflussreich. Beispiele sind: Beim Laser in der Physik: spontane Ausstrahlung einer Lichtwelle durch ein Atom, in der Soziologie spontane Aktion eines Einzelnen. Derartige Einzelereignisse lösen eine Kette weiterer Aktionen aus, wobei es verschiedenartige Aktionsketten geben kann. (Beispiele: Laser: es entstehen verschiedenartige, verstärkte Lichtwellen, Revolution: es entstehen verschiedenartige revolutionäre Gruppen). Die Aktionsketten treten in *Wettbewerb um Ressourcen* (Physik: Energie, Chemie: Stoffe, Tiere: Nahrung, Parteien: Anhänger). Hierbei kann eine gewinnen, dargestellt durch ihren Ordner. Aber auch die gegenseitige Stabilisierung von Ordnern ist möglich (z. B. in der Biologie Symbiose) oder deren Koexistenz (z. B. ökologische Nischen). Ist ein Ordner (oder mehrere) dominant, so legt dieser das Verhalten der einzelnen Teile fest: *Versklavungsprinzip*: Dabei kommt es zur zirkulären Kausalität: durch das Kollektiv-Verhalten der Teile entstehen die Ordner, die umgekehrt das Verhalten der Teile „versklaven".

Mit dem Auftreten von Ordnern und Versklavung sind, je nach System, spezielle, i. d. Regel *geordnete*, makroskopische räumliche, zeitliche oder funktionelle Strukturen verbunden. Werden bei einem System bestimmte Kontrollparameter mehr und mehr geändert, so kommt es an jeweils kritischen Punkten zu einer Instabilitätshierarchie mit den jeweiligen Struktur-/Verhaltensänderungen. Das Konzept der Ordner ermöglicht eine meist enorme Komplexitätsreduktion. Anstelle der vielen Teile müssen wir nur noch das Verhalten weniger Ordner behandeln. Offenbar ist die Identifizierung von Kontrollparametern und Ordnern nun ein wichtiges Ziel der Einzelwissenschaften, da damit das wichtige Instrumentarium der indirekten Steuerung zugänglich wird. Ein eklatantes Anwendungsgebiet ist die Psychiatrie.

Die kurze Zusammenfassung in diesem Abschnitt lässt natürlich eine Reihe von Fragen offen, die sowohl sich auf philosophische Durchdringung wie auch auf praktische Handlungsanweisungen beziehen, z. B. nach dem Wesen der Fluktuationen, oder der Auswahl der Kontrollparameter.

Literatur

Bestehorn, M., Fantz, M., Friedrich, R., Haken, H. 1993: Hexagonal and spiral patterns of thermal convection. *Phys. Lett. A* 174, S. 48–52.

Borsellino, A., Carlini, R., Riani, M., Tuccio, M.T., De Marco, A., Penengo, P., Trabucco, A. 1982: Effects of visual angle on perspective reversal for ambiguous patterns. *Perception* 11, S. 263–273.

Borsellino, A., De Marco, A., Allazetta, A., Rinesi, S., Bartollini, B. 1972: Reversal time distribution in the perception of visual ambiguous stimuli. *Kybernetik* 10, S. 139–144.

Ditzinger, T., Haken, H. 1989: Oscillations in the perception of ambigous patterns. *Biol. Cybernetics* 61, S. 279–287.

Ditzinger, T. 2013: *Illusionen des Sehens. Eine Reise in die Welt der visuellen Wahrnehmung.* Springer: Berlin/Heidelberg.

Haken, H. 1964: A Nonlinear Theory of Laser Noise and Coherence. *Zeitschrift für Physik* 181, S. 96–124.

Haken, H. 1979: Pattern formation and pattern recognition – an attempt at a synthesis. In: Haken, H. *Pattern formation by dynamic systems and pattern recognition*. Springer: Berlin.

Haken, H., Graham, R. 1971: Synergetik – Die Lehre vom Zusammenwirken. *Umschau* 6, S. 191–195.

Haken, H., Kelso, J.A.S., Bunz, H. 1985: A theoretical model of phase transitions in human movements. *Biol. Cybernetics* 51, S. 347–356.

Haken, H., Portugali, J. 2015: *Information Adaptation: The Interplay Between Shannon Information and Semantic Information in Cognition*. Springer: Berlin.

Haken, H. et al. 2016: *Beiträge zur Geschichte der Synergetik*. Springer: Wiesbaden.

Hansch, D. 1997: *Psychosynergetik. Die fraktale Evolution des Psychischen. Grundlagen einer Allgemeinen Psychotherapie*. Westdeutscher Verlag: Opladen.

Kelso, J.A.S. 1981: On the oscillatory basis of movements. *Bulletin of Psychonomic Society* 18, S. 63.

Köhler, W. 1920: *Die physischen Gestalten in Ruhe und im stationären Zustand*. Vieweg: Braunschweig.

Kriz, J. 1990: Synergetics in Clinical Psychology. In: Haken, H., Stadler, M. (Hrsg.) *Synergetics in Cognition*. Springer: Berlin.

Kröger, B. 2013: *Hermann Haken und die Anfangsjahre der Synergetik*. Logos: Berlin.

Landau, L.D., Lifshitz, I.M. 1959: Statistical Physics. In: *Course of Theoretical Physics. Vol. 5* Pergamon Press: London.

Oliva, A., Schyns, P.F. 1997: Coarse Blobs or Fine Edges? Evidence That Information Diagnosticity Changes the Perception of Complex Visual Stimuli. *Cognitive Psychology* 34, S. 72–107.

Schiepek, G. et al. 2016: Synergetics in Psychology: Patterns and Pattern Transitions in Human Change Processes. In: Wunner, G., Pelster, A. (Hrsg.) *Selforganization in Complex Systems, Proceedings of the International Symposium, Hanse Institute of Advanced Studies, Delmenhorst, Germany, November 13 – 16, 2012*. Springer: Berlin.

Schrödinger, E. 1944: *What is Life? The Physical Aspects of the Living Cell*. Cambridge University Press: Cambridge.

Tschacher, W., Dauwalder, J.-P. 2003: *The dynamical systems approach to cognition*. World Scientific: Singapore.

Weidlich, W. 2000: *Soziodynamics: A Systematic Approach to Mathematical Modelling in the Social Sciences*. Harwood Academic Publishers: Amsterdam.

Claus Jacob

Leben für Dummys: Von Descartes, Maschinen und Automaten bis zur modernen Systembiologie und Biotechnologie

Abstract: *Life for Dummies: From Descartes, Machines and Automata to modern Systems Biology and Biotechnology*. Recent developments within and among various scientific disciplines raise important questions demanding closer philosophical analysis. Meta-scientific issues arise, in particular, at the interface of chemistry with biology and pharmacy, where questions of reductionism are highly significant and relevant to society as a whole. Examples include the sequencing and analysis of the entire individual human genome, "chemical control" of one's personality by psychotropic agents, the description of highly complex biological systems with the techniques of "systems biology" and the emerging field of "synthetic biology". These progressive branches of natural sciences do not necessarily aim at the reduction to one specific, vaguely defined "unity science" – they are rather characterized by continuous expansion and diversification. The resulting epistemological issues are extensive, and expanding on the "naïve pragmatic" solutions often proposed by scientists depends on the ability of philosophy to keep pace with the relevant, rapidly developing scientific disciplines.

1 Einleitung

Die Frage nach der Einheit und Vielfalt der Wissenschaften ist wohl so alt wie die Wissenschaften selbst. Insbesondere mit der fortschreitenden Differenzierung und damit verbundenen Emanzipierung einzelner Wissenschaften – wir finden sie an unseren Universitäten traditionell meist fein säuberlich getrennt als individuelle „Fachbereiche", „Fächer" und Lehrstühle – hat diese Frage an Relevanz gewonnen. Es ist daher wenig verwunderlich, dass sich auch die Philosophie früher oder später der Frage der Einzelwissenschaften angenommen hat: Themen wie Reduktion und Emergenz sind uns ja nur allzu vertraut, vor allem in Bezug auf die Naturwissenschaften. Dazu gibt es sicherlich viel zu sagen und noch mehr zu schreiben, und bereits die Standardlehrbücher zur

https://doi.org/10.1515/9783110614831-005

Einführung in die Erkenntnistheorie bieten einen Überblick über die üblichen Ansätze zur Reduktion von Theorien, Modellen und der dazugehörigen wissenschaftlichen Sprache.[1] Dennoch lohnt es sich hin und wieder, diese alte Thematik noch einmal zu beleuchten, vielleicht unter veränderten Umständen und in einem etwas neuen Licht. Dieses Licht soll diesmal weniger aus dem Leuchtturm des Philosophen[2] als vielmehr aus der Werkstatt des betroffenen Naturwissenschaftlers selbst kommen.

Wir werden daher die Frage erörtern, ob die verschiedenen (Natur-)Wissenschaften in der Tat nur unbeholfene Überbleibsel der Vergangenheit sind, die sich früher oder später mithilfe entsprechender Modelle und teurer Computer zu einer Einheit, einer allumfassenden Einheitswissenschaft verschmelzen lassen wie Käsebröckchen in einem Fondue. Oder ob die Vielfalt der Wissenschaften *per se* eine Berechtigung hat, so wie die Vielheit der Bäume in dem einen Walde. Um uns dieser Thematik zu nähern, müssen wir die uns lieb gewonnene Beletage der Philosophie allerdings verlassen und bei der Werkstatt des Naturwissenschaftlers vorbei schauen, in der Hoffnung, dass man uns dort Einlass und Gehör gewährt und dass wir den Wissen-schaffer und seine aktuellen Arbeiten auch verstehen.

Um diese „Annäherung" realistisch zu gestalten, greifen wir ab und an auf fiktive Dialoge zurück, die zwar teilweise amüsant anmuten mögen, dennoch auf ihre Weise die Einstellungen der Beteiligten und auftretende Probleme entlarven. Dabei werden wir im ersten Schritt anhand dieses fiktiven Dialogs und ausgewählter Beispiele aus dem Bereich der Lebenswissenschaften sehr schnell feststellen, dass viele der traditionellen Grenzen zwischen den Einzelwissenschaften *de facto* aufweichen und häufig auch dreist überschritten werden, dass es in der Werkstatt des Wissenschaftlers oftmals drunter und drüber und nicht immer ganz friedlich zugeht. Besonders treffen wird uns aber der Umstand, dass die Vielfalt der Naturwissenschaften sich in einem ständigen Fluss befindet, dass neue Sparten entstehen und andere vergehen. Dabei scheinen die Naturwissenschaften gar Kurs hin zu mehr Vielfalt, zu mehr Komplexität zu steuern, weg von Reduktion oder gar Einheit, ein Umstand, der uns später noch beschäftigen wird. Bei Themen wie DNS-Analyse, Systembiologie, Psychopharmaka und künstlichem Leben werden wir Zeuge von Missverständnissen, ernstzunehmenden Problemen und Auseinandersetzungen, die sich auch durchaus auf die Gesellschaft als Ganzes auswirken. Dies wird es uns erlauben, hin und wieder auch die eine oder andere Hypothese für einen weitergehenden

1 Dupré 1993.

2 Aus Gründen der Lesbarkeit wurde im Text die männliche Form gewählt, nichtsdestoweniger beziehen sich die Angaben auf Angehörige beider Geschlechter.

philosophischen Diskurs aufzustellen, selbst wenn wir diesen Diskurs in unserer Eile nicht in dem ihm gebührenden Maße führen können.

Und gerade dann, wenn es so richtig kracht, könnte die Philosophie zur Stelle sein, bedarf es doch vielleicht einer „Ersten Hilfe". Allerdings werden die Probleme in der Werkstatt, selbst wenn sie entfernt nach Reduktion und Emergenz riechen, ganz andere sein, als wir in der Beletage diskutiert haben, und ihre „Lösung" wird ebenfalls eine andere sein. Aber darin liegt vielleicht auch der besondere Reiz: sich aus dem Blickwinkel der Philosophie, jedoch gemeinsam mit den betroffenen Naturwissenschaftlern, mit brandaktuellen Themen der modernen Naturwissenschaften zu beschäftigen. Wir werden sehen, dass auch diese Art der Zusammenarbeit zwischen Naturwissenschaften und der Philosophie ein vielleicht eher seltener, aber dennoch lohnender Aspekt der Einheit trotz Vielfalt sein mag.

2 Verstehst Du mich ?

Nachdem wir noch schnell unsere Notizen zum Thema Reduktion und Emergenz in unseren Rucksack gepackt und mit dem Fahrrad aus dem Zentrum in den Innovationspark gefahren sind, betreten wir nun also die Werkstatt, die Wirkstätte des Naturwissenschaftlers. Von hinten, im weißen Kittel, erscheinen uns alle Naturwissenschaftler zuerst einmal gleich, es könnte sich also bei unserer Begegnung um einen Physiker, Chemiker, Mediziner oder Biologen, aber auch um einen Vertreter mit „borderline" Erfahrung, also um einen Biochemiker, Pharmazeuten, Systembiologen oder gar um einen synthetischen Biologen handeln. Auf den ersten Blick also noch Einheit trotz Vielfalt? Darauf werden wir später noch einmal zurückkommen. Allerdings sind, wie der Saarländer so schön sagt, die meisten „vorne ned wie hinte", und, durch unser Eintreten von seinem Experiment aufgeschreckt, wendet sich der Wissenschaftler uns mit mürrischem Blick zu. Wir identifizieren ihn nun zweifelsohne als Molekularbiologen, die Krawatte mit Doppelhelix-Motiv spricht Bände, und erkennen relativ schnell auch, dass wir hier womöglich unerwünscht sind.

„Was wollen Sie hier? Sind Sie von der DFG und haben Geld dabei?"

„Nein, leider nicht, ich bin Philosoph und möchte mit Ihnen über Reduktionismus reden, über die Vielfalt und Einheit in den Wissenschaften."

„Da sind Sie hier leider an der falschen Adresse. Hier wird gearbeitet und nicht meditiert (*er lacht*). Das philosophische Institut befindet sich in der Kantstraße, direkt neben der

Brücke. Eventuell finden sie im Institut oder unter der Brücke ein paar „Philosophen", mit denen Sie sich über Ihre Probleme in Ruhe austauschen können. Seit der Einheit gibt es in den Pappkartons unter der Brücke eine beachtliche Vielfalt an Geisteswissenschaftlern mit entsprechend viel Zeit. Das hat übrigens auch mit Reduktion zu tun, man nennt das bei uns an der Universität Sparmaßnahmen."

So schockierend dieser erste Kontakt auch sein mag, aus der Perspektive des Naturwissenschaftlers ist das traditionelle Verhältnis der Philosophie zu den Naturwissenschaften durchaus kurios, der Engländer würde mit der ihm eigenen Ironie sagen, „it's truely fascinating". Wird die an ihren eigenen Objekten der Forschung orientierte, oftmals stolze Naturwissenschaft selbst zum *Objekt* philosophischer Reflektion, so wird ein solches, vermeintlich untergeordnetes Verhältnis von den Naturwissenschaftlern häufig mit Argwohn betrachtet. Diese Skepsis beruht unter anderem auf dem unter Naturwissenschaftlern weit verbreiteten Missverständnis, dass Wissenschaftsphilosophie in erster Linie die Wissenschaften selbst „verbessern" soll. Diese Sichtweise ist nicht verwunderlich, wir werden sehen, dass Naturwissenschaftler zumindest ihre eigene Wissenschaft meist sehr pragmatisch sehen und „Nutzen" dabei einen hohen Stellenwert besitzt. Hingegen sieht es diese Sparte der Philosophie als ihre Aufgabe, Wissenschaft für alle Mitglieder unserer Gesellschaft nachvollziehbar, verstehbar zu beschreiben. Die Zielsetzungen und die dabei zu erwartenden Ergebnisse unterscheiden sich daher deutlich. Begeisterung ist also nicht zu erwarten, und eine zunächst ablehnende Haltung ist aufgrund dieses Missverständnisses vielleicht sogar nachvollziehbar. Hören wir daher weiter zu, und vernehmen wir die Argumente des „betroffenen" Naturwissenschaftlers, die für unsere weiteren Betrachtungen relevant sind und daher kurz – und ohne Wertung – vorgebracht werden sollen. Aber zuerst noch einmal der Philosoph:

„In der Kantstraße war ich schon, da hat man mir erzählt, dass Sie sich hier mit künstlichem Leben und mit Fragen der Emergenz in den Lebenswissenschaften beschäftigen und dass wir zu dieser wundervollen und facettenreichen Thematik ins Gespräch kommen könnten. Ich habe dazu schon eine Reihe von interessanten Ideen entwickelt und kann ihnen sicherlich auch bei der einen oder anderen Problematik hilfreich sein".

„Alter Schwede, ich würde Ihnen wirklich raten, den Ball flach zu halten. Erstens sind Naturwissenschaften wie Chemie und Biologie in ihrer Herangehensweise autonom und benötigen keine philosophische Hilfe oder Indoktrination. Das Periodensystem wird nicht größer, wenn sich ein Philosoph wie Sie mit dem ontologischen Satus der Elementsymbole beschäftigt. Sowas hab ich mal in den „Nachrichten der Chemie" gelesen, und dachte zuerst, es sei ein Witz. Mal im Ernst: Die chemische Reaktion dort drüben läuft auch nicht besser, wenn wir klären, ob der dazugehörige Formel-Formalismus an meiner Tafel hier nun Symbole, Ikonen oder Operanden enthält. Dazu kommt, dass Wissenschaft „frei“ ist. Wir lehnen daher äußere Zwänge ab. Die wissenschaftliche Entdeckung selbst ist wertneutral und bedarf weder der Epistemologie noch der Ethik, lediglich ihre Verwendung erfordert manchmal eine ethische oder gesamtgesellschaftliche Betrachtung. Und überhaupt sind Philosophen wie Sie fachlich nicht einmal kompetent, sinnvoll über Chemie oder Biologie zu reden, da sie die Fächer gar nicht richtig kennen. Dies bezieht sich insbesondere auf die modernsten Entwicklungen. Wer über die epistemologischen Probleme der Systembiologie oder synthetischen Biologie reden will, muss erst einmal verstehen, was Systembiologie überhaupt ist und wie sie funktioniert. Meist ist das Wissen von Philosophen über die Naturwissenschaften rudimentär, veraltet und orientiert sich an vermeintlichen Problemen von anno Tobak. Dazu kommt diese lästige Dramatisierung gewisser Aspekte aus unseren Naturwissenschaften, die für uns Wissenschaftler selbst gar nicht relevant sind, die dann aber in irgendwelchen Talkshows ausgetreten werden wie ein Haufen kalter Pferdeäpfel. Wen interessiert schon die Philosophie des Periodensystems, wenn im Bereich der chemischen Biologie die Bude brennt und erste künstliche Bakterien mit Ihrem Chassis aus dem Biotechnologie-Labor abhauen wie der Trevor bei GTA5? Außerdem: Sprecht *ihr* Philosophen und *wir* Naturwissenschaftler denn eigentlich dieselbe Sprache?“

Damit endet erst einmal die Konversation. Die Quintessenz dieser für die weitere Diskussion wichtigen Kritik(en) aus Sicht des Naturwissenschaftlers ist sicherlich, dass (a) Naturwissenschaften eigentlich keine Philosophie benötigen, (b) Philosophen und Naturwissenschaftler ohnehin „kulturell“ verschieden und dadurch Interaktionen wenig fruchtbar sind, (c) Wissenschaftsphilosophie sich oft nur mit „Scheinproblemen“ beschäftigt und (d) eine Philosophie der Naturwissenschaften nur dann sinnvoll ist, wenn sich die Philosophen mit den aktuellen und wirklich „brennenden“ Themen der Naturwissenschaften beschäftigen, deren Lösung auch für die betroffenen Naturwissenschaftler einen „Mehrwert“ erbringt.

Diese Argumente sind, zumindest aus der eigennützigen Sichtweise des Naturwissenschaftlers nicht einfach von der Hand zu weisen oder zu parieren. Wie sollen beispielsweise Philosophen, selbst wenn sie irgendwann einmal – auch – Physik oder Chemie studiert haben, die sich rasant entwickelnde aktuelle Forschung in diesen Bereichen mit verfolgen und verstehen, und dazu noch epistemologische oder ethische Probleme erkennen? Alternativ, können wir wirklich erwarten, dass der Weißkittel in seiner Werkstatt, der wohl noch am ehesten am Puls der Zeit ist, überhaupt die Zeit und Muße aufbringt, sich selbst entsprechend professionell solcher Fragen zu widmen? Soll er ernsthaft seine sehr bemessene und kostbare Zeit mit Philosophen in der Beletage oder unter der Brücke zubringen, wenn er sie ohnehin kulturell kaum versteht und deren Meinung *a priori* vielleicht als interessant aber letztendlich als wenig „hilfreich“ erachtet?

3 Naiver Pragmatismus

In der Tat, der Begriff „Scheinprobleme" beschreibt vielleicht am besten die Sichtweise vieler Naturwissenschaftler auf das, was Philosophen gerne als Philosophie der Naturwissenschaften, sei es Physik, Chemie oder Biologie, bezeichnen.

Probleme mit dem Periodensystem? – Fehlanzeige. Chemische Formeln als Symbole, Ikonen oder Operanden? – Wen kümmert's. Reduktionismusdebatte in der Systembiologie? – Sinnlos, solange was Verwert- und Publizierbares bei der Forschung rauskommt. Ethische Bedenken beim Gehirn-Doping mit Chemikalien am Arbeitsplatz? – Hauptsache es wirkt. Probleme mit umprogrammierten und künstlichen Bakterien? – Hauptsache das Teil lebt und tut was es soll.

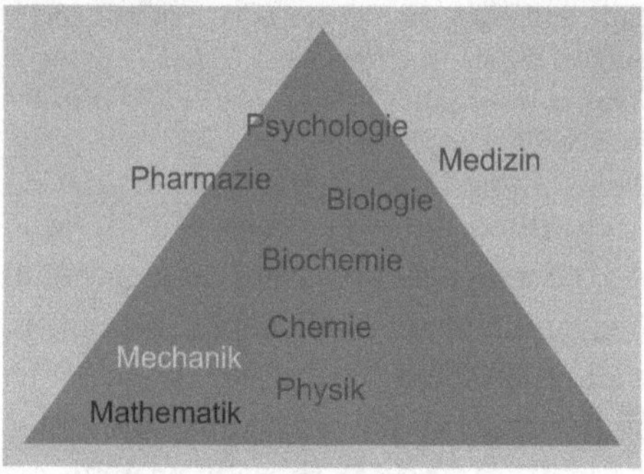

Abb. 1: Vereinfachte Vorstellung der Hierarchie einzelner Naturwissenschaften, mit zunehmender Komplexität zur Spitze hin. Die Frage, ob sich die komplexeren Naturwissenschaften auf die grundlegenderen reduzieren lassen, ist für die Philosophie von großem Interesse, führt für viele Naturwissenschaftler hingegen zu „Scheinproblemen" und entsprechend fruchtlosen Debatten. Vgl. dazu auch den „Wissenschaftsraum" in Abb. 3.

Solche zumindest aus Sicht des Naturwissenschaftlers als Scheinprobleme entlarvte, und daher unwichtige Themen finden sich in vielen Bereichen, sie betreffen in besonderer Weise auch die Frage nach der Vielfalt und Einheit der Naturwissenschaften (Abb. 1). Denn für die meisten Naturwissenschaftler handelt es sich bei der Frage der Reduktion um ein Thema, das gerne von Philosophen vorgebracht wird, das für den eigenen Laboralltag (siehe oben) aber wenig Bedeutung besitzt. Es gibt in der Tat wohl keine ernsthaften Versuche, die gesamte Biologie auf chemische Prozesse zu reduzieren. Ebenso gibt es keine Forschungsprogramme, die sich ernsthaft mit einer Reduktion chemischer Reaktionsgleichungen auf quantenmechanische Berechnungen beschäftigen. Man könnte ein solches Forschungsprogramm durchaus einmal versuchsweise bei der DFG gemäß dem Motto „Ein bisschen Spaß muss sein" beantragen, würde aber wohl schon aus formalen Gründen noch vor einer anständigen Begutachtung scheitern und finanziell völlig Blanco dastehen, da eine Zuordnung weder zur Fachgruppe Chemie noch zur Philosophie möglich wäre.

Das heißt aber nicht, dass die Naturwissenschaftler durchweg ignorant wären. Für sie ist die Vielfalt ihrer Wissenschaften durchaus wichtig und dadurch gerechtfertigt, da sie sich so bewährt hat und Ergebnisse liefert. Es ist für den Naturwissenschaftler aus seiner Sicht entscheidend, dass diese Vielfalt in der Praxis *funktioniert*. Dieser sicherlich sehr naive pragmatische Ansatz frei nach der ur-pfälzischen Lebensweisheit „Egal was drin is, hauptsach' es schmeckt" verabschiedet sich dabei von eher traditionellen Ansätzen aus der Philosophie, die die Vielfalt der Wissenschaften über deren – individuell abgegrenzte – Gegenstandsbereiche (mathematische Gleichungen, bewegte Körper hier, sich umwandelnde Stoffe da, und Lebewesen dort) und / oder über spezifische Sammlungen von Theorien und Methoden definieren. Für den Naturwissenschaftler selbst hingegen herrscht eine etwas verschwommene Vorstellung seiner eigenen Wissenschaft vor, geprägt von Elementen der Innovation, Bewährung, Evolution und (sozialen) Kontrolle durch seine *scientific community* (Abb. 2).

Grundsätzlich gilt für ihn aber: Die Vielfalt der Wissenschaften ist *zurzeit* wie sie ist, weil sich diese Aufteilung historisch so bewährt hat und sich auf diese Weise *zurzeit* am effektivsten Forschung und Entwicklung betreiben lassen. Das Ganze ist daher auch ein zeitabhängiger, evolutionärer Prozess, bei dem jederzeit neue Wissenschaften entstehen oder verschwinden können. Man denke nur an die Nanotechnologie, kombinatorische Chemie, Systembiologie und synthetische Biologie auf der einen und vom „Aussterben bedrohte" Bereiche der Biologie oder Physik auf der anderen Seite. Wir werden, wie gesagt, diese eklektische, mit Elementen von Darwin, Popper, Lakatos, Kuhn und Feyerabend bestückte Sichtweise anhand ausgewählter Beispiele noch etwas detaillierter diskutieren.

Dass dabei auch soziale Prozesse, wie die Bildung von und Bindung an *scientific communities* und entsprechende „PR" („public relations") oftmals eine entscheidende Rolle spielen, ist aus Sicht der Naturwissenschaftler fast schon selbstverständlich. Man denke nur an die Redox Biologie oder Systembiologie: Ab einem gewissen Zeitpunkt häufen sich die Veröffentlichungen zu dem Thema, erste Reviews und Perspektiven mit einem Titel frei nach dem Slogan „Hot Topic on the Rise" erscheinen. Es entstehen neue Forschungsverbünde mit eigenen Sonderforschungsbereichen, die auf ihre Mitglieder ähnlich prägend wirken wie ein Mönchsorden in der katholischen Kirche und Andersdenkende ausschließen. Spezielle Treffen werden organisiert, auf denen die neue Marschrichtung vorgegeben wird, und auf denen Häretiker gebrandmarkt und anschließend effektiv eliminiert werden. Bald erscheinen auch neue Zeitschriften, die sich explizit mit diesem Themenbereich befassen und *spezielle Theorien* und *Modelle* in einer dem Bereich eigenen *Sprache* vertreten.

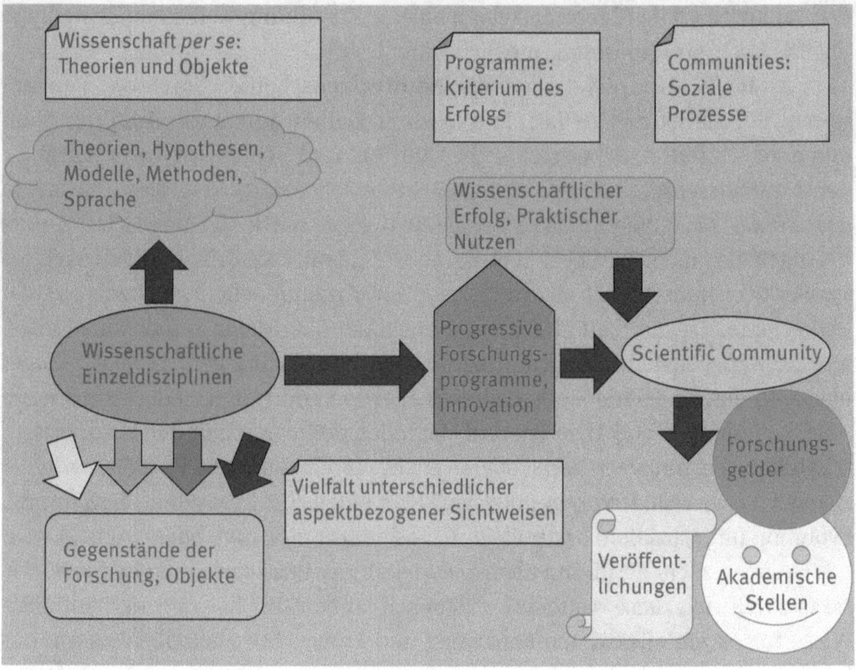

Abb. 2: Vielfalt und Einheit der Wissenschaft aus Sicht der Naturwissenschaften. Der zugrunde liegende naive Pragmatismus setzt sich mehr oder weniger eklektisch aus verschiedenen Strömungen des 20. Jahrhunderts zusammen und verbindet dabei Elemente erfolgreicher, progressiver und objektbezogener Forschung auf der einen Seite mit sozialen Prozessen innerhalb der entsprechenden scientific communitiy auf der anderen. Die drei „Säulen" dieser Anschauung, Wissenschaft per se, sich in der Praxis bewährende Forschungsprogramme mit eigener Dynamik und komplexe soziale Strukturen, Netzwerke, Prozesse und Belohnungen, sind deutlich gekennzeichnet. Eine strikte Zuordnung, ab- oder gar Ausgrenzung einzelner Wissenschaften zu oder von spezifischen Forschungsgegenständen findet in diesem Modell explizit nicht statt. Zugleich wird eine wie auch immer geartete Reduktion auf Seiten der Objekte oder Theorien zur „Scheinproblematik" und diese Thematik als unproduktiv meist zurückgewiesen.

Was immer auch geschieht, ein solch evolutionärer Prozess erweitert die Vielfalt der Wissenschaften um eine neue (Teil-)Disziplin, ohne jedoch den „Gegenstandsbereich" der Wissenschaften selbst zu erweitern. Dies werden wir noch anhand der Synthetischen Biologie genauer erläutern. Dadurch wird selbstverständlich die Vielfalt vermehrt (oder sie schrumpft im Fall von degenerierenden, vom Aussterben bedrohten Disziplinen), ohne jedoch die Einheit aller (Natur-)wissenschaften grundsätzlich zu gefährden. Die Vorstellung, dass eine bestimmte Naturwissenschaft eine gewachsene, durch soziale Prozesse konstruierte Disziplin ist, die sich wie andere Naturwissenschaften auch auf einer wie auch immer gearteten Weise von Objekten nährt, und in der Hauptsache darin ihre Berechtigung findet, dass sie produktiv ist, hat durchaus ihren Reiz, denn sie erlaubt es auch, viele der in anderen epistemologischen Ansätzen auftretenden Probleme geschickt zu umschiffen. Dies trifft auch auf das Verhältnis der einzelnen Naturwissenschaften zueinander und auf das Problem der Reduktion zu.

In diesem von vielen Wissenschaftlern oftmals wenig reflektierten Ansatz wird dieser zum praktisch orientierten „Handwerker", der gerne auch mal seine eigene Werkstatt verlässt, um in der Nachbardisziplin aktiv zu werden, in unserem Beispiel aus der Molekularbiologie etwa, um in der organischen Chemie eine neue chemische Methode zur DNS Synthese zu erproben, eine Zelle umzuprogrammieren, oder mithilfe von Gentherapie in der Medizin eine Krankheit zu heilen. Solange dieses Vorgehen produktiv ist, findet es seine Berechtigung, und eventuelle metaphysische Bedenken sind zumindest für den betroffenen Naturwissenschaftler sekundär. Die Grenzen zwischen den Disziplinen werden dadurch in den Naturwissenschaften fließend. Die Einheit der Naturwissenschaften entsteht in dieser Vorstellung nicht durch eine Verschmelzung einzelner Disziplinen, sondern gerade durch die Vielfalt eigenständiger Fächer und *scientific communites*, die es erlauben, dieselbe „Sache" aus verschiedenen Blickwinkeln zu betrachten. Neue Sparten sind dabei immer höchst willkommen, und eine wie auch immer geartete „Reduktion" ist aus pragmatischer Sicht unerwünscht.

Die Bedeutung dieser Vielfalt für die wissenschaftliche Praxis kommt dadurch zum Ausdruck, dass es grundsätzlich möglich ist, im virtuellen Naturwissenschaftsraum, der im Gegensatz zur Wissenschaftspyramide in Abb. 1 nicht hierarchisch und statisch, sondern gleichberechtigt und dynamisch strukturiert ist, frei und ohne Grenzen als Teil sinnvoller, produktiver Projekte zu kooperieren (Abb. 3). Der Wissenschaftsraum als Einheit ist offen, und die Vielfalt der pragmatisch gerechtfertigten und evolutionär durch soziale Prozesse entstandenen Einzelwissenschaften liefert den Ideenreichtum, die tiefe und diverse Erfahrung und das facettenreiche Arsenal an Methoden, um innerhalb dieses Raums grenzenlos aber immer auch sinnvoll und pragmatisch-produktiv zu agieren und respektvoll, ohne Reduktionsgedanken zu kooperieren.

Ein langer und schwieriger Satz wie dieser erfordert ein einfaches Beispiel. Besuchen wir daher den Naturwissenschaftsraum und wählen uns zwei auf den ersten Blick entfernt liegende Wissenschaften wie etwa die Archäologie und die Chemie. Trotz der Entfernung ist auch hier eine produktive Kooperation möglich. Chemische Untersuchungen von Artefakten, Datierungen mit der ^{14}C-Methode oder die berühmte Suche nach der mittelalterlichen Toilette mithilfe einer Kartographierung des Phosphatgehalts im Boden stellen durchaus interessante, produktive und damit sinnvolle Forschungsprogramme dar, bei denen die Chemie

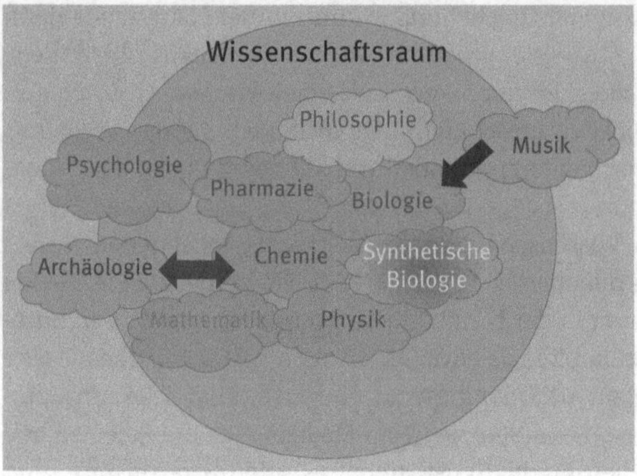

Abb. 3: Der virtuelle Wissenschaftsraum erlaubt es den verschiedenen Naturwissenschaften, aber auch anderen Disziplinen, wie Musik und Philosophie, beliebig miteinander und mit beliebigen anderen Disziplinen zu kooperieren. Neue Sparten, wie die Synthetische Biologie, können dabei ohne Probleme entstehen und sich zwischen bestehende Disziplinen schieben. Der Erfolg – oder Misserfolg – solcher Interaktionen ist dabei entscheidend, er wirkt direkt als evolutionärer Druck auf die beteiligten Wissenschaften und Wissenschaftler. Fragen des Reduktionismus sind dabei eher akademischer Natur.

produktiv in die Archäologie vordringt, bar jeder Frage nach Reduktion. Umgekehrt sind archäologische Untersuchungen alchemistischer Wirkstätten oder gar das Nachbauen solcher antiker oder mittelalterlichen Hütten und „Laboratorien" sehr aufschlussreich und publikumswirksam. Solche Vorhaben finden dann ihre Berechtigung, wenn sie etwas Wertvolles liefern, und dabei gilt auch für ein solches interdisziplinäres Projekt: „Egal was drin is, hauptsach es schmeckt". Es sei der Phantasie jedes Einzelnen überlassen, sich noch ein paar Minuten länger im Wissenschaftsraum frei zu bewegen, und wie man so schön sagt, seine Gedanken und andere Körperteile baumeln zu lassen, um sich weitere Schnittstellen mit den dazu gehörigen produktiven und damit sinnvollen Projekten auszumalen.

Wir müssen hingegen wieder zurück in die Realität. Dabei stellen wir fest, dass uns in unserer Einheit der Vielfalt der Naturwissenschaften anscheinend das Thema „Reduktion" völlig abhandengekommen ist. Zumindest für das Gelingen der Naturwissenschaften scheint es sich um eine wenig produktive, womöglich gar schädliche – weil die Vielfalt bedrohende – Angelegenheit zu handeln. Aber ist das wirklich so? Oder zeigt sich das vermeintliche „Scheinproblem Reduktion" bei aller Naivität und Pragmatismus einfach nur in einem anderen Gewand?

4 Grenzenlose Vielfalt ?

Wer sich aktiv mit modernen Forschungsthemen an der Schnittstelle der Chemie mit den verschiedenen Lebenswissenschaften – sei es die Biochemie, Biologie, Pharmazie oder Medizin – beschäftigt, wird sehr schnell erkennen, dass inter- oder gar multidisziplinäre Projekte an diesen Schnittstellen immer auch ihre Grenzen haben. Aus philosophischer Sicht sind dies bei näherer Betrachtung Probleme, die einerseits dadurch entstehen, dass eine Disziplin sich „zu viel vornimmt", über ihre Möglichkeiten hinaus Ergebnisse oder Produkte liefern will. Andererseits resultieren solche Schwierigkeiten häufig mehr oder weniger direkt aus „kulturellen" Unterschieden, die trotz aller Einheit zwischen den Disziplinen bestehen. Dann kommt es zu ernsthaften Verwerfungen, die durchaus auch die Gesellschaft als Ganzes betreffen können. Das ist dann auch der richtige Zeitpunkt, die Philosophie wieder ins Spiel zu bringen. Kehren wir also in die Werkstatt des Molekularbiologen zurück und setzen unser Gespräch fort. Der Mann mit der Doppelhelix auf der Krawatte ist gerade am Telefon.

> „Hör mal, ich hab Dir doch gesagt, dass bei der Einnahme von dem Zeug Stickstoffmonoxid freigesetzt wird, dadurch der Signalweg in der Zelle ausgelöst wird und durch die Gefäßerweiterung Dein Vogel wieder singen sollte. Wieso das nicht klappt, weiß ich auch nicht. Was denn für Nebenwirkungen? Kreislaufprobleme? Versteh doch, dass so etwas im menschlichen Körper nicht läuft wie beim Auto, sondern alles viel komplizierter ist. Ja, viel kom-pli-zier-ter." (*lacht und beendet das Telefonat*). „Wie, Sie sind ja immer noch da?"

> „Was ist denn viel komplizierter? Ich dachte, man könnte mit chemischen Formeln die Abläufe in der Zelle genau beschreiben und dann mit einem mathematischen Modell am Computer auch schnell noch auf den ganzen menschlichen Organismus umrechnen? Oder geht das nicht?"

> „Grundsätzlich geht das natürlich. Das kostet aber Zeit und Geld. Und vor allem ein genaues Wissen über alle parallel ablaufenden Prozesse in der Zelle, inklusive der spezifischen Ausgangslage. Sowas ist Thema der klinischen Pharmazie, die haben auch die entsprechenden Computer, aber leider hat das der Kollege nicht ganz verstanden und die Chemie hat bei ihm nicht richtig gewirkt."

Mit dieser Thematik haben wir selbstverständlich bewusst in eines der vielen Wespennester gestochen, die man traditionell mit dem Reduktionismus verbindet. Kann ein Netzwerk chemischer Reaktionen und Abläufe eine lebendige Zelle, oder gar einen lebenden Organismus vollständig beschreiben, inklusive Bewusstsein und „Seele"? Sind wir also doch nur Automaten, wie es René Descartes vor fast vierhundert Jahren behauptet hat, nur dass wir nicht aus Metall sondern aus Kohlenhydraten, Proteinen, Lipiden und vielen anderen organischen und anorganischen Molekülen bestehen und nicht mechanisch sondern durch chemische Reaktionen angetrieben werden? Hören wir dazu vorab die Antwort des Molekularbiologen.

> „Letztendlich kenne ich niemanden, der es für sinnvoll oder gar produktiv hält, einen gesamten Organismus chemisch zu beschreiben. Für sowas ist der Biologe oder Onkel Doktor zuständig. Für uns reicht es, einzelne Aspekte, und damit verbunden gewisse Abläufe in biologischen Systemen zu betrachten, und dann für den Gesamtorganismus eine Näherung oder Wahrscheinlichkeit aufzustellen. Ich hab dem ja auch gesagt, *wahrscheinlich* wirkt das, aber garantieren kann ich das nicht. Als Pragmatiker reicht es, wenn es in den meisten Fällen – und vor allem bei mir – klappt (*lacht*), aber es wäre wohl kaum pragmatisch, wenn ich das tagelang für jeden einzelnen Patienten genau durchrechnen würde, am Ende soll es doch schnell gehen. Eine individuelle Dosierung braucht man bei Aspirin ja auch nur in seltenen Ausnahmefällen, wenn es wirklich notwendig ist."

Ein wahres Wort. Beim Zusammenspiel der verschiedenen Wissenschaften wird keinesfalls danach gestrebt, die Vielfalt wahrhaft zu einer Einheitswissenschaft zu reduzieren. Das Anliegen ist weitaus weniger anspruchsvoll. Es geht dabei „lediglich" um die Beschreibung einzelner Objekte oder Abläufe der einen durch eine andere Wissenschaft, immer unter der Prämisse, dass es sinnvoll und vor allem produktiv sein soll (Abb. 4). Nach diesen Kriterien würde auch jede Forschungsgemeinschaft ihre Leuchtturmprogramme auswählen. Dass dabei niemand auf eine vollständige Reduktion – pardon: Beschreibung der Objekte – der einen durch eine andere Wissenschaft abzielt, versteht sich von selbst. Es reicht die Erfassung von wichtigen Teilaspekten. Näherungen und Wahrscheinlichkeiten sind dabei völlig akzeptabel.

Auch dies werden wir anhand spezifischer Beispiele noch fachmännisch diskutieren. Tagtäglich finden wir – im wahrsten Sinne des Wortes – den Beleg dafür auf dem Beipackzettel jeder Arzneischachtel. Hier sind seitenweise Komplikationen und Nebenwirkungen aufgeführt, die dadurch entstehen, dass eine einzige Chemikalie in einem komplexen biologischen System eine Vielzahl von Auswirkungen haben kann, die sich eben nicht alle für jeden vollständig vorhersagen lassen. Wir werden, wie gesagt, zu der Frage der selektiven Betrachtung gewisser Objekte einer Wissenschaft, wie hier eines komplexen Organismus, bei der Diskussion der Psychopharmaka und der Synthetischen Biologie noch einmal zurückkehren.

Bei den mit dem Reduktionismus verbundenen „Scheinproblemen" gilt dabei aus Sicht des naiven Pragmatismus: Die Betrachtung komplexer Zusammenhänge aus einer Naturwissenschaft durch eine andere, womöglich „grundlegendere" oder einfach nur „primitivere", ist unproblematisch und nicht weiter relevant für die Diskussion, solange die Herangehensweise ein definiertes Ziel

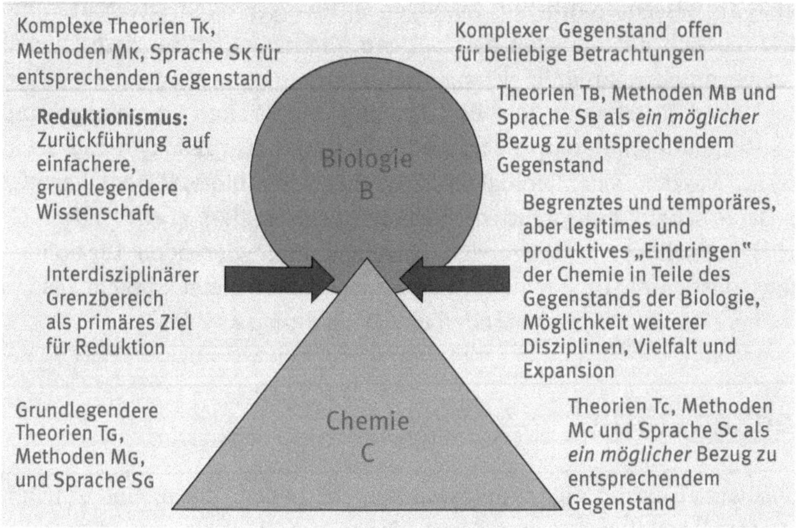

Abb. 4: Die Schnittstelle zwischen der Biologie und Chemie aus Sicht des Reduktionismus (links) und der autonomen Naturwissenschaften (rechts). Beide Ansätze unterscheiden sich in der jeweils eigenen Abgrenzung von Wissenschaft und ihrem Gegenstandsbereich, der Frage der Komplexität und der Sichtweise des „Grenzbereichs", der auf der einen Seite Ziel der Reduktion, auf der anderen des „Eindringens" und der Wiege neuer Teilwissenschaften sein mag. Während der Reduktionismus auf eine Vereinheitlichung abzielt, strebt die andere Seite eine Expansion der Disziplinen sowohl in Zahl als auch Umfang an. Subscripte: B = Biologie, C = Chemie, g = grundlegend, k = komplex.

verfolgt und verwertbare Ergebnisse liefert. Dass es dabei aufgrund der Komplexität, beispielsweise biologischer Systeme, zu Ungenauigkeiten und gelegentlichen Fehlern kommen kann, wird bewusst in Kauf genommen, solange die Vorgehensweise in den meisten Fällen brauchbare Resultate liefert. „Lasst den Chemiker oder Pharmazeuten nur ruhig an der lebenden Zelle rum basteln", würde der Biologe wohl sagen, „solange was Nützliches bei raus kommt, geht das klar, und sonst ist spätestens beim Antrag auf Verlängerung des Projektes Schicht im Schacht." Die Frage nach einem möglichen „Reduktionismus" kommt hier kaum zur Sprache, und wenn doch, so wird sie sehr entspannt mit dem Argument abgetan, dass das alles kein Problem für die Naturwissenschaften sei, solange, wie gesagt, etwas Verwertbares (neue Erkenntnisse, Theorien, Methoden, Produkte) dabei herauskommt.

Diese sehr naive und einfache Herangehensweise scheint sich in den Naturwissenschaften zu bewähren, zumindest wenn man die atemberaubende

Zunahme an wissenschaftlichen Beiträgen in diversen Fachzeitschriften betrachtet, die sich mit Gebieten beschäftigen, die eigentlich für Reduktionismus ausgesprochen anfällig wären – also eigentlich gar nicht existieren sollten – aber *de facto* an Zahl und Umfang, an „Vielfalt" zunehmen und fröhlich expandieren. Kaum zu glauben? Wir werden dies gleich an konkreten Beispielen, wie der Systembiologie und Synthetischen Biologie noch genauer sehen. Dabei scheint es grundsätzlich wenig zu stören, dass gravierende „kulturelle" Unterschiede zwischen den einzelnen interagierenden Disziplinen durchaus existieren, von der jeder Naturwissenschaft eigenen Sprache bis bin zu den Theorien, Modellen, Methoden und Darstellungsweisen.

5 Denkanstöße

Kommen wir also zu einigen ausgewählten Beispielen, die es uns ermöglichen, unsere Vorstellungen zum Thema „Einheit und Vielfalt in den Naturwissenschaften" näher zu erläutern. Wir haben in der Einleitung bereits erwähnt, dass es sinnvoll ist, solche Fragen nicht ausschließlich an historischen, manche würden gar sagen an „antiquierten" Beispielen zu erörtern, sondern den Blick auf die moderne naturwissenschaftliche Forschung zu richten. Daher folgen nun Themen, die zurzeit nicht nur wissenschaftlich aktuell sind, sondern gesellschaftlich auch eine gewisse Brisanz besitzen – dies allerdings eher aus dem Blickwinkel der Ethik.

Beispiel 1: Gen-Analyse in der Gesundheitsvorsorge und personalisierten Medizin

In den letzten beiden Jahrzehnten hat die Wissenschaft bei der Analyse von Genabschnitten im menschlichen Genom, von Genen, und letztendlich von dem gesamten humanen Genom dramatische Fortschritte erzielt. Waren Sequenzierungen der DNS und „genetisches Engineering" zu Beginn der 90er Jahre noch eine Spezialwissenschaft für Experten mit viel Zeit und Geld, so verfügen wir heute über eine Reihe von Techniken, die uns ungeahnte Möglichkeiten an dieser Schnittstelle von Chemie und (Molekular-)biologie erschließen, vom einfachen DNS-Fingerabdruck in der Forensik bis hin zu künstlichen Bakterien. Grundsätzlich geht es bei diesen Techniken um die chemische Analyse oder Synthese von komplexen biologischen Systemen. Die naturwissenschaftliche Idee, ein Lebewesen rein durch chemische Prozesse zu beschreiben oder gar zu erschaffen, führt aus wissenschaftstheoretischer Sicht selbstverständlich auch direkt zu der Thematik einer mehr oder weniger vollständigen Reduktion von Leben auf chemische Moleküle und Reaktionen. Oder, in unserem Ansatz des naiven Pragmatismus, zu der Frage, ob sich der Chemiker bei einem solchen Vorhaben nicht einfach „übernimmt“, ob dabei überhaupt etwas „Brauchbares“ rauskommt.

Die Gegensätze zwischen den beiden philosophischen Betrachtungsweisen sind offensichtlich. Wenden wir uns der pragmatischen Sichtweise zu: Das erste vermeintliche Problem besteht darin, dass die DNS für den Biologen ein Code, die Verschlüsselung des Erbguts ist, für den Chemiker hingegen ist sie ein großes aus ein paar chemischen Elementen bestehendes Molekül. Das gleiche Objekt, zwei verschiedene Sichtweisen, gezollt der Vielfalt in den Lebenswissenschaften. Reduktion der Terminologie, klassisch vielleicht ein philosophisches Problem, dem Molekularbiologen bei seiner Arbeit im Labor hingegen egal und womöglich sogar störend. Was immer auch DNS wirklich sein mag – Erbgut hier, Makromolekül da – und wie immer sie in den verschiedenen sich mit ihr beschäftigenden Wissenschaften auch gesehen wird, es ist möglich, sie chemisch zu sequenzieren und anhand von dabei identifizierten Mutationen, also chemischen Ungereimtheiten, Voraussagen über die Entwicklung des Lebewesens zu treffen. Wir finden dieses durchaus erfolgreiche Eindringen der Chemie in den Raum der Biologie in der Forensik und Krebsvorsorge. Man denke nur an die schier endlosen Serien wie „Crime Scene Investigation“ und an die Analyse des „Brustkrebs-Gens“ „Breast cancer 1“ (BRCA1). Kein Zweifel, die einfache chemische Analyse des individuell verschiedenen Erbgut-Moleküls DNS erlaubt es uns hier, sehr genaue Vorhersagen über den möglichen Täter oder über zukünftige Erkrankungen zu treffen.

Solch chemische Analysen der individuellen DNS können heute routinemäßig durchgeführt werden. Fälle wie Angelina Jolie belegen dabei auf beeindruckende Weise, wie ernst ihre Aussagekraft für das komplexe System Mensch genommen wird. Es ist nur eine Frage der Zeit, und dann liegt für Oma und Opa an Heiligabend eine CD mit ihrer beider DNS Sequenz unter dem Weihnachtsbaum, womöglich noch übersetzt in Noten und musikalisch interpretiert von Richard Clayderman am Flügel. Dies ist übrigens kein Scherz, ein solches Vorhaben wurde vor ein paar Jahren in Großbritannien in Krankenhäusern durchgeführt und massiv finanziell von der dortigen Forschungsgemeinschaft unterstützt. Auch heute noch gibt es durchaus ernst zu nehmende Vorstöße auf diesem Gebiet, wie der kürzlich von David Brocks vom DKFZ in Heidelberg in *Clinical Epigenetics* veröffentlichte Beitrag „Musical patterns for comparative epigenomics“ veranschaulicht.[3] Leider sind die dabei chemisch erzeugten

3 Brocks 2015.

Musikstücke basierend auf biologischem Erbgut oftmals etwas monoton, was bei nur vier oder fünf Tönen letztendlich auch nicht weiter verwunderlich ist. Das gemeinsame Eindringen von Chemie und Biologie in den Raum der Musik ist also pragmatisch gesehen eher ein Misserfolg. Weder „nützt" es den beteiligten Naturwissenschaften, noch entsteht dabei kaum mehr als nur eine eintönige Kakophonie. Die hier erwähnten Naturwissenschaften haben sich daher folgerichtig auch zum Großteil – Ausnahmen nicht ausgeschlossen – wieder aus der Musik zurückgezogen und ihr Glück in der bildenden Kunst gesucht. Die DNS-Krawatte ist hier nur ein Beispiel, es gibt sogar Wettbewerbe für ästhetische Moleküle und Molekülverbände – aber wir schweifen vom Thema ab.

Erinnern wir uns lieber noch einmal an die Frage, wie die einzelnen Wissenschaften – und gerne nehmen wir hier auch die Künste mit ins Boot – in ihrer Vielfalt die Idee der Einheit wahren. Dies ist in der Tat eine Frage der Praxis und des praktischen Nutzens, der letztendlich auch darüber entscheidet, ob ein Zusammenspiel verschiedener Disziplinen sinnvoll ist oder nicht. Ist es sinnvoll und von brauchbaren Ergebnissen gekrönt, so bereitet es den fruchtbaren Boden für weitere Aktivitäten. Liefert es hingegen nur unbrauchbare oder wenig nützliche Ergebnisse, so verkümmert diese Interaktion zu einer wissenschaftlichen Nische oder wird vollständig aufgegeben. Besonders anschaulich wird dies bei dem Beispiel der musikalischen DNS: Eine solche interdisziplinäre Annäherung ist zwar möglich und liefert durchaus auch tangierbare Ergebnisse. Diese sind aber leider, ganz im Gegensatz zur DNS Analyse in der Krebsvorsorge, in der Praxis wenig brauchbar. Von daher hat sich die DNS Analyse an der Schnittstelle von Chemie, Biologie und Medizin etabliert, während sie in der Musik wohl dort keine (bedeutende) Rolle spielt. Allerdings, und dies muss hier ebenfalls beachtet werden, liefert die „DNS Musik" im Bereich der Didaktik und Öffentlichkeitsarbeit durchaus einen wichtigen Beitrag. Hier gibt es einen Nutzen, weshalb diese Art von Berührung der Chemie und Biologie mit der Musik zwar keinen Nutzen für die Chemie, Biologie oder Musik selbst liefert, aber in einem anderen Zusammenhang durchaus „nützlich" ist. Und es ist dieser Nutzen im Bereich der Erziehung und *public awareness* für Wissenschaft, der sogar dieser sehr ungewöhnlich anmutenden Interdisziplinarität ganz pragmatisch und fernab jeglicher Reduktionismus-Debatte ihre Berechtigung beschert.

Beispiel 2: Chemie und Bewusstsein

Kommen wir nun zum zweiten Beispiel, der Kontrolle des eigenen Ichs durch chemische Substanzen. Haben wir zuvor die Chemie „lediglich" zur Analyse von biochemischen Abläufen und Krankheitsbildern eingesetzt, so kehren wir hier die Situation gewissermaßen um, indem wir die Chemie zur Kontrolle über die Biochemie, den Organismus und sogar das Bewusstsein (Gemütslage, Gefühle, Selbstwert, Verhalten, etc.) selbst einsetzen. Hier ist die Chemie nicht länger nur der Gehilfe der Biologie, sondern sie dringt mit ihren diversen synthetischen chemischen Substanzen tief in die Biologie und Psychologie bis hin zur Theologie vor. Wie ist dies möglich? Kann ein einfaches chemisches Molekül aus dem Rundkolben wirklich unser Fühlen und Denken, bis hin zu unserem Glauben an Gott, kontrollieren? Und wie ist es möglich, dies wissenschaftlich zu erfassen?

Die traditionelle Antwort müsste sich hier einer massiven wissenschaftlichen Reduktion vieler untereinander verschiedener Wissenschaften auf die Basiswissenschaft Chemie bedienen, d. h. biochemische, biologische, physiologische, psychologische und letztendlich theologische Ansätze, Theorien, Modelle und Sprachen müssten auf die Ebene der Chemie reduziert werden. Dies hat sicherlich seinen Reiz, wie die in der Öffentlichkeit oft thematisierte Zuordnung von bestimmten Gefühlen auf Hirnregionen zeigt. Tatsächlich gehen viele Naturwissenschaftler, insbesondere auch in der Pharmazie, diesen Schritt und betrachten den Menschen inklusive seines Bewusstseins als einen Haufen chemischer Moleküle und Prozesse. Aus diesem Grund ist es auch nicht weiter verwunderlich, dass gerade in der Pharmazie die Vorstellung dominiert, dass alle Krankheiten, auch die psychischen, durch bestimmte „Moleküle“ ausgelöst oder beeinflusst werden und sich durch andere „Moleküle“ kontrollieren lassen. Die Frage nach Reduktionismus spielt dabei in der naturwissenschaftlichen Praxis wie so oft keine wesentliche Rolle. Letztendlich ist die Pharmazie als Disziplin ohnehin keine eigene Wissenschaft, sondern ein Sammelsurium wissenschaftlicher Vielfalt, von der Physik und Chemie bis hin zur Biologie und Medizin. Auch scheint die Vorstellung der Pharmazeuten und Apotheker hinsichtlich der Funktion des menschlichen Körpers nicht ganz abwegig zu sein, was die meist zufriedenstellende Wirkung von Arzneimitteln – wiederum pragmatisch – belegt.

Dennoch sind solche Vorstellungen nicht völlig unproblematisch. Also fragen wir doch einen Arzt oder Apotheker, wie es so schön heißt, ob der Mensch einschließlich seines Bewusstseins wirklich nur eine biochemische Maschine ist, ähnlich der Automaten des René Descartes. Die Antwort wird uns wahrscheinlich – wieder einmal – verblüffen. „Selbstverständlich“, wird frau/man uns sagen, „besteht der Mensch ‚all inclusive‘ aus Molekülen und ist daher nichts weiter als eine komplizierte ‚biochemische Maschine‘, die mit einer entsprechenden Zugabe oder einem Entzug von Wirkstoffen in die richtige Richtung gesteuert werden kann“. Auf die etwas zögerliche Nachfrage, ob dies ernst gemeint sei, und wie frau/man sich denn eine solche doch recht umfassende Reduktion eines komplexen Lebewesens auf einfache chemische Reaktionen sowohl vom Objekt als auch von dem theoretischen Überbau her vorstellen könne, werden wir wohl – wieder einmal – belehrt, dass solche Fragen wenig hilfreich und in der doch sehr gut funktionierenden Praxis eher störend sind.

Auch hier wird in den Naturwissenschaften die ganz offensichtliche Problematik der Reduktion einer Wissenschaft und ihres ihr eigenen Gegenstandsbereichs auf eine grundlegendere Wissenschaft durch Pragmatik übertüncht. Obwohl die meisten Naturwissenschaftler durchaus über das nötige Problembewusstsein verfügen, werden solche Angelegenheiten in den meisten Fällen ignoriert. Es sei denn, es kommt zu Problemen, etwa zu einem Versagen des Wirkstoffs oder zu massiven Nebenwirkungen. Man horche auf: Vielleicht ist es ja gerade der Misserfolg, der in den naiv-pragmatisch operierenden Naturwissenschaften das Problembewusstsein schärft und es erlaubt, Themen wie Reduktion und Emergenz auch mit „Fachfremden" kritisch zu diskutieren.

Beispiel 3: Systembiologie

Eine solche kritische Betrachtung bei sich häufenden Problemen, vielleicht sogar gemeinsam mit Kollegen aus der Philosophie, muss allerdings noch warten. Zuerst werden selbstverständlich die Ungereimtheiten innerhalb der betroffenen Wissenschaft(en) selbst analysiert und nach Möglichkeit behoben. Bei Fragen, wie ein chemischer Wirkstoff auf den Körper und Geist wirkt, gelangen wir dabei sehr rasch zu komplexen zellbiologischen Modellen, die die verschiedenen in einer Zelle ablaufenden biochemischen Prozesse schematisch darzustellen versuchen. Wer einmal eine solche Wandtafel mit Tausenden von Strukturen für Moleküle und Pfeilen für parallel ablaufende, oftmals durch Enzyme kontrollierte Prozesse gesehen hat, versteht die ungeheure Komplexität solcher „Systeme". Solche „Schalttafeln des Lebens" sind ungleich komplexer als die Mechanik der Automaten des René Descartes, aber letztendlich zielen sie auf dasselbe ab: Eine umfassende und möglichst vollständige Beschreibung der Funktionsweise einer „lebenden Maschine". Selbstverständlich wäre es blauäugig, auch die modernsten (bio)chemischen Schalttafeln als vollständige Beschreibungen von „Leben" zu betrachten. Auf der anderen Seite liegt aber genau dort der Sinn der „Systembiologie", einer relativ neuen Sparte der Biologie, die es zum Ziel hat, mithilfe umfassender (bio)chemischer Analyse, (bio) chemischer Prozesse und anschließenden mathematischen Modellen und Berechnungen die Funktionsweise der Zelle abzubilden und Verhaltensänderungen vorherzusagen.

Mit anderen Worten: „Die Systembiologie (...) versucht, biologische Organismen in ihrer Gesamtheit zu verstehen. Das Ziel ist, ein integriertes Bild aller regulatorischen Prozesse über alle Ebenen, vom Genom über das Proteom zu den Organellen bis hin zum Verhalten und zur Biomechanik des Gesamtorganismus zu bekommen." (https://de.wikipedia.org/wiki/Systembiologie, abgerufen am 28.12.2017)

Eine solche Definition, so einleuchtend sie auf den ersten Blick auch sein mag, ist nicht ganz unproblematisch. Beherbergt sie doch gleich mehrere zumindest aus philosophischer Sicht fragwürdige Aussagen, die offensichtlich zu ebenso fragwürdigen Vorgehensweisen verleiten. Von verschiedenen „Ebenen" ist die Rede, von Einzeldisziplinen und „Gesamtheit". Auch wird „Verhalten" in einem Atemzug mit „Genom" und „Proteom" genannt. Eine Goldgrube für Wissenschaftsphilosophen, vorausgesetzt, dass sie sich in und mit der modernen Biologie auskennen und diese auch verstehen!

Wer solche Aussagen liest – und davon gibt es viele – der wäre sicherlich versucht, den betroffenen Naturwissenschaftlern einen Besuch beim „Philosophen-TÜV" in der Kantstraße zu empfehlen. Eine kritische Betrachtung solcher Aussagen, eine umfassende Analyse des Gesagten und eine vorsichtige Kritik aus der Perspektive der Philosophie wären sicherlich nicht völlig fehl am Wissenschafts-Platz.

Und in der Tat: Es bestehen berechtigte Zweifel, dass die Systembiologie trotz teurer Computer auf lange Sicht halten kann, was sie verspricht. Dabei scheint die Schwierigkeit nicht so sehr in der Masse der erforderlichen Studien und erzeugten Daten allein zu liegen.[4] Vielmehr mag dieser Ansatz, der jeder seriösen Reduktionismus-Debatte zu trotzen scheint, an eher grundsätzlichen Problemen scheitern. Diese ergeben sich gerade aus der Vielfalt der Wissenschaften – davon sind ja mehrere implizit involviert – und ihrer jeweiligen Forschungsobjekte, die man eben nicht so einfach wild durchwirbeln kann.

Im Bereich der Pharmazie findet die Systembiologie ihre Entsprechung in der sogenannten „personalisierten Medizin". Hier werden für die zu biochemischen Modellen reduzierten und im Computer als Schaltkreise gespeicherten Patienten mithilfe umfangreicher Berechnungen die besten und ideal dosierten Medikamente ermittelt. Individuell, versteht sich, und damit maßgeschneidert und mit deutlich reduziertem Gefährdungspotential für Nebenwirkungen. Und gerade hier erscheint der aus philosophischer Sicht bislang eher kritisch gesehene naive Pragmatismus plötzlich zur Beurteilung als sehr vernünftig: Denn

4 Hierzu gibt es sogar eigene Forschungsprogramme und Verbünde, die sich gezielt mit „big data" beschäftigen.

der Aufwand, die Kosten und letztendlich das sich abzeichnende Ausbleiben des Erfolgs solcher Rechenmodelle aufgrund fehlender Daten und massiver Schwankungen spricht gegen die hier aufgezeigte naturwissenschaftliche und insbesondere pharmazeutische Vorgehensweise. Es kann daher sein, dass die Systembiologie schon rein pragmatisch gesehen ohnehin an Fahrt verlieren wird und auf der Strecke bleibt, selbst wenn sie es nicht zu dem anständigen Philosophen-TÜV schafft, wo sie wohl von den Experten wegen ernsthafter Reduktionismus-Probleme aus dem Verkehr gezogen werden würde.

Beispiel 4: Künstliches Leben

Kommen wir nun zu einem noch diffizileren Thema, bei dem nicht so sehr die eher passive Beschreibung eines komplexen biologischen Systems mit chemischen Prozessen im Vordergrund steht, sondern vielmehr die aktive „Schöpfung" eines lebendigen Organismus mithilfe von chemischen Substanzen und Reaktionen. Im Prinzip ist dies die Frage nach künstlichem Leben, nach der „Schöpfung von Leben in der Retorte" und – aus epistemologischer Sicht – der vollständigen Reduzierung der Biologie auf die Chemie (und irgendwann dann auch einmal auf die Physik).

Und auch hier erinnern wir uns an die zu Beginn erwähnten warnenden Worte, dass die Philosophie oftmals den Naturwissenschaften hinterher läuft. Schleichend, fast lautlos, aber durchaus zielgerichtet, haben sich in den letzten Jahren und Jahrzehnten die Molekularbiologen, unter anderem John Craig Venter (*1946) aus den USA, auf den Weg begeben, um nach der vollständigen Sequenzierung von Genomen (einschließlich des menschlichen Genoms[5] im Februar 2001) schrittweise einfache Organismen mit künstlicher, d. h. chemisch synthetisierter DNS, teileweise oder ganz „umzuprogrammieren". Zu Beginn geschah dies noch mithilfe von synthetischen Primern und mit „lediglich" an gewissen Stellen mutierter natürlicher DNS, aber seit 2010 ist dies zumindest in Bakterien auch mit vollständig synthetischem Erbgut möglich.[6] Letztendlich ist es wohl nur noch eine Frage der Zeit, bis neben der vollständig synthetischen DNS nicht nur das Erbgut, sondern auch andere Zellbausteine (Proteine, Membranen etc.) synthetisch sein werden, und der erste komplett synthetische Organismus die Bühne betritt. Die dadurch geschaffenen Möglichkeiten sind

5 International Human Genome Sequencing Consortium, Initial sequencing and analysis of the human genome 2001; Venter et al. 2001.

6 Gibson et al. 2010.

immens und zurzeit kaum überschaubar. Von künstlichen Organismen zur Produktion von wertvollen Chemikalien und Wirkstoffen ist in der Synthetischen Biologie die Rede, von weißer Biotechnologie und von Bakterien, die für uns die Umwelt wieder säubern (im wahrsten Sinne des Wortes unsere Abfälle fressen). Andere suchen ihr Glück in Bakterien und Viren, die im menschlichen Körper gezielt Krebszellen erkennen und angreifen können. Erste Beispiele und Namen für solche künstlichen Organismen gibt es bereits, *Mycoplasma mycoides JCVI-syn1.0* ist bereits erschaffen und das vollsynthetische *Mycoplasma laboratorium* fest im Visier der entsprechenden Wissenschaftler. Dazu werden vorhandene Bakterien ohne viel Hinterfragen auf ihr „Chassis" gestrippt und anschließend, wie beim Auto-Tuning und Pimping mit neuem Motor, neuen Lampen und anderen schönen Eigenschaften versehen. Der Unterschied ist dabei nur, dass solche aufgemotzten Autos nach dem Ziehen des Schlüssels stehen bleiben und sich nicht selbst spontan vermehren können.

Die Deutsche Forschungsgemeinschaft beschreibt die Herangehensweise der Synthetischen Biologie dabei wie folgt:

> Im Grenzgebiet von Biologie, Molekularbiologie, Chemie, Ingenieurwissenschaften, Biotechnologie und Informationstechnik entwickelt sich derzeit ein neues Forschungsgebiet, die Synthetische Biologie. Wissenschaftler der verschiedenen Disziplinen arbeiten dabei zusammen, um biologische Systeme mit neuen, definierten Eigenschaften zu entwickeln. Dabei sollen die Systeme nicht nur künstlich generiert bzw. nachgebaut, sondern kreativ gestaltet und mit Komponenten ausgestattet werden, die in der Natur in dieser Form bisher nicht vorkommen. Die Synthetische Biologie versucht daher, breit einsetzbare Methoden und Technologien zu entwickeln und zu standardisieren, um ingenieurwissenschaftliche Prinzipien in die Biologie zu übertragen. Zusammenfassend kann man Synthetische Biologie als Design und Zusammenführung von synthetischen biologischen Einheiten definieren, wobei nicht nur angestrebt wird, einige der charakteristischen Merkmale eines Organismus zu verändern, sondern gezielt darauf hingearbeitet wird, neue Systeme zu erschaffen, deren Eigenschaften hauptsächlich vom Menschen entworfen werden. Dabei geht es vor allem um die Übertragung der biologischen Analysen hin zum synthetischen System. Der Biologe wird damit zum Designer neuartiger Moleküle, ganzer Zellen, bis hin zu Geweben und Organismen.
>
> Die Synthetische Biologie verfolgt unter anderem die folgenden Strategien:
>
> - Integration von künstlichen, biochemischen Systemen in lebende Organismen, um diese mit neuen Eigenschaften zu versehen (Genetische Schaltkreise),
> - Schrittweiser Aufbau von biologischen Systemen aus künstlichen Molekülen, um somit – entsprechend den biologischen Vorbildern – „lebensfähige" Organismen zu kreieren (Protozellen),
> - Reduktion eines biologischen Systems auf die minimal notwendigen Komponenten, um somit eine „Hülle" (= Chassis) zur Verfügung zu stellen, welche mit austauschbaren Bausteinen (= „BioBricks") in neuartigen Funktionsvarianten bestückt werden kann (Minimalgenome),

- Suche nach alternativen chemischen Systemen: durch den Einsatz von atypischen Substanzen sollen Systeme mit gleichen biologischen Funktionen – quasi in einer Parallelwelt – innerhalb von Zellen nachgebaut werden (Orthogonale Biosysteme).

Deutsche Forschungsgemeinschaft (DFG)

http://dfg.de/dfg_magazin/forschungspolitik_standpunkte_perspektiven/synthetische_biologie/index.html

Diese Stellungnahme ist sicherlich von großem Interesse, sowohl wissenschaftlich als gesamtgesellschaftlich und insbesondere auch aus der Perspektive der Philosophie. Selbstverständlich wäre die Deutsche Forschungsgemeinschaft nicht die DFG, wenn sie nicht zugleich auch eine entsprechende Pressemitteilung zum Thema „Synthetische Biologie – Chancen und Risiken" mit auf den Weg geben würde. Darin werden ethische Aspekte von „quasi in einer Parallelwelt" existierenden „kreativ gestalteten" und vom Menschen „kreierten lebensfähigen Organismen" angesprochen und es wird, wie auch nicht anders zu erwarten, eindringlich vor Missbrauch gewarnt. Aber auch wenn wir kurz den ethischen Aspekten den Rücken zeigen, so bleibt bei dieser Stellungnahme doch auch eine ganze Reihe anderer Fragen offen – Fragen, die eher wissenschaftstheoretischer Natur sein mögen.

Wollen wir damit also den gerade mit seinen „BioBricks" an seinem „Chassis" bastelnden Biotechnologen behelligen?

Auch hier steht die Frage im Vordergrund, ob es möglich ist, in der Synthetischen Biologie sowohl auf Seiten der Objekte – dieser Teil der Frage betrifft zuallererst ja die daran beteiligten Naturwissenschaften -, aber auch auf Seiten der sich damit beschäftigenden Wissenschaften die Grenzen oder zumindest Abgrenzungen zwischen der Chemie und Biologie zu überschreiten. Dass dies offensichtlich „Programm" ist, wird ja schon durch den Namen selbst deutlich, bei dem die Synthese in der Chemie mit dem Leben in der Biologie verschmilzt. Aus naturwissenschaftlicher Sicht ist daher die Synthetische Biologie in der Tat nichts anderes als die Herstellung von Lebewesen im Labor, von Automaten des Descartes, die zwar als „Protozellen" noch klein anfangen, aber durchaus Wachstumspotential besitzen, um früher oder später ihre innere Parallelwelt auch nach draußen zu tragen.

Aus Sicht der Wissenschaftsphilosophie ist die damit einhergehende, bewusste „Verschmelzung" zweier naturwissenschaftlicher Disziplinen offensichtlich nicht unproblematisch, liegt ihr doch, wie den anderen Beispielen auch, eine weitgehende Reduktion der Biologie auf die Chemie zugrunde. Dass diese Reduktion weitaus komplexer ist als eine einfache Beschreibung biologischer Vorgänge mit chemischen Formeln und Gleichungen, wird schon durch die sich langsam entwickelnde Sprache der Synthetischen Biologie deutlich. Hier ist in den letzten Jahren eine ganz neue Terminologie entstanden, es ist wie oben zitiert von „BioBricks" die Rede, von einem „Chassis" und einem „Minimalgenom", mit deren Hilfe „orthogonale Biosysteme", wie etwa „Protozellen" erschaffen werden können.

Interessant ist dabei, dass die offensichtliche „Reduktion" der (Zell-)biologie auf die Chemie eben nicht, wie vielleicht aus philosophischer Sicht erwartet, zu einer (teilweisen) Reduktion biologischer auf chemische Begriffe geführt hat. Vielmehr sind neue Begriffe entstanden, die „irgendwo zwischen" chemischen und biologischen Begriffen angesiedelt sind. Oder anders formuliert: Die vermeintliche Reduktion hat zum Entstehen einer neuen Wissenschaft geführt, es sind keine (biologischen) Begriffe verschwunden, sondern, ganz im Gegenteil, es sind neue, spezifisch synthetisch-biologische Begriffe hinzugekommen. Dasselbe gilt übrigens auch für die verschiedenen Ansätze, Theorien, Hypothesen und Modelle: Auch hier ist nichts „reduziert" worden. Ganz im Gegenteil: Es ist etwas neues, „etwas dazwischen" entstanden, und auch die Anzahl der Ansätze, Theorien, Hypothesen und Modelle wurde nicht „reduziert", sondern *de facto* „expandiert". Expansion ist übrigens auch das treffende Wort, um die Entstehung der entsprechenden *scientific community* zu beschreiben.

Davon ausgehend, können wir also unsere ganz eigene wissenschaftstheoretische Hypothese formulieren: Ein Eindringen von Chemie in die Biologie führt nicht notwendigerweise zu einer klassischen Reduktion, sondern zu einer Expansion, einer Hinzunahme einer weiteren Ebene an Komplexität. Dabei nimmt die Vielfalt in den Naturwissenschaften zu, und nicht ab, es entsteht keine Einheit in Form einer Basiswissenschaft, sondern eine weitere, selbstständige, durchaus neue Wissenschaft wird geboren mit ihren eigenen Theorien, Hypothesen, Modellen und ihrer eigenen Sprache. Ein solches Vorgehen widerspricht dramatisch der klassischen Vorstellung (natur-)wissenschaftlicher Reduktion, ist aber im Gegensatz zu dieser durch den Erfolg in der naturwissenschaftlichen Praxis gerechtfertigt.

Diese Hypothese hat es selbstverständlich in sich. Daher wenden wir uns nun ein letztes Mal der Philosophie zu.

6 Expansion statt Reduktion

Aus philosophischer Sicht stellt die Synthetische Biologie selbstverständlich ein Paradox dar. Geht es auf der einen Seite um eine Reduktion der Gegenstände der

Mikro- und Molekularbiologie auf chemische Moleküle und Prozesse, so entsteht zugleich eine neue Ebene an Komplexität, die sich gewissermaßen zwischen die Chemie und Biologie schiebt und eine Reduktion der Biologie auf die Chemie, wie man sie vielleicht anfänglich erwartet hätte, sogar verhindert. Es geschieht in Fakt genau das Gegenteil von dem eigentlich Erwarteten: Es fällt nichts weg, sondern es kommt Neues hinzu, es wird nichts vereinfacht, sondern wohl noch deutlich verkompliziert. Die Vielfalt nimmt zu, die Einheit wird auf jeden Fall bunter. Zugleich rechtfertigt der praktische Erfolg diese Vorgehensweise: Es ist in der Tat produktiv, neue Begriffe wie „BioBricks" und „Chassis" einzuführen und damit zu arbeiten. Die Protozelle mit ihrer inneren Parallelwelt ist Wirklichkeit. Hingegen versagt der Versuch, die gesamte Biochemie der Zelle in guter systembiologischer Tradition durch komplexe Netzwerke vollständig zu beschreiben.

Wie ist das zu verstehen? Die Antwort darauf liegt wie schon zu Beginn in der besonderen Herangehensweise der Naturwissenschaftler, die philosophische Verkomplizierungen und aus ihrer Sicht „Scheinprobleme" ablehnen. Ganz in der Tradition eines sehr naiven Pragmatismus wird in neuen Disziplinen wie der Synthetischen Biologie dabei eine neue Wissenschaft mit eigenen Modellen und einer eigenen Sprache aufgebaut, die sich zwar nicht scharf von den anderen Wissenschaften abgrenzt (Moleküle auf der einen und Zellen auf der anderen Seite haben ja gewissermaßen noch freien Zugang), die aber trotzdem um ihres Erfolges willen gewisse Demarkierungen zieht, und auch ihre eigene *scientific community* mit eigenen Zeitschriften und eigenen Kongressen formt. Dies ist sicherlich eine Bedingung für Erfolg, und letzterer ist für die betroffenen Naturwissenschaftler auch eine ausreichende Rechtfertigung ihres Tuns, bar jeder philosophischen Diskussion. Und ja, selbstverständlich könnte man Begriffe wie „BioBricks" oder „Chassis" auf chemische oder biologische Begriffe zurückführen. Dies wäre allerdings „sinnlos", denn es würde den Erfolg der synthetischen Biologie, zumindest in der jetzigen Phase, nicht fördern, sondern wohl eher noch schmälern, da es unnötig Ressourcen binden und Verzögerungen in Kauf nehmen würde. Hingegen ergeben sich andere, diesen neuen Sparten und Disziplinen inhärente Fragestellungen, deren Beantwortung nicht nur für die betroffenen Naturwissenschaften von vitalem Interesse ist. Auch aus Sicht der Philosophie findet sich hier das eine oder andere Thema, das es wert ist, sich einmal näher anzuschauen.

Zuallererst stellt sich die Frage, warum neue Sparten überhaupt entstehen. Wieso – noch mehr – Vielfalt trotz eines – zumindest oftmals postulierten – Strebens nach Einheit? Kleinstaaterei in der modernen Naturwissenschaft? Die Antwort darauf ist nur dann zu verstehen, wenn man sich daran erinnert, dass es den Naturwissenschaftlern primär um das „Gelingen" geht. Und dies erreicht man selbstverständlich in der neuen Sparte mit ihren neuen „Tools" deutlich einfacher als in der Tradition der Mutterwissenschaften. Nehmen wir den Begriff „BioBricks". Sicherlich ließe sich dieser Begriff auch rein chemisch oder biologisch definieren, nur wäre dies entsprechend aufwendig und unhandlich. Daher die neue Begrifflichkeit: Einfach und effektiv. Auch bei „Chassis" handelt es sich ja um nichts weiter als um ein anderes Wort für eine entsprechend entkernte Zelle, allerdings ist „Chassis" griffiger. Hinzu kommt selbstverständlich auch der prägende Charakter der neuen Begrifflichkeit. Verwendet man Begriffe wie „BioBricks" und „Chassis", so outet man sich als synthetischer Biologe mit entsprechendem Pedigree und Erfahrungsschatz. Man gehört gewissermaßen zur Szene, man gibt sich zu erkennen, gleich dem saarländischen Grubenstrollen auf Malle, der mit seinem Goldkettchen ebenfalls seine Zugehörigkeit signalisiert und mittelfristig zementiert. Allein aus diesem Grund der wissenschaftlich-sozialen Zugehörigkeit zu einer bestimmten *scientific community* verbietet sich schon eine Reduktion der eigenen Begrifflichkeit auf die einer anderen, grundlegenderen Wissenschaft. Was hier aus philosophischer Sicht wünschenswert wäre, erweist sich auf den zweiten Blick, aus soziologischer Sicht, als gefährliche Falle. Vielfalt statt Einheit also nicht nur deshalb, weil es so besser läuft, sondern auch weil es aus soziologischer Sicht für die Gruppenzugehörigkeit und „Prägung" erforderlich ist.

Die zweite Frage betrifft den Aspekt der Reduktion komplexer Organismen auf einfache chemische Prozesse. Wieder enden wir bei Descartes und seinen Automaten, die in der modernen Synthetischen Biologie bei *Mycoplasma mycoides JCVI-syn1.0* und vielleicht irgendwann einmal bei einem vollsynthetischen *Mycoplasma laboratorium* ihre Entsprechung finden. Sind denn solche Organismen wirklich „nur" chemische Systeme, oder ist es „Leben"? Auch hier sind aus philosophischer Sicht Antworten möglich – und dringend nötig. Entscheidend ist hier nämlich, ob wir sagen, *Mycoplasma laboratorium* IST ein rein chemisches System, oder ob wir sagen, wir beschreiben *Mycoplasma laboratorium* ALS chemisches System. Im ersten Fall sind wir festgelegt, die Biologie müsste folgerichtig mittelfristig zur Chemie und das Bakterium mit all seinen „Rechten und Pflichten" zum Objekt (degradiert) werden. Ansonsten wäre eine Beschreibung dieses „rein chemischen Systems" nicht adäquat. Im zweiten Fall sind wir deutlich flexibler. Wir haben Freiheiten. Wir können beispielsweise festlegen, welche Aspekte von *Mycoplasma laboratorium* wir mithilfe der Chemie beschreiben wollen – und welche nicht. Für eine solche chemische Beschreibung werden wir selbstverständlich unsere eigenen Motive haben, und ein pragmatisches Ziel damit verfolgen. Beispielsweise werden wir die DNS chemisch beschreiben wollen, denn wir müssen sie ja synthetisch herstellen. Hingegen bleiben wir bei dem „Chassis" vorerst eher biologisch, reden von Zellmembranen anstelle von Phospholipiden, von Ribosomen, Kapseln und diversen Organellen. Irgendwo dazwischen finden wir dann die neumodischen „Biobricks", zu unhandlich für die synthetische Chemie und zu spezifisch für die allgemeine Molekular- oder Mikrobiologie. Unsere Art der Beschreibung richtet sich also nicht nach dem zu beschreibenden Objekt *per se*, sondern nach den Zielen, die wir bei der Analyse oder gar Synthese solcher Objekte verfolgen, und wie wir sie aus pragmatischer Sicht am einfachsten erreichen können. Auch hier lohnt sich die Vielfalt: Eine Einheit besteht zwar auf der Ebene des Forschungsobjektes, des Mycoplasmas, hingegen sind die Beschreibungen dieses Objektes absichtlich sehr vielseitig und letztendlich auch vielschichtig.

7 Wozu brauchen wir die Philosophie?

Letztendlich ist es also durchaus sinnvoll, sich die aktuellen Entwicklungen in den Naturwissenschaften aus der Nähe zu betrachten, und hin und wieder das eine oder andere kritisch zu beleuchten. Hier ist noch vieles am Gären und zugleich unausgegoren, und philosophische Hilfe jeder Art sicherlich herzlich willkommen.

An dieser Stelle sei daher noch einmal abschließend die Rolle der Philosophie in alldem kritisch betrachtet. Hier erscheint uns die Warnung aus der Einleitung, dass nur eine am Puls der Zeit agierende und irgendwie „nützliche" Philosophie in der Werkstatt der Naturwissenschaftler erwünscht ist, als gewichtiges wenngleich auch kritisch zu sehendes Argument. Dies gestaltet die Rolle der Philosophie im Diskurs mit den an der Praxis orientierten, oftmals naiv und auf jeden Fall pragmatisch agierenden Naturwissenschaften, nicht gerade als einfach. Wir haben bereits gesehen, dass ein solches gegenseitiges Verhältnis die klassischen Dialoge zum Thema Vielfalt und Einheit, also beispielsweise die traditionelle Reduktionismus-Debatte zur Selbstständigkeit einzelner Disziplinen eigentlich ausschließt. Warum? Weil eine solche Diskussion zwar durchaus interessant aber in der Praxis wenig hilfreich, produktiv ist, zumindest für die daran beteiligten Naturwissenschaftler. Und in der Tat, unser „Lackmus Test", der Erfolg der „hast Du mal nen Euro"-Anfrage bei der DFG, sieht für ein solches eher akademisches Vorhaben wohl ziemlich düster aus.

Auf der anderen Seite haben wir anhand der erwähnten Beispiele aus dem Bereich der Lebenswissenschaften aber auch eine ganze Reihe wichtiger Fragen aufgeworfen, die sich auf „echte" Probleme beziehen. Solche Anliegen unterscheiden sich schon aufgrund ihrer Aktualität deutlich von den „Scheinproblemen“ aus der Einleitung. Spinnt man diesen Faden weiter, so ergibt sich daraus ein weites und facettenreiches zukünftiges Betätigungsfeld für die Philosophie der Naturwissenschaften – ein an manchen Stellen noch spärlich bearbeiteter Acker, den es alsbald zu pflügen und zu bestellen gilt. Und in der Tat, neue wissenschaftliche Zweige, von der Nanotechnologie bis hin zur Synthetischen Biologie, ziehen in ihrem Schlepptau immer auch wichtige Fragestellungen und damit auch die Philosophie dicht hinter sich her. Meist die Ethik, aber durchaus auch andere philosophische Sparten. Hierbei kann, und dies sei noch einmal betont, die Zielsetzung der beteiligen Naturwissenschaftler von der der Philosophen oder Dritter abweichen. Definieren wir an dieser Stelle – quasi als unser Ausblick – einige Aspekte, die es sich in der Zukunft gemeinsam mit Philosophen und Naturwissenschaftlern zu diskutieren lohnt.

8 Abschließende Bemerkungen

Fassen wir also noch einmal zusammen, was wir auf den letzten Seiten an neuen Aspekten zum Thema „Einheit und Vielfalt in den (Natur-)wissenschaften“ erkannt haben.

Zuerst hat uns der Ausflug in die Niederungen naturwissenschaftlichen Arbeitens sicherlich enttäuscht. Enttäuscht deswegen, weil die meisten Naturwissenschaftler traditionell wenig Interesse an einem philosophischen Diskurs zeigen. Dies gilt vor allem dann, wenn die betreffende naturwissenschaftliche Disziplin mehr oder weniger reibungslos und produktiv vor sich hin arbeitet. Dann werden von außen an die Wissenschaft herangetragene Themen aus Ethik und Wissenschaftsphilosophie gerne als störend und der Sache wenig förderlich, als „Scheinprobleme“ abgetan. Die dabei unter Naturwissenschaftlern weit verbreitete Einstellung eines doch sehr naiven Pragmatismus, eines „Fortschrittglaubens“, ist für das naturwissenschaftliche Arbeiten ausgesprochen hilfreich und wird von den einzelnen *scientific communities* so auch gefordert und gefördert. Für eine Auseinandersetzung mit über alltägliche wissenschaftliche Arbeiten hinausgehenden Problemen ist sie aber wenig ergiebig.

In diesem Zusammenhang ist das unter Naturwissenschaftlern weit verbreitete Desinteresse an klassischen wissenschaftstheoretischen Fragestellungen zu sehen. Die anfangs im Dialog herausgearbeitete, häufig vorherrschende Vorstellung unter Naturwissenschaftlern, dass Wissenschaftstheorie „der Wissenschaft“ selbst helfen soll, überlagert dabei den eigentlichen Zweck solcher

Ansätze, primär die Wissenschaft zu erklären und für Dritte, für die Allgemeinheit verstehbar zu gestalten. Dieses Missverständnis führt notwendigerweise zu Enttäuschungen. Dies gilt auch für unsere Thematik zur Einheit und Vielfalt in den Wissenschaften. Eine Diskussion zum Thema „Reduktion der Begrifflichkeit“ beispielsweise ist allgemein sehr interessant, in der Werkstatt des synthetischen Biologen jedoch nicht sonderlich erwünscht.[7]

Vielmehr erwartet der betroffene Naturwissenschaftler – und dies sicherlich aus seinem Gesichtspunkt auch zu Recht – dass ein solcher Diskurs für seine eigene Thematik einen Mehrwert liefert. Diesem Anspruch ist aber aufgrund der doch etwas anderen Zielsetzung grundsätzlich nicht leicht gerecht zu werden. Auf der einen Seite sollen naturwissenschaftliche Fragen strikt naturwissenschaftlich gelöst werden, auf der anderen soll dabei aber eine außenstehende Disziplin sinnvoll Hilfestellung leisten? Wie kann dies funktionieren?

Die Antwort darauf haben wir uns ja bei der Kritik selbst zum großen Teil schon mit geliefert. Die beiden Zauberworte hier sind „Aktualität“ und „Relevanz“.[8] Berücksichtigt man beide, so landet man schnell bei einer sich gerade erst auf dem Boden der Einheit entwickelnden Vielfalt neuer Sparten und Disziplinen, beispielsweise bei der Nanotechnologie, der DNS-Analytik, der Systembiologie und der Synthetischen Biologie. Aber auch andere Sparten, von der kombinatorischen Synthese bis hin zur funktionellen Ernährung „arbeiten am Stoß“, wie man im Saarland so schön sagt, und graben dabei nicht nur Kohle und hin und wieder wertlosen Abraum, sondern ab und an auch das eine oder andere Problem aus. Und dass sich solche Probleme nicht einfach mit den Werkzeugen der jeweiligen naturwissenschaftlichen Disziplinen lösen lassen, versteht sich von selbst.

Ein sicherlich vorrangiges Problem, das dabei oft – und in den verschiedensten Schattierungen – auftritt, ist der Bezug einer solchen neuen Sparte zu den Nachbardisziplinen. Wir haben gesehen, dass es an den Schnittstellen klassischer Disziplinen ebenso unruhig zu geht wie an der Verwerfungslinie tektonischer Platten. Es entstehen neue Inseln wissenschaftlicher Aktivität, mit eigenen Theorien, Methoden, *scientific communities* und, besonders wichtig, mit einer eigenen Sprache. Im krassen Gegensatz zu traditionellen philosophischen Ansätzen wird hier nicht „reduziert“, von der Vielfalt hin zur Einheit, sondern expandiert, mit mehr Vielfalt, Komplexität und Begrifflichkeit. Dieser Prozess, der immer weitere wissenschaftliche „Landmassen“ erzeugt – von denen viele sicherlich nach einer gewissen Zeit kollidieren oder wieder

7 Nagel 1961.

8 Frank/Mehlich 2015.

verschwinden, wenn sie nicht entsprechend bearbeitet werden – bedarf einer umfassenden philosophischen Begleitung. Um was für eine „Insel" handelt es sich? Zu welcher Disziplin gehört sie? Welche *scientific community* bewohnt sie? Welche Sprache wird dort gesprochen? Wie muss man sich das dynamische Verhältnis dieser neuen Insel zu anderen Inseln und zum größeren Festland vorstellen?

Die dabei auftretenden Fragen sind häufig ethischer Natur. Daher ist es nicht verwunderlich, dass sowohl die umfassende Analyse der individuellen DNS, die chemische Kontrolle des eigenen Ichs und die Synthese von (neuartigen) Lebensformen von ethischen Fragestellungen im gesamtgesellschaftlichen Diskurs begleitet werden. Aber auch die Wissenschaftstheorie kann solchen Entwicklungen viele interessante Aspekte abgewinnen, die allerdings weniger publikumswirksam im Rampenlicht der Öffentlichkeit stehen. Der Aufschrei „Hilfe, ich habe Gene gegessen!" ist sicherlich aus ethischer Sicht weitaus interessanter als aus epistemologischer, die beruhigende Antwort dazu fällt wie vieles andere zu dieser Thematik aber letztendlich doch in den Bereich der betroffenen Fach-Wissenschaft und der Wissenschaftstheorie.

Anstelle einer langen Diskussion möglicher „aktueller" und „relevanter" wissenschaftstheoretischer Fragestellungen zum Thema Einheit und Vielfalt an der Schnittstelle der Chemie zu den (anderen) Lebenswissenschaften wollen wir daher zum Schluss als Zusammenfassung und Ausblick einfach ein paar provokante und – so die Hoffnung – interdisziplinäre Diskurse provozierende Behauptungen aus einer fiktiven Boulevardpresse zitieren und uns damit verabschieden.

> „Saarbrücker Bio-Informatiker entwickeln Software, die anhand des eigenen DNS-Profils Todesdatum auf den Monat genau berechnen kann. Juristische Auseinandersetzungen wegen unerwartetem Weiterleben ein Problem."

> „Hilfe! Ich werde mit meinem DNS-Profil erpresst. Schweigegeld oder im Gen verschlüsselte Todesbotschaft geht an die Lebensversicherung."

> „Betrug! Meine Frau ist eine chemische Maschine. Verkaufe meistbietend, Angebote über Schwacke, noch zwölf Monate TÜV und Abwrackprämie inklusive."

> „Clockwork Orange: Das Uhrwerk der biologischen Abläufe in der reifenden Orange endlich vollständig am PC beschrieben. Preise für Orangensaft im Keller."

> „Mit Synthetischer DNS zum Wunderkind. Besorgen Sie sich Minimal-Genom und Eizellen-Chassis zum Selberbauen im 10er Pack und sichern Sie sich eine Portion passendes Akademiker-Sperma gratis dazu (verfügbar in den üblichen Disziplinen, solange Vorrat reicht)."

> „Ende gut, nichts mehr gut: Militanter Philosoph befreit synthetisches Leben aus einem Labor in Münster, optimierte Bakterien entkommen mit ihren neuen ‚BioTricks' in die Kanalisation!"

Literatur

Brocks, D. 2015: Musical patterns for comparative epigenomics, *Clinical Epigenetics* 7: 94.
Dupré, J. 1993: *The Disorder of Things. Metaphysical Foundations of the Disunity of Science*. Harvard University Press, Cambridge.
Frank, H. und J. Mehlich 2015: Chemische Ethik, brauchen wir die?, *Nachrichten der Chemie* 63/10: 971.
Gibson, D.G. et al. 2010: Creation of a bacterial cell controlled by a chemically synthesized genome, *Science* 329: 52–56.
International Human Genome Sequencing Consortium 2001: Initial sequencing and analysis of the human genome, *Nature* 409: 860–921.
Nagel, E. 1961: *The Structure of Science*. Harcourt, Brace and World, New York.
Venter, J.C. et al. 2001: The sequence of the human genome, *Science* 291: 1304–1351.

Eric Achermann

Vom Geist des Besonderen – Zur Kritik der Unterscheidung von Geistes- und Naturwissenschaft

Abstract: *In a particular mood. A critical reexamination of the distinction between natural sciences and the 'Geisteswissenschaften'.* The paper argues that the Diltheyan distinction between the so called 'Geistes-' and 'Naturwissenschaften' is flawed by the attempt to oppose an understanding of historical singularity viz. an explanation of timeless generality. By means of mereological and set theory-arguments, it develops an alternative distinction between thematic and aspectual types of scientific reasoning. This distinction is neither dependent on the investigated material nor on the procedure of investigation but on the – mostly tacit – decision to focus either on existing entities or on general qualities. A critical analysis of classical theories that distinguish two realms of science (Windelband, Rickert, Dilthey, Weber) and the reconsideration of some analytical arguments concerning understanding and explanation (including Quine, Davidson, Dennett) serve to highlight apparently hidden similarities between the 'two cultures' (science and scholarship). So, our task should not consist in attributing 'x is science' or rather 'x is not science' but to show the congruity of their respective argumentative types (description, causation, intention, function, etc.) in order to improve and generalize them for the sake of a comprehensive theory of science.

Von einer engen oder gar innigen Beziehung zwischen Wissenschaftstheorie und meiner eigenen Disziplin, der Philologie, kann nicht die Rede sein. Gründe für das gegenseitige Desinteresse mag es viele geben, darunter auch gängige. So insistieren Philologen und Philologinnen gerne auf der Unizität ihrer Unikate, die einen verallgemeinernden Zugriff auf ihre Gegenstände verunmögliche. Und dort – wie bei den Sprachwissenschaften –, wo für Erkundungsreisende in Sachen Regeln oder gar Gesetze mehr Land in Sicht zu rücken scheint, sorge der Mensch, das unzuverlässigste unter den belebten Wesen, als willkürlicher Sprachproduzent, -nutzer und -adressat so tüchtig für Gegenwind, dass eine den Naturwissenschaften vergleichbare Gewissheit nicht zu erreichen sei. Diese und ähnliche Ansichten haben ihre Geschichte, ihre denkwürdigen Debatten und ihre klassischen Formulierungen. Die meisten betreffen nicht die Philologie, die Geschichte, die Kunst- und Kulturwissenschaften im Einzelnen, sondern ein

https://doi.org/10.1515/9783110614831-006

mutmaßliches Gesamt, die so genannte(n) Geisteswissenschaft(en), indes scheinen diejenigen Disziplinen, die Kunst ins Auge fassen, am stärksten betroffen.

Die Beurteilung der Wissenschaftlichkeit wissenschaftlicher Forschung ist eine kritische Aufgabe und alles andere als ein unlauterer Angriff, der gezielt den Geisteswissenschaften gälte. Sie entspringt der selbstverständlichen Zielsetzung einer allgemeinen Wissenschaftstheorie, nämlich zu bestimmen, was denn Wissenschaft sei. Und sie betrifft alle Disziplinen, die Ansprüche auf Wissenschaftlichkeit anmelden, wenn vielleicht auch in unterschiedlichem Maße und auf unterschiedliche Weise. In dem ungebremsten klassifikatorischen Usus der längst überwunden geglaubten Vorstellung von Geisteswissenschaft nisten zähe und hartnäckige Erwartungen, die dem habitualisierten Unterscheiden oder Unterscheiden-Wollen mehr verdanken, als ein unvoreingenommener Blick auf die breite Palette wissenschaftlicher Praxis zu erkennen gäbe. Im Folgenden soll es nicht um Philologie, nicht um Literatur- oder Sprachwissenschaft und auch nicht um Geschichte gehen, sondern einzig um den Unterschied von Geistes- und Naturwissenschaft. Es wird versucht, Ähnlichkeiten und Unterschiede hinsichtlich des Wissenschaftsverständnisses empirischer Forschung auszumachen, um schließlich die Frage aller Fragen, nämlich diejenige nach der Wissenschaftlichkeit zu stellen. Dabei wird wie folgt verfahren: Es wird 1) ausgehend von einer gemeinverständlichen Grundannahme eine alternative Einteilung der Wissenschaften versucht, 2) eine Reihe von Dichotomien analysiert, die im Zusammenhang mit der Unterscheidung von Geistes- und Naturwissenschaft eine Rolle spielen, 3) die Unterscheidung von Geisteswissenschaft (bzw. Geschichts-, Kultur- und Sozialwissenschaft) und Naturwissenschaft, wie sie sich um die Jahrhundertwende etabliert hat, auf ihre Begründungen hin untersucht, 4) der Unterschied von Erklären und Verstehen in neueren Ansätzen der analytischen Sprachphilosophie und der Philosophie des Geistes dargestellt, um schließlich 5) die Empfehlung auszusprechen, sich bis auf Weiteres und auf möglichst lange nicht nur von den Namen, sondern auch von den damit verbundenen Erwartungen zu verabschieden.

1 Einheit und Einheitlichkeit

Wissenschaften nach Gegenstand, Methode und Funktion zu klassifizieren, ist geläufig.[1] In einem früheren Beitrag habe ich vorgeschlagen, das Verhältnis von Gegenstand und Methode anhand der Begriffe ‚Thema' und ‚Aspekt' etwas

1 Vgl. Nadeau 1999, S. 636.

anders zu fassen, als dies zu geschehen pflegt.[2] Anlass der Überlegungen, die zu einer Unterscheidung von ‚Thema' und ‚Aspekt' geführt haben, waren nicht die Geisteswissenschaften, sondern das problematische Verhältnis von Philologie und Kulturwissenschaft. Die damalige einleitende Begriffsanalyse, die hier rekapituliert, erweitert und modifiziert werden soll, dürfte jedoch auch im vorliegenden Kontext förderlich sein, da die Rede von *den* Geisteswissenschaften eine Vorstellung von *der* Geisteswissenschaft vorauszusetzen scheint.

Der akademische Alltag mit seinem Fächerkanon, seinen Berufsbezeichnungen, seinen Instituten und Institutionen, seinen Förder- und Schwerpunktbereichen usf. hat eine Taxonomie generiert, deren Differenzierungen sich alles andere als deduktiv erschließen. Wenn wir über die Definition von Disziplinen und Fächern brüten oder streiten, so brüten und streiten wir häufig über ganz unterschiedliche Dinge, die zu vergleichen recht schwerfällt, oder zumindest schwerfallen sollte. Unbestritten sind die Namen der einzelnen Wissenschaften mit Traditionen verbunden, die mehr oder minder weit zurückreichen. Tradition aber konstituiert naturgemäß keine stabile Einheit, ist Geschichte doch Geschichte, weil sie Veränderungen kennt. Natürlich weiß die Geschichtsschreibung einer Wissenschaft oft um die Gründe für Veränderungen ihrer autoreferentiellen Lexik, doch dürften diese Gründe wohl eher selten auf rein systematische Überlegungen zurückgehen.

Die Debatte um die Priorität internalistischer oder externalistischer Erklärungen beim Betreiben von Wissenschaftsgeschichte mag deshalb nicht nur in Bezug auf die jeweiligen Theorien, sondern auch auf die Genese und Evolution der jeweiligen Wissenschaft geführt werden. Doch auch wenn wir einräumen oder einräumten, dass neologe Wissenschaftsbegriffe, Neugruppierungen und Binnendifferenzierungen mehrheitlich eher zufälligen Anlässen denn systematischer Planung geschuldet sind oder wären, so bleiben diese Anlässe doch Gründe. Disziplinen etablierten und etablieren sich nicht ohne einen beachtlichen argumentativen Aufwand. Worauf nun berufen sich Geburtsurkunden und Taufakte, die eine Wissenschaft als Einheit konstatieren, wenn nicht gar konstituieren? Mit Blick auf die Selbstdarstellung bestehender sowie die Begründung neuer Wissenschaften können zwei wiederkehrende Argumentationsfiguren unterschieden werden: Entweder wird auf die Einheit des Untersuchungsgegenstandes verwiesen oder aber auf die Einheitlichkeit der Einstellung. Wissenschaften, deren Selbstverständnis auf einer inhaltlichen Bestimmung beruht, sollen ‚thematisch' heißen, Wissenschaften, die sich auf einen Gesichtspunkt berufen, ‚aspektuell'.

2 Achermann 2007.

Mein Ausgangspunkt liegt in alltäglichen Wendungen wie ‚dies ist mein Gegenstand' oder ‚aus Sicht der Neurobiologie erscheint'. Die Wahl der Begriffe ‚Thema' und ‚Aspekt' liegt zum einen in der Geläufigkeit dieser und ähnlicher Wendungen in unserer wissenschaftlichen Praxis begründet, mag diese in gewissen Fällen auch noch so unreflektiert sein. Die Notwendigkeit aber, unser Handeln zumindest zu benennen, äußert sich geradezu symptomatisch in der Malaise, die uns ankommt, sobald wir uns in der Pflicht sehen, das eigene wissenschaftliche Tun als eigenes zu begründen. Wir alle kennen die Bezeichnungsnot, die einem bei der Verwendung von Ausdrücken wie ‚Thema' oder ‚Aspekt' einholt, insbesondere wenn wir uns anschicken, diese mit Ausdrücken wie ‚Ebene', ‚Dimension', ‚Bereich', ‚Sphäre', ‚Feld', ‚Methode', ‚Diskurs', ‚Dispositiv' u. a. m. zu verbinden; vor lauter Bezeichnen-Wollen von Bereichen, Teilen und Elementen, von Absichten, Vorgehensweisen, Instrumentarien und Gesichtspunkten sowie schließlich von Zusammenhängen, Strukturen und den so beliebten Interaktionen verlieren wir uns gerne in eine Begrifflichkeit, die zu durchschauen und widerspruchsfrei zu kombinieren oft mehr Aufwand zu bescheren scheint als das Forschungsvorhaben selbst.

Das Begriffspaar ‚Thema/Aspekt' nun scheint mir den Chiasmus gut wiederzugeben, der bei der Bildung von Einheitsvorstellungen vorausgesetzt wird: Thematische Wissenschaften setzen die Existenz eines Gegenstandes voraus, den es zu erforschen gilt, während aspektuelle Wissenschaften sich auf eine vorgängige Einstellung berufen, aus welcher heraus Gegenstände erforscht werden. Die Unterscheidung rekurriert auf die beiden grundlegenden Intuitionen, die unseren Wissensbegriff ausmachen: Korrespondenz von Aussage und Sachverhalt sowie Kohärenz der Aussage mit denjenigen Meinungen, die das jeweils akzeptierte Wissen bilden. Alternative Bezeichnungen bieten sich an. ‚Material/formal' etwa hätte nebst der Gängigkeit den Vorzug, den Unterschied zwischen Sachverhalt und spezifischen Wahrheitsbedingungen zu fassen. Die ontologischen Implikationen beider Begriffe sowie die changierende Bedeutung des durch das Begriffspaar ‚material/formal' angezeigten Unterschieds – man denke etwa an die Literaturwissenschaft – führen aber geradezu notwendig zu Diskussionen, was die Materialität solcher Untersuchungsgegenstände wie Epochen, Kunstwerke, Ideologien, Ordnungen, Gesetze anbelangt, ja gar basaler Einheiten, wie es die Elemente der Chemie oder die Atome der Physik sind. Ob etwas eine Form hat oder eine Form ist, ob Form Komponente eines Kompositums ist oder als Struktur Identität begründet, ob Materie von sich aus genügen kann, Identität zu konstituieren, oder immer schon eines ‚ideellen Konstrukts' bedarf, um nur schon wahrgenommen zu werden, das alles sind Fragen, die Formalismus bzw.

Materialismus schneller einholen, als uns lieb sein kann.[3] Auch die Verwendung von ‚Gegenstandsbezug/Betrachtungsweise' kommt der Sache nahe, kann aber dazu verführen, eine Betrachtungsweise über die implizierte Subjektivität hinaus als arbiträren Zugang, als beliebige ‚Weise' unter vielen, zu verstehen. Die naheliegende Assoziation mit ‚Methode'[4] verführt zudem, unter ‚Betrachtungsweise' mehr als einen ‚Zugang', nämlich einen ‚Fortgang' im Sinne eines vorgezeichneten und gangbaren Forschungswegs zu vermuten. Ob aber Ansprüche, sämtliche (oder auch bloß die meisten) Forschungsetappen, ja gar das gesamte analytische Reisegepäck (oder auch schon den größten Teil desselben) von dem einmal gewählten Zugang herzuleiten, nicht eine methodologische „Überreaktion" sei,[5] ist eine berechtigte Frage.

Die Favorisierung des Begriffspaars ‚Thema/Aspekt' birgt jedoch auch Gefahren: Zum einen impliziert ‚Aspekt' ein gehöriges Maß an Subjektivität und macht so etwas vorschnell das Gesuchte zu einem ontologisch unzuverlässigeren Gefährten, als es das Gegebene ist; zum anderen scheint die Entscheidung für einen thematischen oder einen aspektuellen Zugang ihrerseits aspektuell. Von Seiten der Forschenden aus betrachtet wäre so der Aspekt dem Aspekt immer schon vorgängig, die Einstellung immer schon Ergebnis einer Einstellung. Die banale Einsicht, dass es Menschen sind, die sich forschend Ereignissen und Eigenschaften zuwenden, soll sich aber eben gerade nicht zu einem allgemein akzeptierten Vorbehalt verhärten, dass es letztlich immer die Einstellung ist, aus der die Entscheidung für das Thema oder den Aspekt resultiert. Dem steht die nicht minder banale Einsicht entgegen, dass es reale Ereignisse und Eigenschaften sind, die uns zum Forschen anhalten. Wo nichts ist, wird auch nichts gewusst.

Die Erfahrung lehrt es, bei allem Unterscheiden liegen die Einwände schon immer in der Luft: Aporien sind schnell zur Hand, und so lösen sich die einmal behaupteten Unterschiede letztlich in dieselbe Luft auf. Dennoch ruht unsere Art des Sprechens über die Einheit bzw. Einheitlichkeit unseres wissenschaftlichen Gegenstands und Forschens auf einer Intuition, die wir nicht so leicht unserer Skepsis opfern sollten. Ja, die Einwände selbst und der argumentative Ort, an welchem diese greifen, vermögen vielmehr unsere Vorstellungen zu Einheit und Einheitlichkeit von Wissenschaften zu klären, oder klären zu helfen. Vorerst aber legt uns eine gewisse Ethik wissenschaftlichen Unterscheidens die

---

3 Als Beispiel sei hier der Versuch einer Sprachwissenschaft auf der bloßen Grundlage rein formaler, negativer Distinktionsmerkmale durch die Kopenhagener Schule angeführt, allen voran Hjelmslev 1974.

4 Vgl etwa Lepsius 2008, S. 16.

5 Haack 2007, S. 100.

Haltung nahe, dass es keine Favoriten gibt oder geben sollte, d. h. dass das ganze Unterscheiden nur dann einen rechten Sinn ergibt, wenn wir – und sei es auch nur für die Dauer des Unterscheidens selbst – davon ausgehen, dass wir zwischen ‚Gleichberechtigten' unterscheiden.

Am Beispiel von Geographie und Physik soll der skizzierte Unterschied möglichst einfach erläutert werden. Geographie ist eine Wissenschaft, deren Selbstverständnis hochgradig thematisch ist. So zumindest scheint die ‚communis opinio' zu sein, die – falls sie verworfen wird – nachgerade als eine ‚communis opinio' verworfen wird.[6] Gegenstand der Geographie ist die Erdoberfläche, insbesondere auch in ihrer Funktion als Habitat. Ein geographischer Untersuchungsgegenstand ist durch seine räumliche Ausdehnung bestimmt; dieser Raum kann aus der Einstellung der Geologie, der Hydrographie, der Fauna, der Agrarwirtschaft, des Industrieaufkommens u. v. a. m. untersucht werden – und in der Regel wird er unter mehreren solcher Gesichtspunkte untersucht. ‚Geographie' steht nichtsdestotrotz für eine Wissenschaft, die eine determinierte räumliche Ausdehnung als zu erforschende Einheit präsupponiert, was nicht etwa heißt, dass Wahl und Begrenzung des jeweiligen Untersuchungsgegenstandes nicht auf ihre Sinnhaftigkeit hin befragt würden. Naivität ist nicht notwendige Mitgift einer thematisch verfahrenden Wissenschaft, mag dies bisweilen auch unterstellt werden. Thematische Wissenschaften berufen sich vielmehr auf einen Gegenstand, mag dieser noch so riesig sein, und sieht in dem ostensiven ‚dies hier ist mein Gegenstand' die Frage nach dem Ausgangspunkt der eigenen Forschung beantwortet. Und nicht nur der Ausgangspunkt wird hierdurch angezeigt, sondern auch das Ziel; es geht um die Kenntnis des Gegenstandes, ‚idealiter' um eine möglichst umfassende Kenntnis.

Auf den ersten Blick scheint die Physik nicht anders zu verfahren. Auch sie kann Dinge zu ihren Untersuchungsgegenständen erklären. Doch diese Berufung alleine reicht nirgendwo hin: Belgien ist in einem anderen Sinn Gegenstand der Geographie, als 200 Kilo Blei, ein elastischer Ball oder ‚crash test dummies' Gegenstand der Physik sind. Diese Gegenstände nämlich sind der Physik nicht im selben Maße eigen wie determinierte Regionen der Geographie; Blei ‚gehört' der Chemie nicht minder als der Physik. Obwohl jedoch der Physik die Körper, die sie untersucht, mit anderen Wissenschaften wie der Chemie als Gegenstände gemeinsam sein können, so unterscheiden sich in ihrem Selbstverständnis die Fächer Physik und Chemie, da sie diese Körper aus unterschiedlichen Einstellungen heraus betrachten. Nicht wenige Wissenschaftler und Wissenschaftlerinnen dürften mit einer Bestimmung wie der folgenden einverstanden sein: Chemie untersucht Körper auf Verbindungen und Transformationen hin, Physik hingegen

6 Vgl. Hard 1973, S. 19–24.

auf Energien und deren Wechselwirkung.[7] In diesem ‚hin' steckt, was hier ‚Aspekt' heißt. Die Bedingungen, die ein Untersuchungsgegenstand zu erfüllen hat, d. h. die Eigenschaften, die im eigenen System (den als zutreffend und kohärent erachteten theoretischen Wissensinhalten) beobachtbar und darstellbar erscheinen, resultieren aus einer Einstellung, die ‚ipso facto' den Umfang einer aspektuellen Wissenschaft – dasjenige also, was die Wissenschaft in den Blick nimmt – definiert. Und so besteht das Ziel denn auch nicht in einer ‚umfassenden' Kenntnis vorgegebener Gegenstände, sondern in der ‚grundlegenden' Erkenntnis von Eigenschaften, deren Integration in das gewählte System und deren Kompatibilität mit vorgängigen Theorien durch die Wahl der Einstellung mehr oder minder stillschweigend vorausgesetzt werden.

Worin also liegt der Unterschied? Er liegt nicht in der Singularität des Gegenstandes – nur ein Ball statt vieler oder gar aller Bälle –, sondern vielmehr in der Priorisierung der Aussageform über die Aussage selbst, oder technischer: Den aspektuellen Wissenschaften geht es um das Verhältnis von Variablen und Eigenschaften, den thematischen Wissenschaften um das Verhältnis von Konstanten und Eigenschaften. Variablen und Eigenschaften fungieren bekanntlich in Prädikaten, die der Bildung von Klassen dienen: ‚diejenigen *x*, für die *F* gilt' oder ‚ein Ding *x*, derart, dass *Fx*'.[8] Die Eigenschaft gibt so die „Bedingungen für die Mitgliedschaft"[9] eines Gegenstandes in einer Klasse vor. Betrachten wir die Extension der Gegenstände, auf die thematische und aspektuelle Wissenschaften referieren, so gibt der Gegensatz von Simplizität und Komplexität für thematische Wissenschaften, derjenige von Singularität und Generalität[10] für aspektuelle Wissenschaften den Ausschlag. Thematische Wissenschaften machen Aussagen über ‚Korpora', die – selbst individuell – aus individuellen Teilen bestehen, während aspektuelle Wissenschaften auf Klassen fokussieren, deren Mitglieder konstitutive Eigenschaften einer Definition erfüllen.[11] Was wir hier als ‚Korpora' bezeichnen, sind also im

7 Die Frage nach der disziplinären Identität von Physik ist zu unterscheiden von der wissenschaftstheoretischen Vorrangstellung der Physik, d. h. der Frage, ob alle Wissenschaften – sowohl Chemie und Biologie als auch Theorien menschlichen Verhaltens – letztlich auf eine allgemeine Theorie physikalischer Kausalität reduziert werden können. Vgl. hierzu Esfeld 2007, S. 207: „principle of the completeness of physics"; vgl. dazu die Ausführungen im Teilkapitel 4.

8 Zur Bedeutung solcher Relativsätze in der Psychogenese genereller Termini vgl. Quine 1973, S. 132–138.

9 „membership conditions" (Quine 1987, S. 93).

10 Mit Susan Haack teile ich die Vorliebe für ‚generals', um unterschiedslos auf Klassen-, Arten- u. dgl. m. -begriffe zu verweisen; die Verwendung dieses Ausdrucks führt sie auf Charles Sanders Peirce zurück; vgl. Haack 2007, S. 131.

11 Zu Generalität und Klasse vgl. Quine 1969,S. 134 f.

Fall thematischer Wissenschaften Ganzheiten, die formal durch Individuenkonstanten ausgedrückt und beschreibend erfasst werden, während Klassen den Einsetzungsbereich für Individuenvariablen vorgeben. Themen werden also als Gegenstände determiniert, während Einstellungen Gegenstände selegieren, deren Eigenschaften definiert sind.[12] Ungeachtet nun ob Ausdrücke auf singuläre Gegenstände (‚Harry Kraus', ‚der Dirigent der Berliner Philharmoniker') oder Gruppen (‚das Ehepaar Kraus', ‚die Berliner Philharmoniker') referieren, sie werden als Ganzheiten durch singuläre Termini ausgedrückt. Die Unterscheidung von Singularität und Generalität einerseits und Simplizität und Komplexität andererseits führt uns zwangsweigerlich zu ontologischen Fragestellungen. Wer Extension als Zugehörigkeit von Individuen zu einer Klasse in den Blick nimmt, mag Inklusion (oder Teilhabe) als irrelevant erachten, da sich Eigennamen in Argumenten formal gleich verhalten, ungeachtet ob sie sich auf Einzelgegenstände, Paare, Gruppen oder Komplexe beziehen. Aus Sicht der Mereologie jedoch sowie im Hinblick auf die knifflige Frage, wie generelle Termini sich zu singulären unter psychogenetischen Vorzeichen verhalten, erscheinen Teil-Ganzes-Relationen alles andere als vernachlässigbar. Insbesondere stellt sich die Frage nach der materialen Adäquatheit rein formaler Summen. Was die thematischen Wissenschaften betrifft, so liefert die Unterscheidung von Simplizität und Komplexität in Ausdrücken wie z. B. ‚Region' und ‚Land' oder auch ‚Epoche' und ‚Periode' das meist unbewusste Motiv, das hinter Binnendifferenzierung einzelner Wissenschaften und somit zur Bildung von ‚Asienkunde', ‚Germanistik' oder ‚Mediävistik' steht. Irgendwie liegt es auf der Hand, dass die Beziehung von Teil und Ganzem im Falle von ‚die Geographie von Kontinent *A*' zu einem Gesamt ‚Geographie' oder ‚die Sprache und Literatur einer Sprachregion *B*' zu einem Gesamt ‚Sprache und Literatur' oder ‚die Geschichte einer Kulturperiode *C*' zu einem Gesamt ‚Geschichte' sich anders verhält als die Serologie zur Medizin, zur Immunologie etc., oder die Immunologie zur Biologie und Chemie.

Im Gegensatz zu Prädikaten bezeichnen Eigennamen also keine Klassen, sondern Individuen, und diese Individuen werden in der thematischen Wissenschaftssprache als integrale Ganzheiten behandelt. Sie können also ihrerseits in Komponenten zerlegt werden, die sich wie Teile zu einem Ganzen verhalten, dabei als Teile strukturiert und in den Verbindungen ihrer eigenen Teile relativ unabhängig gedacht werden. Alle Dinge sind irgendwie und in einem trivialen Sinne Teil von einem umfassenderen Ganzen, doch sind sie es nicht in gleichem Maße und nicht auf gleiche Weise. Ohne hier neoaristotelischen Zweckursachen

12 Ich folge in der Verwendung von ‚Determination/Definition' Wiggins und Simons (Wiggins 2001, S. 58–61; Simons 1987, S. 343).

und Formuniversalien das Wort reden zu wollen, so verpflichten wir uns sicherlich nicht übermäßig, wenn wir den Ausdruck ‚Teil' nur eben dann als sinnvoll erachten, wenn er die Vorstellung eines Ganzen voraussetzt, das nicht nur aus mindestens zwei, sondern zudem aus miteinander ‚verbundenen' Teilen besteht. Im Gegensatz zu einer Summe setzt eine Ganzheit Komposition voraus, ganz ähnlich wie eine Gruppe etwas anderes als eine Klasse ist.[13] Die Vorstellung eines Ganzen setzt denn auch voraus, dass sich die Teile unterscheiden, im Gegensatz zu den Elementen einer Klasse, die sich zumindest bezüglich der konstitutiven Eigenschaft gleich sind. Ein Ganzes ist also Summe plus Struktur, mag auch noch so unklar sein, was dieses ‚plus' bedeutet, also ob ein Ganzes eine Struktur ist oder hat. Evident erscheint hingegen, dass unter gewissen Dingen „Pfade"[14] verlaufen; diese mögen stärker oder schwächer ausgeprägt sowie zahlreicher oder weniger zahlreich sein. Erreichen Intensität und Zahl dieser Pfade einen gewissen Grad, so heißen die Elemente nun ‚Teile', deren Verbund aber nennen wir ein ‚Ganzes'.

Wer von ‚Teil' und ‚Ganzem' spricht, und damit Gegenbegriffe zu ‚Element' und ‚Klasse' meint, der weiß auch, dass in der klassischen Mereologie der Summenbildung keinerlei Grenzen gesetzt sind. Sie beabsichtigt, den Begriff ‚Klasse' (‚Arten', ‚Mengen', ‚sets' u. dgl. m.) durch ‚Summe' zu ersetzen.[15] Bezeichnen wir jedoch einen Gegenstand als unseren Untersuchungsgegenstand, behaupten wir eine Wissenschaft (oder zumindest deren Möglichkeit) von diesem Gegenstand, dann wird uns dieser weite Begriff von einem Ganzen als bloßer Summe nicht genügen. Auf unser Beispiel der Geographie bezogen, wäre die überwältigende Mehrheit dieser Summen Resultat eines sprichwörtlichen ‚gerrymandering' (bspw. Belgien plus Muotatal plus ‚Quatrième Arrondissement'). Nicht nur gesunder Menschenverstand und wissenschaftliche Erfahrung verwerfen die Vorstellung „unbeschränkter Zusammensetzung" als gegenintuitiv und arbiträr,[16] die Plausibilität und Akzeptanz wissenschaftsbegründender Argumentation hängt

13 Vgl. Simons 1987, S. 324: „a complex constituted of the same parts as the sum only exists if a further constitutive condition is fulfilled. In the case of pluralities, the difference is that between a mere class and a group."

14 Vgl. Simons 1987, S. 326 f.

15 Zu Leśnewskis Ansicht, Klassen seien eliminierbar, vgl. Simons 1987, S. 147.

16 Ob Produkten einer „unrestricted composition", d. h. Summen aus beliebigen existierenden Gegenständen, dieselbe Existenzberechtigung zukommt wie deren Teilen, ist einer der umstrittensten Punkte gegenwärtiger mereologischer Debatten; vgl. Koslickis Kritik an Lewis u. a.; Koslicki 2008, S. 29–40. – Vgl. auch die wissenschaftstheoretisch relevanten Ausführungen zu Anordnungen, namentlich Konstellationen, bei Boghossian, der die beliebig hohe Zahl von Summierungen – entgegen einem verbreiteten Argument – nicht als Beleg für die Beschreibungsabhängigkeit von Tatsachen akzeptiert; Boghossian 2013, S. 43.

vielmehr und wesentlich von dem Grad der Einheit ab, den wir aus- oder nachzuweisen vermögen. In diesem Bestreben, reale oder intuitiv sinnvolle Einheiten zu erfassen, dürfte denn die Mereologie von einer Ontologie der Klassen eingeholt werden. Bei den zu untersuchenden Gebilden handle es sich nicht nur um bestimmte (determinierte) Wesen, sondern um bestimmte Wesen einer bestimmten (definierten) Art, d. h. nun wieder um Elemente einer Klasse. Dabei darf die mangelnde Plausibilität und ‚Artfremdheit' arbiträrer Summen nicht mit der Artifizialität der Art verwechselt werden. Zwar sind natürliche Arten wohl niemals arbiträr, was aber im Umkehrschluss nicht bedeutet, dass artifizielle Arten es sind. ‚Artifiziell' bedeutet vorerst nur, dass die Motivation für diejenigen Gegenstandseigenschaften, die für den Artbegriff als konstitutiv erachtet wird, in menschlichem Handeln gesucht und gefunden wird. Für diese Unterscheidung hat Searle seine bekannte Distinktion zwischen „intrinsic properties", die „natural kinds", und „observer-relative properties", die „artificial kinds" konstituieren, entwickelt und festgehalten, dass auch letztere epistemisch objektiv sind.[17] Können Mündungsdeltas hydrographisch und geologisch als natürliche Arten (und damit ontologisch objektiv) gelten, so erscheint ein Land in seiner staatlichen Verfasstheit als artifiziell und ontologisch subjektiv, nicht aber als arbiträr oder epistemisch subjektiv. Dass etwas von Menschen hervorgebracht oder instituiert wird, heißt also weder, dass es von jedem einzelnen Menschen abhängig ist und von jedem einzelnen verändert oder nach freier Willkür gar hervorgebracht werden kann, noch, dass es als menschliches Produkt weniger wirklich wäre, als es ein Kieselstein oder eine Raupe ist. Wer etwas wie Belgien untersucht, untersucht es unter der Prämisse, dass es nicht nur Belgien gibt, sondern auch, dass Belgien ein Land ist. Und dies wiederum setzt Vorstellungen voraus, die wir mit ‚Land' als Klassen- oder (artifiziellen) Artenbegriff verbinden, d. h. mit einem sortalen Prädikat. Ja, folgen wir David Wiggins contra Quine, so sind Intuition einer Identität *und* sortale Prädikation notwendig gleichzeitig und -rangig:

> The practical grasp of identity itself presupposes the capacity to subsume things under kinds, to refer to them and to trace them (or keep track of them). But in order to trace things, one has to trace them in the way that is appropriate to this or that *kind*, and then, by dint of one's understanding of congruence as flowing from identity or coincidence, to assign to an object picked out at one time and again at another time everything that is true of either. But if that is right, then not only does sortal predication presuppose identity. Identity presupposes sortal predication.[18]

---

17 Searle 1995, S. 9 und passim.
18 Wiggins 2001, S. 18 f.

Erneut scheint also der aspektuelle Wissenschaftsbegriff den thematischen eingeholt zu haben.

Kehren wir also zurück zu den einfachen Feststellungen, dem ostensiven ‚dies ist mein Gegenstand' und dem prädikativen ‚aus Sicht der Neurobiologie erscheint'. Als kausales Gründungsmoment sind Singularisierung und Identifikation, die der Zeigeakt impliziert, der Intuition eines Ganzen verpflichtet. Charakteristisch für unseren Umgang mit diesem Ganzen ist, dass die Pfade zwischen den Teilen primär als Kontiguitäts-, also ‚nachbarschaftliche' Beziehungen aufgefasst werden; und so ist auch für thematische Wissenschaften die räumliche Nähe oder Koinzidenz ein intuitiv starkes Moment, das zwar schwierige Fragen zur überdauernden Identität eines Gegenstands nicht zufriedenstellend zu beantworten vermag, jedoch durch Erfahrung oder durch Logik uns anhält oder zwingt, nach dem ‚ob' und dem ‚wie' dieser Identität und dieser Persistenz zu fragen.[19] Fasst die klassische Mereologie prinzipiell eine jede Addition von beliebigen Teilen als Summe auf, so bedient sie sich gleichwohl eines begrifflichen Instrumentariums, das stark vom Paradigma eines räumlichen Beieinanders geprägt ist: Teile überlappen, sind von einander abgetrennt, schließen das eine ein und das andere aus, etc. Kurz, der Weg von der Extension zur Extendiertheit erscheint dem Mereologen nicht allzu weit:

> Finally, we may note a pun on ‚extend': the most appropriate interpretation for extensional mereologies, one which renders all their axioms plausible, is one in which the singular terms of the theory stand for spatial, temporal, or spatio-temporal extents, or for extended matter.[20]

Wissenschaft und Gemeiner Verstand lassen die Frage dringlich erscheinen, ob und inwiefern unsere Vorstellungen von der Einheit eines Gegenstandes zu einem Zeitpunkt t_0 an einem Ort l_0 auch für ein t_1 bzw. l_1 gelten. Dabei suggeriert räumliche Nähe wohl allzu oft, dass sie als Analogon einer ganz anderen ‚Nähe', nämlich einer zeitlichen, herhalten könne. Sowohl diese quasi-metaphorische Nähe zwischen Kontiguität und Persistenz als auch die genannten Pfade zwischen den Teilen sind leider alles andere als leicht zu verstehen. Wir verstricken uns bald in zirkuläre Argumente, welche die Nähe aus der Identität, die Identität aber aus der Nähe, welche das Verbundensein aus der Intuition der Ganzheit, die Ganzheit aber aus der Intuition des Verbundenseins erklären. Erschwerend kommt hinzu, dass die intuitive Basis der Identität von zusammengesetzten Individuen durch Vorstellungen wie z. B. instituierter Verbünde (‚das 14. Regiment',

---

19 Vgl. van Inwagen 1987, S. 26–29.
20 Simons 1987, S. 7.

‚OECD') in Frage gestellt wird. Wir können uns ein Ehepaar vorstellen, dass nie zusammengelebt hat, ja, dass zwei Menschen in Ferntrauung miteinander verbunden wurden, deren Wege sich raumzeitlich nie gekreuzt haben; auch haben Kolonien im eigentlichen Sinne keine Nachbarschaft zum Mutterland, indes gelten sie ebenso als Landesteile wie Provinzen, Departemente, Gemeinden u. dgl. m. Umgekehrt können wir fragen, ob zwei Menschen, die sich die Hand geben, zwischenzeitlich eine Einheit bilden.[21] Wir müssen also entscheiden, welchen Arten oder Typen von Pfaden wir ‚kompositionelle Kraft' zusprechen, Teile zu einem Ganzen zu verbinden, das in seiner Ganzheit plausibel erscheint. Unsere Vorstellungswelt und unser täglicher Umgang mit Gegenständen kennt nebst Gegenständen qua räumlicher Nähe („continuants" durch Kontakt, Fixierung, Fusion) und Gegenständen qua zeitlicher Nähe („occurents" durch Simultanität, Folge, Prozess) Beziehungen, die durchaus starke Einheitsvorstellungen durch Funktionalität wie in Organismen, durch Kausalität wie in Prozessen, durch Institution wie in Organisationen oder durch Intention wie in Handlungen bewirken.[22] Die formalen Komponenten oder Strukturen, welche die Teile zu etwas mehr als bloß zu einer Summe verbinden, entsprechen nun ziemlich genau demjenigen, was wir als Bedingungen für die Zugehörigkeit zu einer Gattung, Art, Familie oder Spezies verstehen; Teile erscheinen uns aus Klassen selegiert und zu einem Ganzen, erneut in Ansehung einer Klasse (Gattung, Art, Familie, Spezies) arrangiert. Um den Ansprüchen unserer wissenschaftlichen Erkenntnis sowie unseres ‚common sense' zu entsprechen, bedarf die Mereologie ganz offensichtlich einer Ontologie, welche der Struktur eine „prädikative Rolle" zuspricht.[23] Die Nähe, die so wunderbar zum Akt der Ostentation ‚dies hier' zu passen schien, auch sie tendiert von der Gegenstandsintuition zu allgemeinen Vorstellungen, die aus der Wahrnehmung von Eigenschaften, Beziehungen und Strukturen über deren Vergleich Typen oder Allgemeinbegriffe von Eigenschaften, Beziehungen und Strukturen generieren.

Trotz der zentralen Bedeutung, die dem Konzept der Klasse oder der Art bei der Bestimmung von Selektion und Arrangement zukommt, bleiben der thematischen Wissenschaft Züge eigen, die sich aus dem analytischen Verständnis der Pluralität als Komplexität im Gegensatz zu Pluralität als Generalität

---

21 Vgl. zu diesem Beispiel wie zum Thema der Komposition im Allgemeinen van Inwagen 1987, S. 28.

22 Für eine Erweiterung des Ganzheitsbegriffs auf Ereignisse vgl. Simons 1987, insbesondere S. 129–137.

23 Zur notwendigen Ergänzung der klassischen Extensions-Mereologie durch das Konzept eines strukturierten ‚Arrangements', dem eine „predicative role" zukommt, vgl. Fine 1999, S. 65.

ergeben. Ein erster wichtiger und folgenreicher Unterschied zwischen Ganzheiten und Klassen liegt darin, dass Teile nicht notwendig Eigenschaften des Ganzen erben, also: Teile einer Kugel sind nicht notwendig kugelig, Teile eines Quadrates nicht notwendig quadratisch, Teile eines Romans nicht notwendig romanhaft und Teile des Plasmas selbst nicht notwendig plasmatisch, sondern Ionen, Elektronen und u. U. auch noch anderes, während Elemente der Klasse ‚Kugel' kugelig, der Klasse ‚Quadrat' viereckig, der Klasse ‚Roman' romanhaft, der Klasse ‚Plasma' ein Teilchengemisch und der Klasse ‚Witwer' unverheiratet sind, und dies ‚per definitionem', scil. analytisch notwendig. Betrachten wir den Ausdruck ‚Erdoberfläche' als den singulären Terminus, der er tatsächlich ist, so können wir von einer ‚Geographie Belgiens' sprechen, und meinen damit die Geographie eines in seinen Grenzen als bekannt vorausgesetzten Gebildes, oder von der ‚Geographie der Sahara', wobei in diesem zweiten Fall nicht ein politisches, historisches, sprach(en)regionales u. dgl. m. Gebilde, sondern eine bestimmte, zusammenhängende Erscheinungsform oder Konfiguration der Erdoberfläche als geeignet für eine Identitätsbestimmung des Gegenstandes erachtet wird. Grenzen zu bestimmen, fällt sicherlich nicht leicht, doch fällt es sicherlich noch schwerer, sich die Individuen, die unsere Welt bevölkern, ohne räumliche und zeitliche Grenzen oder als arbiträre, unorganisierte Summen atomarer Einzelteile vorzustellen. In diesen Ganzheiten mögen also Regularitäten, Strukturen, Organisationen und Konfigurationen entdeckt oder behauptet werden, diese ihrerseits kausal, funktional, institutionell, ja bisweilen sogar intentional erklärt werden – feststeht, dass Dinge, die in einem mereologischen Verhältnis zueinander und zu einem umfassenderen Ganzen stehen, ihre Eigenschaften untereinander nicht notwendig ‚mitteilen'. Der Umstand, dass ein bestimmtes Sandkorn Teil der Sahara ist, impliziert zwar trivialerweise, dass dieses Sandkorn Teil des Untersuchungsgegenstandes der Sahara-Geographie ist (und dies gilt auch, falls weder das Sandkorn erwähnt, noch von dessen konkreter Existenz überhaupt gewusst wird); daraus lässt sich jedoch nicht folgern, dass dieses Sandkorn irgendwie ‚saharahaft', noch gar ‚saharahafter' als ein anderes ist, immer vorausgesetzt, wir schließen selbstevidente Eigenschaften wie Teilhabe oder Provenienz als Eigenschaften aus.

Eine thematische Wissenschaft hat es mit einem Kompositum zu tun, also mit Teilen, die heterogen sein können und es in den wirklichen Gegebenheiten aller Regel nach auch sind. Die Heterogenität, die eine solche Ganzheit (im Gegensatz zu einer Klasse) aufweist, zwingt eine thematische Wissenschaft ein Wissen zu generieren, das diesem Ganzen und diesen Teilen gerecht wird, d. h. der Heterogenität der Teile und der Identität als strukturiertem Ganzen Rechnung trägt. Sie zwingt zu einer Pluralität von Erklärungsformen, die etwa kausale (z. B. Erosion oder Gebirgsbildung) mit finalen Faktoren (z. B. Verwaltungseinheiten) verbindet.

Häufig wird der Unterschied zwischen Natur und Gesellschaft im Übergang von kausalen zu finalen Erklärungen gesucht und auch gefunden, wobei übersehen oder bestritten wird, dass es zuvorderst die Biologie ist, die sich durch finalursächliche Erklärungen hervortut oder hervortun muss.[24] Der Vorwurf, dass eine thematische Wissenschaft wie die Geographie, die Geschichte oder die Philologie eine bloße Summe oder einen ungeordneten Haufen an Wissen hervorgebracht habe,[25] ist also nur dann berechtigt, wenn die heterogenen Teile und ein ebenso heterogenes Wissen einen Blick auf das Arrangement der Teile vermissen lässt oder gar verhindert. Das eigentlich wissenschaftstheoretische Problem besteht aber nicht in der verfehlten oder fehlenden Leistung einer einschlägigen Forschung, Zusammenhänge in der wirklichen Welt nicht zu erkennen, sondern in der schwachen oder geminderten Leistungsfähigkeit der gesamten Wissenschaft, keine theoretische Sprache entwickelt zu haben, die der Heterogenität ihrer Gegenstände zu entsprechen vermag. Das raum-zeitliche Ganze der Wirklichkeit lässt Heterogenes als Mitglieder verschiedener Arten und verschiedener Typen von Arten (natürliche und artifizielle; motivierte und arbiträre) interagieren, die von einer Theorie alleine nicht abgebildet werden können, sondern sich vielmehr in einem Fächer von aspektuellen Wissenschaften entfalten. Was sich einer Theorie entzieht, muss aus ihrer Einstellung heraus als zufällig erscheinen. Heterogenität führt dazu, dass Vorhersagbarkeit nur unter der großzügigen Verwendung von ‚ceteris paribus'-Klauseln zur Erfassung desjenigen, was die Einstellung nicht erfasst, behandelt werden kann – doch dazu im Folgenden mehr.

Asymmetrie und Transitivität, die Teil-Ganzes-Relationen ausmachen, erlauben die Kartierung von thematischen Wissensgebieten sowie die Hierarchisierung von Forschungsfeldern anhand der zeit-räumlichen Reichweite ihrer Argumente.[26] Einzeluntersuchungen unterscheiden sich von umfassenderen Darstellungen und diese von noch umfassenderen. Im Gegensatz zu Klassen und deren Elementen aber ist ein Teil_x, der Teil von einem Ganzen_y und dieser wiederum Teil von einem Ganzen_z ist, Teil von diesem Ganzen_z (Transitivität), nicht aber ist ein Ganzes Teil von einem Teil (Asymmetrie). Beides kann analog von Elementen und Klassen nicht behauptet werden. Der Grund hierfür liegt in dem zweiten wichtigen Unterschied, nämlich dass die Entitäten thematischer Wissenschaften Individuen sind, d. h. einmalig, wenn auch relativ dauerhaft,

24 Vgl. die umfassende Darstellung bei Krohs 2007.
25 So schon Boeckh 1886, S. 4.
26 Vgl. Simons 1987, S 132: „Now suppose we have fixed a frame of reference so that we can speak not merely of spatio-temporal but also of spatial regions (places) and temporal regions (times). The spread of an occurrent, (relative to a frame of reference) is the space it exactly occupies, and its spell is likewise the time it exactly occupies."

und ‚ibiquitär', wenn auch relativ ausgedehnt. Und das bedeutet auch, dass Aussagen auf zeitlich und räumlich beschränkte Gegenstände zutreffen, also eines Index bedürfen, mag dessen Reichweite ($l_{1\text{-n}}$, $t_{1\text{-n}}$) noch so groß, jedoch nicht unbeschränkt (also nicht $t_{1\text{-}\infty}$, $l_{1\text{-}\infty}$) sein. Aussagen sind in ihrer Geltung also durch den Gegenstand determiniert. In der Geographie kann die Geographie Flanderns als Teil der Geographie Belgiens und diese Geographie Belgiens als Teil der Geographie Europas erachtet werden, nicht anders als die Geschichte des Hochmittelalters als Teil der Geschichte des Mittelalters und diese als Teil der abendländischen Geschichte.

Die Forschungsergebnisse beziehen sich auf Teile von Gegenständen, deren zeit-räumliche Identität den Rahmen vorgeben, und sie werden als Teile und als Ganzes durch Eigennamen angezeigt: ‚Belgien', ‚die Renaissance', oder auch ‚der Große Bär' und ‚das 17. Regiment'. Sie alle sind singuläre Termini.[27] Die Wissenschaften ihrerseits erhalten ebenso bezeichnend oft das Suffix ‚-forschung' oder ‚-kunde', im Englischen den Zusatz ‚studies', also ‚Renaissanceforschung', ‚Asienkunde', ‚French studies' etc. Bezeichnungen wie ‚Romanistik' und ‚Mediävistik', die ähnlich wie ‚Physik', ‚Poetik' oder ‚Logistik' gebildet scheinen, sind irritierend und oftmals nicht leicht zu übersetzen: ‚studies', ‚science'? Wie so oft ist die sprachliche Bedeutung eine unzuverlässige Gefährtin, die nicht recht weiß, wo es lang geht: Ist ‚Buchwissenschaft' identisch mit ‚book studies'? Unterscheidet sich der intrikate Plural von ‚Lebenswissenschaften' als ‚life sciences' tatsächlich von dem gängigen Singular in ‚social science' oder kategorisch von den ‚Religionswissenschaft(en)' als ‚religious studies'? Und was hat es mit dem ‚Logos' des ‚Bios' in der ‚Biologie' auf sich, dass er als ‚Wissenschaft vom Leben' offensichtlich nicht dasjenige zu bezeichnen vermag, was vertretungsweise durch ‚Lebenswissenschaften' zum Ausdruck kommt?

Zeichnen sich thematische Untersuchungsgegenstände dadurch aus, dass sie durch einen singulären Terminus bezeichnet werden und dieser sich ‚ergo' auf genau ein integrales Ganzes und auf das zu erforschende Arrangement von dessen Teilen bezieht, so ist es bei aspektuellen Wissenschaften ein allgemeiner Terminus, der eine Klasse von Gegenständen bezeichnet. Nicht Teilhabe, sondern Zugehörigkeit ist es, die ein Element zu einem Element einer Klasse macht. Im Gegensatz zum Thema setzt die Einstellung also nicht die Existenz eines Gegenstandes voraus noch erschafft sie einen Gegenstand, wie es Konstruktivisten gerne hätten, sondern definiert die Bedingungen, die Gegenstände zu erfüllen haben, damit sie als Elemente einer Klasse möglicher Untersuchungsgegenstände gelten

---

27 Zum Problem der Epochenbezeichnungen als singuläre Termini oder Eigennamen vgl. Achermann 2002a, S. 21 f.; Achermann 2002b; Achermann 2016, S. 3–7.

können. Auch hierin verfährt die empirische Wissenschaftlerin nicht rein formal; natürlich können Merkmale arbiträr zu einer Eigenschaft ‚*F*' zusammengefasst werden, wie wir sie etwa in Goodmans ‚grue' oder ‚bleen' finden, und natürlich können anhand solcher und ähnlich ‚arbiträrer' Prädikate beliebig Klassen gebildet werden.[28] Doch ganz ebenso wie wir Ganzheiten von Summen unterscheiden, so können wir genauer und einschränkend zwischen Klassen und Arten unterscheiden: „kinds are not simply properties or similarities, but more like congeries of properties held together by laws, i. e., clusters of properties co-occurring because they are lawfully connected."[29] Jedes Mitglied einer Art instanziiert also eine Verbindung von Eigenschaften, wobei diese Verbindung gesetzesartig ist; die Verbindung ist Gesetz in der gängigen Bedeutung von ‚Gesetz': *(x) (Fx → Gx),* i. e. *für jedes x gilt, wenn es die Eigenschaft F hat, so hat es die Eigenschaft G.* Aufgrund ihrer Gesetzesartigkeit ermöglicht die Art Inferenzen, also Erklärungen zu vergangenem und gegenwärtigem sowie Vorhersagen zu künftigen Eigenschaften oder Verhalten der Mitglieder derselben Art. Die exhaustive Aufzählung sämtlicher Gegenstände, die aufgrund ihrer Eigenschaft eine Art bilden, ist bei aspektuellen Wissenschaften in den meisten Fällen weder möglich, noch beabsichtigt, im Gegenteil, die Qualität sogenannter wissenschaftlicher Gesetze und nomologischer Verallgemeinerung liegt darin, dass sie vergangene, jetzige, künftige, hiesige und dortige erfassen, kurz: alle möglichen Gegenstände, die über gewisse Eigenschaften verfügen.

Etwas metaphorisch gesprochen, gibt dasjenige, was wir Aspekt genannt haben, einen Fokus vor, um Dinge nach Eigenschaften zu selegieren und diese Eigenschaften einzeln und auf Wechselwirkungen mit anderen Eigenschaften hin zu untersuchen, während Themen den jeweiligen Rahmen bezeichnen, in welchem sich Gegenstände verhalten und mit anderen Gegenständen interagieren. Die Untersuchung sowohl der Arten als auch der Ganzheiten lässt so eine gewisse Ordnung erscheinen: Die Arten bilden nach dem jeweiligen Grad ihrer Generalität oder Allgemeinheit Ebenen (Familien, Spezies, Gattungen), während die Ganzheiten nach dem Grade der Komplexität mehr oder weniger umfassende Strukturen erkennen lassen. Teile lassen sich also nach ihrer Position und Funktion in graduell komplexe Ganzheiten als motivierte Summen bestimmen, Elemente hingegen nach ihrer Zugehörigkeit in graduell generelle Arten als motivierte Klassen.

---

28 Goodman [1953] 1988.
29 Haack 2007, S. 131 f.

2 Dichotomien

Wir haben uns langsam, aber sicher (und hoffentlich unbemerkt), an unseren eigentlichen Gegenstand herangepirscht: die Geisteswissenschaft(en). Der Unterschied zwischen Naturwissenschaften und Geisteswissenschaften hat einiges mit demjenigen zu tun, was ich im Vorausgehenden zu erfassen versucht habe. Nicht ohne Grund sollen sowohl ‚Geisteswissenschaft' als auch ‚Naturwissenschaft' hier zunächst einmal im Singular stehen. Die beiden Begriffe werden oft dazu verwendet, eigentliche Hemisphären der einen Kugel Wissenschaft zu bezeichnen, wobei die Vorstellung einer Hemisphäre wahrscheinlich schon arg viel, wenn nicht zu viel, voraussetzt. Wollen wir uns den Versuchungen metaphorischer Rede entziehen, so gilt es Fragen nach Unterschieden und Unterscheidbarkeit hartnäckiger zu stellen, als es die Rede von Gräben, Kontinenten und anderen topologischen Grenzerfahrungen tut. Charles Percy Snow, dessen vorzügliches Verdienst darin zu bestehen scheint, als Platzhalter für die Rede von „two cultures" zu fungieren, kann trotz der Identifikation seiner Kulturen mit „Galaxien"[30] zumindest eine wichtige Einsicht nicht abgesprochen werden: „the number 2 is a very dangerous number."[31] Immer vorausgesetzt, es gibt sie, diese zwei, lautet meine erste Frage: Ist Geisteswissenschaft, ist Naturwissenschaft thematische oder aspektuelle Wissenschaft? Eine erste Antwort fällt leicht: thematische. Wieso? Mit ‚Natur' in ‚Naturwissenschaften' bezeichnen wir ganz offensichtlich nicht eine Klasse von Gegenständen, der das Etikett ‚Natur' anhaftet, wie es in Wendungen à la ‚der Hund ist von seiner Natur her' oder der ‚Natur der Sache' impliziert sein mag.[32] ‚Natur' ist vielmehr, um Kosellecks Lieblingsvokabel zu verwenden, ein Kollektivsingular[33] wie ‚Geschichte', und das gilt auch für ‚Geist', wie der Plural ‚Geister' mit einiger Deutlichkeit zu erkennen gibt. Kollektivsingulare hören banalerweise auf, Kollektivsingulare zu sein, wenn wir sie in den Plural setzen, und etwas weniger banal hören sie auf, eben dasjenige zu benennen, was sie im Singular benenen, nämlich

---

30 Snow 1959, S. 17.

31 Snow 1959, S. 9. Die vielzitierte Rede von den „two cultures" vergisst oftmals, dass Snow nicht etwa von zwei verschiedenen Typen oder gar ‚Reichen' von Wissenschaften spricht, sondern von Sprechweisen, Denkformen, Techniken der Naturwissenschaftler einerseits und den Wertvorstellungen derjenigen, denen Kultur in einem engeren, wertbehafteten Sinn – insbesondere Kunst, aber auch Religion oder Politik – wichtig ist. Die Vorstellung einer Wissenschaft von letzteren Gegenständen kommt nicht eigentlich in Betracht.

32 Zu diesen und anderen Bedeutungen von ‚Natur' vgl. Diemer 1968, S. 177.

33 ‚Kollektivsingular' steht hier nicht, wie es bisweilen vorkommt, für die gängige Verwendung eines Singulars mit bestimmtem Artikel zur Bezeichnung einer ganzen Klasse, also nicht für ‚der Sessel ist ein Möbel', ‚der Mensch neigt in seiner Jugend zum Abenteuer' u. dgl. m.

ein Kollektiv. ‚Tische' verhalten sich zu ‚Tisch' anders als ‚Künste' zu ‚Kunst' (als Kollektivsingular) oder ‚Geschichten' zu ‚Geschichte' (als Kollektivsingular). Wäre ein solcher Kollektivsingular tatsächlich ein gewöhnlicher Singular, dann drückte er als Plural die Mehrzahl von Kollektiven aus, also ‚Künste' eine Vielzahl von Künsten, und diese – in Anführungszeichen – wiederum eine Vielzahl von Künsten usf. ‚Kollektivsingular' könnte also tatsächlich ein analytisch brauchbarer Begriff sein, da er die Eigenschaft einer spezifischen Verwendung gewisser Begriffe bezeichnet, eine Bruchlinie zwischen den grammatisch korrekt gebildeten Plural und eine semantische entsprechende Vielzahl zu ziehen: ‚Naturen', ‚Geister', ‚Künste' bedeuten nicht die Vielzahl der Kollektivsingulare ‚die Natur', ‚der Geist', ‚die Kunst'. Und so bezeichnen Kollektivsingulare keine Klassen, sondern Individuen.

Bei näherer Betrachtung fällt die Beantwortung der Frage, ob Geisteswissenschaft, ob Naturwissenschaft eine thematische oder aspektuelle Wissenschaft sind, jedoch schwerer. ‚Natur' nämlich ist die Bezeichnung für einen konkreten, wenn auch riesigen Gegenstand; wir können darüber streiten, ob es sinnvoll ist, all dasjenige in einen Begriff zusammenzufassen, der ‚die Natur' zusammenzufassen versucht, nicht aber, dass die Natur, die in ‚Naturwissenschaft' vorausgesetzt wird, in allen ihren Teilen sinnlich oder instrumentell wahrnehm- oder beobachtbar ist – uneigentliche Rede von einer ‚zweiten Natur' u. ä. einmal ausgenommen. Beim Geist ist das bekanntlich anders. Wer behauptet, dass Geist nicht anders als Natur beobachtbar sei, der denkt wohl an beflügelte Wesen, beredte Physiognomien oder an die feuerenden Neuronen, die Geist auf dasjenige reduzieren, was der bezeichnete Geist in ‚Geisteswissenschaft vs. Naturwissenschaft' eben nicht ist, nämlich Natur. Die zweite Antwort fällt also schwerer, weil sie voraussetzt, dass wir die Frage differenzieren, nämlich ob ‚Geisteswissenschaft und Naturwissenschaft' oder ‚Geisteswissenschaft oder Naturwissenschaft' thematische oder aspektuelle Wissenschaften bezeichnen. Die Frage stellt sich, weil unsere Neigung stark ist, die Abstraktheit der Referenzgegenstände abstrakter Termini mit der Generalität der Referenzgegenstände genereller oder allgemeiner Termini gleichzusetzen. Geisteswissenschaft setzt sich, falls sie wirklich Wissenschaft vom Geist ist, mit abstrakten Gegenständen auseinander, wobei ‚abstrakt' hier nichts anderes als die Eigenschaft bezeichnet, sinnlich und instrumentell nicht beobacht-bar zu sein.[34] Abstraktheit und die in der

---

34 ‚Beobachtbar' in der weiten Bedeutung, von sinnlich oder instrumentell wahrnehmbar; die Zirkularität, die van Fraassen in der instrumentellen Beobachtbarkeit zu erkennen glaubt, hat bekanntlich zu einer vielbeachteten Relativierung des Gegensatzes ‚beobachtbar/nichtbeobachtbar' geführt. Für eine Darstellung und kritischen Prüfung von van Fraassens Argumenten vgl. Suppe 1989, S. 22–32.

Abstraktheit implizierte Amaterialität machen eine Wissenschaft zu einer geistigen; diese fragt nicht nach der materiellen Beschaffenheit eines Buches, sondern nach dem Sinn eines Textes, nicht nach dem Gewicht der abgefeuerten Kanonenkugeln, sondern nach den politischen Absichten der kriegführenden Parteien. So ist es der Aspekt, der einen Gegenstand zu einem der Geisteswissenschaft macht, da wir im Gegensatz zu den Gegenständen der Hemisphäre ‚Naturwissenschaft' den Satz, ‚dies hier ist mein Gegenstand' nicht einfach so auf ein Vorliegendes, sondern auf gewisse Eigenschaften von Gegenständen hin verwenden, und diese Eigenschaften resultieren aus einer Beziehung zu psychischen oder mentalen Zuständen. Wenn der Text, nicht aber das Buch, wenn die militärische Strategie, nicht aber die Kürasse mein Gegenstand sind, so heißt dies, dass Geisteswissenschaft letztlich von der Einstellung abhängt, materielle Eigenschaften bei unserer Untersuchung geistigen nachzuordnen, und ‚mutatis mutandis' heißt es auch, dass Naturwissenschaft von ideellen Eigenschaften oder intentionalen Zuständen absieht. Der Unterschied zwischen der Geisteswissenschaft und der Naturwissenschaft wäre also identisch mit demjenigen zwischen aspektueller und thematischer Wissenschaft, da Naturwissenschaft sich immer auf ein Gegebenes, Geisteswissenschaft hingegen auf eine Einstellung bezieht, nämlich einer mentalen oder psychischen, oder zumindest etwas Mentales voraussetzt.

Die Eigenschaft der Abstraktheit, die geistige Gegenstände oder Gegenstände des Geistes implizieren, ist von besonderer Art: Im Gegensatz zum Gegebensein natürlicher Gegenstände stehen abstrakte Gegenstände nicht für sich selbst. Sie kommen konkreten Gegenständen zu, oder technischer: Sie supervenieren. Die materiellen, konkreten Gegenstände und Ereignisse sind empirischer Beobachtung zugänglich, die geistigen, abstrakten Eigenschaften hängen epistemisch von diesen ab. Supervenienz bezeichnet also eine Verweisstruktur, deren Richtung schwer zu fassen ist. Zum einen scheint sie aus konkreten Gegenständen Zeichenträger zu machen, die auf Abstraktes, d. h. Mentales, Intentionales, psychische Zustände, Bedeutungen u. dgl. m. verweisen. Zum anderen scheinen es Intentionen als psychische Zustände zu sein, die den konkreten Gegenständen Werte, Funktionen und Bedeutungen verleihen, ja die Existenz physischer Manifestationen im Bereich der Psyche wird oftmals von Funktionen des Psychischen im Überlebenskampf abhängig gemacht.[35] Diese Korrelation von konkreten Gegenständen und abstrakten Zuständen des Geistes nun stellt das Hauptproblem der Philosophie des Geistes dar, die das alte ‚commercium animae et corporis' einer analytischen Behandlung unterzieht, d. h. über das neurobiologische

35 Vgl. etwa Fodors und Lepores Kritik an Dennetts Verwendung der Metapher ‚Mother Nature' und Dennetts Erwiderung; Fodor/Lepore 1993, S. 74–77; Dennett 1993, S. 215–217.

Fundament hinaus nach den logischen, semiotischen und kommunikationstheoretischen Voraussetzungen und Folgen dieser Beziehung fragt.[36]

Ungeachtet nun, ob wir zur physikalistischen Variante des Eigenschaftsmonismus neigen (alle mentalen, abstrakten Eigenschaften lassen sich letztlich auf dieselben Gesetze reduzieren, die physische, konkrete Eigenschaften regulieren) oder einem Eigenschaftsdualismus den Vorzug geben (mentale Eigenschaften und physische Eigenschaften gehören zwei verschiedenen Reichen an, die – falls überhaupt – ganz unterschiedliche Gesetze befolgen), als Gründe dafür, dass es Geistes- und Naturwissenschaften zu scheiden gelte, wird bald das Kriterium ‚abstrakt/konkret', bald dasjenige ‚generell/singulär' angeführt. Der unsichere Ausgang dieses Scheidungsprozesses scheint denn auch daher zu rühren, dass die etwas undurchschaubare Sachlage zu merkwürdigen Gütertrennungen führt oder führen könnte, die gängigem Rechtsverständnis widerspricht bzw. widerspräche. Entscheiden wir uns für ‚konkret/abstrakt', so wird aus der Buchwissenschaft eine Naturwissenschaft wie die Biologie, falls denn Buchwissenschaft eine Wissenschaft materieller Träger von Texten ist, hinsichtlich der Differenz ‚singulär/generell' die Geographie eine Geisteswissenschaft wie Geschichte, falls denn diese Geschichte eine Geschichte zeitlich und räumlich bestimmter Eigenschaften, Ereignisse und Phänomene ist.

So weit, so verwirrend. Doch ungeachtet ob die entwickelte Unterscheidung zwischen thematischen und aspektuellen Wissenschaften nützlich oder bloß eine meiner Marotten ist, so schießt die hier verwendete Begrifflichkeit offensichtlich weit an der beobachtbaren wissenschaftlichen Praxis vorbei, und nicht etwa einzig darin, dass sie die Klassifizierung von Wissenschaften in die angestammten ‚Hemisphären' stört. Der intuitiven Festlegung auf Thema oder Aspekt, die den Ausgangspunkt für das skizzierte disziplinäre Selbstverständnis bildet, entspricht nur selten eine Forschung, die dieses Selbstverständnis konsequent weiterentwickelte. Im Gegenteil, es lässt sich feststellen, dass thematische Wissenschaften dazu tendieren, Wissenschaftlichkeit und Relevanz durch eine unbeschränkte Reichweite ihrer Ergebnisse für sich zu reklamieren, ganz als ob die Beschränkung auf einen Gegenstand den Anforderungen ‚Wissenschaft' nicht zu genügen vermöchte.

Dass Menschen, auch Forscher und Forscherinnen, sich nicht immer konsequent verhalten, dürfte bekannt sein, doch stellt sich die Frage, ob sie sich denn tatsächlich konsequenter verhalten könnten. Es lassen sich Gründe anführen, wieso das gar nicht so leicht fällt. Ein erster Grund liegt wohl darin, dass zufällige und gesetzartige Verallgemeinerung schwer zu unterscheiden

36 Vgl. hierzu Beckermann 2008, S. 203–217.

sind. Wer Aussagen macht, die auf alle Mitglieder einer bestimmten Art zu einer bestimmten Zeit und in einem bestimmten Ort zutreffen, verfährt thematisch, da Themen notwendig gerahmt oder determiniert sind. Verallgemeinerungen als Strategien zur Vergrößerung der Reichweite können aber ‚per se' nicht dazu dienen, auf eine offene Zukunft zu schließen. Folgen wir Goodman in seinem klassischen *The Problems of Counterfactual Conditionals*, so liegt darin der Unterschied zwischen zufälligen und gesetzartigen Verallgemeinerungen. Eine zufällige Verallgemeinerung ist die „Beschreibung einer zufälligen Tatsache", die erst getätigt wird oder werden sollte, „*nachdem* alle [ihre] Anwendungsfälle bekannt sind."[37] Was die Zahl dieser Anwendungsfälle betrifft, so wird sie von denjenigen Teilen vorgegeben, die das Thema als Ganzes umfasst und die der jeweiligen Art entsprechen, die das Argument für die Eigenschaftsprädikate bildet. Dass wir hierzu Begriffe brauchen, liegt auf der Hand, dennoch bezeichnen sie nicht generell die Klasse oder Art, sondern die individuelle Summe der Individuen, die wir untersucht haben und zu kennen glauben. Aus eben diesem Grund erscheinen Aussagen wie ‚das 18. Jahrhundert glaubte, dass' als problematisch, weil daraus nicht ersichtlich ist, welche Anwendungsfälle gemeint sind, und das gleiche gilt für ‚der Roman der Antike hat die Eigenschaft' solange die Nennung dieses Korpus nicht impliziert, dass ein jeder einzelne dieser Romane bekannt ist. Wer sich wenig um Ausnahmen schert, der liefert nicht Verallgemeinerungen, sondern Stereotypen. Es sei angemerkt, dass historische Forschung sich so nicht bloß mit dem Problem konfrontiert sieht, dass gewisse Daten noch nicht vorliegen, sondern vielmehr, dass relevante Daten nicht mehr vorliegen – Geschichte und Statistik, sie werden wohl nie enge Freunde.

Ein zweiter Grund hat etwas mit der Ambiguität von singulären Termini und dem Problem der Abstraktheit zu tun. Quine spricht hier von „that first portentous step down the primrose path of abstract ontology."[38] Die Mehrdeutigkeit eines Ausdrucks wie ‚Quadrat', der bald als singulärer Terminus (‚Das Quadrat ist eine Form'), bald als allgemeiner Terminus (‚Das ist ein Quadrat') Verwendung finde, befördere die Bildung eines abstrakt singulären Terminus wie ‚Quadratförmigkeit', und öffne, so Quine, dem Platonismus Tür und Tor.[39] Es ist also die Duplizität der Verwendung von ‚Quadrat' als Prädikat und als Argument, die uns dazu führt oder verführt, die Eigenschaft selbst in unserer Sprechweise wie ein Argument zu verwenden, oder – in der hier gewählten Begrifflichkeit – wie ein Thema zu behandeln. Statt einen Ausdruck als Bezeichnung für eine

37 Goodman [1946] 1988, S. 37.
38 Quine 1973, S. 86 f.
39 Quine 1973, S. 87.

Eigenschaft und damit als Selektionskritierium für Klassenzugehörigkeit zu verstehen, mutiert ein solcher Ausdruck unter der Hand zu einem Eigennamen für diese Klasse und wirft damit ‚nolens volens' eine ontologische Frage auf, nämlich diejenige nach der Existenz einer abstrakt singulären Entität. Sicher, die Ambiguität könnte bloß eine ökonomische Redeweise sein, bloß eine willkommene Abkürzung für umständlichere Formulierungen und also bloß „sprachlicher Platonismus".[40] Vollends platonisch würde diese Angelegenheit erst, wenn wir Quantoren über solche Termini laufen ließen, also ‚es gibt Quadratförmigkeit' oder auch, ‚es gibt Dinge, die Quadratförmigkeit sind' etc. Doch brauchen wir uns hier gar nicht weiter in Universaliendebatten zu verstricken, deren Ausgang bekanntlich selten Sieger zeitigt. Was uns hier beunruhigen sollte, ist das Verwischen der Grenze zwischen Ganzheiten und Arten, das aus der Verwendung abstrakter singulärer Termini resultiert. Wer sein analytisches Instrumentarium zu reduzieren versucht, dem mag dies auf den ersten Blick als Gewinn erscheinen. Auf einen zweiten Blick aber eliminiert es die mereologische Intuition, dass nämlich Teile eines Hundes nicht in derselben Weise hundehaftig sind, wie es die Mitglieder einer Art ‚Hund' sind.[41] Kurt Flasch hat in Zusammenhang mit der Übertragung von Eigenschaften einer supponierten Mittelalterlichkeit auf sämtliche historischen Ereignisse im Mittelalter diesem mereologischen Fehlschluss die Bezeichnungen „durchherrschen" und „Mon-archie" verliehen.[42]

Wer Eigenschaften zu Gegenständen macht, neigt dazu, die einmal hypostasierten Eigenschaften zu Imperativen seines wissenschaftlichen Handelns zu erklären: Nicht einzelne Hunde sollen wir untersuchen, sondern Hundeförmigkeit, spezifische Hundehaftigkeit etc. Und wem die Hundehaftigkeit zu dumm ist, der sage ‚Literarizität' statt ‚Literatur', ‚Historizität' statt ‚Geschichte' oder ‚Geographizität' statt ‚Geographie'. Hinter dem heroischen, wenn auch etwas plakativen Anti-Essentialismus dieser Sprechweisen verbirgt sich ein epistemologisches Programm, das seinen Ursprung gerne in einer eigenen Modernität, nämlich einer radikalen, sähe. Dieser Anti-Essentialismus wird denn auch mit der Moderne aller Moderne identifiziert, die nicht bloß eine Wurzel, sondern deren viele habe: Transzendentaler Idealismus, Positivismus, Relativismus, Intuitionismus, Marxismus, Wissenssoziologie, Strukturalismus.[43] Eigenschaften werden untersucht, jedoch keine Träger für diese Eigenschaften, gerne auch Erscheinungen, jedoch keine Dinge, die in Erscheinung treten. Den Dingen selbst,

---

40 Vgl. hierzu Kovač 1999.

41 Vgl. Quine 1973, S. 87.

42 Flasch 2003, S. 157

43 Vgl. die Wurzeln, die Ian Hacking hinter der Epiphanie des Sozialkonstruktivismus vermutet; Hacking 1999, S. 40–49.

diesen perhorreszierten Essenzen und Substanzen, aber sollen wir wie einer Fata Morgana begegnen, die aus den notwendig subjektiven Wahrnehmungen, aus den notwendig sozial determinierten Interessen und aus Geflechten ebenfalls notwendig sozial determinierter Inferenzen aufscheine. Der Vorwurf des Platonismus, der als Keule gegen abstrakte Entitäten geschwungen wird, trifft so ironischerweise die Dinge unserer Alltagserfahrung. Vom Platonismus nämlich erbten Essentialismen u. dgl. die naive Vorstellung von objektiver Existenz, und also sei Realismus letztlich der wahrhafte Idealismus.

Damit sei denn auch die letzte Dichotomie genannt, die nebst ‚simpel/komplex', ‚singulär/generell' und ‚konkret/abstrakt' in den zementierten Unterschied zwischen Natur- und Geisteswissenschaften Einzug gehalten hat, nämlich und gleichsam zusammenfassend ‚natürlich/sozial'. Die Debatte um einen konstruktivistischen Monismus, der sämtliche wissenschaftlichen Aussagen auf ein soziales Fundament zurückführen möchte, hat in den letzten Jahrzehnten Hochkonjunktur. Vor allem in der angelsächsischen akademischen Welt können wir einen eigentlichen Glaubenskrieg ausmachen. Die Hoffnung wäre naiv, hierzu auch nur annähernd überparteiliche Argumente zu finden, die als solche akzeptiert würden, stehen hier doch – je nach Warte – waschechte oder vermeintlich Truismen zur Debatte, die in ihrer Arglosigkeit bereits einen Descartes oder Berkeley erschüttert hätten, wie etwa folgende fundamentale oder fundamentalistische These: Unabhängig von sozialen Praxen können Gegenstände nicht existieren.

Mit Bezug auf die obigen Ausführungen kann die Hauptfrage sozialkonstruktivistischer Ansätze jedoch auch etwas milder formuliert werden, ob nämlich das Mentale oder das Soziale tatsächlich superveniert oder nicht umgekehrt, die Wirklichkeit als solche und ganze konstituiert. Häufig scheint dabei die unbestrittene Tatsache, dass Wissenschaft eine soziale Institution ist, zu dem Schluss zu führen, dass auch die Gegenstände, die untersucht werden, ihre Existenz eben dieser sozialen Institution (oder einem sozialen Spiel?) verdanken. Ein vorwissenschaftlicher Gegenstand sei von einem wissenschaftlichen nicht zu unterscheiden, da die eigentliche Existenz erst performativ aus Forschungspraxis und sprachlicher Mitteilung hervorgehe. Dies bedeutet natürlich auch, dass eine adäquate Erfassung eines Gegenstandes nicht möglich ist, da damit einzig die eigenen Vorstellungen und Konstrukte reflexiv erfasst werden, nicht aber äußerliche Begebenheiten, die unabhängig von menschlicher Psyche existieren. Wissenschaft unterscheidet sich somit kaum, oder nur in spezifisch ritualisierten Handlungen ohne eigenen oder eigentlichen Wahrheitswert, von anderen sozialen Praxen, die wir mit Ausdrücken wie ‚Religion', ‚Brauchtum', ‚Sprache', ‚Sport' u. a. m. belegen. Der Übergang von den alltäglichen Erfahrungen der Wirklichkeit, von den habitualisierten oder angeborenen

Formen unseres Inferierens sowie von dem Vertrauen auf bald natürliche, bald soziale Regelmäßigkeiten zu einem reflektierten Umgang mit den Prinzipien, Thesen, Hypothesen, Instrumenten und logischen Regeln wird also von zwei Seiten her negiert, dass es zum einen weder einen qualitativen Unterschied zwischen sozialen Praxen der Lebenswelt und der kritischen und metasprachliche Ebene der Wissenschaft gebe, noch zum anderen einen kategorischen Unterschied zwischen einer natürlichen und einer sozialen Sphäre. Die Natur als rohes Faktum sei nichts als eine Illusion der Vorgängigkeit. Was hier zur Verwechslung beiträgt, ist die Gleichsetzung einer psychogenetischen Fragestellung und einer ontologischen. Was ist und was wir wahrnehmen, ist banalerweise nicht identisch, doch ist der Schluss von der subjektiven Verfasstheit existierender Dinge (Tische, Stauseen, Vignetten) auf deren Nicht-Existenz, oder nur schon auf die subjektive Unzuverlässigkeit von deren Wahrnehmung, schlicht nicht nachvollziehbar. Eine Alge ist epistemisch nicht mehr oder minder objektiv[44] als ein Vierkantschlüssel, was beider Existenz betrifft, was aber Sinn, Bedeutung, Funktion und Wert betrifft, so kommt einer Alge ‚per se' keine soziale „Statusfunktion"[45] zu, auch nicht als Alge Mitglied eines Klubs ‚Alge' zu sein.

Von der subjektiven Verfasstheit auf mangelnde epistemische Objektivität zu schließen, geht nicht an, was umgekehrt nicht heißt, dass Stauseen, Vignetten und Geldscheinen nun eine objektive oder natürliche Existenz zukäme; Entstehung, Gebrauch und Geltung dieser Gegenstände ist vielmehr sozial, intersubjektiv begründet, und zwar weil Wertimposition und Wertakzeptanz Geltung definieren. Das Problem besteht darin, dass die Selbstreferentialität,[46] die der Geltungsbegriff impliziert, die Reduktion auf gesetzesartige Verbindungen von Eigenschaften verunmöglicht. Im Gegensatz zu natürlichen Arten stehen artifizielle Arten im Verdacht, dass ihre Definition an die Stelle nomologischer (synthetischer) Notwendigkeit eine logische (analytische) setze. Ein Stuhl ist ein Stuhl, weil er als Stuhl erkannt und gebraucht wird, Sprache ist Sprache, weil sie als Sprache gebraucht und als solche erkannt wird, etc. Der Geltungsbegriff setzt Wertverleihung und -akzeptanz analytisch voraus, er setzt – in der Formulierung Searles voraus, dass „ein X als ein Y in C" gilt, insofern diesem X ein Wert Y zugesprochen und dieser seinerseits in dem sozialen Kontext C allgemein akzeptiert wird.[47] Dasjenige, was ein Tisch ist, ist dasjenige, was als Tisch erachtet, benutzt und akzeptiert wird.

---

44 Zu den Begriffen ‚epistemische Subjektivität/Objektivität' und ‚ontologische Subjektivität/Objektivität' vgl. Searle 1995, S. 13.

45 Searle 1995, S. 69.

46 Searle 1995, S. 32–34.

47 Searle 1995, ausführlich S. 43–51.

Es scheint so, als gäbe es keine begriffsunabhängigen Grenzen der ‚Tischhaftigkeit', sondern einzig analytische, und dies gilt auch für ‚Literarizität'. Dass analytische Aussagen die Bedeutung von Begriffen festhalten oder festzuhalten beabsichtigen, wer würde es bestreiten, und auch dass die Bedeutung von Begriffen historisch und geographisch, kollektiv, subkollektiv und individuell sich wandelt, wird kaum bestritten. Die Konfusion liegt darin, dass die Objektivität des Tisches oder eines sprachlichen Symbols nicht begriffsabhängig von ‚Tisch' und ‚Sprache' ist, sondern von der jeweiligen Funktion, die der Befriedigung natürlicher und weniger natürlicher Bedürfnisse, Interessen und Vorlieben dient. Wissenschaft und Philosophie würden aufhören, Wissenschaft und Philosophie zu sein, hörten sie auf, nach den Gründen für unsere Gründe zu fragen – ‚sozial' dürfte als Antwort wohl kaum ausreichen.

3 Begründungsstrategien

Dilthey, Windelband und Rickert, das oft und gern genannte Triumvirat einer Grundlegung der Geisteswissenschaft, machten die Entscheidung für die eine oder die andere Seite unseres wissenschaftlichen Tuns von Kriterien abhängig, die an der Naht- oder Bruchstelle der Oppositionen konkret/abstrakt und singulär/generell stehen. Die Geburtshelfer einer systematisch begründeten Trennung der Naturwissenschaft von denjenigen Wissenschaften, die eben keine Naturwissenschaft sind, wählten ganz verschiedene Ausgangspunkte, die sie nicht zuletzt durch unterschiedliche Etiketten markierten, die sie dem jeweils Anderen der Naturwissenschaft anhefteten: Geschichte (Windelband), Geisteswissenschaft (Dilthey), Kulturwissenschaft (Rickert). Gerade der Punkt, in welchem Dilthey sich ebenso entschieden gegen Windelband wie Rickert gegen Dilthey wendet, zeigt das Problem recht deutlich an, mit welchem wir uns auch heute noch bei Fragen nach der Wissenschaftssystematik, nach dem Verhältnis der Wissenschaften untereinander und so auch bei der Frage nach den Möglichkeiten interdisziplinärer Zusammenarbeit auseinanderzusetzen haben. Windelband tritt vehement gegen das Storchenbein einer Geisteswissenschaft, die er dem Begriff und der Sache nach kennt:

> Worin besteht denn die methodische Verwandtschaft der Psychologie mit den Naturwissenschaften? Offenbar darin, dass jene wie diese ihre Tatsachen feststellt, sammelt und verarbeitet nur unter dem Gesichtspunkte und zu dem Zwecke, um daraus die allgemeine Gesetzmässigkeit zu verstehen, welcher diese Tatsachen unterworfen sind. Dabei bringt es freilich die Verschiedenheit der Gegenstände mit sich, dass die besonderen Methoden zur Feststellung der Tatsachen, die Art und Weise ihrer inducativen Verwertung und die Formel, auf welche die gefundenen Gesetze sich bringen lassen, sehr verschieden sind;

und doch ist in dieser Hinsicht der Abstand der Psychologie z. B. von der Chemie kaum grösser, als etwa der der Mechanik von der Biologie: aber – worauf es hier ankommt – alle diese sachlichen Differenzen treten weit zurück hinter der logischen Gleichheit, welche alle diese Disciplinen hinsichtlich des formalen Charakters ihrer Erkenntnissziele besitzen: es sind immer Gesetze des Geschehens, welche sie suchen, mag dies Geschehen nun eine Bewegung von Wimpern, eine Umwandlung von Stoffen, eine Entfaltung des organischen Lebens oder ein Process des Vorstellens, Fühlens und Wollens sein.

Demgegenüber ist die Mehrzahl derjenigen empirischen Disciplinen, die man wohl sonst als Geisteswissenschaften bezeichnet, entschieden darauf gerichtet, ein einzelnes, mehr oder minder ausgedehntes Geschehen von einmaliger, in der Zeit begrenzter Wirklichkeit zu voller und erschöpfender Darstellung zu bringen.[48]

Es ist diese Zuordnung der Psychologie, der – wie man glauben könnte – geistigsten unter den Geisteswissenschaften zu den Naturwissenschaften, die den entschiedenen Widerspruch Diltheys herausgefordert hat und ihm Anlass bietet, eben gerade in der psychologischen Interiorität das ‚punctum saliens' der Geisteswissenschaft zu behaupten: in der Selbstbesinnung des Geistes auf sich selbst, in der „innere[n] Wahrnehmung"[49] oder (mit Leibniz zu reden) in der Apperzeption, und nicht in der Ausrichtung des Geistes auf ein Äußeres, auf Wahrnehmung oder Perzeption. Dort, wo Windelband die Leibnizsche Dichotomie von ‚vérités de faits' und ‚vérités éternelles' bemüht und mit guten Gründen deren Harmonisierung als unlösbare Aufgabe darstellt,[50] tritt bei Dilthey ein psychologisches Moment in den Mittelpunkt, genauer eine seelische Harmonie, ein ästhetisches Zusammenspiel „verschiedene[r] Zustände des Gefühls sowie [der] Akte des Denkens und Wollens",[51] deren interne Bezüglichkeit ein eigenes „Selbst" als autonomisierbares Ganzes und so den eigentlichen Gegenstand der Geisteswissenschaft bildet:

Das heitere Gefühl, welches in einer Alpenlandschaft Sonnenschein, Duft der Wiesen, Plätschern der Bäche, das milde Grün und sein Kontrast zum Schnee und Gletscher im Verein hervorrufen, ist zunächst belebend, erweiternd mir bewußt, nun kann ich es zur inneren Wahrnehmung bringen, mir wird nun die Steigerung meiner Selbst darin deutlicher, die Verbindungen mit den sinnlichen Wahrnehmungen werden entschiedener zum Bewußtsein erhoben. Immer ist hier ein Selbst, von Umständen umgeben.[52]

48 Windelband 1894, S. 23 f.
49 Dilthey [1895/98] 1964, S. 244.
50 Windelband 1894, S. 38 und S. 40 f.
51 Dilthey [1895/98] 1964, S. 244.
52 Dilthey [1895/98] 1964, S. 244.

Man vergibt sich wohl nicht zu viel, wenn man die Differenzierungen, die in Diltheys ‚Geisteswissenschaft und Naturwissenschaft', Windelbands ‚Geschichte und Naturwissenschaft' sowie schließlich Rickerts ‚Kulturwissenschaft und Naturwissenschaft' zum Ausdruck kommen, auf zwei wesentliche Kriterien zurückführt, die das Stoffliche (Konkrete) vom Geistigen (Abstrakten) einerseits, das Besondere (Singuläre) vom Allgemeinen (Generellen) anderseits trennen. Zwei unterschiedliche Grenzlinien geben also die Orientierung vor. Sie verlaufen zwischen exterioren physischen Gegenständen und dem interioren Reich des Geistes einerseits sowie zwischen einem Existenzmodus in Raum und Zeit und der Geltung genereller Aussagen, die sich in nomothetischen Sätzen der idiographischen Singularisierung durch Zeitpunkt und Lokalität enthoben sieht. In dieser zweiten Grenzziehung, die zwischen den „*Grundformen* der einzelwissenschaftlichen Darstellung“[53] verläuft, fand denn auch der Neukantianismus eines Windelband und Rickert ein probates und effektives Kriterium, um die Logik der Naturwissenschaft von der Logik der Geschichts- oder Kulturwissenschaft zu trennen. Die Unterscheidung, um die es hier geht, liegt in der Frage, ob wir Ereignisse als einmalige und historische oder als wiederholbare und gesetzesartige erachten. Für sich genommen führt diese Frage jedoch zu Problemen, die Rickert letztlich veranlassen, den Windelbandschen Terminus ‚Geschichte' für denjenigen der ‚Kulturwissenschaft' herzugeben. Denn ungeachtet, ob das Interesse der Entstehung und Entwicklung eines Staates, eines Malstils, des Weltraums oder einer gewissen Spezies gilt, alle diese Ereignisse müssen als *Ereignisse*, d. h. als historische und einmalige betrachtet werden.[54] Dass diese Grundsatzentscheidung nicht bloß von historischem Interesse ist, zeigt der Blick auf eine Debatte, die – wenn auch in verändertem Gewand – das inhärierende Problem widerspiegelt. Die systematische Auseinandersetzung mit den grundlegenden Begriffen der genetischen Wissenschaft ‚par excellence', der Evolutionslehre, führt seit längerem einzelne Forschende gar zu der Ansicht, natürliche Arten nicht mehr als Klassenbegriffe, sondern als Eigennamen zu verstehen, deren Referenzobjekte (Familien, Arten, Gattungen) als

53 Rickert [1898/1926] 1986, S. 19.

54 Das Problem taucht in der Wissenschaftstheorie der Physik auf, wenn es darum geht, eine allgemeine Physik von einer besonderen Kosmologie abzusetzen, ist der Bezugsrahmen der Kosmologie ja einmalig und damit historisch; vgl. Hund 1972, S. 274: „Man kann die Physik kennzeichnen als die Lehre vom Wiederholbaren, sei es in zeitlicher Folge, sei es räumlich nebeneinander. Die Gültigkeit ihrer Sätze gründet auf dieser Wiederholbarkeit [...]. Demgegenüber ist die ‚Kosmologie' die Lehre vom einmaligen Weltall, von seinen speziell, vielleicht historisch entstandenen Eigenschaften.“

eigentliche Individuen zu erachten seien.[55] Wo nun aber selbst Arten zu Individuen werden, da kann von einem grundlegend nomothetischen Charakter von Naturwissenschaften im Gegensatz zu einem idiographischen der Geistes- oder Geschichtswissenschaften nicht mehr die Rede sein:

> But some entities function the way that they do because of their spatiotemporal characteristics. Species as the things that evolve through natural selection are among these entities. That is why evolutionary biologists include such spatiotemporal properties in their definitions of the species category. Species are not just aggregates. To state the obvious, if genuine laws of nature must be spatiotemporally unrestricted, then they can include no uneliminable reference to particular species if species are treated as being spatiotemporally restricted. It is equally obvious, that spatiotemporal unrestrictedness is only a necessary condition for something to count as a natural law.[56]

Betrachten wir die Unterscheidung zwischen Geschichts- und Naturwissenschaft einzig unter dem Gesichtspunkt der Einmaligkeit bzw. beliebigen Wiederholbarkeit der Vorgänge, so sehen wir uns alsbald mit einer zweiten, nicht weniger irritierenden Analogie zwischen Geschichts- und Naturwissenschaften konfrontiert. Die naturwissenschaftliche Forschungspraxis unterscheidet nicht selten zwischen ‚in vivo' bzw. ‚in situ' und ‚in vitro'. Die ‚gläsernen Wände', welche die Reagenzgläser hochziehen, stehen metonymisch für das Labor und ähnliche Forschungsanordnungen; sie dienen nicht bloß dazu, Ereignisse aus ihren situativen Einbettungen herauszuheben, sie desindividualisieren vielmehr die zu untersuchenden Gegenstände und Vorgänge, indem die Versuchsanordnungen qua Wiederholbarkeit die unbestreitbar einmaligen Gegenstände und Ereignisse in die Vorstellung homogener Mengen, also Klassen, überführen. Aus dem Ereignis wird so eine Instanz. Und eben deshalb wird es mathematisierbar sowie gesetzartiger, ‚nomothetischer' Erfassung zugänglich. Die Frage, ob außerhalb des damit geschaffenen Bezugsrahmens vordefinierter Bedingungen, Vorhersagbarkeit ohne massive Zuhilfenahme von ‚ceteris paribus'-Argumenten geleistet werden kann, steht denn auch im Zentrum einer der zentralen wissenschaftstheoretischen Debatten der letzten Jahrzehnte, ob der Begriff des ‚Naturgesetzes' überhaupt noch sinnvoll verwendet werden kann.[57] Es überrascht nicht, dass es eine thematische Wissenschaft ‚in situ' ist, die bei Jerry Fodor als Paradigma für die notwendige und großzügige Zuhilfenahme von ‚ceteris paribus' Argumenten herhalten darf, um so die prinzipielle Gleichrangigkeit von Inferenzen im Bereich empirischer Naturwissenschaften und Wissenschaften des Geistes zu verteidigen:

---

55 Vgl. hierzu LaPorte 2004, S. 9–17.

56 Hull 1987.

57 Anstatt vieler den bekannten Aufsatz von Cartwright 1980.

> I'm inclined to think that what is alleged about the implicit reliance of commonsense psychology on uncashed *ceteris paribus* clauses is in fact a perfectly general property of the *explicit* generalizations in *all* the special sciences; in all empirical explanatory schemes, that is to say, other than basic physics. Consider the following modest truth of geology: A meandering river erodes its outside bank. ‚False or vacuous'; so a philosopher might argue. Take it straight – as a strictly universal generalization – and it is surely false. Think of the case where the weather changes and the river freezes; or the world comes to an end; or somebody builds a dam; [...] or whatever. You can of course defend the generalization in the usual way – by appending a ceteris paribus clause: ‚*All else being equal*, a meandering river erodes its outside bank.' But perhaps this last means nothing more than: A meandering river erodes its outside bank – unless it doesn't: That, of course, is predictively adequate for sure. Nothing that happens will disconfirm it: nothing that happens could.[58]

Bei aller wissenschaftstheoretischen Unterschiedlichkeit dürften verwandte, oder zumindest ähnliche Bedenken Rickert veranlasst haben, die Opposition von Geschichte und Naturwissenschaft seines Lehrers Windelband zu modifizieren. Anstelle einer einzig auf die historische Einmaligkeit ausgerichtete Perspektive favorisiert er nun eine Einstellung, die er als kulturwissenschaftliche versteht. Windelbands Geschichtswissenschaft nämlich erscheint ihm in materialer Hinsicht unterdeterminiert.[59] Folgerichtig setzt er den „materialen" Unterschied zwischen Kultur und Natur von dem „formalen" Unterschied zwischen Naturwissenschaft und Kulturwissenschaft ab. Letzteren macht er explizit vom „Gesichtspunkt" abhängig.[60] Beide „Grundformen" beziehen sich, und auch darin können und wollen wir ihm folgen, auf empirische Wissenschaften, was nichts anderes heißt, als dass Rickert Logik und Mathematik qua deren Analytizität und Instrumentalität ausdrücklich und von vorneweg aus seinen Betrachtungen ausschließt. Nicht zuletzt deshalb stellt sich spätestens hier der Verdacht ein, dass die Unterscheidung von Kultur- und Naturwissenschaft nicht nur material,

58 Fodor [1987] 2006, S. 220.

59 Rickert [1898/1926] 1986, S. 131–134.

60 Rickert [1898/1926] 1986, S. 41: „Von einigen Disziplinen, wie *Geographie* und *Ethnographie*, kann es allerdings zweifelhaft sein, wohin sie gehören. Aber die Entscheidung darüber hängt bei ihnen nur davon ab, unter welchem *Gesichtspunkt* sie ihre Gegenstände bringen, d. h. ob sie sie als bloße Natur ansehen oder sie zum Kulturleben in Beziehung setzen."; vgl. auch ebd. S. 77: „Ich selbst habe, um zwei *rein logische und damit rein formale Begriffe von Natur und Geschichte* zu gewinnen, mit denen nicht zwei verschiedene *Realitäten*, sondern dieselbe Wirklichkeit unter zwei *verschiedenen Gesichtspunkten* gemeint ist, das logische Fundamentalproblem einer Gliederung der Wissenschaften nach ihren Methoden so zu formulieren versucht: *Die Wirklichkeit wird Natur, wenn wir sie betrachten mit Rücksicht auf das Allgemeine, sie wird Geschichte, wenn wir sie betrachten mit Rücksicht auf das Besondere und Individuelle*, und ich will dementsprechend dem generalisierenden Verfahren der Naturwissenschaft das *individualisierende* Verfahren der *Geschichte* gegenüberstellen."

sondern auch formal unterbestimmt ist. Die Rede von der „logische[n] Struktur" der „Methode" beider Wissenschaften müsste ja präzisieren, wie eine Logik beschaffen sei, die – wie im Fall der Geschichte – „nicht in der Weise *generalisieren* [will], wie die Naturwissenschaften es tun."[61] Die „Methode", die Rickert im Munde führt, entspricht wohl kaum gängigen Vorstellungen. Verstehen wir unter Methode einen vorgezeichneten ‚Weg', den wir während unserer Forschung zu gehen haben oder zu gehen beabsichtigen, so greift Rickerts Unterschied nicht, denn ungeachtet, ob wir ‚in vitro' oder ‚in situ' verfahren, lassen sich hüben wie drüben, ob Natur, ob Kultur, die nämlichen Etappen ausmachen, wie etwa: Beobachtung, Vergleich, Hypothesenbildung, Verifikation oder Falsifikation, etc.[62] Rickerts Methodenbegriff scheint es vielmehr um den Zugang zu gehen; er bezeichnet nicht den Forschungsweg, sondern die Entscheidung für einen thematischen oder aspektuellen Ausgangspunkt.[63] Und diese Einstellung bedeutet, und zwar wissenschaftstheoretisch, eine Vorentscheidung, ob dem Forschenden an Desindividualisierung oder Kontextualisierung gelegen ist. Ob die Absicht auf ein allgemeines Gesetz zielt oder nach dem Wie und Warum einzelner Ereignisse fragt, diese Absicht ist als Zielvorstellung von der anfänglichen Einstellung abhängig und wird sich wohl kaum anders äußern als im Gegebensein der Untersuchungsgegenstände selbst: Wer seine Gegenstände aus deren zeit-räumlichen Umgebung hebt, der betrachtet sie unter dem Gesichtspunkt der Allgemeinheit, wer dies nicht tut, unter demjenigen ihrer Besonderheit.

---

61 Rickert [1898/1926] 1986, S 76.

62 Vgl. etwa Føllesdal 2008.

63 Rickert 1915, S. 2–4: „Wer ein Ziel erreichen will, findet oft mehrere Wege, die zu ihm hinführen. [...] Aus dieser *Doppelseitigkeit* des Erkenntnisbegriffs entsteht nun die Möglichkeit *zweier* verschiedener Wege, die man einschlagen kann, um den Gegenstand der Erkenntnis und die Erkenntnis des Gegenstandes zu bestimmen. Beide Seiten des Erkennens, die subjektive und objektive, wie wir kurz sagen dürfen, lassen sich zum *Ausgangspunkt* der Untersuchung machen. Man kann einmal die Aufmerksamkeit von vorneherein auf den *Gegenstand* richten, um zuerst sein Wesen festzustellen, indem man dabei von dem Subjekt des Erkennens so weit wie möglich absieht, um es erst später wieder zur Vervollständigung des Erkenntnisbegriffs heranzuziehen. Und man kann umgekehrt zunächst das erkennende *Subjekt* untersuchen und, nachdem man es in seinem Wesen verstanden hat, von ihm aus Schlüsse auf den Gegenstand der Erkenntnis ziehen, um dadurch zu einem vollen Erkenntnisbegriff zu kommen, der Subjekt und Objekt gleichmäßig umfaßt. Kurz, es läßt sich entweder der Gegenstand der Erkenntnis oder die Erkenntnis des Gegenstandes voranstellen, ja es *muß* am Anfang die eine oder die andere Seite bevorzugt werden, weil keine Darstellung Alles auf einmal, sondern nur eines nach dem andern sagen kann. / Welcher von beiden Wegen der bessere ist, und besonders wie weit man kommt, wenn man *nur* den einen geht, läßt sich zu Beginn der Untersuchung nicht entscheiden." Im Folgenden entscheidet sich Rickert, das Subjekt voranzustellen und die Probleme, die sich hieraus für eine Erkenntnistheorie ergeben, systematisch zu ergründen.

Die selbst bereits formale Unterscheidung von ‚formal' und ‚material' führt zu Zirkularität. Letztlich geht für Rickert die formale Entscheidung der materialen Betrachtung voraus, und zwar erkenntnistheoretisch[64]: Das Besondere der Wirklichkeit, d. h. die Totalität der Ereignisse in Raum und Zeit, resultiert aus einer Einstellung, die der Entscheidung selbst, das Besondere *oder* das Allgemeine zu untersuchen, vorgeordnet ist. So müssen denn nicht nur die „*letzten* Bestandteile *jeder* wissenschaftlichen Darstellung [...] allgemein" sein,[65] sondern auch die ersten, d. h. die vorgängige Alternative von Allgemeinem und Besonderem. Hinter der Favorisierung von ‚formal' verbirgt sich die Annahme, dass erstlich alles Besondere im Allgemeinen gründet und letztlich zu diesem hinführt, wobei das Allgemeine seinerseits eine transzendentale Interpretation erfährt. Diese uneinholbare Priorität und Posteriorität des Allgemeinen steht wissenschaftstheoretisch jedoch der deklarierten Absicht Rickerts entgegen: In der kulturwissenschaftlichen Forschung (als Einzelwissenschaft) gelte es, das Besondere vor der restlosen Subsumtion unter das Allgemeine zu retten, da eine Wirklichkeit, die aus der „bloße[n] Kombination von Allgemeinheiten" bestünde, „auf einen platonisierenden Begriffsrealismus hinaus[liefe]".[66]

Wir sehen: Wo einer in die Grube fällt, da ist meist Platonismus schuld, egal von welcher Seite her und auf welche Seite hin er fällt. Rickerts Kulturwissenschaft behält sich vor, eine Wissenschaft ‚sui iuris' zu sein, welche ihre Wirklichkeit in der Mitte zwischen dem Allgemeinen und dem Besonderen hält, um dieses vor einem Aufgehen im Allgemeinen zu bewahren. Im Gegensatz zu Windelband, der sich auf den nomothetischen Charakter des Gesamts der Natur-, des idiographischen des Gesamts der Geschichtswissenschaften festlegt,[67] sieht sich Rickert veranlasst, zusätzlich zur geschichtlichen Einmaligkeit die Werthaftigkeit von Kulturgegenständen herauszustreichen. Werte nun

64 Rickert 1915, S. 11: „Sie [die Erkenntnistheorie] hat die besondere *inhaltliche* Erkenntnis ganz beiseite zu lassen und nur nach dem allgemeinen Begriff des Erkennens oder nach der *formalen Seinsart* seines Gegenstandes überhaupt zu forschen. Sie fragt: was heißt es, daß Objekte ‚real' sind?"

65 Rickert [1898/1926] 1986, S. 89.

66 Rickert [1898/1926] 1986, S. 89.

67 Windelband 1894, S. 26: „Die einen sind Gesetzeswissenschaften, die anderen Ereigniss-wissenschaften; jene lehren, was immer ist, diese, was einmal war. Das wissenschaftliche Denken ist – wenn man neue Kunstausdrücke bilden darf – in dem einen Falle *nomothetisch*, in dem andern *idiographisch*. Wollen wir uns an die gewohnten Ausdrücke halten, so dürfen wir ferner in diesem Sinne voll dem Gegensatz naturwissenschaftlicher und historischer Disciplinen reden, vorausgesetzt dass wir in Erinnerung behalten, in diesem methodischen Sinne die Psychologie durchaus zu den Naturwissenschaften zu zählen."

ergeben sich aus Geltung, und diese ihrerseits setze so etwas wie eine verpflichtende Verbindlichkeit voraus:

> Bei Werten, die man für sich betrachtet, kann man nicht fragen, ob sie *wirklich* sind, sondern nur, ob sie *gelten*. Ein Kulturwert ist nun entweder faktisch von allen Menschen als gültig anerkannt, oder es wird seine Geltung und damit die mehr als rein individuelle Bedeutung der Objekte, an denen er haftet, wenigstens von einem Kulturmenschen postuliert, und ferner darf es sich bei Kultur im höchsten Sinne nicht um Gegenstände eines bloßen Begehrens, sondern es muß sich um Güter handeln, zu deren Wertung und Pflege wir uns mit Rücksicht auf die Gesellschaft, in der wir leben, oder aus einem anderen Grunde zugleich mehr oder weniger ‚verpflichtet' fühlen, falls wir überhaupt auf die Geltung der Werte reflektieren. Doch ist dabei nicht nur an eine ‚moralische Notwendigkeit' zu denken, sondern es genügt, daß sich mit dem Wert der Gedanke einer Norm oder einer gesollten Verwirklichung in einem Gute überhaupt verknüpft. So grenzen wir die Kulturobjekte sowohl gegen das ab, was zwar von allen, aber nur triebartig gewertet und erstrebt wird, als auch gegen das, was zwar nicht einem bloßen Triebe, aber doch nur den Anwandlungen einer individuellen Laune seine Wertung als Gut verdankt.[68]

Indem Rickert über Windelband hinaus, Kultur nicht an die bloße geschichtliche Veränderlichkeit und damit eine bestimmte Logik der Darstellung, sondern an Werte als ‚normative' Güter innerhalb einer bestimmten gesellschaftlichen Situation knüpft, versucht er, in der grenzenlosen Zerteilbarkeit der Ereigniswelt Halt zu finden. Bezeichnenderweise nennt er die Kriterien, welche die Eigenschaften von Untersuchungsgegenständen aus der indistinkten Kontinua der Wirklichkeit ‚herauszuheben' haben, nicht bloß ‚bedeutend', sondern ‚wesentlich'. Damit Geschichtswissenschaft sich nicht im uferlosen Unwesentlichen verliere, muss sie Kulturwissenschaft werden, was ihr ‚ipso facto' die Vorstellung des „Wertes" mitgebe:

> Für die historische Begriffsbildung liefert der Begriff der Kultur also das *Prinzip zur Auswahl des Wesentlichen* aus der Wirklichkeit ebenso, wie der Begriff der Natur als der Wirklichkeit mit Rücksicht auf das Allgemeine dies für die Naturwissenschaften tut. Durch die *Werte*, die an der Kultur haften, und durch die Beziehung auf sie wird der Begriff einer darstellbaren historischen Individualität als eines realen Trägers von Sinngebilden erst *konstituiert*.[69]

4 Erklären und Verstehen

Folgen wir Rickert so greift sich die Kulturwissenschaft aus der indistinkten Masse historischer Ereignisse diejenigen heraus, die – von Kulturmenschen

68 Rickert [1898/1926] 1986, S. 39.
69 Rickert [1898/1926] 1986, S. 106.

geschaffen – in Rücksicht auf deren gesellschaftlichen Ort als organisiert und hinsichtlich einer Entwicklung als „bedeutsam" und „sinnvoll" erscheinen.[70] Da Rickert nun den eigentlichen Wert dieser Werte in ihrem Gegensatz zum ephemeren Nutzen bloßer Bedürfnisbefriedigung erkennt,[71] steht die kulturwissenschaftliche Untersuchung immer schon im Lichte (oder im Schatten) einer hierarchisch gedachten Werteordnung. Der Begriff „Kulturgemeinschaft" setze die Vorstellung von Kulturstufen voraus,[72] deren historische Entwicklung sich nicht auf Naturvorstellungen oder -gesetze reduzieren lasse.[73] Zwar ist es Rickert darum zu tun, den Verdacht auf eine Gleichsetzung von „Wertung" und „Wertbeziehung" mit Bezug auf die empirische Forschung zu beseitigen,[74] doch glaubt er mit Bezug auf die transzendentale Zielsetzung von Wissenschaft und Philosophie zu erkennen, dass der Masse historischer Ereignisse einzig durch eine „historische Kulturwissenschaft" zu begegnen sei, die auf die Gewinnung transhistorischer Werte ziele. Nur diese seien letztlich

---

70 Rickert [1898/1926] 1986, S. 120: „Die *historische* Wirksamkeit kann nicht mit der bloßen wertindifferenten Wirksamkeit überhaupt zusammenfallen, d. h. die Wirksamkeit kann für sich *allein* niemals das Kriterium dafür abgeben, was geschichtlich wesentlich ist. *Irgend*welche Wirkungen übt ja jeder *beliebige* Vorgang aus. Wenn ich mit dem Fuß aufstampfe, zittert der Sirius, hat man gesagt, und doch ist diese Wirkung, wie die meisten andern, historisch ganz unwesentlich. ‚Historisch wirksam' ist vielmehr nur das, was historisch *bedeutsame* Wirkungen ausübt, oder womit wir einen verstehbaren *Sinn* verbinden, und das heißt wieder nichts anderes, als daß ein Kulturwert maßgebend ist für die Auswahl des geschichtlich Wesentlichen. Erst wenn auf Grund einer theoretischen Wertbeziehung bereits *feststeht*, was geschichtlich wesentlich ist, kann man rückwärts blickend nach den Ursachen oder vorwärtsblickend nach den Wirkungen fragen und dann das in die Darstellung aufnehmen, was durch seine Eigenart das Zustandekommen des historisch wesentlichen Ereignisses bewirkt hat."

71 Rickert 1913, S. 575 f.

72 Zur Stufenfolge vgl. Rickert [1913] 1999, S. 77–82.

73 Rickert 1913, S. 580: „Zeigt ein Volk keine historisch wesentlichen Veränderungen, so können wir es nur unter allgemeine Begriffe von Wiederholungen bringen, also als ‚Natur' im logischen Sinne ansehen. Historisch wesentliche Veränderungen aber kann es nur zeigen, wenn es mit Rücksicht auf seine Kulturwerthe eine teleologische Entwicklung darstellt. Geschichtliche Völker also müssen immer auch Kulturvölker sein, und Kultur kann es nur bei geschichtlichen Völkern geben. So bedingen sich die Begriffe der Kultur und der Geschichte gegenseitig und hängen gewissermassen in doppelter Weise mit einander zusammen. Kulturwerthe allein machen die Geschichte als Wissenschaft möglich, und geschichtliche Entwicklung allein bringt Kulturwerthe hervor. Dass hierin nicht etwa ein Zirkel liegt, braucht wohl kaum gesagt zu werden. Die Geschichtswissenschaft ist selbst ein Kulturprodukt und kann daher erst durch eine historische Kulturentwicklung entstehen."

74 Rickert [1898/1926] 1986, S. 114: „Werten muss immer *Lob* oder *Tadel* sein. Auf Werte *beziehen* ist *keins* von beiden."

imstande, die Ereignisse ihrer sinn- und bedeutungslosen Zufälligkeit, aber auch ihrer historischen Bedingtheit zu entheben.[75] Wo also die Reichweite theoretischer Aussagen durch die historische Determination des Gegenstands verkürzt scheint, erheischt sich kulturwissenschaftliche Erkenntnis qua Werte diejenige Tiefe, die bis zum Unbegrenzten hinab dringt. Sie tut es, indem sie Anspruch erhebt auf die Allgemeingültigkeit einer Kulturwissenschaft ‚suo iure', die nicht aposteriorischen Naturgesetzen, sondern apriorischer Geltung gehorcht. Der überzeitliche Wert, der Geltung stiftet, wirkt nicht einfach, sondern ist vielmehr in der Geschichte angelegt, um freigelegt zu werden.

Das Problem, Material zu selegieren, das es zu untersuchen *gilt*, führt Rickert zu Kriterien, die nicht nur wertbezogen, sondern auch wertbehaftet sind. Diese öffnen einer ideologischen Vereinnahmung kulturwissenschaftlicher Arbeit Tür und Tor. Sie unterläuft die Unterscheidung zwischen wertfreien Wertbeziehungen und wertenden Werturteilen und damit die Unterscheidung, die Rickert entwickelt und Weber in seinem Wertfreiheitspostulat für die historische Sozialwissenschaft verbindlich erklärt. Für die Kritiker der Möglichkeit einer solchen Unterscheidung liegt der Grund nicht zuletzt darin, dass die Werte, auf die Bezug genommen wird, notwendig *verstanden* werden müssen. Der Verstehensbegriff aber führe in einen Zirkel, da ‚Werte verstehen' soviel heiße, wie ‚Urteile fällen', die notwendig wertend sind:

> (1) Nur vermittels einer Wertbeziehung wird eine Erscheinung zum Gegenstand kulturwissenschaftlicher Betrachtung. (2) Eine Wertbeziehung läßt sich nur dann auf eine Erscheinung anwenden, wenn der in Frage stehende Wert verstanden, das heißt, wenn er eindeutig identifiziert und von anderen Werten abgegrenzt wurde. (3) Verstanden werden kann ein Wert nur auf der Grundlage eines Werturteils, einer bejahenden bzw. verneinenden Stellungnahme. (4) Daher beruht die Konstituierung einer Erscheinung zum Gegenstand kulturwissenschaftlicher Betrachtung auf einem Werturteil. Obgleich man dabei

75 Rickert [1898/1926] 1986, S. 175: „Freilich ist keine Philosophie imstande, ein solches System aus bloßen Begriffen zu *konstruieren*. Sie bedarf vielmehr für seine inhaltliche Bestimmung der engsten Fühlung mit den geschichtlichen Kulturwissenschaften selbst, und sie kann nur hoffen, sich im *Historischen dem Überhistorischen anzunähern*, d. h. ein System der Kulturwerte, das auf Geltung Anspruch erhebt, kann nur an dem sinnvollen geschichtlichen Leben gefunden und aus ihm allmählich herausgearbeitet werden, indem man die Frage stellt, welche allgemeinen und *formalen* Werte der inhaltlichen und fortwährend wechselnden Mannigfaltigkeit des historischen Kulturlebens und seiner individuellen Sinngebilde zugrunde liegen, und worin also die *Wertvoraussetzungen der Kultur überhaupt* bestehen, die zu erhalten und zu fördern wir alle bemüht sind. Ein näheres Eingehen auf das Wesen dieser Arbeit, welche der Philosophie zufällt, würde jedoch unsern Versuch einer Gliederung der empirischen Wissenschaften weit überschreiten. Nur auf ein Ziel sollte hier hingewiesen werden."

> kein Werturteil über den Gegenstand fällen muß, fußt das Verfahren doch auf einer Stellungnahme zu dem in Frage stehenden, die Wertbeziehung anleitenden, Wert. (5) Daraus kann man nur den Schluß ziehen, daß Wertbeziehungen von Werturteilen abhängen.[76]

Mag Guy Oakes Rekonstruktion des Rickertschen Zirkelschlusses auch durch das Pauschalurteil getrübt werden, dass Rickert sowie die gesamte zeitgenössische Kathederphilosophie „so gut wie nie ein philosophisches Problem sorgfältig und systematisch durchdacht" haben,[77] so legt sie doch den Finger auf den wunden Punkt: Rickert begnügt sich nicht damit, zwei ‚Logiken' empirischer Wissenschaft herauszustellen, sondern erkennt in der Kulturwissenschaft als einer Wertewissenschaft auch ein „Mittelreich",[78] das die physische Wirklichkeit transzendiert und über den Sollens-Begriff hinführt zur Philosophie. Diese verpflichtet sich auf eine Erkenntnis der Wirklichkeit in Form gültiger Werturteile, deren „Maßstab" letztlich „ein transzendentes Sollen" ist.[79] Mag es Rickert noch so sehr darum gehen, zwischen einer bloß psychologischen Subjektivität eines Interesse-Standpunktes und der Objektivität der Erkenntnis zu unterscheiden, so führt ihn die Identifikation von Verstehen und Partizipation am Verstandenen dazu, theoretische Urteile zu Wertungen am Ende doch in Werten, wenn auch überhistorischen, zu fundieren: Bedeutend ist, was Kultur hemmt oder fördert,[80] wobei der Maßstab auf der „Objektivität unseres Kulturbegriffes und diese wiederum von der Einheit und *Objektivität der Werte*", d. h. auf einem „*System* der Werte" beruht.[81]

Als Bedeutungsträger in ihrem jeweiligen historischen Kontext und als Sinnträger in Bezug auf ihre überzeitliche Systematizität setzen Rickertsche Werte ein doppeltes Verstehen voraus. Jenseits der Wissenschaftslehre seien transzendentalphilosophisch überzeitliche Werte zu ermitteln, die uns im Zirkel ihrerseits helfen sollen, bei der Selektion und beim Verstehen historischer Werte nicht nur das jeweils Geltende, sondern das schlechthin Gültige zu verstehen. Dieses nun kann gemäß Rickert weder in einer Bedürfnisanthropologie, noch in einer lebensweltlichen Handlungstheorie gefunden werden, sondern ist von irreduzibler Idealität. Es stellt sich also die Frage, bis zu welchem Punkt sich Wissenschaftstheorie und Wertephilosophie hier gegenseitig voraussetzen. Nicht selten begegnen wir der Ansicht, dass Wertbehaftetheit in der Geisteswissenschaft als verstehender Wissenschaft (im Gegensatz zu Naturwissenschaft als erklärender)

76 Oakes 1994, S. 163.
77 Oakes 1994, S. 163
78 Rickert 1915, S. 167 und S. 251.
79 Vgl. dazu Bast 1999, S. XXII f.
80 Vgl. Jalbert 1988, S. 288.
81 Rickert [1898/1926] 1986, S. 168.

eben gerade aufgrund der Doppelung von Geltung und Gültigkeit unvermeidlich sei und damit zwangsweigerlich zu epistemisch subjektiven Ergebnissen führe. Die systematische Behandlung der Begriffsbildung, die Rickert für empirische Wissenschaften entwirft, entwickelt in der Unterscheidung von Wertbeziehung und Wertung ein Kriterium, das m. E. nicht zwingend zur Verunmöglichung wertfreier Kulturwissenschaft führt. Nur wer nach dem überzeitlichen, transzendentalen Sinn der Werte fragt, verpflichtet sich auf das genannte übergeordnete System, nicht aber, wer sich anschickt, Ereignisse als historische Untersuchungsgegenstände zu selegieren. Der Bedeutungsbegriff, der mit einer solchen Selektion einhergeht, könnte praxeologisch erklärt werden, ohne deshalb ein axiologisches Fundament vorauszusetzen, das den Handlungsbegriff immer schon transzendiert. Die Vorstellung, das Fehlen historischer Entwicklungsgesetze durch die Leitvorstellung zunehmend klar intuierter Werte zu kompensieren, dient zu nichts anderem, als der Geschichte den Sinn zu verleihen, zu dessen Epiphanie sie selbst beizutragen hat. Hätte die Geschichte einen solchen Sinn, so sollte er uns langsam dämmern.

Rickerts Wertelehre ist für die Konstitution des Selbstverständnisses der Geisteswissenschaften insofern von einiger Bedeutung, da ihr Einfluss auf Max Webers Wertfreiheitspostulat als ausgemacht gilt.[82] Somit setzte auch die historische Sozialforschung in der Nachfolge Webers – und damit eine der einflussreichsten Traditionen der Geschichts- und Kulturwissenschaft – durch die Behauptung von Werten die Wertfreiheit ‚ipso facto' außer Kraft. Tatsächlich stellt Weber die Sozialwissenschaft „in den größeren Kreis der ‚Kulturwissenschaften'" hinein und behandelt diese wie Rickert „überdies im Vergleich mit den Naturwissenschaften".[83] Was jedoch die Wertung-Wertbeziehung-Unterscheidung betrifft, so distanziert sich Weber – bei allen mutmaßlichen oder tatsächlichen Widersprüchen in seinen Äußerungen – zumindest in einem entscheidenden Punkt von seiner Vorlage. Für Weber sind es Regelmäßigkeiten im sozialen Verhalten, welche die Stelle von Gesetzen in der Erklärung von Naturprozessen einnehmen. Ob wir in unseren historischen Untersuchungen Regelmäßigkeiten oder individuelle Züge in den Blick nehmen, dies steht uns frei. Und so ist diese Entscheidung eine subjektive; nicht die Wirklichkeit, sondern unser Wille gibt die Richtung unserer Forschung vor.[84] Die Naturwissenschaft

---

82 Vgl. den bereits zitierten Aufsatz von Guy Oakes sowie – aus historischer Perspektive – Burger 1994, hier S. 78; Dux 1994. Entschiedenen Widerspruch gegen die Abhängigkeit Webers von Rickert hingegen bei Wagner/Zipprian 1989.

83 Tenbruck 1994, S. 374.

84 Tenbruck 1994, S. 382.

als Gesetzeswissenschaft präsupponiert ihren Untersuchungsgegenstand als geordneten, den es in seiner Ordnung zu erforschen gilt, die Sozialwissenschaft aber als ungeordneten, dessen Ordnung wir konstruieren „wollen", weil wir sie als wissens*wert* erachten.[85] Auch hier erscheint das potentielle Untersuchungsmaterial ‚Geschichte' als vorgängig unerschöpflich und chaotisch; die Sozialwissenschaft selegiert nun aber nach Regelmäßigkeiten, wobei sie Werthaltungen präsupponiert, weil Werte dasjenige sind, was menschliches Handeln anleitet. Im Gegensatz zu Rickert ist es also nicht die materiale Wertung sittlicher Überzeugungen, religiöser Glaubensinhalte, ästhetischer Vorlieben u. ä., sondern das formale Kriterium der Rationalität, das Weber idealtypisch und vergleichend an menschliches Handeln anlegt, um so eine teleologische Betrachtung von Zwecken auf deren Begründung hin zu ermöglichen:

> Die rationale Deutung kann so die Form eines bedingten Notwendigkeitsurteils annehmen (Schema: bei gegebener Absicht x ‚*mußte*' nach bekannten Regeln des Geschehens der Handelnde zu ihrer Erreichung das Mittel y bzw. eines der Mittel y, y', y'' wählen) und daher zugleich mit einer teleologischen ‚Wertung' des *empirisch* konstatierbaren Handelns in Eins zusammenfließen (Schema: die Wahl des Mittels y gewährte nach bekannten Regelns des Geschehens gegenüber y' oder y'' die größere Chance der Erreichung des Zweckes x oder erreichte diesen Zweck mit den geringsten Opfern usw., die eine war daher ‚zweckmäßiger' als die andere oder auch allein ‚zweckmäßig'). Da diese Wertung rein ‚technischen' Charakters ist, d. h. lediglich an der Hand der Erfahrung die Adäquatheit der ‚Mittel' für den vom Handelnden faktisch gewollten Zweck konstatiert, so verläßt sie trotz ihres Charakters als ‚Wertung' den Boden der Analyse des empirisch Gegebenen in keiner Weise. Und auf dem Boden der Erkenntnis des *wirklich* Geschehenden tritt diese rationale ‚Wertung' auch *lediglich* als Hypothese oder idealtypische Begriffsbildung auf: Wir konfrontieren das faktische Handeln mit dem, ‚teleologisch' angesehen, nach allgemeinen kausalen Erfahrungsregeln rationalen, um so *entweder* ein rationales Motiv, welches den Handelnden geleitet haben kann, und welches wir zu ermitteln beabsichtigen, dadurch festzustellen, daß wir seine faktischen Handlungen als geeignete Mittel zu einem Zweck, den er verfolgt haben ‚könnte', aufzeigen, – *oder* um verständlich zu machen, warum ein uns bekanntes Motiv des Handelnden infolge der Wahl der Mittel einen *anderen* Erfolg hatte, als der Handelnde subjektiv erwartete. In beiden Fällen aber nehmen wir nicht eine ‚psychologische' Analyse der ‚Persönlichkeit' mit Hilfe irgendwelcher eigenartiger Erkenntnismittel vor, sondern

85 Tenbruck 1994, S. 384: „So fußt die ganze WL [Wissenschaftslehre] auf der Einsicht, daß es bei der Wahl zwischen ‚Gesetzes-, und ‚Wirklichkeitswissenschaft' letztlich um den Sinn der Erkenntnis geht. Vor die herkömmliche Frage, *wie* wir die Wirklichkeit erkennen *können*, schiebt sich in der WL die neue Frage, *was* wir an ihr erkennen *wollen*. *Dies* ist der Ausgangspunkt der gesamten WL und weist dort schon vor auf Webers spätere Soziologie. Wenn es im ObjektivitätsAufsatz heißt: ‚Die Sozialwissenschaft, die wir treiben wollen, ist eine *Wirklichkeitswissenschaft*', so bekennt später die verstehende Soziologie so knapp wie klar, daß sie ‚niemandem aufgenötigt werden soll und kann.'" Die zitierten Stellen sind: Weber [1904] 1985, S. 170 sowie Weber [1921/22] 1980, S. 6.

> vielmehr eine Analyse der ‚objektiv' gegebenen *Situation* mit Hilfe unseres nomologischen Wissens. Die ‚Deutung' verblaßt also hier zu dem allgemeinen Wissen davon, daß wir ‚zweckvoll' handeln können, d. h. aber: handeln können auf Grund der Erwägung der verschiedenen ‚Möglichkeiten' eines künftigen Hergangs im Fall der Vollziehung jeder von verschiedenen als möglich gedachten Handlungen (oder Unterlassungen). Infolge der eminenten faktischen Bedeutung des in diesem Sinn ‚zweckbewußten' Handelns in der empirischen Wirklichkeit läßt sich die ‚teleologische' Rationalisierung als konstruktives Mittel zur Schaffung von Gedankengebilden verwenden, welche den außerordentlichsten heuristischen Wert für die kausale Analyse historischer Zusammenhänge haben.[86]

Funktionalität (Teleologie) will Weber ausdrücklich nicht von Kausalität getrennt sehen, diese setze jene vielmehr heuristisch voraus. Als sich gegenseitig voraussetzende ‚Aspekte' („angesehen") bilden sie die Pole eines Schlussverfahrens, das menschliche Handlungen kontrafaktisch zu plausibilisieren vermag („geleitet habe könnte"). Was sich hinter dem Weberschen ‚Verstehen' verbirgt, ist ein Erklären aus den Motiven des Handelnden heraus. Wenigstens ansatzweise holt so ein nomologischer Wissenschaftsbegriff den idiographischen ein, indem die „bekannten Regeln" nun dazu dienen, die Konstruktion oder Rekonstruktion der historischen Wirklichkeit zu ermöglichen.

Die Stringenz der Verstehensleistung resultiert aus einer Rationalitätsunterstellung, die – von den jeweiligen Prämissen, Denkkontexten und Situationen ausgehend – die menschlichen Handlungen nachvollziehbar macht, ohne hierbei die zeitbedingten objektivierten Werthaltungen der Handelnden von einem zeitunbedingten objektiven Wert abhängig zu machen.

Mag die Differenz zwischen neukantianischem Konstruktivismus und analytischer Handlungstheorie noch so groß sein, so lässt sich dennoch Webers Verstehensbegriff mit Positionen vergleichen, wie wir sie aus Ansätzen eines Paul Grice, Donald Davidson, Daniel Dennett u. a. kennen. Gemeinsam ist all diesen Autoren, dass sie das kommunikative Gelingen einer Handlung von Strategien abhängig machen, die auf Rationalitätspräsumtionen aufbauen.[87] Für zahlreiche Interpretationstheoretiker bildet das viel zitierte ‚principle of charity' die denknotwendige, apriorische Annahme, dass menschliche Äußerungen nur zu verstehen sind, solange Intentionalität, Wahrheit, Wahrhaftigkeit u. dgl. m. unterstellt werden, oder anders: Eine Handlung ist Handlung unter der Voraussetzung von Grund und Zweck. Der Grund unterstellt, dass Handelnde ihre Meinungen für wahr halten, d. h. als mit der Wirklichkeit

86 Weber [1906] 1985, S. 129 f.
87 Vgl. hierzu die exzellente Darstellung bei Oliver R. Scholz (Scholz 2016, S. 147–238).

korrespondierend und untereinander kohärent.[88] Den Zweck hingegen erreicht, wer adäquate Mittel wählt. Absicht und Bedeutung einer Handlung verstehen, setzt also epistemisch Wertebeziehungen voraus, nämlich die subjektiven Werte der Handelnden. Das ‚principle of charity' unterstellt, dass diese Werte in einer aktuellen Geltung (dass etwas ist) gründen und auf eine künftige Geltung (dass etwas sein soll) zielen.

Ganz konsequent lädt Weber dazu ein, den Begriff ‚Wert' mit dem Begriff ‚Bedeutung' gleichzusetzen.[89] Wer Wert, Bedeutung und Kultur kurzschließt, der versteht Kultur- oder Sozialwissenschaft als eine Wertewissenschaft, die ihr eigentliches Vorhaben in der Interpretation von Äußerungen und Handlungen sucht und findet. Zu einem ähnlichen Schluss war schon Dilthey gelangt, als er seine „Grundlegung der Geisteswissenschaften" zunehmend weg vom Primat einer Psychologie des Erlebens hin zu einer allgemeinen Hermeneutik verlagerte.[90] Webers Verstehensbegriff dient also der Erkenntnis historischer, einmaliger Ereignisse und nicht derjenigen einer überzeitlichen Sphäre des Sollens.[91] Und er beruht auf einer Rationalitätspräsumtion, deren Bedeutung in der zeitgenössischen analytischen Philosophie großes Ansehen genießt. Dennoch ist der Status all dieser ‚principles of charity' nicht unumstritten.[92] Wäre ‚charity' am Ende nichts anderes als die Maxime derjenigen, die sämtliche

88 Eine solche Rationalitätsunterstellung ist weithin verbreitet. Henderson spricht von „the *Standard Conception* of charity", um sie anschließend zu verwerfen; vgl. Henderson 1993, S. 33. – Zur Differenzierung von Rationalität, Kohärenz und Korrespondenz als näher zu bestimmende „Seiten" der Präsumtion sowie verschiedenen Formen der Präsumtionsbegründung vgl. Petraschka 2014, S. 62 f., sowie S. 125–132.

89 Weber [1904] 1985, S. 175: „Die *Bedeutung* der Gestaltung einer Kulturerscheinung und der *Grund* dieser Bedeutung kann aber aus keinem noch so vollkommenen System von Gesetzesbegriffen entnommen, begründet und verständlich gemacht werden, denn sie setzt die Beziehung der Kulturerscheinungen *auf Wertideen* voraus. Der Begriff der Kultur ist ein *Wertbegriff*. Die empirische Wirklichkeit *ist* für uns ‚Kultur', weil und sofern wir sie mit Wertideen in Beziehung setzen, sie umfaßt diejenigen Bestandteile der Wirklichkeit, welche durch jene Beziehung für uns *bedeutsam* werden, und *nur* diese."

90 Vgl. Dilthey [1892/93] 1914, S. 115. – Vgl. dazu Makkreel 1969; Jalbert 1988, S. 285; sowie Scholz 2016, S. 75 f.

91 Dass Weber in der Übertragung des Seins in das Sollen allenfalls „eine für theoretische Zwecke nützliche Fiktion" erblickt, dass er die objektive Geltung eines Sollens aus der empirischen Wissenschaft eliminiert und bestenfalls auf dessen Konsequenzen in logischer Hinsicht beschränkt, dass er schließlich in der „Vermengung" empirischer „Gedankenreihen" mit „subjektiven praktischen Werturteilen" einen eigentlichen „Sündenfall" entdeckt, dafür spricht Weber [1917] 1985, S. 528; Weber [1909] 1988, S. 417 f. sowie S. 420.

92 Zu den physikalistischen und empirischen Einwänden gegen die Apriorität der Rationalitätspräsumtionen vgl. die gute Darstellung bei Sinclair 2002.

Erklärungen im Bereich des Sozialen, ja vielleicht der gesamten Wirklichkeit, mit einem quasi-religiösen Euphemismus auf eine sittlich-soziale Verpflichtung runter stuften, um anschließend durch den analytisch engen Zusammenhang von Verstehen, Rationalität und Regel in Form eines „bedingten Notwendigkeitsurteils" auf ‚wahrscheinlich' zu plädieren?

5 Wissenschaftlichkeit

Ob Weberscher Wertbegriff oder Rationalitätspräsumtion, empirische Wissenschaften dürften gut beraten sein, die Objektivität kultur-, geschichts-, sozial- und geisteswissenschaftlicher Forschung nicht aus der Gültigkeit überzeitlicher Werte oder der Notwendigkeit apriorischer Maximen herzuleiten. Die Erklärung historischer Werte aus der notwendig vorausgesetzten Wertbezüglichkeit von Handlungen sowie von Handlungen aus der vorausgesetzten Absicht, Werte zu realisieren, steht im Verdacht, zirkulär zu sein, nicht minder die Behauptung, Rationalität erwachse aus der Bedeutung kommunikativer Handlungen, die Bedeutung dieser Handlungen hingegen aus der präsumierten Rationalität. Ungeachtet, welche Bindestrichwissenschaft wir uns zum Titel machen, es bleibt relativ unbestritten, dass menschliche Äußerungen beobachtbar sind und dass in diesen Äußerungen psychische Zustände, physische Prozesse, intersubjektive Kommunikation, soziale Stratifikation und kulturelle Werteordnung auf intrikate Weise miteinander interagieren. Bestritten wird vielmehr, ob der ganze Bereich, in welchem der Mensch (sein Tun, sein Denken, sein Fühlen, kurz: die Person) im Zentrum steht, auf eine niedrigere, fundamentalere und gleichzeitig „nomische" Ebene reduziert und ob durch diese Reduktion eine epistemisch zuverlässigere Ebene gewonnen werden kann, welche die empirischen Wissenschaften vom Psychischen, Sozialen und Kulturellen in den Bereich eigentlicher Wissenschaften zu überführen vermöchte. Die Zweifel an diesem Vorhaben scheinen immer wieder auf den einen und einzigen Punkt hinauszulaufen, dass mentale Ereignisse und ihre Begründungszusammenhänge von physischen Ereignisse und Kausalzusmmenhängen kategorisch zu trennen sind:

> There are no strict psychophysical laws because of the disparate commitments of the mental and physical schemes. It is a feature of physical reality that physical change can be explained by laws that connect it with other changes and conditions physically described. It is a feature of the mental that the attribution of mental phenomena must be responsible to the background of reasons, beliefs, and intentions of the individual. There cannot be tight connections between the realms if each is to retain allegiance to its proper source of evidence. The nomological irreducibility of the mental does not derive merely from the seamless nature of the world of thought, preference, and intention, for such

> interdependence is common to physical theory, and is compatible with there being a single right way of interpreting a man's attitudes without relativization to a scheme of translation. Nor is the irreducibility due simply to the possibility of many equally eligible schemes, for this is compatible with an arbitrary choice of one scheme relative to which assignments of mental traits are made. The point is rather that when we use the concepts of belief, desire, and the rest, we must stand prepared, as the evidence accumulates, to adjust our theory in the light of considerations of overall cogency: the constitutive ideal of rationality partly controls each phase in the evolution of what must be an evolving theory. [...] We must conclude, I think, that nomological slack between the mental and the physical is essential as long as we conceive of man as a rational animal.[93]

Die kategorische Differenz zwischen dem Geistigen und dem Physischen erscheint Davidson trivial („commonplace"). Die Wendung, die er ihr gibt, ist es aber nicht. Sein „anomaler Monismus" behauptet zum einen, dass mentale Ereignisse auf physische zurückgeführt werden können, ja letztlich „identisch sind",[94] dass zum anderen das Physische und das Mentale sich aber in keine streng gesetzliche Kausalrelation zueinander stellen lassen. Um diesen Widerspruch der Kontinuität des Physischen und des Mentalen bei gleichzeitig anomischen Verhalten des Mentalen zu erklären, unterscheidet Davidson zwischen ‚type' und ‚token': Kausalursächliche Abhängigkeiten ließen sich dort finden, wo wir es mit Einzelereignisse und ihren Ursachen zu tun haben, während auf Ebene der Ereignisklassen oder Ereignistypen[95] keine solchen Gesetzmäßigkeiten behauptet werden können. Der Typus ist also bestenfalls eine Approximation auf der Beschreibungsebene, nicht aber diejenige Klasse von (mentalen) Ereignisse, die gesamthaft mit einer anderen Klasse von (physischen) Ereignissen in einer ursächlichen Relation stehen, und ‚vice versa'. Wir könnten also erklären, was ist und war, nicht aber sein wird oder würde. Jedes Handlungsereignis hat – das ist Davidsons Naturalismus – eine physische Ursache, die sich intentionalistisch und physisch äußert, Klassen intentionalistischer Ereignisse können aber mit Klassen physischer Ereignisse nicht eindeutig korreliert werden. Im Bereich der Interpretation sind regelhafte Aussagen also Verallgemeinerungen, Gesetzen zwar ähnlich, nicht aber Gesetze:

---

93 Davidson [1970] 1980, S. 222 f.

94 Davidson 1995, S. 263: „Anomalous Monism is the view that mental entities (objects and events) are identical with physical entities, but that the vocabulary used to describe, predict and explain mental events is neither definitionally nor nomologically reducible to the vocabulary of physics."

95 Zum Begriff ‚Ereignistyp' und den diesbezüglichen Schwierigkeiten vgl. Baumgartner/Graßhoff 2004, S. 38–44.

> If one event causes another, there is a strict law which those events instantiate when properly described. But it is possible (and typical) to know of the singular causal relation without knowing the law or the relevant descriptions. Knowledge requires reasons, but these are available in the form of rough heteronomic generalizations, which are lawlike in that instances make it reasonable to expect other instances to follow suit without being lawlike in the sense of being indefinitely refinable. Applying these facts to knowledge of identities, we see that it is possible to know that a mental event is identical with some physical event without knowing which one (in the sense of being able to give it a unique physical description that brings it under a relevant law). Even if someone knew the entire physical history of the world, and every mental event were identical with a physical, it would not follow that he could predict or explain a single mental event (so described, of course).[96]

Auch hierin ist die Übereinstimmung – bei allen Unterschieden, was die ontologischen Überzeugungen betrifft – mit Webers „Idealtypus" auffällig. Diese vielberufene Denkfigur steht für eine Approximation, „Utopie" oder „Idealbild", die aus dem „Prinzip" eine „Maxime" des Verstehens singulärer und kollektiver Akteure macht.[97] Mag Weber hierin einen Rest transzendentalphilosophischer Letztbegründung in der Nachfolge Rickerts im Gepäcke führen, so sollten wir nicht übersehen, dass dies – bald anerkennend, bald vorwurfsvoll – auch Davidson oder Dennett vorgehalten wird, ja, dass nicht zuletzt in der deutschsprachigen Rezeption des ‚principle of charity' die physikalistischen Forderungen – die Autoren wie Quine, Davidson oder Dennett erheben – oft stillschweigend übergangen werden. Ist das ‚principle' bei Davidson zwar apriorisch, nicht aber transzendental,[98] so dient die Präzisierung dazu, das ‚principle' als heuristische Leitvorstellung in der Empirie und auf diese bezogen zu verorten und nicht etwa dem Naturalismus oder Physikalismus zu entheben.[99]

Im Bereich der Empirie und auf empirische Untersuchungen bezogen kehren wir erneut zu unserem Ausgangspunkt zurück: Aussagen, die Ereignissen gelten, nicht aber Ereignistypen, Aussagen, die durch Eigennamen referieren,

---

96 Davidson [1970] 1980, S. 224.

97 Weber [1904] 1985, S. 191: „Man kann dann ferner den Versuch machen, eine Gesellschaft zu zeichnen, in der alle Zweige wirtschaftlicher, ja selbst geistiger Tätigkeit von Maximen beherrscht werden, die uns als Anwendung des gleichen Prinzips erscheinen, [. . .]."

98 Dass Davidson letztlich transzendental argumentiere vgl. Seidel 2008, S. 51 f.

99 Sinclair 2002, S. 175: „The most telling point against this reading [i. e. Kantian of Davidson] is the lack of a clear divide between the a priori and empirical in Davidson's work, a divide that is needed for this reading to he maintained. We need to recognize that Davidson's use of a priori principles maintains a mild tighter connection with the empirical by being responsive to empirical facts about us humans. This moves us away from a transcendental reading of Davidson's principles and properly locates Davidson within the naturalist tradition initiated by Quine."

nicht aber durch Allgemeinbegriffe,[100] Aussagen, die den Einzelfall betreffen und damit anomisch sind, sie alle stehen als idiographische quer zu nomothetischen, da Ereignisse in der Geschichte sich offensichtlich nicht auf einen Gesetzesbegriff reduzieren lassen. Ob die „fixation on ‚laws' by philosophers" ein „mystery" sei, dessen eigentliche Ursache in einem „leftover physics envy"[101] liege, wie Daniel Dennett sich ausdrückt, scheint eine Glaubensfrage zu sein, die vor über zweihundert Jahren mit dem Laplaceschen Dämon ihre anschauliche Darstellung erhielt. Wenn es um Grundsätzliches geht, markiert er als furchteinflößender Gegenspieler des nicht minder furchteinflößenden Cartesischen Dämons und gemeinsam mit diesem nach wie vor die Extreme unserer Debatten.

Wer ohne Gesetz von ‚Wissenschaft' nicht sprechen will, dessen Verdikt wird lauten, dass Geschichts-, Kultur-, Sozial- und Geisteswissenschaft keine Wissenschaften sind. Bestenfalls wird er sie als Quasi-Wissenschaften ‚gesetzähnlichen Zuschnitts' apostrophieren, die eine sympathische, jedoch nicht hinreichende Vorliebe für Regelmäßigkeiten erkennen lassen. Einer solchen Haltung scheint der Usus im angelsächsischen Sprachraum zu entsprechen, den genannten Disziplinen, meist auch Philosophie und Mathematik, solange das Etikett ‚Wissenschaft' zu verweigern, bis deren Gegenstände auf Beobachtungen der Wirklichkeit, deren Argumente hingegen auf Gesetze zurückgeführt werden können. ‚(Fundamental) physics' bildet in der Hierarchie wissenschaftlichen und quasiwissenschaftlichen Tuns die Spitze der Hierarchie, indem sie ironischerweise den Sockel gibt: Tiefe schlägt Breite. Als Wissenschaft unter den Wissenschaften folgen dieser Physik in der Hierarchie die ‚special sciences', die zwar bereits eine deutliche Einbuße in Sachen Wissenschaftlichkeit hinzunehmen haben, jedoch noch einiges über den ziemlich unzuverlässigen ‚social sciences' stehen, deren Unzuverlässigkeit bloß noch von den jeweiligen Idiosynkrasien gegen mutmaßliche Pseudowissenschaften (Theologie, Psychoanalyse, Homöopathie, Scharlatenerie u. dgl. m.) über- bzw. unterboten werden.

Natürlich ist gegen einen solchen sprachlichen Usus, mehr noch gegen das darin ausgedrückte Selbstverständnis Kritik geäußert worden, und dies bisweilen zurecht. Zurecht betrifft diese Kritik m. E. eine Reihe von konstitutiven Tugenden, die einzig den Naturwissenschaften zugesprochen werden, und dies obwohl wir in Ansehung der großen wissenschaftstheoretischen Probleme trotz großen Aufwands nach wie vor etwas ratlos scheinen. Hier seien bloß drei Thesen aufgegriffen: Gesetze sind nicht nur von fundamentaler, sondern auch von konstitutiver Bedeutung für Wissenschaften; Gesetze haben etwas mit

---

100 Davidson 1995, S. 265.
101 Dennett 1993, S. 219.

Kausalität zu tun; und schließlich: Selbst der Gesetzesbegriff beruht auf Gesetzen. Versuchen wir die miteinander verwobenen Probleme etwas zu entwirren.

Wie ‚Gesetz' zu verstehen ist, das hängt – wie so oft – vom argumentativen Kontext ab. Der zitierte Gesetzesbegriff von Susan Haack etwa bestimmt die Art über die Ko-Okkurenz der Eigenschaften ‚F' und ‚G'. Aufgrund der gesetzesartigen Verbindung dieser Eigenschaften werden Inferenzen möglich, d. h. Aussagen bezüglich einer notwendigen Eigenschaft ‚G' aufgrund einer beobachtbaren Eigenschaft ‚F' zu machen. Trifft ‚G' nicht zu, so gehört ein Gegenstand offensichtlich nicht zur selben Art bzw. *(x) (Fx → Gx)* trifft für besagten Gegenstand nicht zu. Eigenschaften sind also dann vorhersagbar, wenn sie ko-okkurieren und diese Ko-Okkurenz ist ein empirischer Befund, eine Entdeckung. Gegen diese Ansicht hat Joseph LaPorte eingewendet, dass von einer eigentlichen Entdeckung nicht die Rede sein könne, da Begriffe, die Arten bezeichnen, semantisch mit den empirischen Befunden nicht immer übereinstimmen und auch nicht übereinzustimmen brauchen. Die Etiketten nämlich, die Arten gegeben werden, seien – man denke an Saul Kripkes kausalitätstheoretische Definition von Eigennamen – der Deskription von Arteigenschaften in manchen Fällen vorgängig. Diese führe wiederum zu dem nur schwer zu akzeptierenden Schluss, dass es nicht Theorien seien, welche die Bedeutung von Begriffen verändern oder gar korrigieren.[102]

Wie so oft, ist die Entscheidung, die hier getroffen werden muss, eine, die zwischen Bedeutung von Begriffen und Essenzen von Dingen abzuwägen hat. Wie wir uns aber auch entscheiden, so hat diese Entscheidung mit dem Gesetzesbegriff, der die ‚fundamentale Physik' an die Spitze der Wissenschaftshierarchie stellt, wenig zu tun. Dieser bemisst sich vielmehr an seiner Reichweite, d. h. der Vorstellung einer höchstmöglichen Allgemeingültigkeit. Er geht von der einfachen, wenn auch problematischen Annahme aus, dass Gesetze diejenigen allgemeinen, zeitlosen Aussagen sind, deren zeitlose Gültigkeit die Vorhersagbarkeit von Ereignissen garantiere. Gesetze heißen Gesetze, nicht nur weil sich die Dinge so verhalten (das wäre eine Beschreibung des Verhaltens dieser Dinge), sondern weil sich diese Dinge so verhalten *werden* (Vorhersage eines notwendigen Eintretens), und zwar weil sie es – unter gewissen Bedingungen – *würden* (kontrafaktische Notwendigkeit). Vorhersage und Zeitlosigkeit passen jedoch ‚prima vista' ebenso wenig zusammen wie diese zu vorgängiger Ursache und nachfolgender Wirkung.[103] Der Vorwurf, Gesetze seien nicht kausal, weil sie nicht temporal sind, ist denn auch altbekannt, ja, er ist geradezu Signum

102 LaPorte 1996; LaPorte 2004, vor allem S. 168–173.
103 Vgl. die gelungene Darstellung von Machs und Russells Positionen bei Hüttemann 2013, S. 48–51.

der Debatten, die Neukantianer und Positivisten um die Grundlegung einer modernen Wissenschaftstheorie führten. Die Liste derjenigen, die in der Kausalität und in den Kausalgesetzen nichts anderes als eine Präsumtion sehen, ist denn auch beeindruckend: Ernst Mach, Hermann von Helmholtz, Moritz Schlick, Bertrand Russell, Rudolf Carnap u. a. m. haben die Rede von Vergangenheit und Zukunft, von Ursache und Wirkung als „Gedankendinge" verworfen,[104] die „der Nachbildung der Tatsachen" diene, und zwar weil die „Natur nur *einmal* da ist." Gesetze der Physik nämlich seien Gleichungen, also symmetrisch (A ist ebenso Ursache von B wie B von A)[105] und intransitiv, während Kausalität gängigerweise als asymmetrisch (A ist die Ursache von B schließt aus, dass B die Ursache von A ist) und transitiv (A ist die Ursache von B und B die Ursache von C, scheint zu implizieren, dass A die Ursache von C ist).[106] Als Gleichungen sind Gesetze also die reine Aussageform aspektueller Wissenschaft, welche die Ko-Okkurenz von Eigenschaften definiert, und eben gerade nicht der Ausdruck für eine mereologische Interpretation von „occurents", die Ereignisse als Teile von Ereignisfolgen oder Prozessen determiniert. Schon Hume vermutete, dass unsere Kausalitätspräsumtionen typischerweise aus einer intuierten „necessary connexion" von „precedency" und „contiguity" resultieren.[107]

In der Folge versucht Mach die transzendentaltheoretische Kausalitätspräsumtion von Kants zweiter Analogie der Erfahrung[108] in ihrer „Autorität" auf ein evolutionär bedingtes Gefühl zu reduzieren, auf eine Entwicklung, die „*instinktiv* und unwillkürlich" ist, so „daß das Gefühl für Kausalität nicht vom Individuum erworben, sondern durch die Entwicklung der Art vorgebildet sei." An die Stelle apriorischer Notwendigkeit tritt ein kausal-finaler Zirkelschluss, der nun darin besteht, dass wir kraft einer evolutionsbedingten menschlichen Eigenschaft aus der Wahrnehmung von „Gleichförmigkeiten" die Frage ‚warum' erlernen und diese mit Verweis auf dieselben Gleichförmigkeiten beantworten.[109]

Mit am entschiedensten formuliert von Helmholtz die Zirkularität der als denknotwendig erachteten Kausalitätspräsumtion, und er tut das auf eine Weise, die sich nun im Bereich der Physik nicht merklich von der Begründung,

---

104 Mach [1883] 1933, S. 460, vgl. auch ebd. S. 459: „In der Natur gibt es keine Ursache und keine Wirkung."
105 Price/Welake 2009, S. 417.
106 Zur Kritik, dass kausale Prozesse immer transitiv seien, vgl. Hitchcock 2001; Yablo 2002, hier vor allem S. 141 f. Hingegen Baumgartner/Graßhoff 2004 S. 54–59.
107 Hume [1739] 1984, S. 220.
108 Zu Kants transzendentalphilosophischer Begründung der Kausalität vgl. Watkins 2009, S. 96–100.
109 Mach [1883] 1933, S. 459 f.

oder dem Begründungsproblem, der Rationalitätspräsumtion im Bereich des Mentalen unterscheidet. Für ihn steht Kausalität im Zeichen der Kantschen Transzendentalphilosophie: „Das Kausalgesetz ist wirklich ein a priori gegebenes, ein transzendentales Gesetz." Der Wissenschaft unter den Wissenschaften gibt er dieses Gesetz jedoch als Maxime auf, denn der „Induktionsschluß" ist nur „unter Voraussetzung des Kausalgesetzes" gültig, „daß nun auch in Zukunft das Kausalgesetz gültig" sei, kurz: „Vertraue und handle!"[110] Gegen von Helmholtz' Rede einer angeblichen Transzendentalbegründung wendet Schlick ein, dass es sich hier bloß und richtigerweise um eine psychologische „Geltung" handle, deren „Gültigkeit" eine „tatsächliche" ist, „auf die wir vertrauen müssen", nicht aber im Sinne Kants um eine „konstitutive" Annahme.[111]

Die Interpretation von Naturgesetzen kennt also ähnliche Begründungsprobleme wie die Rationalitätspräsumtion. Nicht anders als diese fungiert sie in Schlussverfahren, die in der Regel – bei aller berechtigten,[112] bisweilen auch unberechtigten Kritik – so ziemlich dem Deduktiv-nomologischen (DN) und dem Induktiv-statistischen (IS) Modell entsprechen.[113] Diese nun sind bekanntlich nicht ohne Einfluss auf die Geisteswissenschaften geblieben,[114] ja, wir könnten Carl Gustav Hempels und Paul Oppenheims DN-Modell aus dem Jahr 1948 sowie Hempels Entwicklung des IS-Modells aus dem Jahr 1965 gar als abschlägige Antwort auf das von Rickert konstatierte „prinzipielle und allgemeine *logische Auseinanderfallen* von *Naturgesetzlichkeit* und *Geschichte*" lesen.[115] Vielmehr gilt hier, dass ein deduktiver Schluss die Wahrheit der Prämisse und diese ein allgemeines Naturgesetz voraussetzt,[116] während in einem induktiv-statistischen Schluss probabilistische oder „statistische Gesetzesaussagen" die genannte Stelle einnehmen.[117] Trotz der zahlreichen Präzisierungen, Ergänzungen und Retraktionen, die Hempel der Formulierung seines ursprünglichen DN-Modells zukommen ließ,[118] bleibt eine Forderung gleich, und sie erscheint auf den ersten Blick eher moderat: Eine Erklärung eines Ereignisses soll dessen Eintreten als erwartbar ausweisen. Entweder sie tut es für alle Fälle (DN) oder aber für die meisten (IS). Die Prämissen, die hierzu berechtigen, sind Gesetze

110 Von Helmholtz 2012, S. 398.
111 Schlick 2012.
112 Vgl. die summarische Darstellung der Probleme bei Jakob 2008, S. 39–64.
113 Cummins 2006, S. 90 f.; Churchland 1970, S. 229.
114 Vgl. Patzig 1988, S. 52–58.
115 Rickert [1898/1926] 1986, S. 156.
116 Hempel/Oppenheim 1948, S. 152–157.
117 Hempel, [1965] 2002, S. 49–51.
118 Haack 2007, S. 37–40.

bzw. Verallgemeinerungen. Doch auch dieser auf den ersten Blick evident erscheinende Anspruch wurde vor nun mehr als 40 Jahren von Wesley Salmon grundlegend in Frage gestellt. Für Salmon hängt die Qualität kausaler Erklärungen von der Relevanz der Eigenschaften ab und somit von der Homogenität der Untersuchungsklasse.[119] Die Relevanzforderung soll nicht etwa der prognostischen Unzuverlässigkeit unserer Schlüsse entgegenwirken, sondern unseren berechtigten Anforderungen an eine Erklärung entsprechen: „generalizations themselves may need explanation".[120] Die Beispiele, die Salmon anführt, sind berühmt geworden: Alle Männer, welche die Pille nehmen, werden nicht schwanger; oder auch: Die meisten Erkältungen von Menschen, die Vitamin C zu sich nehmen, sind nach einer Woche kuriert.[121] Was nun relevant bzw. irrelevant ist, das ist eine Frage, welche die bereits erwähnten ‚ceteris paribus'-Klauseln aufwerfen oder umschiffen: ‚Trifft ein, wenn nichts Hinderliches dazwischentritt'. Was hinderlich ist oder wäre, das ist oder wäre sicherlich auch erklärungsrelevant. Und es ist oder wäre nicht nur relevant, sondern verursacht auch genau dasjenige, was wir unter Heterogenität verstehen. Weder wird es von den gesetzesartigen, noch von den allgemeinen Prämissen erfasst – in den Worten Jerry Fodors, des hartnäckigen Verteidigers der Notwendigkeit von ‚ceteris paribus'-Klauseln:

> Exceptions to the generalizations of a special science are typically *inexplicable* from the point of view of (that is, in the vocabulary of) that science. That's one of the things that makes it a special science.[122]

Bezeichnenderweise gelten diese Sätze der Widerlegung von Davidsons Ansicht, dass „real sciences" im Gegensatz zu den „intentional sciences" perfektibel, d. h. von ‚ceteris paribus'-Klauseln befreibar seien. Gehen wir mit Fodor davon aus, dass im Bereich empirischer Untersuchungen ‚ceteris paribus' nicht nur großzügig Verwendung findet, sondern unvermeidbar sei, so folgt: „By this criterion, however, the only real science is basic physics."[123] Die Ebene der „basic physics" ist aber nicht zuletzt deshalb ‚basic', weil es auf dieser Ebene durchaus umstritten ist, ob deren symmetrische Gleichungen asymmetrisch, d. h. kausal interpretiert werden können.[124]

119 Salmon 1971.
120 Salmon 1971, S. 80.
121 Salmon 1971, S. 33 f.
122 Fodor [1987] 2006, S. 221.
123 Fodor [1987] 2006, S. 221.
124 Vgl. hierzu Hoefer 2009, S. 701–704. Für eine Eliminierung kausaler Argumente plädiert Norton 2003; Norton 2009; dagegen Frisch 2009.

Ob wir nun zu Post-Kantischem Transzendentalkausalismus oder Post-Humeschen Regularitätstheorien neigen, hüben wie drüben scheinen die Probleme noch längst nicht gelöst, was es denn eigentlich heiße, eine Erklärung zu geben, ja, ob sich hinter dem Begriff ‚Kausalität' nicht ein ganzes Bündel kausaler, quasi- und pseudo-kausaler Strategien verberge, die vielleicht gar nichts miteinander zu tun haben.[125] Falls diese Probleme denn überhaupt lösbar sind, so gälte es wohl, ‚ceteris paribus'-Klauseln in Erklärungen von Einzelereignissen nach IS-Modell zu eliminieren bzw. Kriterien zu entwickeln, die zwischen nomologischen (synthetischen) und logischen (analytischen) Notwendigkeiten widerspruchsfrei zu unterscheiden vermöchten. Es scheint ein heikles Unterfangen, unseren forschenden ‚common sense' auf formal gültige Kriterien festzulegen, die den Unterschied zwischen „informal formal validity" und „informal material validity" zu erfassen in der Lage wären.[126] All diese Bedenken, die tief ins Herz der Wissenschaftstheorie dringen, stellen nicht etwa die wissenschaftliche Praxis mit ihren enormen Erfolgen bei der Gewinnung, Entwicklung und Überprüfung von Wissen in Frage, sondern sollten den Anlass bilden, unsere Ehren-Prädikate ‚Wissenschaft', ‚Quasi-Wissenschaft' und ‚Nicht-Wissenschaft' mit mehr Vorsicht zu verleihen.

Hängen wir die Dinge etwas tiefer, als es die Verheißung einer künftigen Reduktion von Beobachtungen, Verallgemeinerungen, Rationalitäts- und Kausalitätspräsumtionen auf eine fundamentale Physik in Aussicht stellt, so sollten wir zwei Fragen sicherlich klären, nämlich was zu wissen möglich und was zu wissen erwünscht ist. Die praktische Möglichkeit von Wissen ist – trivial, trivial! – beschränkt; nicht alle Daten sind zugänglich, die es erlauben würden, relevante von irrelevanten Eigenschaften zu trennen und damit Klassenbegriffe in ihrer Homogenität mit letzter Sicherheit zu definieren, ja, gewisse Daten – nämlich diejenigen der Vergangenheit – werden nie zugänglich sein, weil sich keine beobachtbaren Spuren dieser Ereignisse erhalten haben. Und dieser zweite Befund gilt für alle Einzelereignisse, die mit ihrem Eintreten notwendig Geschichte werden – für die Mehrheit einer supponierten Gesamtmenge von Daten also.

All diese Trivialitäten haben nichts, oder nur sehr wenig, mit einer ontologischen Bruchlinie zu tun, die zwischen Natur und Geist (oder Kultur, Gesellschaft) verliefe. Die geographischen Gegebenheiten Belgiens, egal ob 1830 oder im 20. Jahrhundert, sind genauso real wie Holztische und Goethes *Werke*; es gibt sie. Es hat nichts mit den Instrumenten zu tun, welche die Untersuchung dieser ontologisch Geschiedenen Reiche erfordern würde – Teile der Wirtschaftswissenschaft

---

125 Cartwright 2004.
126 Baumgartner/Lampert 2008, S. 104.

und der Soziologie brauchen mehr Mathematik als sich Botanikerinnen und Botaniker je träumen ließen. Es hat nichts mit der Reichweite von Aussagen zu tun, entwickeln die Linguisten doch Argumente für syntaktische Strukturen, deren Allgemeinheit so ziemlich unbeschränkt erscheint, entwickeln Kunst- und Literaturtheoretiker bisweilen theoretische Beschreibungen von ästhetischer Wirkung, deren Einschränkungen einzig und allein durch die Prämisse gegeben ist, dass die Gegenstände, von denen sie reden, existieren. Und letzteres gilt ‚mutatis mutandis' auch für die Physik. Es hat nicht mit der Methode zu tun, falls wir unter Methode solche Dinge verstehen wie Induktion und Deduktion oder Kausal- und Finalerklärungen. Die Biologie scheint ohne Funktionsbegriffe noch schlechter dran zu sein als die Soziologie, als deren Hauptnahrung Funktionen und Werte nun mal gelten – auch lässt sich über Allgemeinbegriffe leichter deduzieren, wenn sie sich rein von stofflicher oder sozialer Wirklichkeit präsentieren.

Die zweite Frage, was wir nämlich überhaupt wissen wollen, müsste etwas Licht in ein irritierendes Argument bringen, dass es doch wichtiger sei, die Gesetze der Physik, den Big Bang oder die Vektorengeometrie als den Inhalt der *Illias* zu kennen. Wieso? Das öffentliche Interesse, nein, die Nützlichkeit, oder vielleicht doch die schiere Wissenschaftlichkeit dieses Wissens mache dieses Wissen wissenswert, jenes Wissen ein bisschen wissensunwerter. Nun, es scheint keine sonderlich gute Idee zu sein, auf den Wert eines Wissens zu verweisen, der nun nicht etwa kausal oder gesetzesartig, sondern rein funktional begründet wird. Dass die Gesetze selbst auf Gesetzen beruhen, die evolutionär dem Überleben oder utilitaristisch der Lustmaximierung dienen *sollen*, sind keine wissenschaftlichen Aussagen, sondern sozial-ethische Leitvorstellungen, deren Akzeptanz in den meisten Fällen wohl nicht sehr weit reichen wird. Über Ideologien zu streiten, die auf Vorstellungen aufbauen wie: Es ist wichtiger, schneller zu reisen, als schöner zu lesen, ist fürwahr keine gute Idee und wissenschaftlich höchst merkwürdig. Zwar leuchtet es ein, dass es wichtig ist, gesund zu sein oder geheilt zu werden, aber es leuchtet auch ein, dass es wichtig ist, genug zu verdienen und angenehm zu leben.

Wieso verlässt die gesunde und berechtigte Skepsis gegen subjektive Interessen Wissenschaftler und Wissenschaftlerinnen genau in dem Moment, wo es um ihr eigenes werthaftes Selbstverständnis geht? Die Strategien der Selbstbehauptung sollten, bei all unseren jeweiligen Vorlieben, den Hauptgegenstand der Wissenssoziologie darstellen, haben aber mit den intrinsischen Eigenschaften des Prädikats ‚Wissen' nichts zu tun. Statt zu konstatieren, dass es Menschen gibt, die sich für dies und jenes in einer Art und Weise interessieren, die nicht nur einen Glauben, sondern ein Wissen erfordert, sollten deshalb thematische und aspektuelle Wissenschaften unterschieden werden, die aufs engste in ihrem Vorgehen miteinander zusammenhängen, jedoch verschiedene

Zugänge oder Ausgangspunkte kennen: Wie und wieso hat sich ein bestimmtes Etwas ereignet? Wieso und wie ereignet sich ein gewisses Etwas? Wissen also, das Ereignissen und Kontexten entspricht, und Wissen, das regelhaftes und gesetzartiges Verhalten unter Absehung der Einzelfälle betrachtet. Einzelfälle sind die Gegenstände unserer Wahrnehmungen und dennoch können wir sie nur erklären und verstehen, indem wir Verallgemeinerungen und Regelmäßigkeiten unterstellen; Regelmäßigkeiten hingegen sind die Grundlage all unserer Erwartungen, Pläne, Inferenzen, und dennoch bauen sie selbstverständlich auf Erfahrungen auf. Aus irgendeinem Grund wollen wir die Welt verstehen, und sei es noch so bruchstückhaft, und nicht nur in ihren Gesetzen, sondern in all den Vorkommnissen, nicht bloß in der Tiefe, sondern auch in der Breite, die das natürliche Habitat aller Lebewesen bildet.

Wer einen individuellen Ereigniskomplex, der sich durch supponierte Teil-Ganzes-Relationen auszeichnet, untersucht, der geht von determinierten Individuen aus, doch spätestens bei der Eigenschafts- und Strukturbeschreibung wird er oder sie auf Artenbegriffe und dergleichen mehr zurückgreifen müssen, die qua Definition gesetzartige Vorstellungen implizieren. Wer hingegen Eigenschaften in den Blick nimmt, der geht von definierten Klassen aus, doch spätestens bei der empirischen Erforschung eines wirklichen Verhaltens bezieht er oder sie sich notwendig auf Individuen. Mit Geistes- und Naturwissenschaft, mit zwei Kulturen und ihren zwei Gegenständen, ihren zwei Logiken, ihren zwei Methoden und ihren zwei Funktionen, hat dies weniger zu tun als mit dem Selbstverständnis der Forschenden und ihren Wertvorstellungen.

Literatur

Achermann, E. 2002a: Epochennamen und Epochenbegriffe – Prolegomena zu einer Epochentheorie. In: Wiesinger, P. (Hg.): *Akten des X. Internationalen Germanistenkongresses. Bd. 6: Epochenbegriffe: Grenzen und Möglichkeiten*. Bern.

Achermann, E. 2002b: Existieren Epochen? In: *Epochen*. Hg. von Strohschneider, P. und F. Vollhardt. *Mitteilungen des Deutschen Germanistenverbandes* 49/3, S. 222–239.

Achermann, E. 2007: Was ist hier Sache? Zum Verhältnis von Philologie und Kulturwissenschaft. In: *Germanistische Mitteilungen. Zeitschrift für deutsche Sprache, Kultur und Literatur* 65, S. 23–39; auch in: Kulturwissenschaft. Wissenschaft ohne Theorie und Methode? Hg. von Eric Achermann. Unter http://germanistik.ch/kulturwissenschaft.php.

Achermann, E. 2016: Die Frühe Neuzeit als Epoche. Theorien und Konzepte. In: *Neue Diskurse der Gelehrtenkultur in der Frühen Neuzeit. Ein Handbuch*. Hg. von Jaumann, H. und G. Stiening. Berlin, New York, S. 3–96.

Bast, R.A. 1999: Einleitung zu: *Heinrich Rickert: Philosophische Aufsätze*. Hg. von dems. Tübingen.

Baumgartner, M. und G. Graßhoff 2004: *Kausalität und kausales Schliessen*. Bern.

Baumgartner, M. und T. Lampert 2008: Adequate Formalization. In: *Synthese* 164/1, S. 93–115.
Beckermann, A. 2008: *Analytische Einführung in die Philosophie des Geistes*. Berlin, New York.
Boeckh, A. 1886: *Encyklopädie und Methodologie der philologischen Wissenschaften*. Leipzig.
Boghossian, P. 2013: *Angst vor Wahrheit. Ein Plädoyer gegen Relativismus und Konstruktivismus*. Frankfurt a. M.
Burger, T. 1994: Deutsche Geschichtsschreibung und Webersche Soziologie. In: *Max Weber Wissenschaftslehre*, Hg. von Wagner, G. und H. Zipprian. Frankfurt a.M., S. 29–104.
Cartwright, N. 1980: The Truth Doesn't Explain Much. In: *American Philosophical* Quarterly 17/2 (1980), S. 159–163.
Cartwright, N. 2004: Causation. One Word Many Things. In: *Philosophy of Science* 71, S. 805–819.
Churchland, P.M. 1970: The Logical Character of Action-Explanations. In: *Philosophical Review* 79/2, S. 214–236.
Cummins, R.C. 2006: ‚How Does it Work?' versus ‚What Are the Laws?'. Two Conceptions of Psychological Explanation. In: *Philosophy of Psychology. Contemporary Readings*, Hg. von J.L. bermudez, S. 90–98
Davidson, D. [1970] 1980: Mental Events (1970). In ders: *Essays on Action and Events*. New York.
Davidson, D. 1995: Laws and Causes. In: *Dialectica* 49/2–4.
Dennett, D. 1993: Back from the Drawing Board. In: *Dennett and his Critics. Demystifying Mind*. Hg.von B. Dahlbom. Oxford, S. 203–236.
Diemer, A. 1968: Die Differenzierungen der Wissenschaften. In: *Beiträge zur Entwicklung der Wissenschaftstheorie im 19. Jahrhundert*. Hg. von dems. Meisenheim a. Glan.
Dilthey, W. [1892/93] 1914: Das natürliche System der Geisteswissenschaften im 17. Jahrhundert (1892/93). In ders.: *Gesammelte Schriften. Bd. II*. Leipzig, Berlin.
Dilthey, W. [1895/98] 1964: [Über Vergleichende Psychologie] Beiträge zum Studium der Individualität (1895/98). In: ders.: *Gesammelte Schriften. Bd. V. Die Geistige Welt. Einleitung in die Philosophie des Lebens.Erste* Hälfte. *Abhandlungen zur Grundlegung der Geisteswissenschaften*. Stuttgart, Göttingen.
Dux, G. 1994: Subjekt und Gegenstand im Erkenntnisprozeß historischen Verstehens. Von der begründungs- zur prozeßlogischen Wissenschaftslehre. In: *Max Weber Wissenschaftslehre*, Hg. von Wagner, G. und H. Zipprian. Frankfurt a.M., S. 662–677.
Esfeld, M. 2007: Mental Causation and the Metaphysics of Causation. In: *Erkenntnis* 67/2, S. 207–220.
Fine, K. 1999: Things and Their Parts. In: *Midwest Studies in Philosophy* 22, S. 61–74.
Flasch, K. 2003: Philosophie und Epochenbewußtsein. In ders.: *Philosophie hat Geschichte. Bd. 1. Historische Philosophie. Beschreibung einer Denkart*. Frankfurt a. M., S. 154–168.
Fodor, J. [1987] 2006: The Persistence of the Attitudes (1987). In: *Philosophy of Psychology. Contemporary Readings*. Hg. von J. L. Bermúdez. New York, S. 217–241.
Fodor, J. und E. Lepore 1993: Is Intentional Ascription Intrinsically Normative? In: *Dennett and his Critics. Demystifying Mind*. Hg.von B. Dahlbom. Oxford, S. 70–82.
Føllesdal, D. 2008: Hermeneutik und die hypothetisch-deduktive Methode. In: *Hermeneutik. Basistexte zur Einführung in die wissenschaftstheoretischen Grundlagen* von Verstehen *und Interpretation*. Hg. von A. Bühler. Heidelberg, S. 157–176.
Frisch, M. 2009: Causality and Dispersion. A Reply to John Norton. In: *British Journal for the Philosophy of Science* 60, S. 487–495.

Goodman, N. [1946] 1988: Das Problem der irrealen Bedingungssätze (1946). In ders.: *Tatsache, Fiktion, Voraussage*. Frankfurt a.M., S. 17–45.
Goodman, N. [1953] 1988: Das neue Rätsel der Induktion (1953). In ders.: *Tatsache, Fiktion, Voraussage*. Frankfurt a. M., S. 81–109.
Haack, S. 2007: *Defending Science – Within Reason. Between Scientism and Cynicism*. Amherst, New York.
Hacking, I. 1999: *The Social Construction of What?* Harvard.
Hard, G. 1973: *Die Geographie. Eine wissenschaftstheoretische Einführung*. Berlin, New York 1973.
Hempel, C.G. und P. Oppenheim 1948: Studies in the Logic of Explanation. In: *Philosophy of Science* 15/2, S. 135–175.
Hempel, C.G. [1965] 2002: Two Models of Scientific Explanation (1965). In: *Philosophy of Science. Contemporary Readings*. Hg. von Y. Balashov und A. Rosenberg. Routledge, S. 45–55.
Henderson, D. 1993: *Interpretation and Explanation in the Human Sciences*. Albany.
Hitchcock, C. 2001: The Intransitivity of Causation Revealed in Equations and Graphs. In: *The Journal of Philosophy* 98, S. 273–299.
Hjelmslev, L. 1974: *Prolegomena zu einer Sprachtheorie (1943)*. München.
Hoefer, C. 2009: Causation in Spacetime Theories. In: *The Oxford Handbook of Causation*. Hg. von H. Beebee, C. Hitchcock und P. Menzies. Oxford, New York, S. 687–706.
Hull, D.L. 1987: Genealogical Actors in Ecological Roles. In: *Biology and Philosophy* 2, S. 168–184.
Hume, D. [1739] 1984: *A Treatise of Human Nature*, Bk. I, Pt. 3, Sect. 14. Hg. von E.C. Mossner. London, Harmondsworth.
Hund, F. 1972: *Geschichte der physikalischen Begriffe. Die Entstehung des mechanischen Naturbildes*. Mannheim, Wien, Zürich.
Hüttemann, A. 2013: *Ursachen*. Berlin, Boston.
Jakob, C. 2008: *Wissenschaftstheoretische Grundlagen sozial- und geschichtswissenschaftlicher Erklärungen*. Bern.
Jalbert, J.E. 1988: Husserl's Position Between Dilthey and the Windelband-Rickert School of Neo-Kantianism. In: *Journal of the History of Philosophy* 26/2, S. 279–296.
Koslicki, K. 2008: *The Structure of Objects*. Oxford.
Kovač, S. 1999: Quine's Platonism and Antiplatonism. In: *Synthesis Philosophica* 14, S. 45–52.
Krohs, U. 2007: Funktionsbegriff in der Biologie. In: *Wissenschaftstheorie*. Hg. von Bartels, A. und M. Stöckler. Paderborn, S. 287–306.
LaPorte, J. 1996: Chemical Kind Term Reference and the Discovery of Essence. In: *Noûs* 30/1, S. 112 132.
LaPorte, J. 2004: *Natural Kind and Conceptual Change*. Cambridge.
Lepsius, O. 2008: Themen einer Rechtswissenschaftstheorie. In: *Rechtswissenschaftstheorie*. Hg. von Jestaedt, M. und O. Lepsius. Tübingen 2008, S. 1–51.
Mach, E. [1883] 1933: *Die Mechanik in ihrer Entwicklung (1883)*. Leipzig.
Makkreel, R.A. 1969: Wilhelm Dilthey and the Neo-Kantians. The Distinction of the Geisteswissenschaften and the Kulturwissenschaften. In: *Journal of the History of Philosophy* 7/4, S. 423–44.
Nadeau, R. 1999: *Vocabulaire technique et analytique de l'épistémologie*. Paris.
Norton, J.D. 2003: Causation as Folk Science. In: *Philosophers' Imprint* 3/4, http://www.philosophersimprint.org/003004/ 3, S. 1–22.

Norton, J.D. 2009: Is There an Independent Principle of Causality in Physics? In: *British Journal oft he Philosophy of Science* 60, S. 475–486.

Oakes, G. 1994: Rickerts Wert/Wertungs-Dichotomie und die Grenzen von Webers Wertbeziehungslehre. In: *Max Webers Wissenschaftslehre. Interpretation und Kritik.* Hg. von G. Wagner und H. Zipprian. Frankfurt a. M., S. 146–166.

Patzig, G. 1988: Erklären und Verstehen. Bemerkungen zum Verhältnis von Natur- und Geisteswissenschaften (1973). In ders.: *Tatsachen, Normen, Sätze. Aufsätze und Vorträge.* Stuttgart, S. 45–75.

Petraschka, T. 2014: *Interpretation und Rationalität. Billigkeitsprinzipien in der philologischen Hermeneutik.* Berlin, Boston.

Price, H. und B. Welake 2009: The Time-Asymmetry of Causation. In: *The Oxford Handbook of Causation.* Hg.von H. Beebee, C. Hitchcock und P. Menzies. Oxford, New York, S. 414–443.

Quine, W.V.O. 1969: *Grundzüge der Logik.* Frankfurt a.M.

Quine, W.V.O. 1973: *The Roots of Reference.* LaSalle.

Quine, W.V.O. 1987: *Quiddities. An Intermittently Philosophical Dictionary.* Cambridge, Mass.

Rickert, H. [1898/1926] 1986: *Kulturwissenschaft und Naturwissenschaft (1898/1926).* Hg. von Friedrich Vollhardt. Stuttgart.

Rickert, H. [1913] 1999: Vom System der Werte (1913). In: ders.: *Philosophische Aufsätze.* Hg. von R.A. Bast. Tübingen.

Rickert, H. 1913: *Die Grenzen der naturwissenschaftlichen Begriffsbildung.* Tübingen.

Rickert, H. 1915: *Der Gegenstand der Erkenntnis. Einführung in die Transzendentalphilosophie.* Tübingen.

Salmon, W.C. 1971: Statistical Explanation. In ders.: *Statistical Explanation and Statistical Relevance.* Pittsburgh, S. 29–81.

Schlick, M. 2012: Anm. zu von Helmholtz: Die Tatsachen in der Wahrnehmung. In ders.: *Kritische Gesamtausgabe.* Hg. von E. Glassner und H. König-Porstner. Bd. I/5. Rostock, Kiel, Wien. Aufsätze, Beiträge, Rezensionen 1919–1925. Wien, New York, S. 334–336.

Scholz, O.R. 2016: *Verstehen und Rationalität.* Frankfurt a. M.

Searle, J. 1995: *The Construction of Social Reality.* New York.

Seidel, M. 2008: Von Wahrheit über Bedeutung zum Anti-Begriffsrelativismus? Davidsons Argumentation gegen den Begriffsrelativismus. In: *Facta Philosophica* 10, S. 39–66.

Simons, P. 1987: *Parts. A Study in Ontology.* Oxford.

Sinclair, R. 2002: What is Radical Interpretation? Davidson, Fodor, and the Naturalization of Philosophy. In: *Inquiry* 45/2, S. 161–184.

Snow, C.P. 1959: *The Two Cultures and the Scientific Revolution.* Cambridge.

Suppe, F. 1989: *The Semantic Conception of Theories and Scientific Realism.* Urbana, Chicago.

Tenbruck, F.H. 1994: Die Wissenschaftslehre Max Webers. Voraussetzung zu ihrem Verständnis. In: *Max Webers Wissenschaftslehre. Interpretation und Kritik.* Hg. von G. Wagner und H. Zipprian. Frankfurt a. M., S. 367–389.

van Inwagen, P. 1987: When are Objects Parts? In: *Philosophical Perspectives* 1, Metaphysics, S. 21–47.

von Helmholtz, H. 2012: Die Tatsachen in der Wahrnehmung. In: Anhang zu: *Moritz Schlick: Kritische Gesamtausgabe.* Hg. Von E. Glassner und H. König-Porstner. Bd. I/5. Rostock, Kiel, Wien. Aufsätze, Beiträge, Rezensionen 1919–1925. Wien, New York.

Wagner, G. und H. Zipprian 1989: Wertfreiheit. Eine Studie zu Max Webers kulturwissenschaftlichem Formalismus. In: *Zeitschrift für Soziologie* 18/1, S. 4–15.

Watkins, E. 2009: Kant. In: *The Oxford Handbook of Causation*. Hg.von H. Beebee, C. Hitchcock und P. Menzies. Oxford, New York, S. 92–107
Weber, M. [1921/22] 1980: *Wirtschaft und Gesellschaft. Grundriß der verstehenden Soziologie (1921–1922)*. 5., revidierte Auflage. Besorgt von Johannes Winckelmann. Tübingen.
Weber, M. [1904] 1985: Die ‚Objektivität' sozialwissenschaftlicher und sozialpolitischer Erkenntnis (1904). In ders.: *Gesammelte Aufsätze zur Wissenschaftslehre*. Tübingen.
Weber, M. [1906] 1985: Roscher und Knies und die logischen Probleme der historischen Nationalökonomie (1906). In ders.: *Gesammelte Aufsätze zur Wissenschaftslehre*. Tübingen.
Weber, M. [1917] 1985: Der Sinn der ‚Wertfreiheit' der der soziologischen und ökonomischen Wissenschaften. In ders.: *Gesammelte Aufsätze zur Wissenschaftslehre*. Tübingen.
Weber, M. [1909] 1988: Debattenreden auf der Tagung des Vereins für Sozialpolitik in Wien 1909 zu den Verhandlungen über ‚Die wirtschaftlichen Unternehmungen der Gemeinden'. In ders.: *Gesammelte Aufsätze zur Soziologie und Sozialpolitik*. Tübingen.
Wiggins, D. 2001: *Sameness and Substance Renewed*. Cambridge 2001.
Windelband, W. 1894: *Geschichte und Naturwissenschaft*. Rede beim Stiftungsfest der Kaiser Wilhelms-Universität Strassburg am 1. Mai 1894. Straßburg.
Yablo, S. 2002: De Facto Dependence. In: *The Journal of Philosophy* 99, S. 130–148.

Wolfgang Tschacher

Einheit oder Vielfalt als theoretische Grundlage der Psychologie?

Abstract: *Monism or plurality as a theoretical foundation of psychology?* Traditionally, the sciences have been divided into the natural sciences on the one hand and the humanities on the other. Natural sciences consider objective, i. e. third-person entities, whereas the humanities concern subjective intentional processes that depend on first-person interpretation. This leads to a dualistic dichotomy of nomothetic versus idiographic approaches. Now what about psychology, the science of (first-person) experience and (third-person) behavior? The development of this discipline has put forward dualistic and monistic, mental and physiological theories in rapid succession, which is perpetuated in today's (dualistic and pluralistic) cognitive-behavioral psychology on the one hand and the (monistic) neuroscience reductions on the other. Some reductionists, particularly in clinical psychology, even favor the monistic approach of social constructivism. Thus, the discussion in the discipline of psychology has remained at a clearly pluralistic, possibly pre-paradigmatic, stage. We argue that no reductive solution is in sight – so that psychology should openly acknowledge its dual aspects of mind and body. This dual-aspect approach should be supported by a structural science foundation. The structural-mathematical science of complexity and synergetics can offer concepts and laws that are valid in both the physical and mental domains – analogous pattern formation schemes govern both physical-behavioral and mental-intentional processes.

1 Zwei unterschiedliche Kulturen der Wissenschaft

Als er den Standort der Psychologie im Spektrum der Wissenschaften zu bestimmen suchte, führte Wilhelm Dilthey (1894/2005) die Unterscheidung zwischen Geisteswissenschaften und Naturwissenschaften in die wissenschaftstheoretische Diskussion ein. Daraus wurde ein bis heute gängiges Klassifikationssystem – Aufgabe der Geisteswissenschaften war für Dilthey das Beschreiben und Verstehen unter Einbeziehung des erkennenden Subjekts mit hermeneutischen Methoden. Das Ziel der naturwissenschaftlichen Methode sah Dilthey dagegen in der Erklärung. Diese Klassifikation definiert zwei unterschiedliche „Kulturen" im Wissenschaftssystem, denen sich die einzelnen Disziplinen mehr oder weniger eindeutig

https://doi.org/10.1515/9783110614831-007

zurechnen können. Jede Wissenschaftskultur bestimmt eigene Kriterien für Evidenz, die dann für jede Disziplin noch weiter spezifiziert werden können (Engelen et al., 2010). Die traditionelle Opposition (nur) zweier Kulturen mag aus gegenwärtiger Perspektive teilweise überholt erscheinen, aber dieser Gegensatz ist in der Psychologie weiterhin von großer Bedeutung, wie wir im weiteren Verlauf der Ausführungen sehen können.

Der erklärenden, naturwissenschaftlichen Kultur sind in diesem dualen Klassifikationsschema vor allem materielle Sachverhalte zugeordnet, die für sich allein stehen und existieren; also Forschungsgegenstände, die *nicht* auf anderes verweisen, die nicht etwas bedeuten oder etwas repräsentieren wollen. Nach Popper & Eccles (1977) gehören diese materiellen Gegenstände und Sachverhalte zu Welt 1, zur Welt der materiellen Dinge. Die Disziplin der Physik ist paradigmatisch für eine solche erklärende Naturwissenschaft, denn sie behandelt Welt-1-Objekte (beispielsweise Körper in der Newton'schen Mechanik). Körper können objektiv, also von beliebig vielen Beobachtern wertfrei beschrieben werden. Körper existieren, verändern und bewegen sich, ohne dabei notwendigerweise für etwas außerhalb ihrer selbst zu stehen, sie haben also keinen intentionalen oder semantischen Gehalt. Solche Objekte sind experimentellen Methoden leicht zugänglich, d. h. sie lassen sich beliebig und unter gleichen Anfangsbedingungen untersuchen und kontrolliert manipulieren. Materielle Objekte kann man im Prinzip kopieren: was für ein Elektron gilt, gilt für alle. Mit anderen Worten: Naturwissenschaftliche Gegenstände haben und entwickeln keine Geschichtlichkeit, keine spezifische Identität des Gegenstands, und keine Intentionalität (v. Brentano, 1874) im Sinne von Selbst- oder Fremdreferenz.

Die naturwissenschaftliche Kultur fordert die Unabhängigkeit des Forschers vom Gegenstand der Forschung und die freie Replizierbarkeit einer Studie zu jeder Zeit (Atmanspacher & Maasen, 2016). Ziel der Forschung ist die Generalisierung und das Auffinden von Gesetzen, sie ist also nomothetisch (Windelband, 1919). Dazu dient die Replikation, die Untersuchung von Zufallsstichproben statt besonderen Einzelfällen. Sinn und Bedeutung sind nicht Teil oder gar Gegenstand des Forschungsprozesses, sondern nur erlaubt nach Ende einer Studie, gewissermaßen im Diskussionsabschnitt eines wissenschaftlichen Artikels.

Von den verstehenden Geisteswissenschaften werden dagegen qualitativ grundlegend andere Sachverhalte erforscht. Dazu gehören etwa historische Vorkommnisse und Epochen (z. B. die Philosophie der Postmoderne im ausgehenden 20. Jahrhundert). Ein solcher Forschungsgegenstand ist nicht experimentell zugänglich, denn man kann ihn nicht wiederholen und dabei variierenden Randbedingungen unterwerfen. Geisteswissenschaften betrachten durchaus auch gegenwärtig existierende Objekte. Wenn diese etwa nur in einem Exemplar vorhanden sind (z. B. ein spezifisches Werk von Anselm Kiefer), widersetzen sie sich der experimentellen Erklärung ebenfalls und können nur „verstanden" werden. Forschungsgegenstände, die zwar in beliebiger Zahl vorhanden sind, deren Kern aber aus Intentionalität besteht (z. B. ein Roman von Thomas Mann, oder die Lilie als Symbol in der abendländischen Kunst) sind ebenfalls nicht materiell fassbar und über ihre objektiven physikalischen Eigenschaften erklärbar. Die Interpretation durch den Forscher ist daher ein zentraler Bestandteil der geisteswissenschaftlichen Forschung zu Sachverhalten, die nach Popper der Welt 2 zugehören, also der Welt mentaler Zustände, beziehungsweise einer Welt 3 der kulturellen Artefakte.

Die geisteswissenschaftliche Kultur fordert also nicht die Neutralität des Forschers, sondern im Gegenteil die Fähigkeit des Experten, mit dem Forschungsgegenstand mitschwingen zu können und sich in ihn hineinversetzen zu können. Der Gegenstand der Forschung besteht im Aufdecken der Intentionalität des Objekts, also dem Verstehen dessen, worauf sich das Objekt bezieht, seine „aboutness". Sinn und Bedeutung sind damit der eigentliche Gegenstand des Forschungsprozesses, weswegen auch der Einzelfall die Regel ist und statistische Methoden nur in Sonderfällen sinnvoll eingesetzt werden können. Das Vorgehen ist idiographisch (Windelband, 1919).

Die beiden Wissenschaftskulturen könnten also unterschiedlicher nicht sein. Es stehen nomothetische gegen idiographische Zielsetzungen, der Gegenstand ist objektiv gegeben versus subjektiv verstanden, die Methode ist Inferenzstatistik versus Einsicht in den Einzelfall.

Es gibt allerdings Bereiche der Wissenschaft, die sich nur schwer so klassifizieren lassen. Ausgeklammert aus den beiden wissenschaftlichen Kulturen wird oft eine Gruppe von „Strukturwissenschaften" (v. Weizsäcker, 1979; Küppers, 2011). Strukturwissenschaften sind solche Wissenschaften, die keinen definierten Gegenstandsbereich besitzen und sich auf formale Relationen zwischen inhaltlich nicht weiter bestimmten Elementen beziehen, wie dies besonders in der Mathematik der Fall ist. In der Mathematik sind die Elemente etwa abstrakte Gegenstände wie die Zahlen aus einer definierten Zahlenmenge. Zahlen kommen in der Natur nicht vor, Zusammenhänge zwischen ihnen können weder empirisch gewonnen noch durch Experimente oder Beobachtung falsifiziert werden: also ist Mathematik keine Naturwissenschaft. Mathematische Gegenstände wie die Zahlen wurden stattdessen von Menschen innerhalb eines kulturellen Kontextes entwickelt und erfunden – ist Mathematik also eine Geisteswissenschaft? Dies ist ebenso wenig sinnvoll, da mathematische Symbole keine Bedeutung, keinen intentionalen Gehalt haben, und nach objektiven Regeln der Logik ohne Interpretationsspielraum oder -bedarf verwendet werden. Also ist die Mathematik weder Natur- noch Geisteswissenschaft. Neben der Strukturwissenschaft Mathematik gibt es weitere Disziplinen, für die gleiches gilt: die

Systemtheorie, Synergetik, Kybernetik, Semiotik sind ebenfalls interdisziplinäre wissenschaftliche Felder ohne eigene Gegenstände, damit Wissenschaftsdisziplinen, die allein nach logischen Regeln und Prämissen aufgebaut sind.

Eine Disziplin insbesondere lässt sich kaum in das Raster der Natur- und Geisteswissenschaften einordnen, und eine Strukturwissenschaft ist sie auch nicht: die Psychologie.

2 Die Situation der Psychologie zwischen den Kulturen

Die Psychologie unter der Perspektive der Einheit oder Vielfalt der Wissenschaft(en) zu betrachten, beleuchtet eine Grund- und Kernfrage der Psychologie. Die akademische Psychologie definiert sich nämlich als die Wissenschaft vom Erleben und Verhalten des Menschen – so steht es in der Regel in einführenden Kapiteln der Lehrbücher.

Das „Erleben" ist ein Begriff aus der Erstperson-Perspektive, es bezeichnet einen Vorgang, den eine Person nur selbst, in der Introspektion erfahren kann. Erleben gehört damit in die geisteswissenschaftliche Kultur. Das „Verhalten" hingegen ist ohne weiteres objektiv beobachtbar und mit physikalischen Metriken messbar, der Begriff betrifft also die Drittperson-Perspektive, typisch für eine Naturwissenschaft. Wenn sich eine wissenschaftliche Disziplin auf diese Weise durch Erleben *und* Verhalten beschreibt, dann weist sie sich offenbar selbst eine anspruchsvolle, vielleicht auch prekäre Position zu: direkt über der Trennlinie zwischen Innen und Außen, zwischen Geist und Materie, zwischen subjektiv und objektivierbar. In dieser ersten Annäherung sieht sich die Psychologie selbst also als eine Wissenschaft, die eine *vielfältige* theoretische Grundlage benötigt, die subjektive wie auch objektive Sachverhalte erforscht, die daher sowohl Geisteswissenschaft als auch Naturwissenschaft ist. Der erste Eindruck ist deshalb, dass die im Titel formulierte Frage für die Wissenschaft Psychologie mit „Vielfalt!" beantwortet werden muss. Die Psychologie lässt sich nicht eindeutig einer der beiden Wissenschaftskulturen zuordnen (Tschacher, Bischkopf und Tröndle, 2011).

Philosophisch betrachtet, ist eine solche Position in der Wissenschaftslandschaft dualistisch. Das „Erleben" in der Selbstbeschreibung der Psychologie betrifft Descartes' *res cogitans*, das „Verhalten" tritt in der räumlich ausgedehnten äußeren Welt auf, in der materielle, physische Körper sich bewegen und verhalten, mithin *res extensa*. Eine zentrale Frage einer so verfassten Disziplin wird daher sein, wie Erleben und Verhalten, wie mentale und materielle Prozesse zusammenwirken, eine direkte Folge des Leib-Seele-Problems der Philosophie des

Geistes. Eine damit zusammenhängende Dualität, die in der Psychologie eine große Rolle spielt, ist die Unterscheidung zwischen bewussten Prozessen und impliziten Prozessen. Implizite kognitive Prozesses sind vereinbar mit einer physikalistischen Sichtweise auf die Psychologie, während bewusste Prozesse von vornherein das Vorhandensein einer Entität fordern, die nicht-materieller Natur ist: Bewusstsein.

Die Polarität zwischen Erleben und Verhalten bestimmte die Entwicklung der Psychologie seit ihren Anfängen im 19. Jahrhundert. Es gab aber schon gleich zu Beginn der Psychologiegeschichte unterschiedliche Auffassungen dazu. Wilhelm Wundt, der die akademische experimentelle Psychologie begründete, vertrat einen dem Erleben und Verhalten entsprechenden erkenntnistheoretischen Parallelismus (Wundt, 1863). Für ihn galten sowohl geisteswissenschaftlich-introspektive Beobachtungen wie auch naturwissenschaftliche Experimente als zulässige Methoden der Psychologie, die sich einander ergänzten anstatt ausschlossen (Galliker, Klein & Reikart, 2007). Wichtig für die eigenständige Entwicklung der Psychologie war Wundts Auffassung, dass psychologische Ursachen-Wirkungsketten als in sich abgeschlossen angesehen werden können, also nicht notwendigerweise nach sie begründenden physiologischen Ursachen gesucht werden muss. Damit wurde die Bahn für eine rein psychologische Forschung geebnet.

Gustav Fechner, der vor Wundt die Psychophysik begründet hatte, vertrat stattdessen eine monistische Auffassung. Fechner (1898) entwickelte seine Methodik basierend auf naturwissenschaftlichen Experimenten, die für die Entwicklung der experimentellen Psychologie grundlegend wurde, aber die subjektive Innenwelt untersuchte er nicht.

Eine dritte, nun primär geisteswissenschaftliche Richtung in der sich langsam etablierenden Psychologie war die hermeneutische Methode von Wilhelm Dilthey (1894). Die Psychologie ordnete er als Geisteswissenschaft ein, sie erhielt durch ihn ein Selbstverständnis als unabhängig von den Naturwissenschaften, als erkenntnistheoretisch eigenständige Disziplin.

Diese Vielfalt bereits bei der Begründung der Psychologie als eigener akademischer Disziplin setzte sich fort – die Geschichte der Psychologie nach dem 19. Jahrhundert bis in die Gegenwart verlief wie ein dialektisches Wechselspiel zwischen monistischen und dualistischen Paradigmen (falls man Kuhns Paradigma-Begriff für die Frühphase der Disziplin verwenden mag). Dies soll hier nur kursorisch aufgezählt werden: die Gestaltpsychologie (ca. 1910–1940) ist wohl am ehesten als dualistisch zu bezeichnen, da sie auf dem dem Erleben und der Wahrnehmungswelt zugehörigen Begriff der Gestalt aufbaute, aber mit Wolfgang Köhler, der Psychologe und Physiker war, ein Isomorphiekonzept einführte, wonach psychische und physische Prozesse eine Strukturgleichheit aufweisen (Köhler, 1920). Sigmund Freuds Psychoanalyse (seit ca. 1900) und die daraus hervorgegangenen psychodynamischen Schulen waren dagegen vorwiegend monistisch und hermeneutisch konzipiert. Der Behaviorismus (ca. 1910 -1960) verstand sich ebenfalls als eine monistische Grundlage von Psychologie, aber er stand als ein Positivismus des beobachtbaren Verhaltens in deutlicher und gewollter Opposition zur psychodynamischen Psychologie. Aus dem Behaviorismus ging nach der kognitiven Wende (ca. 1960) die heutige Kognitionspsychologie hervor, die man als dualistisch bezeichnen kann: unter dem Schirm der Informationsverarbeitung wurden auch Kognition, Erleben und Denken – als verdecktes symbolverarbeitendes Verhalten – für wissenschaftlich zulässig erklärt und mit der Methode der Operationalisierung experimentell zugänglich gemacht.

Die gegenwärtige Psychologie ist weiterhin vielfältig – sie ist wohl am ehesten als dualistisch oder pluralistisch zu bezeichnen, denn man findet eine große, geradezu postmoderne Uneinheitlichkeit vor. Die kognitive und allgemeine Psychologie (z. B. Kuhl, 2001) integriert willens- und handlungspsychologische Ansätze mit experimentellen Methoden der Verhaltens- und Kognitionswissenschaft, und präsentiert sich damit de facto als dualistisch. Volition, Gedächtnis, Motivation, Absicht und Plan gehören zu den anerkannten Konzepten in der allgemeinen Psychologie, obwohl sie von den Behavioristen als intentional und damit als nicht wissenschaftlich belegbar erachtet wurden. Gleichzeitig zeigt sich eine breite psychologische Forschungstätigkeit im Bereich der kognitiven und sozialen Neurowissenschaft (z. B. Roth, 2001; Singer & Lamm, 2009), oft mit dem Ziel, psychische Prozesse auf physikalische, also neuronale, Gehirnprozesse zurückzuführen. Das Ziel dieser Anstrengungen ist häufig die Reduktion von Psychologie auf Neurowissenschaft.

In der klinischen Psychologie und Psychotherapie, dem weitaus größten Anwendungsbereich der Psychologie, ist in der Gegenwart nahezu jeder Ansatz vertreten: geisteswissenschaftliche Psychoanalytiker und naturwissenschaftliche Neuro-Verhaltenstherapeuten, einen idealistischen Konstruktivismus vertretende Systemiker, sowie kognitive-behaviorale Therapeuten der „Dritten Welle", die aktuell die humanistische, also hermeneutisch-verstehende Richtung der Psychologie verfolgen.

3 Bestrebungen zur Vereinheitlichung der Psychologie

Die positivistische Wissenschaftstheorie, etwa der logische Empirismus des Wiener Kreises um Rudolf Carnap im frühen 20. Jahrhundert, hatte zum Ziel, die Einheit aller empirischen Wissenschaften durch eine gemeinsame und semantisch neutrale wissenschaftliche Sprache wiederherzustellen. Diese Sprache sollte sich allein auf intersubjektiv geteilte Sinnesdaten beziehen, also auf Daten, die sich als beobachtbare Tatsachen mittels Protokollsätzen formulieren und kommunizieren lassen. Alle Fragen, die nicht in dieser Weise reduzierbar sind, wären dann Scheinprobleme, die nicht wissenschaftlich behandelt werden können. In der Regel waren die positivistischen Positionen physikalistisch orientiert, indem von der materiellen Welt 1 ausgegangen wurde, und alle über materielle Sachverhalte hinausgehenden metaphysischen Konzepte und Fragen aus dem Bereich der wissenschaftlich sinnvollen Fragen ausgeschlossen wurden.

Dieses Ziel der positivistischen Wissenschaftstheorie wird vom Mainstream der heutigen analytischen Philosophie des Geistes weiterverfolgt (Beckermann, 2001). Als zentrales Thema geht es um das Leib-Seele-Problem und um die Möglichkeit einer Reduktion von „Seele“ auf „Leib“. In der Sprache der Philosophie des Geistes ist dies die Frage der Naturalisierung des Geistes, also der vollständigen Erklärung mentaler Attribute und Prozesse durch natürliche Attribute und Prozesse, wobei noch zwischen ontologischer und epistemologischer Reduktion unterschieden werden muss. In einer Wissenschaftsepoche, die stark von neurowissenschaftlicher Forschung geprägt ist, ist diese Frage nach der Naturalisierung des Geistes praktisch gleichbedeutend mit der Frage, ob und inwiefern neuronale und chemische Gehirnprozesse und Gehirnstrukturen die Grundlage mentaler Prozesse sein können. Es ist offensichtlich, dass die Naturalisierung mentaler Prozesse ein Kernthema der Psychologie ist (oder vielmehr sein sollte, denn bei der internationalen philosophischen Diskussion dieser Frage spielen Psychologen heute keine führende Rolle).

Das Forschungsprogramm der Neurowissenschaft und Neuropsychologie (Birbaumer & Schmidt, 2002; Roth, 2001) ist entsprechend darauf ausgerichtet, psychologische Fragestellungen in physiologische und neuroanatomische Begriffe zu überführen. Es wird unter anderem angestrebt, sogar auch *Psycho*therapie als „Neuropsychotherapie“ zu begründen (Grawe, 2004).

Wegen der raschen technologischen Entwicklung der bildgebenden Verfahren in den vergangenen Jahrzehnten existiert heute ein vielfältiges Bild darüber, welche Hirnregionen und welche Verbindungen zwischen Hirnregionen mit mentalen Prozessen korreliert sind. Der Erkenntnisgewinn ist hauptsächlich korrelativ und lokalisatorisch und wird veranschaulicht durch die Kartografierung von funktionellen Magnetresonanztomografien. Diese bildhaften Darstellungen von statistischen Befunden, die in Gehirnlandkarten eingetragen werden, erreichen in der Öffentlichkeit einen Grad höchster Evidenzzuschreibung (Mausfeld, 2010). Seitens der Psychologie muss aber eingeräumt werden, dass durch Lokalisierungsbefunde keine neuen theoretischen Erkenntnisse entstanden seien (Strack, 2010).

Es besteht ein wachsendes Bewusstsein darüber, dass die reduktive neurobiologische Erklärung mentaler Prozesse an Grenzen stößt, und dass die Neurowissenschaft als Ganzes stark von der heute diskutierten Replikationskrise mitbetroffen ist (Atmanspacher & Maasen, 2016). Etwa zeigen gerade auch neuere Befunde der Neurowissenschaften, dass es nicht möglich ist, mentale Vorgänge als identisch mit Gehirnprozessen anzusehen. Die Forschung zu 'neural reuse' und zur Plastizität des Gehirns hat deutlich gemacht, dass für gleiche oder ähnliche kognitive Aufgaben unterschiedliche Neuronennetzwerke „rekrutiert“ werden können, und dass die vermeintlich spezialisierten Hirnareale tatsächlich multimodal sind (Anderson, 2015). Die reduktionistische Auffassung, kognitive Prozesse seien „nichts anderes als“ Gehirnprozesse, lässt sich also kaum aufrechterhalten.

Wenn von den allgemeinen Eigenschaften mentaler Prozesse die Rede ist, geht es im wesentlichen um zwei zentrale Themen: um die Intentionalität und um den qualitativen Charakter des Erlebens (die „Qualia“) dieser Prozesse (Beckermann, 2008). Die Naturalisierung von Intentionalität im Sinne von Brentanos war das Ziel theoretischer Arbeiten der vergangenen Jahre (Tschacher & Haken, 2007; Tschacher, 2014). Für Franz von Brentano (1874) war die Intentionalität die charakterisierende Eigenschaft mentaler Akte: Geistesprozesse sind typischerweise auf etwas gerichtet (auf ein intentionales Objekt). Kein physikalischer Sachverhalt habe solchen intentionalen Gehalt. Wenn es nun möglich wäre, physikalische Systeme mit der Eigenschaft der Intentionalität zu finden, wäre ein bedeutender Schritt in Richtung auf die Naturalisierung des Geistes geleistet.

Tatsächlich ist es im Rahmen der von der Synergetik (Haken, 1990; Haken, in diesem Band) vorgeschlagenen Modellierung komplexer offener Systeme möglich, auch intentionale oder zumindest zu Intentionalität analoge Eigenschaften zu erfassen. Der Gegenstand der Synergetik sind nämlich komplexe Systeme, die auf externe Parameter (sog. Kontrollparameter) sensitiv reagieren, indem sie spontan (also selbstorganisierend) geordnete Muster bilden. Als Kontrollparameter werden in der Regel solche Parameter bezeichnet, die das System „antreiben“, sie beschreiben etwa den Gradienten des Energie-Nichtgleichgewichts, dem das System unterworfen ist. Wir konnten nun formal im Rahmen der Synergetik zeigen, dass die Musterbildung eine Rückwirkung auf die Kontrollparameter ausübt und in der Folge die Nichtgleichgewichtsgradienten reduziert (Tschacher & Haken, 2007). Freie Energie wird dabei dissipiert (Bruineberg & Rietveld, 2014). Es zeigte sich, dass die selbstorganisierte Musterbildung effizient darin ist, die in der Systemumwelt vorhandenen Nichtgleichgewichte zu reduzieren. Unter Umständen bildet sich sogar genau diejenige Form von Mustern aus, die am optimalsten geeignet ist, diese Nichtgleichgewichte zu reduzieren und „entspannen“. Diese Idee lässt sich auf neuronale Gehirnprozesse (über die Wilson-Cowan Gleichungen) anwenden

(Haken & Tschacher, 2010; Friston & Stephan, 2007). Wir folgerten daher, dass die Synergetik, als moderne Theorie komplexer Systeme, Wege aufzeigen kann, wie die mentale Eigenschaft „Intentionalität" naturalisiert werden kann. Allerdings ergab sich daraus nicht automatisch ein Weg, das psychische „Erleben", also die Qualia in gleicher Weise auch zu naturalisieren. Auch auf dem Wege der Komplexitätstheorie scheint die Naturalisierung des Erlebens selbst nicht erreichbar, und es bleibt eine Erklärungslücke hinsichtlich dieses „hard problem" (Chalmers, 1995) der Eigenschaften mentaler Prozesse.

Neben der Hinwendung zur Neurowissenschaft lässt sich ein weiterer langfristiger Trend in der Psychologie erkennen: die Abkehr von der mit der kognitiven Wende eingeführten Computermetapher des Geistes. Diese Kritik des Kognitivismus wird oft mit dem Begriff des „Embodiment" verknüpft (Tschacher & Bergomi, 2011): Die Psychologie hatte in der anfänglichen Euphorie des künstliche-Intelligenz-Zeitgeistes der 1960er bis 1980er Jahre den Behaviorismus so vehement in Abrede gestellt, dass auch die offensichtlichen Verbindungen zwischen Körper (also etwa dem motorischem Verhalten) und Kognition, Einstellung oder Emotion als Forschungsthemen vernachlässigt wurden. Das moderne Konzept „Embodiment" betont deshalb als „Bidirektionalität" gerade diese wechselseitigen Bezüge zwischen Körper und Psyche. Das bedeutet aber keinesfalls, dass die Psyche als körperlich zu verstehen wäre – Embodiment ist wiederum ein zwar vereinheitlichender, aber dualistischer Ansatz (Tschacher & Storch, 2012).

4 Zugleich dualistisch *und* monistisch? Duale Aspekte der Psychologie

Bei der Erörterung der Frage, ob für die Psychologie, die sich traditionell als Wissenschaft des Erlebens *und* Verhaltens definiert, eine einheitlich-reduktionistische oder eine vielfältig-dualistische Grundlagentheorie zugrunde gelegt werden soll, ergeben sich eine Reihe von Befunden aus den bisherigen Ausführungen.

Erstens ist das gegenwärtig realisierte Bild der Psychologie eindeutig vielfältig. Es existieren viele und sich gegenseitig ausschließende Perspektiven auf das Fach, die von einem Versuch des Neuroreduktionismus bis zur radikalkonstruktivistischen Autopoiesetheorie reichen. Die vielfältigen Anfänge der Psychologie vor etwa 150 Jahren, Fechners Physikalismus, Wundts Parallelismus und Diltheys Hermeneutik, werden auch heute weiterhin prominent vertreten. Man kann, mit einem heutigen Begriff, eine geradezu postmoderne Vielfalt der Kulturen in der Psychologie feststellen, einen Zustand der weitgehenden Abwesenheit eines erkenntnisleitenden Paradigmas (Kuhn 1967). Philosophisch gesehen, ist die von der Psychologie als ganzem Fach realisierte Haltung ein Dualismus von Leib und Seele, Körper und Psyche, mit allen drei möglichen Haltungen zum Leib-Seele-Problem: dem physikalistischen Monismus (Behaviorismus und Neuropsychologie), dem idealistischen Monismus (Konstruktivismus) und verschiedenen Formen von Dualismus.

Zweitens stoßen die verschiedenen Anstrengungen einer reduktiven Vereinheitlichung, ob in Form einer konstruktivistischen Zurückführung auf Erst-Person-Prozesse oder in Form einer physikalistischen Neuropsychologie an prinzipielle Grenzen. Die reduktionistischen Ansätze erscheinen letzten Endes entweder in behavioristischen Dogmatismus zurückzuführen, in „Neuromythologie“ (Hasler, 2012) zu enden, oder in konstruktivistischem Solipsismus einzumünden, und sind daher keine attraktiven Optionen für die Weiterentwicklung im Feld der Psychologie.

In der Philosophie entstanden verschiedene Systeme, die sich dieser Problematik der scheinbar unauflösbaren Gegensätze stellten (Atmanspacher, 2014). Es handelt sich um die Philosophie der „dualen Aspekte“, die in verschiedenen Versionen entwickelt wurde, und die von Spinozas Philosophie eröffnet wurde. Bertrand Russell entwickelte im 20. Jahrhundert seinen neutralen Monismus: die Welt besteht aus elementaren, psychophysisch neutralen Elementen, die je nach ihrer Komposition Geist oder Materie ergeben (Russell, 1921). C.G. Jung und Wolfgang Pauli entwickelten in ihren Briefwechseln eine Vorstellung von Komplementarität von Geist und Materie kompatibel mit Phänomenen der Quantentheorie. Der gemeinsame Ursprung der Komplemente in einem „unus mundus“ wird als gelegentlich erfahrbar angesehen, etwa in Phänomenen der Synchronizität (Atmanspacher, 2012). Schließlich entwickelte David Chalmers, der die Naturalisierung des Geistes als „hard problem“ ansah, und sich der vorschnellen Auflösung der Dualität von Geist und Körper verwehrte, einen „naturalistischen Dualismus“: die dualen Aspekte sind danach rückführbar auf Informationszustände. Die Kombination und Relationen von Informationseinheiten ergeben dann die entweder mentalen oder materiellen Strukturen (Chalmers, 1996; vgl. Haken, 1988). All diesen Ansätzen ist es zu eigen, dass sie die Dualität von Geist und Materie ernst nehmen und dann aber auf eine dritte Entität zurückzuführen versuchen, gewissermaßen zur Synthese bringen wollen.

In der Wissenschaftstheorie kommt möglicherweise den Strukturwissenschaften eine den duale-Aspekte-Theorien vergleichbare Funktion zu. Küppers (2011) vertrat die Auffassung, dass die Geistes- und Naturwissenschaften durch die „Brückenfunktion“ der Strukturwissenschaften, insbesondere der Wissenschaft der Selbstorganisation, zusammengeführt werden können.

Wahrscheinlich muss man unsere oben erwähnten Naturalisierungsversuche der Intentionalität (Tschacher & Haken, 2007) in dieser Weise neu deuten.

Wenn man zeigen kann, dass der Musterbildungsprozess synergetischer Systeme sich stets auf etwas (die Kontrollparameter) außerhalb des Systems bezieht, dabei also mit solcher „aboutness" der Kern von Intentionalität angesprochen ist, so wird dabei durchaus nicht Intentionalität „naturalisiert"! Stattdessen wurde die Strukturwissenschaft Synergetik verwendet und gezeigt, dass Intentionalität strukturell-mathematisch gefasst werden kann, und daher sowohl in mentalen wie auch bestimmten materiellen Systemen aufzufinden sein sollte. Es war insofern eine voreingenommene Deutung, hier von Naturalisierung zu sprechen. Wir fanden eine strukturelle Formulierung von Intentionalität, die in beiden Aspekten der Welt gleichermaßen umgesetzt werden mag. Gestalthafte Musterbildung des Geistes und selbstorganisierte neuronale Synchronisationen wären also auf Geist und Körper gemeinsam unterliegende synergetische Strukturen zurückzuführen.

5 Diskussion und eine subjektive Sicht

Zusammengefasst kann man also sehen, dass sich in der Dualität, ja Vielfalt der Psychologie ein philosophisches Grundlagenproblem widerspiegelt, das Leib-Seele-Problem. Eine schlichte reduktive Lösung dieses Problems ist nicht plausibel oder auch nur wünschenswert. Eine Naturalisierung mentaler Eigenschaften konnte bisher nicht vollständig durchgeführt werden und scheiterte ohnehin in Zusammenhang mit dem Erleben bzw. den Qualia. Eine Folgerung aus dieser Sachlage scheint mir zu sein, dass die Psychologie nicht weiter eine reduktionistische Lösung der Leib-Seele-Problematik suchen sollte, und es ebenso unvernünftig erscheint, die geistes- und kulturwissenschaftlichen Wissenschaften zugunsten einer naturwissenschaftlichen Einheitswissenschaft eliminieren zu wollen. Eine wichtige Funktion kommt daher den Strukturwissenschaften zu. Es scheint ein gangbarer Weg zu sein, eine duale-Aspekte-Einstellung (Atmanspacher, 2014) für die Psychologie auszuarbeiten und eine gemeinsame strukturelle Grundlage von mentalen Prozessen des Geistes wie auch materiellen Prozessen im Körper zu erforschen. Wir haben kürzlich begonnen, hier erste Schritte zu machen (Haken & Tschacher, 2017; Tschacher, Haken & Kyselo, 2015).

Die heutige Verfassung der Psychologie kann auch gesellschaftspolitisch betrachtet werden. Der besonders in klinisch-psychologischen Anwendungen verbreitete Konstruktivismus ist meines Erachtens ein Zeichen postmoderner Beliebigkeit. In der Psychotherapieforschung wird dies oft mit dem „Dodo-Verdikt" verbunden: „*At the last, the Dodo said, ‚Everybody has won and all must have prizes*' ". Dieser Schiedsspruch des Dodovogels aus dem Märchen „Alice im Wunderland" von Lewis Caroll ist in der Psychotherapieforschung eine vielzitierte

Metapher für die gleichgroße Wirksamkeit verschiedener Psychotherapietechniken geworden (Wampold et al., 1997). Egal was man tut, ob man behavioral oder erlebensbezogen therapiert, es ist alles gleich gültig. Aber diese Auffassung erlaubt keine wissenschaftliche Haltung in der Psychotherapieforschung. Wenn „alles geht", wenn jeder seine eigene Wirklichkeit konstruiert, weil geeignetes „Reframen" solcher Konstruktionen bereits eine hinreichende Therapie ausmacht, wird Psychotherapie zu Gefälligkeitsübung und zu reiner Weltanschauung.

Auf Dauer sind diese Formen von Pluralität mit dem Anspruch der Wissenschaft auf Generalisierung und den Nachweis von Evidenz unverträglich. Die Aufgabe der Psychologie muss es sein, die Strukturen und Strukturbildungen im Verhalten und in psychischen Prozessen zu beschreiben und wo möglich regelhaft in theoretische Gesetzesaussagen einzubinden. Wissenschaft ist daher nicht einfach nur kulturelle Praxis wie von der sozialkonstruktivistischen Wissenschaftsforschung postuliert (Knorr-Cetina, 1988; Latour & Woolgar, 1979). Empirische Feldforschung mag darauf hinweisen, dass die Produktion von Wissen in sozialen Systemen mit je eigenen Normen und Ritualen stattfindet, aber verwechselt einen soziologischen Nebenaspekt mit dem Kern des Unternehmens Wissenschaft.

Der eliminative Neuro-Gegenpol zum postmodernen Konstruktivismus ist nach meiner Ansicht ebenso wenig haltbar. Der Geist ist nicht einfach das was das Gehirn tut, auch wenn eine solche von Teilen der (publizierten) Öffentlichkeit akzeptierte Haltung die Wertschöpfung der Pharmaindustrie verbessern mag. Das reduktionistische Zerlegen sinnvoller Struktur und Gestalt führt oft nicht zu einer Erklärung der Struktur, sondern zu sinnlosen Aufzählungen (Abb. 1). Eine Neurowissenschaft, die für die Psychologie einen Mehrwert erzeugt, muss integrativ (Kotchoubey et al., 2016) statt eliminativ sein.

Abb. 1: Aufräumen. Eine Schweizer Briefmarke, geschaffen vom Künstler Ursus Wehrli, karikiert die Absurdität des übermäßigen Aufräumens ohne Rücksicht auf die Struktur der Welt.

In einem modernen Sinne dualistische Positionen im Sinne der dualen Aspekte von Geist und Körper scheinen mir am besten geeignet zu sein, eine Grundlage für eine Psychologie des Erlebens und Verhaltens anzubieten.

Literatur

Anderson, M. L. (2015). After phrenology: Neural reuse and the interactive brain. Cambridge: MIT Press.

Atmanspacher, H. (2012). Dual-Aspect Monism a la Pauli and Jung. Journal of Consciousness Studies, 19, 1–22.

Atmanspacher, H. (2014). 20th century versions of dual-aspect thinking. Mind and Matter, 12, 245–288.

Atmanspacher, H., & Maasen, S. (Eds.). (2016). Reproducibility. Principles, problems, practices, and prospects. Hoboken NJ: Wiley.

Beckermann, A. (2001). Analytische Einführung in die Philosophie des Geistes. Berlin: de Gruyter.

Beckermann, A. (2008). Das Leib-Seele-Problem: Eine Einführung in die Philosophie des Geistes. Berlin: UTB.

Birbaumer, N. & Schmidt, R. F. (2002). Biologische Psychologie. Berlin: Springer.

Bruineberg, J, & Rietveld, E. (2014). Self-organization, free energy minimization, and optimal grip on a field of affordances. Frontiers in Human Neuroscience, 8, 599.

Chalmers, D. (1995). Facing up to the problem of consciousness. Journal of Consciousness Studies, 2, 200–219.

Chalmers, D. (1996). The conscious mind. Oxford: Oxford University Press.

Dilthey, W. (1894/2005) Psychologie als Erfahrungswissenschaft. Zweiter Teil: Manuskripte zur Genese der deskriptiven Psychologie (ca. 1860–1895) In: Wilhelm Dilthey. Gesammelte Schriften, Band 22. Göttingen: Vandenhoeck & Ruprecht.

Engelen, E.M., Fleischhack, C. & Galizia, G. (Hrsg.) (2010). Heureka – Evidenzkriterien in den Wissenschaften: Ein Kompendium für den interdisziplinären Gebrauch. Heidelberg: Spektrum Akademischer Verlag.

Fechner, G. T. (1889). Elemente der Psychophysik (2. ed.). Leipzig: Breitkopf & Härtel.

Friston, K. J., & Stephan, K. E. (2007). Free-energy and the brain. Synthese, 159, 417–458.

Galliker, M., Klein, M. & Reikart, S. (2007). Meilensteine der Psychologie: Die Geschichte der Psychologie nach Personen, Werk und Wirkung. Stuttgart: Kröner.

Grawe, K. (2004). Neuropsychotherapie. Göttingen: Hogrefe.

Haken, H. (1988). Information and Self-Organization (A Macroscopic Approach to Complex Systems). Berlin: Springer.

Haken, H. (1990). Synergetik – eine Einführung. Nichtgleichgewichts-Phasenübergänge und Selbstorganisation in Physik, Chemie und Biologie. Berlin: Springer.

Haken, H. & Tschacher, W. (2010). A theoretical model of intentionality with an application to neural dynamics. Mind and Matter, 8, 7–18.

Haken, H. & Tschacher, W. (2017). How to modify psychopathological states? Hypotheses based on complex systems theory. Nonlinear Dynamics, Psychology, and Life Sciences, 21, 19–34.

Hasler, F. (2012). Neuromythologie. eine Streitschrift gegen die Deutungsmacht der Hirnforschung. Bielefeld: transkript Verlag.
Knorr-Cetina, K. D. (1988). Das naturwissenschaftliche Labor als Ort der „Verdichtung“ von Gesellschaft. Zeitschrift für Soziologie, 17, 85–101.
Köhler, W. (1920). Die physischen Gestalten in Ruhe und in stationärem Zustand. Braunschweig: Vieweg.
Kotchoubey, B., Tretter, F., Braun, H.A., Buchheim, T., Draguhn, A., Fuchs, T., Hasler, F., Hastedt, H., Hinterberger, T., Northoff, G., Rentschler, I., Schleim, S., Sellmaier, S., Tebartz Van Elst, L., & Tschacher, W. (2016). Methodological problems on the way to integrative human neuroscience. [Review]. Frontiers in Integrative Neuroscience, 10, 41.
Kuhl, J. (2001). Motivation und Persönlichkeit: Interaktionen psychischer Systeme. Göttingen: Hogrefe.
Kuhn, T. S. (1967). Die Struktur wissenschaftlicher Revolutionen. Frankfurt: Suhrkamp.
Küppers, B.-O. (2011). Die Strukturwissenschaften als Bindeglied zwischen Natur- und Geisteswissenschaften. In: Brunner EJ, Tschacher W & Kenklies K (eds.) Selbstorganisation von Wissenschaft (S. 35–54). Jena: Verlag IKS Garamond.
Latour, B. & Woolgar, S. (1979). Laboratory life: The social construction of scientific facts. Los Angeles: Sage Publications.
Mausfeld, R. (2010). Psychologie, Biologie, kognitive Neurowissenschaften. Zur gegenwärtigen Dominanz neuroreduktionistischer Positionen und zu ihren stillschweigenden Grundannahmen. Psychologische Rundschau, 61, 180–190.
Popper, K. R. & Eccles, J. C. (1977). The Self and its Brain. Berlin: Springer.
Roth, G. (2001) Fühlen, Denken, Handeln. Wie das Gehirn unser Verhalten steuert. Frankfurt: Suhrkamp.
Russell, B. (1921). The analysis of mind. London: George Allen and Unwin.
Singer, T., & Lamm, C. (2009). The social neuroscience of empathy. Ann N Y Acad Sci, 1156, 81–96.
Strack, F. (2010). Wo die Liebe wohnt. Überlegungen zur Bedeutung der bildgebenden Hirnforschung für die Psychologie. Psychologische Rundschau, 61, 203–205.
Tschacher, W. (2014). Intentionality: Steps towards naturalization on the basis of complex dynamical systems. In: Meyers, R.A. (ed.), Encyclopedia of Complexity and Systems Science (pp. 1–15). New York: Springer.
Tschacher, W., Bischkopf, J. & Tröndle, M. (2011). Zwei Kulturen des Wissenschaftssystems? In: Brunner, E.J., Tschacher, W. & Kenklies, K. (eds.) Selbstorganisation von Wissenschaft (S. 55–73). Jena: Verlag IKS Garamond.
Tschacher, W. & Bergomi, C. (eds.) (2011). The implications of embodiment: Cognition and communication. Exeter: Imprint Academic.
Tschacher, W., Haken, H., & Kyselo, M. (2015). Alliance: A common factor of psychotherapy modeled by structural theory. Frontiers in Psychology, 6, 421.
Tschacher, W. & Haken, H. (2007). Intentionality in non-equilibrium systems? The functional aspects of self-organized pattern formation. New Ideas in Psychology, 25, 1–15.
Tschacher, W., & Storch, M. (2012). Die Bedeutung von Embodiment für Psychologie und Psychotherapie. Psychotherapie in Psychiatrie, Psychotherapeutischer Medizin und Klinischer Psychologie, 17, 17–31.
von Brentano, F. (1874). Psychologie vom empirischen Standpunkte. Leipzig: Duncker & Humblot.

von Weizsäcker, C.F. (1979). Wie wird und soll die Rolle der Wissenschaften in den siebziger Jahren aussehen? In: von Weizsäcker, C.F, Die Einheit der Natur (S. 21–38). München: Hanser.
Wampold, B.E., Mondin, G.W., Moody, M., Stich, F., Benson, K., Ahn, H. (1997). A meta-analysis of outcome studies comparing bona fide psychotherapies: Empirically, „all must have prizes“. Psychological Bulletin, 122, 203–215.
Windelband, W. (1919). Geschichte und Naturwissenschaft. In Windelband, W. (ed). Präludien. Aufsätze und Reden zur Philosophie und ihrer Geschichte. Tübingen: Mohr.
Wundt, W. (1863). Vorlesungen über die Menschen- und Tierseele. Leipzig: Voß.

Jens Greve

Emergenz und die Autonomie des Sozialen – Soziologie zwischen Individualismus und Holismus

Abstract: *Emergence and the autonomy of social – sociology between individualism and holism.* Holistic approaches in sociology doubt that social phenomena can be reduced to individual properties. Attempts to substantiate the holistic position often take recourse to the concept of emergence. In this article the relation between both sets of concepts – emergence-reduction and holism-individualism – is scrutinized by looking at arguments brought forward by Jerry Fodor, Jaegwon Kim and R. Keith Sawyer. It is argued that there are several shortcomings in the idea of a 'strong' emergence in general and in the application to sociology. Thus, an individualistic interpretation of sociology should be preferred.

Einleitung

Die Frage nach der Soziologie in der Vielheit der Wissenschaften zu stellen und auf die Einheit der Wissenschaft zu beziehen, heißt, eine Reihe von weiteren Fragen aufzurufen. Die erste lautet: Gibt es überhaupt *die* Soziologie? Stellt sie *eine* Wissenschaft dar oder dient der Begriff lediglich als Sammelname für ganz verschiedene Unternehmungen? Letzteres kennzeichnet sicherlich den mainstream der disziplinären Selbstwahrnehmung: Soziologie ist multiparadigmatisch (Schülein & Balog 2008) und während über diesen Befund kaum gestritten wird, so wird vielmehr darüber debattiert, wie er zu bewerten ist. Während aus einer Perspektive dieser Zustand als Tugend erscheint (Sutter 2005), ist er aus anderer Sicht ein zu behebendes Übel. Tatsächlich fehlt es daher in der Soziologie auch nicht an Unternehmungen, die Vielfalt der Soziologie zu minimieren. Theorievergleiche, welche zunächst einmal gemeinsame Bezugsebenen identifizieren sollen, werden daher auch ergänzt um Integrationsversuche, welche über den Vergleich hinaus beanspruchen, ganz disparate Ansätze unter einem Dach zu integrieren (Esser 2011). Daneben finden sich Monopolisierungsversuche, die anderen Ansätzen vorwerfen, sie seien gar nicht soziologisch (Mayhew 1980) und/oder nicht überzeugend. Bleibt es beim immerhin freundlicheren Vorwurf der Soziologieferne, dann kommen häufig auch die anderen Wissenschaften ins Spiel. So können evolutionstheoretische Ansätze (von der Soziobiologie ganz zu schweigen) als verfehlter Biologismus begriffen werden, Rational-Choice-Ansätze

https://doi.org/10.1515/9783110614831-008

gehören dann in die Ökonomie, individualistische Ansätze in die Psychologie, sozialtheoretische Debatten (oder auch ‚normative' Projekte wie die kritische Theorie) in die Philosophie usw.

Man kann diesem Chaos der Disziplin(en) (Abbott 2001) auf ganz verschiedene Weisen begegnen. Ein Vorschlag, der natürlich eine Affinität zur Theorievergleichsperspektive (Greshoff 2010) besitzt, besteht darin, die verschiedenen Ansätze darauf hin zu betrachten, ob sich gleichsam querliegend zu ihrer Vielfalt Grundoptionen identifizieren lassen, also fundamentale Streitpunkte, die für sich beanspruchen können, für die Disziplin zentrale Kristallisationspunkte der Selbst- und Fremdverortung auszumachen. Von Niklas Luhmann stammt die Behauptung, dass der Streit um die soziologische Theorie mit wenigen Figuren gespielt wird (Luhmann 2005: 58). Leider sagt er nicht, welche, aber einige Kandidaten lassen sich ganz zweifelsfrei bestimmen. Hierzu gehört ganz gewiss die Differenz zwischen Individualismus und Holismus, die im Zentrum der folgenden Ausführungen stehen wird. Dies eine komplexe Debatte, eine mit offenen Rändern und zudem gekennzeichnet durch wechselseitige Missverständnisse. Dies zeigt sich nicht zuletzt auch daran, dass schon die genaue Kennzeichnung des Gegensatzes Probleme bereitet. Aus meiner Sicht, und dies wird im Verlaufe der Darstellung hoffentlich plausibel, lässt sich die holistische Position durch die These kennzeichnen, dass soziale Phänomene nicht (allein) auf die Eigenschaften von Individuen zurückgeführt werden können. Die Debatte um den Individualismus und Holismus gehört zur Disziplingeschichte seit ihren Anfängen und sicherlich lassen sich zwei zentrale Gründe dafür finden: der eine ist disziplingeschichtlich im Bemühen zu sehen, die Soziologie als eine eigenständige Wissenschaft insbesondere jenseits der Psychologie zu etablieren. Der zweite Grund liegt in unserer individuellen Erfahrung: Aus der Sicht jedes Einzelnen erscheint das Gesamt sozialer Phänomene als undurchsichtig und häufig auch als übermächtig.

Im Zentrum der folgenden Ausführungen wird die Debatte um den Individualismus und den Holismus in der Soziologie stehen und dies mit besonderem Bezug zur allgemeinen Debatte um Emergenz und Reduktion. Den systematischen Zusammenhang dieser beiden Debatten hat in jüngerer Zeit R. Keith Sawyer betont (Sawyer 2001; Sawyer 2002a; Sawyer 2002b; Sawyer 2003; Sawyer 2004; Sawyer 2005) und damit der aktuelleren Debatte einen entscheidenden Impuls gegeben – die Verbindung wurde freilich auch bereits schon früher gesehen und verhandelt (Vanberg 1975; Hummell & Opp 1971; O'Neill 1972). Die Emergenzfigur verspricht dabei, zwei entscheidende Leistungen erbringen zu können: Sie kann erstens die Autonomie sozialer Phänomene gegenüber Individuen durch ein allgemeines theoretisches Instrumentarium und zweitens eine entsprechende Behauptung über die Stratifikation der Wirklichkeit in Ebenen und entsprechende Bezugswissenschaften rechtfertigen (Sawyer 2011). Soziale Emergenz stellt dann einen

Spezialfall einer Aufstufung der Welt im Sinne von eigenständigen Realitätsebenen und entsprechenden Wissenschaften (wie beispielsweise Physik, Chemie, Biologie, Psychologie, Soziologie) dar, wie sie bereits der Namensgeber und Gründungsvater der Soziologie, Auguste Comte, im Blick hatte (Comte 1974).

Sawyers These habe ich unter zwei zentralen Gesichtspunkten kritisiert (Greve 2011; Greve 2012). Zum einen lässt sich zeigen, dass Sawyers Version vor demselben Problem steht wie der nicht-reduktive Physikalismus, nämlich plausibel zu machen, wie eine eigenständige kausale Wirkung des Sozialen in Einklang mit der Behauptung einer notwendig individuellen Basis gebracht werden kann. Sawyer hat dies durch den Rekurs auf Jerry Fodors Überlegungen zur multiplen Realisierung zu lösen versucht. Nur unter zwei Bedingungen lässt sich dies aber aufrechterhalten und zwar erstens durch eine epistemische Fassung von Emergenz – welche dann die Frage ontologischer Autonomie aber nicht beantworten kann – und zweitens durch eine unwahrscheinliche Annahme über jeweils nur selektiv wirkende epistemische Grenzen.

Zum anderen sehe ich eine fundamentale Unähnlichkeit zwischen der Ebenenbehauptung Individuelles und Soziales im Unterschied zur Ebenenbehauptung Physikalisches und Mentales. Fodors starkes Argument für die Existenz der Einzelwissenschaften liegt zunächst in einer plausiblen Beobachtung, nämlich dass sich Begriffe, die sich auf Mentales beziehen, nicht sinnvoll (d. h. in (explanativ) informativer Weise) in physikalische Begriffe übersetzen lassen. Fraglich ist aber, ob dies im Falle der Begriffe der Soziologie ebenfalls zutrifft.

Dieser Einwand berührt eine weitere Facette der Diskussion: Ist die Emergenzfigur überhaupt sinnvoll auf die Debatte um Individualismus und Holismus anwendbar? Hier finden sich in der gegenwärtigen Diskussion einige skeptische Stimmen – wobei diese Skepsis verschiedene Aspekte betrifft und systematisch weiterer Klärung bedürfte. Drei zentrale Argumente lassen sich finden. Erstens wird kritisiert, dass im Falle der Physik die Supervenienzbasis eine vollständige Basis bietet, worauf soziale Phänomene aber supervenierten, sei unklar. Zweitens werden aus systemtheoretischer Sicht noch radikaler die Differenzen zwischen systemtheoretischen und emergenztheoretischen Figuren betont (Wan 2011; Elder-Vass 2007; Lohse 2011), wobei der wesentliche Unterschied darin besteht, dass die Realisierung autopoietischer Prozesse insbesondere aus der Sicht der Luhmann'schen Systemtheorie gar nicht auf eine individuelle Realisierungsbasis verweist.[1] Drittens wird der reflexive Charakter

1 Ob sich das durchhalten lässt, ist fraglich, da Luhmann zwar keine Realisierungsthese vertritt, aber gleichwohl eine dualistische Konzeption zu vermeiden sucht (Greve 2008; Greve 2015: 64–69). Ich werde die Systemtheorie in diesem Beitrag ausklammern.

sozialen Handelns angeführt. Während beispielsweise im Falle natürlicher Teil-Ganzer-Beziehungen, aber auch von Ebenen-Beziehungen die Teile sich nicht reflexiv auf ihren Zusammenhang beziehen, ist dies im Sozialen anders (Greshoff 2011). Dies ist eine wichtige Beobachtung, weil der reflexive Bezug die Frage aufwirft, ob nicht bereits er hinreichend ist, um den individuellen Charakter sozialer Gebilde verständlich machen zu können und den sozialen Prozess dadurch zu erklären.

Bevor ich die Debatte um den Individualismus und Holismus näher ausführe, möchte ich ganz kurz noch etwas zu möglichen anderen „Figuren" im Theorienspiel sagen. Ich erwähne sie deswegen kurz, weil es durchaus bestimmte Wahlverwandtschaften mit der Holismus-Individualismus-Debatte gibt. Die erste und bis heute ebenfalls diskutierte Dimension betrifft das Verhältnis von Verstehen und Erklären. Zum einen spielen in der soziologischen Theorie die Debatten um das Verhältnis zu den Naturwissenschaften eine Rolle. Also: Gibt es eine andere Art von Erklärungen in der Soziologie? Lässt sich von sozialen (oder soziologischen) Gesetzen sprechen? Letzteres ist für die Reduktionsfrage auch deswegen von Bedeutung, weil Reduktion in der Nagel-Tradition als Gesetzesreduktion zu verstehen ist (Nagel 1961). Wenn es keine soziologischen Gesetze gibt, dann gibt es auch nichts zu reduzieren (Udehn 2001: 330). Unabhängig davon betont die interpretative Tradition die Bindung soziologischer Erkenntnis an den Deutungsprozess. Dies wird häufig, wenn auch nicht exklusiv,[2] mit einem individualistischen Programm verbunden, denn die Annahme ist, dass Deutung eine individuelle Leistung darstellt.

Eine verwandte Debatte ist die zwischen intentionaler und funktionaler Erklärung. Während funktionalistische Ansätze soziale Phänomene durch ihren Beitrag zur Erhaltung bestimmter Muster erklären, gehen intentionale Erklärungen davon aus, dass die Motive der Handelnden soziale Phänomene erklären. Auch dies ist eine komplexe Debatte, aber auch hier gibt es eine erkennbare Wahlverwandtschaft mit der Individualismus-Holismus-Debatte, denn der Funktionalismus legt einen Bezug auf als nichtreduzierbar betrachtete soziale Ganzheiten natürlich nahe, die sich auf nicht-intentionale Weise evolutionär reproduzieren können.

Als klassisch kann der Theoriegegensatz zwischen Materialismus und Idealismus gelten. Er hat seine zentrale Bedeutung in der gegenwärtigen Diskussion zwar eingebüßt, Momente spielen aber nach wir vor eine Rolle. An Plausibilität

---

2 So z. B. nicht in der objektiven Hermeneutik (Oevermann, et al. 1979; Oevermann 1995), welche auch von objektiven Sinnstrukturen ausgeht, welche für die Handelnden latent bleiben.

hat diese Unterscheidung verloren, weil die materiellen Bedingungen des Handelns nicht unabhängig von Ideen und Vorstellungen Handlungsfolgen hervorbringen. Auch die im Marxismus zentralen Produktivkräfte sind nicht außerhalb von gedeuteten Handlungszusammenhängen zu verstehen. Dennoch lässt sich ein Kontinuum denken, in dem Handlungsbedingungen näher an oder weiter von „natürlichen" Bedingungen entfernt lokalisiert werden können. Gegenwärtig sind es z. B. die Praxistheorien, welche eine stärkere Berücksichtigung der Materialität des Handelns fordern (Reckwitz 2003). Einen eindeutigen Zusammenhang zur Individualismus-Holismus-Debatte gibt es auch hier nicht, aber einen, der mit dem Gegensatz von Struktur und Handeln zu tun hat. So versteht Anthony Giddens beispielsweise unter Struktur einerseits Regeln, andererseits aber auch Ressourcen (Giddens 1984: 17 f.), also etwas, das sich dem natürlichen Pol der Handlungsbedingungen annähert. Dieser Aspekt wird bei Giddens nicht ausführlich gewürdigt. Dennoch bietet, wie sich auch am kritischen Realismus bei Margret Archer (Archer 1995; Archer 1996) zeigen lässt (Greve 2015: 81 ff.), der Rekurs auf natürliche Bedingungen eine gewisse Plausibilisierungsbasis, denn es wirkt naheliegend, in ihnen unabhängige Bedingungen des Handelns zu sehen, welche nicht mit individuellen Vorstellungen oder Handlungen identisch ist. Wir werden sehen, dass dies für die Einschätzung der Rolle der Emergenzfigur nicht unerheblich ist, weil es die Frage nach der Supervenienzbasis sozialer Phänomene berührt.

So wie die Debatte um Handeln und Struktur eng mit der um Individualismus und Holismus zusammenhängt, so auch die um Makro- und Mikro-Perspektiven in der Soziologie. Allerdings wird dieser Gegensatz in unterschiedlichen Weisen gefasst. Mit der Individualismus-Holismus-Unterscheidung fällt sie zusammen, wenn die Mikro-Ebene als Ebene von Individuen oder individuellem Handeln verstanden wird und der Ebene des (nicht individuell reduzierbaren) Kollektiven gegenübergestellt wird. Anders hingegen verhält es sich, wenn der Mikro-Makro-Gegensatz als einer der Reichweite verstanden wird. Mikro meint dann kleine, aber bereits soziale Formen (wie Interaktionen) und Makro größere Formen – diese Verwendung ist für die Individualismus-Holismus-Debatte nicht von Bedeutung.

In der Folge werde ich den Bezugsrahmen der Emergenzdebatte einführen (1.). Dies bereitet den nächsten Abschnitt vor, der zentrale Fragen in der Individualismus-Debatte auf die Debatte um Emergenz und Reduktion bezieht (2.). In einem dritten Abschnitt werde ich auf grundlegende Einwände gegen den nicht-reduktiven Individualismus als emergenztheoretisch gefasste Variante des Holismus eingehen (3.). Der vierte Abschnitt nimmt die Frage der Unähnlichkeit zwischen der Diskussion um Individualismus und Holismus und der allgemeinen Debatte um Emergenz auf (4.). Daraus ergeben sich schließlich auch einige allgemeine Überlegungen zur inneren Vielfalt der Soziologie und ihrer Stellung im Kontext der Wissenschaften.

1 Emergenz und Reduktion als Bezugsrahmen

Der Begriff der Emergenz wird mehrdeutig verwendet (Beckermann, et al. 1992; Stephan 1992; Stephan 1999a; Stephan 1999b). Zunächst kann er einfach Neuheit bedeuten. Die „Emergenz des Weltrechts" würde dann besagen, dass ein Weltrecht zuvor nicht gegeben war. Dieser Begriff der Emergenz ist im Deutschen selten, im Englischen aber häufig (to emerge), systematisch ist diese Verwendung aber wenig ertragreich. Zweitens kann unter emergenten Phänomenen etwas verstanden werden, das, gemessen an einem bestimmten Wissen, für einen späteren Zeitpunkt nicht-vorhersagbar ist. Hier wird auch von diachroner Emergenz gesprochen (Stephan 1999b: 53 ff.). Soziale Prozesse sind in diesem Sinne in der Regel emergent, weil historische Verläufe nicht vorhersagbar sind – über den Grad und die Gründe dieses Phänomens besteht freilich kein Konsens (für einen kurzen Überblick vgl. auch Lohse & Greve 2016). Auch diese Verwendung steht nicht im Zentrum der Debatte um Emergenz, sondern vielmehr geht es um Phänomene synchroner Emergenz. Diese bezieht sich auf das Verhältnis zwischen einer „höherstufigen" (Makro-) Ebene und einer „niedrigstufigeren" (Mikro-) Ebene, wobei von emergenten Eigenschaften gesprochen wird, wenn die Eigenschaften der „höherstufigen" Ebene nicht bei den Elementen zu finden sind, die sich auf der „niedrigstufigeren" Ebene finden. Für emergente Phänomene gilt, dass sie ubiquitär sind – so ist die V-Form eines Vogelschwarms eine Eigenschaft des Schwarms, aber nicht der einzelnen Vögel oder die Gruppe besitzt die Eigenschaft der Gruppengröße, wohingegen Gruppengröße keine Eigenschaft der Mitglieder der Gruppe ist. Strittig aber und damit für die Debatte um Emergenz zentral, ist hingegen die Frage, ob diese „höherstufigen" oder „ganzheitlichen" Eigenschaften aus denen der Elemente abzuleiten sind oder nicht. Im Falle der Gruppengröße ist es relativ einfach, eine solche Erklärung zu leisten, denn die Gruppengröße ist schlicht die Summe der Zahl der Gruppenmitglieder. Es hat sich entsprechend eingebürgert, starke und schwache Emergenz zu unterscheiden, d. h. solche, in der Nicht-Ableitbarkeit oder – mit einem anderen Begriff – Nicht-Reduzierbarkeit gemeint ist (starke Emergenz) und solche, in der die höherstufigen Eigenschaften reduzierbar sind (schwache Emergenz).

Emergenzfragen können als ontologische oder als epistemische verstanden werden (Van Gulick 2001). Ontologisch würde nach der Existenz der Ebenen unabhängig davon gefragt, was wir darüber „wissen", wohingen sich epistemische/epistemologische Fragen auf unsere Erkenntnis hinsichtlich der Relation der Ebenen beziehen.[3]

Die Unterscheidung zwischen epistemischer und ontologischer Perspektive ist auch für die Frage der Reduktion entscheidend. Ontologische Reduktion schließt in der Regel eine Identitätsbehauptung ein, d. h. höherstufige Phänomene werden mit den niedrigstufigeren identifiziert, also z. B. mentaler Zustand X = physikalischer Zustand P. Innerhalb der epistemischen Dimension lassen sich im Wesentlichen zwei Zugänge unterscheiden. Klassisch ist die epistemische Reduktion zunächst als Theorienreduktion formuliert worden: Ein Gesetz der Form A->B wird dabei auf ein Gesetz A*->B* zurückgeführt, indem für alle A und B behauptet wird, dass A<->A* und B <->B* gilt. Dieses Reduktionsmodell steht allerdings vor drei Problemen: 1. A und A* sind in der Regel nur näherungsweise äquivalent (Übersetzungsproblem) (Bickle 2003: 15 f.). 2. Warum A<->A* gilt, ist selbst erklärungsbedürftig (Problem der Erklärungslücke) und 3. A->B kann durch eine unbestimmte Menge von einander ähnlichen Phänomenen realisiert werden (multiple Realisierung). Als Alternative zur (aber auch als Variante der) Theorienreduktion wird die funktionale Reduktion verstanden. Bei dieser wird behauptet, dass eine Reihe von unterschiedlichen Entitäten funktionale Rollen erfüllen, welche sich in eine allgemeinere Theorie über den Zusammenhang solcher Rollen einfügen lassen. Das klassische Beispiel ist die Vererbung von Eigenschaften. So war Darwin bereits vor der Entwicklung der Genetik davon ausgegangen, dass Eigenschaften zwischen den Generationen vererbt werden. Dieser Vererbungsmechanismus kann dann über die Erforschung der DNA geklärt werden. Die Idee der funktionalen Reduktion verdankt ihre prominente Stellung auch dem Umstand, dass sie auf den Einwand der multiplen Realisierung antworten kann – es könnte sein, dass andere Spezies andere Realisierungen desselben Mechanismus verwenden.

Die funktionale Reduktion schafft – und dies ist natürlich für die Frage nach der Einheit und Vielheit der Wissenschaften entscheidend – auf den ersten Blick Raum für die Einzelwissenschaften und zwar selbst dann, wenn ihre Begriffe reduzierbar sind. So könnte eine Darwinsche Theorie über die Entstehung der Arten auch auf einem fremden Planeten gelten und wir könnten dies wissen, ohne bereits die Träger der Erbinformationen zu kennen. Dies ist natürlich in einem ganz wesentlichen Punkt eine Stilisierung, die bereits auf ein Problem dieser „harmonischen" Interpretation hinausläuft. So wird beispielsweise aus der

3 Die epistemische Perspektive kann noch einmal danach unterschieden werden, ob es um den faktischen Stand der Erkenntnis geht oder um die Frage nach prinzipieller Erkennbarkeit. Letzteres nähert sich dann der ontologischen Perspektive (Greve 2015: 11 ff.).

Sicht der Genetik die Rolle der natürlichen Selektion auch herausgefordert (Esfeld & Sachse 2010: 138 ff.). Ihr Ausmaß könnte überschätzt werden – eine Tiefenerklärung über die Reproduktionsmechanismen würde dann zwar nicht dazu führen, die Gesamttheorie im Ganzen zu verwerfen, aber sie zu verbessern. Ganz wie im Falle der Theoriereduktion geht die Reduktion dann mit dem Anspruch einher, eine bessere Erklärung der höherstufigen Beschreibung zu leisten. Dennoch könnte es nach wie vor ein Vorteil der höherstufigen Theorie sein, dass sie (wenn auch mit Vereinfachungen) eine größere Menge von Bereichen abdecken kann und zweitens lässt sich behaupten, dass erst die Formulierung der höherstufigen Theorie die Feinarbeit durch Tiefenreduktionen ermöglicht. Um ein Beispiel zu nennen: Die Erforschung der Spiegelneurone erfolgte an Makaken und an Menschen und dabei stellte ich heraus, dass die entsprechenden Neurone in unterschiedliche Arealen des Gehirns der Makaken und der Menschen verortet sind (Rizzolatti & Sinigaglia 2008: 128). Ohne eine allgemeine Konzeption des Spiegelmechanismus ließe sich dann weder die Einheit zwischen den Spezies identifizieren noch ließe sich überhaupt plausibel machen, wie durch die bloße Beobachtung neuronaler Aktivitätsmuster etwas wie ein Spiegelneuronensystem identifiziert werden kann, weil dieses ja nicht nur über Neurone, sondern auch über die Rolle der Neurone im Zusammenhang mit der Wahrnehmung und der Handlung sinnvoll formulierbar ist.

Ganz in diesem Sinne formulieren beispielsweise Elisabeth A. Phelps und Laura A. Thomas: „Showing a behavior ‚in the brain' does not say something more important or fundamental about who we are than our behavior. Functional neuroimaging techniques pick up on signals indicating brain activity. These signals, by themselves, do not specify a behavior. Only by linking these brain signals with behavior do they have psychological meaning." (Phelps & Thomas 2003: 755)

Diese Beobachtungen passen ausgezeichnet zu der von Fodor vorgetragenen Perspektive auf die Einzelwissenschaften. Begriffe einer Einzelwissenschaft lassen sich nicht notwendig in Begriffe einer anderen Wissenschaft übersetzen, ohne dabei gegebenenfalls ihren explanatorischen Gehalt zu verlieren.

Aus der philosophischen Perspektive beantwortet dies aber zwei Fragen noch nicht: erstens bleibt offen, wie sich dies zur ontologischen Perspektive auf die Welt und zweitens, wie es sich zur Frage der Kausalität verhält. Beide Fragen hängen natürlich miteinander zusammen. Im Hinblick auf die ontologische Perspektive stellte Fodor fest:

> I am suggesting roughly, that there are special sciences not because of the nature of our epistemic relations, but because of the way the world is put together: not all natural kinds [...] are, or correspond to, physical natural kinds. (Fodor 2008 [orig. 1974]: 408)

Gleichzeitig vertrat er eine für die gesamte Debatte fundamentale Grundthese, nämlich dass alles, was in der Welt vorkommt, auch physikalisch realisiert ist. Aus dem Umstand, dass alles physikalisch realisiert ist, folgt aber nicht, dass alles auch faktisch physikalisch erklärbar ist. Das gilt zumindest derzeit und tatsächlich ist dies eine meines Erachtens auch plausible Einschätzung. So heißt es bei Viktor J. Vanberg:

„Die ‚Reduzierbarkeit' von Soziologie auf Psychologie ist eine Frage des faktisch gegebenen Theoriestandes; ein ‚prinzipielles' Argument gegen die Möglichkeit einer solchen Reduktion gibt es nicht. Natürlich läßt sich ebensowenig ein ‚prinzipielles' Argument dafür anführen, daß eine solche Reduktionsmöglichkeit gegeben sein muß." (Vanberg 1975: 261)

M.a.W., wie sollten wir entscheiden, ob es prinzipiell möglich oder unmöglich ist, sämtliche Erklärungen der Einzelwissenschaften physikalisch zu erklären oder nicht? Gleichzeitig ergibt sich aus dem Physikalismus eine Restriktion: Selbst wenn die Gesetze der Einzelwissenschaften nicht auf die Gesetze der Physik reduzierbar sind, so ist doch ausgeschlossen, dass sie im Widerspruch zu diesen stehen. Zudem bleibt die ontologische Herausforderung bestehen. Aus der Annahme, dass alle nicht-physikalischen Zustände über pyhsikalischen supervenieren, ergibt sich zunächst, dass alle Unterschiede zugleich physikalische Unterschiede sein müssen (Esfeld & Sachse 2010: 19). Hieraus ergibt sich auch die zentrale Bedeutung des kausalen Exklusionsarguments, das Jaegwon Kim in die Debatte eingeführt hat.

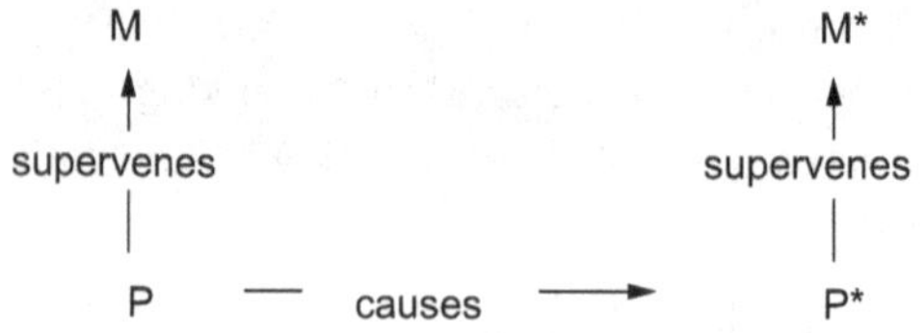

Abb. 1: Die kausale Basis mentaler Eigenschaften (Kim 2005: 45).

Kim geht von der These der notwendigen physikalischen Realisierung aus und fragt sich dann, wie es höherstufige kausale Einflüsse überhaupt geben kann (vgl. Abb. 1).

„Given that P [die physikalische Eigenschaft zu t] is a sufficient physical cause of P* [die physikalische Eigenschaft zu t+1], how could M [mentale Eigenschaft zu t] also be a cause, a sufficient one at that, of P*. What causal work is left over for M, or any other mental property to do?" (Kim 1993: 354)

Wie Terence Horgan herausgestellt hat, verweist Kim auf die Unverträglichkeit folgender vier Behauptungen: (1) Die Physik ist kausal geschlossen; (2) Mentale

Eigenschaften sind kausale Eigenschaften; (3) Mentale Eigenschaften sind nicht identisch mit physikalischen Eigenschaften; (4) Wenn die Physik kausal geschlossen ist, dann sind nur physikalische Eigenschaften kausale Eigenschaften (Horgan 1997: 170).

Daraus ergeben sich die folgenden Optionen: gibt man (1) auf, so wird der Physikalismus in Frage gestellt, wenn man (2) verwirft, dann landet man beim Epiphänomenalismus, opfert man (3), dann gibt man die Behauptung von Nichtreduzierbarkeit auf. Kim verwirft die dritte Behauptung.

Es gibt freilich auch eine Reihe von Einwänden gegen dieses Argument (vgl. dazu insbesondere Kim 2005: 52 ff.). Der erste Einwand richtet sich gegen die erste Prämisse und stellt die These der kausalen Geschlossenheit der Welt infrage. Es erweist sich aber als schwierig, den Physikalismus gemeinsam mit dem Verwerfen der physikalisch-kausalen Geschlossenheit der Welt zu vertreten (Gillett 2002; Ritchie 2005; Macdonald 2007). Ein zweiter Einwand besagt, dass Kims Argument dazu führt, dass Kausalität in einem mikrophysikalischen Bereich verortet werden muss, den bislang nicht einmal die Physik kennt. Auch hier bleibt aber unklar, ob diese Kritik die zentrale Pointe von Kim infrage stellen kann. Dieser Einwand würde ja nur unter der Prämisse relevant sein, dass die jetzige Physik mit der physikalischen Basis identisch sein muss. Entscheidend ist ja vielmehr die Annahme, dass jede Eigenschaft physikalisch realisiert sein muss und ob wir diese Realisierung kennen (faktisch epistemisch) ist für diese Annahme zunächst irrelevant. Der Einwand transformiert also eine ontologisch-metaphysische Kritik in eine epistemische. Man kann, und das ist entscheidend, die Frage nach kausalen Beziehungen allein einer epistemischen Praxis zuordnen – dann lässt sich Kims Einwand tatsächlich vermeiden, nur muss dann auch die These aufgegeben werden, dass das Vorliegen von „höherstufigen" Kausalbeziehungen (downward causation oder Makrogesetzen) etwas über die Verfasstheit der Wirklichkeit aussagen kann. Hierauf beruht, wie ich unten noch ausführen werde, meine Kritik an Sawyer, welcher aus der Existenz solcher Kausalbeziehungen ontologische Folgerungen ableiten will, aber ganz wie in der Diskussion um den nicht-reduktiven Physikalismus von einer notwendigen ontologischen Fundierung in Individuen ausgeht.

Eine dritte Kritik geht davon aus, dass Kim selbst eine Einschränkung des Identitätsprinzips anerkennt. Er akzeptiert nämlich mit dem Funktionalismus, dass die physikalische Realisierung multipel sein kann und geht dann von einer speziesrelativen Realisierung aus: Schmerzen können – so das einschlägige philosophische Argument – bei Menschen und Marsmenschen unterschiedlich realisiert sein, aber dennoch dieselbe Art von Folgen zeitigen. Für Kim folgt daraus keine Kritik des Identitätsarguments, weil die Erklärungen darin bestehen, lokale Identifikationen, d. h. für bestimmte Spezies oder Domänen, vorzunehmen (Kim

1998: 110). Wenn – um das obige Beispiel aufzunehmen – ein Spiegelneuronensystem existiert, dann werden seine Wirkungen kausal durch die Realisierungen in Makkaken und Menschen hervorgebracht – nicht die Generalisierung über Spezies hinweg erklärt die Wirkung des Systems, sondern die lokalen Realisierungen erklären diese.[4]

Fassen wir zusammen: Kims Einwand ist zentral, weil er letztlich eine Form des prinzipiellen Reduktionsarguments einführt. Ontologisch basiert dieser Einwand auf einer Prämisse des nicht-reduktiven Physikalismus: Jede Eigenschaft muss physikalisch realisiert sein. Wie aber sollte dann etwas wie genuine nicht-physikalische Kausalität verstanden werden?

Das Unbehagen an dieser Kritik liegt verständlicherweise darin, dass sie von der epistemischen Praxis zu weit entfernt ist. Dass ein ökonomisches Gesetz wie das Gresham'sche Gesetz (nach dem gutes schlechtes Geld aus dem Zahlungskreislauf vertreibt), sich als explanatorisch gehaltvoll erweist, während die physikalische Realisierung uns vollständig unbekannt sein kann, belegt zwar nicht prinzipielle Irreduzibilität, spricht aber doch für die explanatorische Autonomie bestimmter Wissenschaften. Zentral ist für Fodor die Annahme einer Heterogenität der entsprechenden Vokabulare, welche zu einer Typen-Differenz der entsprechenden Gesetze führt und natürlich macht es Sinn, zu fragen, in welchem

---

4 So zumindest die reduktive Lesart: Ein gemeinsames Element in verschiedenen Phänomenen macht dieses Element nicht notwendig zu einem eigenständigen Objekt (Heil 1999: 202, 204). Tatsächlich ist dies aber eine zentrale Frage: Folgt aus dem Umstand, dass es Ähnlichkeiten beispielsweise zwischen Kirchen verschiedener Konfessionen gibt, dass „Kirche" ein eigenes Profil besitzt, das Wirkungen eigener Art hervorbringt oder handelt es sich um einen Sammelnamen, unter dem verschiedene Effekte ähnlicher Art zusammengefasst werden so wie der Begriff der „psychischen Erkrankung" verschiedene Erkrankungsbilder zusammenfasst, ohne dass wir sagen würden, die psychische Erkrankung sei die Ursache der Depression. Im Funktionalismus finden sich zwei Varianten in der Verhältnisbestimmung von kausaler Rolle und physikalischer Realisierung. In einer Variante (Rollenfunktionalismus – bei Fodor und Putnam) sind funktionale Eigenschaften Eigenschaften zweiter Ordnung welche anzeigen, dass zugleich physikalische Realisierereigenschaften existieren, im Realisierer-Funktionalismus (u. a. Kim) sind die Rollen mit den physikalischen Eigenschaften identisch (Esfeld & Sachse 2010: 35). Michael Esfeld und Christian Sachse verweisen nun auf die Probleme beider Auffassungen. Der Rollenfunktionalismus könne zwar den Begriffen der Einzelwissenschaften Rechnung tragen, da aber die kausale Wirksamkeit den physikalischen Eigenschaften zugesprochen werde (Esfeld & Sachse 2010: 27), laufe er auf einen Epiphänomenalismus zu (Esfeld & Sachse 2010: 28), der Realisierer-Funktionalismus hingegen könne nicht einmal der besonderen Rolle der einzelwissenschaftlichen Begriffe Rechnung tragen und sei folglich tendenziell eliminativ (Esfeld & Sachse 2010: 42). Esfeld und Sachse versuchen, diesem Dilemma dadurch zu entgehen, dass sie physikalische Eigenschaften selbst als funktionale verstehen. Ob es ihnen gelingt, damit den Einwänden gegen den Funktionalismus gerecht zu werden, ist umstritten (vgl. insbesondere Hooker 2011).

Maße diese Typendifferenz in der Forschung faktisch überwunden wird. Aus der Sicht von Fodor liegt der Grenze die Differenz von natürlichen Arten zugrunde. So ist es unmittelbar plausibel, dass dem für ökonomische Gesetze fundamentalen Begriff des „Wertes" keine physikalische Übersetzung entspricht.

Daraus lässt sich aber in ontologischer Hinsicht kein prinzipielles Argument für Reduzibilität und Irreduzibilität ableiten. Das Problem in ontologischer Hinsicht ergibt sich vielmehr durch die Kombination von Physikalismus und Irreduzibilitätsbehauptung. Die token-Identität sichert zwar keine typen-Identität, aber sie verpflichtet natürlich dazu, eine Theorie der Emergenz so zu gestalten, dass sie nicht in den Widerspruch zu einer basalen Identitätsthese führt. Dass „höherstufige" Erklärungen komplexe Strukturen beschreiben, für die es in der Physik keine Begrifflichkeit gibt, kann dann nicht heißen, dass diese Strukturen nicht-physikalisch sind und/oder nicht-physikalisch hervorgebracht wurden. Gesetze höherstufiger Wissenschaften mögen daher in der Physik nicht abgebildet werden, aber daraus folgt nicht, dass sie einer physikalischen Realisierung oder möglicherweise noch zu leistenden physikalischen Reduktion widersprechen können (Esfeld & Sachse 2010: 231).

Wenn es in der Folge um die Übertragung des Verhältnisses der Einzelwissenschaften zur Physik auf die Beziehung zwischen sozialen und individuellen Sachverhalten geht, ergeben sich zwei Implikationen. Erstens müsste die Autonomievermutung sich ganz wie in Fodors Beispiel auf eine Heterogenität der Vokabulare stützen können, zweitens kann die Autonomie der Soziologie nicht dadurch abgeleitet werden, dass behauptet wird, dass soziale Gesetze Gesetzen widersprechen, welche sich auf Individuen beziehen.[5]

2 Individualismus und Holismus

In der Folge stelle ich zentrale Dimensionen der Individualismus und Holismus-Debatte dar und zeige, an welchen Punkten sich Berührungen, aber auch mögliche Differenzen zur Debatte um Emergenz und Reduktion ergeben, wie sie im Rahmen des nicht-reduktiven Physikalismus geführt wird.

---

5 Ich führe den zweiten Punkt in der Folge nicht weiter aus. Die Problemlage lässt sich – so viel sei angemerkt – auf Durkheims Überlegung beziehen, dass soziale Tatbestände zwanghaft auf Individuen wirken. Wenn diese Zwänge als Einschränkungen der menschlichen Natur verstanden werden sollen, dann unterstellt dies in einer bei Durkheim häufig zu findenden Lesart, dass die individuelle Natur der sozialen im selben Sinne entgegengesetzt ist wie Neigung und Sittlichkeit in der Kantischen Ethik (Durkheim 1969; Durkheim 2005: 37).

2.1 Ontologisch und epistemologisch

Geht es in der Debatte um ontologische oder epistemische Fragen? Existieren überhaupt soziale Gebilde? Die radikalste individualistische Position wäre eine, die dies bestreitet – sie wird gerne mit der Äußerung von Margaret Thatcher aus dem Jahr 1987 illustriert: „… and who is society? There is no such thing! There are individual men and women and there are families…" (Margaret Thatcher Foundation 2015) – wobei der Bezug auf die Familie deutlich macht, dass es hier um eine sozialpolitische, nicht um eine sozialontologische Aussage ging. Gestritten wird aber nicht wirklich um das ob, sondern um das wie der Existenz sozialer Gebilde. Reduktive Individualisten gehen davon aus, dass ihre Existenzweise anders gefasst werden muss als diejenige anderer Entitäten. „Es liegt", so Max Weber, „in der Eigenart nicht nur der Sprache, sondern auch unseres Denkens, daß die Begriffe, in denen Handeln erfaßt wird, dieses im Gewande eines beharrenden Seins, eines dinghaften oder ein Eigenleben führenden ‚personenhaften' Gebildes, erscheinen lassen. So auch und ganz besonders in der Soziologie. Begriffe wie ‚Staat', ‚Genossenschaft', ‚Feudalismus' und ähnliche bezeichnen für die Soziologie, allgemein gesagt, Kategorien für bestimmte Arten menschlichen Zusammenhandelns und es ist also ihre Aufgabe, sie auf ‚verständliches' Handeln und das heißt ausnahmslos: auf Handeln der beteiligten Einzelmenschen, zu reduzieren." (Weber 1988 [orig. 1913]: 439)[6] Der reduktive Individualismus eliminiert nicht die sozialen Objekte, bezweifelt aber, dass sie eine vom Handeln der Individuen unabhängige Existenz besitzen. Hier wird bereits unklar, in welchem Maße Holisten dies überhaupt bestreiten. Dass dies unklar ist, ergibt sich aus der zweiten ontologischen Dimension der Debatte, die um den Gedanken der Realisierung kreist. Die klassische holistische Position bei Emile Durkheim geht zwar von einer eigenen Art der Existenz sozialer Gebilde aus, hält aber daran fest, dass es ohne menschliche Individuen auch keine sozialen Gebilde geben kann (Durkheim 1984: 93). Wie aber lassen sich dann, so die zentrale Problematik, welche unmittelbar auf die Emergenzdebatte verweist, Unabhängigkeit und Abhängigkeit gemeinsam denken? Identität (Realisierung) und Differenz gemeinsam zu behaupten, dies stellt – wie in der Emergenzdebatte – die zentrale Herausforderung an den Holismus dar. Umstritten ist darüber hinaus, in welchem Maße sozialen Gebilden Personenhaftigkeit zukommt. Zum Teil wird diese Ansicht vertreten, so bei Philip Pettit, der Gruppen den Status als intentionalen und personalen Subjekten zuschreibt, auch wenn er Differenzen zu natürlichen Personen anerkennt (Pettit 2003; Pettit 2014).

6 Ganz ähnlich argumentiert Randall Collins (Collins 2000).

Halten wir soweit fest: In ontologischer Hinsicht wird eine eliminative Position – im Sinne der Behauptung der Nichtexistenz sozialer Phänomene von niemandem vertreten. Auch reduktive Individualisten gehen davon aus, dass es beispielsweise Gruppen gibt. Dass die Position des reduktiven Individualismus aus der Sicht des Holismus gleichwohl einen eliminativen Charakter besitzt, lässt sich vielleicht am besten mit einer theologischen Analogie verdeutlichen. Reduktive Individualisten sind keine Atheisten, sie würden aber behaupten, dass Gott allein durch die Zustände der Individuen existiert und entsprechend die wirksamen Eigenschaften Gottes durch diese Zustände vollständig festgelegt werden. Holisten bezweifeln die beiden letztgenannten Annahmen.

2.2 Reduktionsbasis 1: Realisierung, Verankerung und materielle Objekte

Innerhalb der Debatte um Reduzierbarkeit ist nicht nur fraglich, was reduziert wird (insbesondere stellt sich die Frage, ob es um Gegenstände oder Theorien geht), sondern auch, worauf reduziert wird. Eine fundamentale Differenz zum Physikalismus liegt sicherlich darin, dass die Reduktionsbasis im Sozialen unbestimmter bleibt. Versteht man unter dem Individualismus eine Position, welche soziale Phänomene aus den Gesetzen der menschlichen Natur ableiten will – um eine klassische Formulierung von John Stuart Mill aufzunehmen[7] –, steht man ganz sicherlich vor zwei zentralen Herausforderungen: erstens die Gesetze zu bestimmen und zweitens die menschliche Natur. Weder scheint es strikte Gesetze über individuelles Verhalten zu geben noch einen Zugang zur menschlichen Natur, der hinreichend informativ wäre, um daraus Handlungen schon abzuleiten. Letzteres kann man an den vielfältigen Versuchen ablesen, biologische Bedingungen der menschlichen Vergesellschaftungsformen zu formulieren. Es ist nicht unmöglich, sinnvoll zu fragen, welche evolutionär gegebenen Voraussetzungen beispielsweise den Rahmen menschlichen Handelns bestimmen (vgl. beispielsweise Turner 2002), aber das heißt nicht, dass daraus hinreichend genau soziale Strukturzusammenhänge abgeleitet werden können. Der zentrale Einwand hiergegen lautet, dass die menschliche Natur eine zu hohe „Plastizität" aufweist, um die Lücke zwischen den natürlichen Bedingungen und den jeweiligen Ausformungen des Handelns füllen zu können (Parsons 1951: 32, 215). Problematisch

7 „All phenomena of society are phenomena of human nature, generated by the action of outward circumstances upon masses of human beings; and if, therefore, the phenomena of human thought, feeling, and action are subject to fixed laws, the phenomena of society can not but conform to fixed laws, the consequence of the preceding." (Mill 2009 [1882]: 1064)

ist auch die Annahme von strikten Gesetzen des Handelns (Mozetic 1998). Der Individualismus lässt sich aber auch schwächer fassen, nämlich als die These, dass Handlungen immer verstanden werden müssen im Lichte von Individuen, welche mit diesen Handlungen einen spezifischen Sinn verbinden – der Individualismus grenzt sich dann vom Holismus dadurch ab, dass er bestreitet, dass soziale Phänomene jenseits der Orientierungen und Absichten von Individuen existieren und prozessieren können. Der holistische Standardeinwand gegen einen solchen schwachen Individualismus lautet dann, dass er soziale Randbedingungen des Handelns schon akzeptiert: der Sinn des Handelns sei schon sozial geprägt ebenso wie die Umgebung, in der Individuen sich orientieren (Mandelbaum 1955; Bhaskar 1989: 31 ff.; Bunge 1996: 256). An dieser Stelle ergibt sich aber gar nicht notwendig ein Gegensatz zwischen Individualismus und Holismus. Der Individualismus ist nämlich durchaus verträglich mit der Annahme, dass menschliches Handeln in Situationen stattfinden, in denen andere Personen existieren. Tatsächlich findet sich in der Debatte um den Individualismus und Holismus häufig eine zentrale Verwechslung: Aus der These, dass sich Sozialverhältnisse nicht auf das Handeln einer einzigen Person zurückführen lassen, folgt nicht, dass Sozialverhältnisse jenseits des Handelns der einzelnen Personen eine eigene Wirklichkeit besitzen.[8] Erst diese Annahme ist problematisch, aber sie erklärt auch, warum der Rekurs auf die Emergenzfigur an dieser Stelle für die Formulierung einer holistischen Position hochgradig attraktiv ist.

Eine andere Unbestimmtheit der Reduktionsbasis wird darin gesehen, dass im Gegensatz zur Debatte in der Philosophie des Geistes, in der die Supervenienzbasis umfassend ist (nämlich Physikalisches/physikalisch Beschreibbares), dies in der Soziologie nicht gelte: Nicht alles Soziales werde zugleich individuell realisiert: „It [the individual level, J.G.] is not normally taken to contain things such as artifacts, buildings, microbiological organisms, or household animals, as their inclusion would stretch the idea of individual beyond comprehension.“ (Ylikoski 2014: 121)

---

8 Dies gilt auch für das häufig angeführte Sozialisationsargument, nach dem die Gesellschaft die Individuen prägt (klassisch Berger & Luckmann 1994: 139 ff.). Das Sozialisationsargument kann freilich einen Holismus allein nicht rechtfertigen, denn es würde zudem die These erfordern, dass hier die Gesellschaft einen wiederum nicht auf die beteiligten Individuen reduzierbaren Einfluss ausüben könnte. Hellsichtig macht Thomas Luckmann selbst auf den Fehlschluss aufmerksam, dem sich eine Reifikation der Gesellschaft verdankt: „Wenn die Mitmenschen nicht in bestimmten Weisen handelten, wäre man nicht handlungsfähig [...]. Nun sind aber die Handlungen dieser Mitmenschen selbstverständlich ihrerseits ebenso gesellschaftlich bedingt: die Voraussetzungen ihrer Handlungen sind die Handlungen *ihrer* Mitmenschen. Deren Handlungen sind selbstverständlich wiederum gesellschaftlich bedingt usw. So kommt es zu einem unendlichen Regreß“ (Luckmann 1992: 95).

In einem interessanten Aufsatz hat Brian Epstein (Epstein 2014) darüber hinaus darauf hingewiesen, dass es zwei konkurrierende Vorstellungen über die Reduktionsbasis im Individualismus gibt. In einer Fassung, dem ontologischen Individualismus, der selbst wieder vielfältige Bestimmungen der Basis enthält (psychologische Zustände, Relationen oder Verhaltensweisen), wird im Sinne einer Ebenenunterscheidung argumentiert, im Verankerungsindividualismus hingegen hängen soziale Phänomene zwar von Individuen ab, es geht aber nicht um Realisierung, sondern um Fundierung. Ein Beispiel ist die Schaffung von Institutionen, die in John R. Searles Konzept zentral ist. Aus der Sicht von Searle ist diese Verankerung abhängig von individuellen Anerkennungen einer wir-Perspektive (Searle 2009).[9] Epstein interessiert sich vor allem dafür, dass die Verankerungsperspektive es erlaubt, materielle Objekte in die Basis einzubeziehen – aus einem Plastikeimer kann so eine Mülltonne werden (Epstein 2014: 36). Epsteins Beobachtung ist deswegen erwähnenswert, weil in der Debatte um die Irreduzibilität sozialer Strukturen die Referenz auf handlungsunabhängige Objekte eine nicht unerhebliche Rolle spielt. Unabhängige Objekte müssen aber nicht irreduzibel *soziale* Objekte sein. Wenn beispielsweise menschliches Handeln die Umweltbedingungen verändert und diese Rückwirkungen auf menschliches Handeln haben, dann liegt hier ein eigenständiger Effekt vor, aber keiner, der einer *sozialen* Eigendynamik geschuldet ist. In seinem Buch „Kollaps" zeigt Jared Diamond beispielsweise, wie sich im Zusammenspiel von natürlichen und sozialen Prozessen katastrophische Zustände einstellen und stabilisieren können. So verstärkte die Besiedelung Islands die Tendenz zur Erosion der Böden: „Nachdem die schützende Pflanzendecke von Schafen oder Bauern entfernt wurde und die Bodenerosion begonnen hat, können sich neue Pflanzen nur noch schwer ansiedeln und den Boden erneut schützen; die Folge: Die Erosion breitet sich aus." (Diamond 2005: 252) Entscheidend bleibt hier, dass die Handlungen zwar nicht-intendierte Effekte produzieren, diese Produktion aber darauf beruht, dass in den Verlauf nicht-handlungsabhängige Prozesse integriert werden. Wenn man nun in die Struktur solche Elemente integriert, dann macht es natürlich Sinn von einer Unabhängigkeit der Struktur zu sprechen. Aber: In welchem Sinne können wir dann von einer *Sozial*struktur sprechen? Für die Handlungen selbst ergibt sich nämlich keine Eigendynamik, welche sie in Bahnen lenkt, welche nicht von den Perzeptionen der Beteiligten abhängen. M.a.W.: Plastikeimer werden zu Mülleimern aus dieser Sicht erst durch Deutungen.

9 Die Diskussion um die Irreduzibilität von kollektiven Intentionen kann ich hier nicht ausführlich darstellen (vgl. Schmid & Schweikard 2009).

2.3 Reduktionsbasis 2: Relationen

Ungeklärt ist der Status, der Relationen zukommt. Tatsächlich hängt von der Frage, was die Reduktionsbasis der Soziologie ist, sehr viel ab. Dies kann man zunächst als ein definitorisches Problem betrachten. Wenn Individualismus die Reduktion sozialer Gebilde auf isolierte (oder als isoliert vorgestellte) Individuen meint, dann wird der Individualismus in der Tat zu einer unplausiblen Position. Entsprechend hat beispielsweise Mario Bunge vorgeschlagen, jenseits von Individualismus und Holismus von einem Systemismus auszugehen, da der Individualismus atomistisch und der Holismus letztlich dualistisch sei (Bunge 1979). Dass der Systemismus die Debatte aber nicht befriedet hat, liegt daran, dass es naheliegt, die Relationen von den Individuen getrennt zu denken und dann dasjenige, was zwischen ihnen liegt, als eigenständig explanativ zu begreifen – man gelangt dann letztlich doch wieder zu einer holistischen Interpretation. Diese Eigenständigkeitsbehauptung findet sich beispielsweise bei Archer, Pierpaolo Donati und Dave Elder-Vass,[10] aber auch in bestimmten Interpretationen der Netzwerkforschung (Mayhew 1980; Emirbayer & Goodwin 1994: 1417; Kropp 2008: 151). Im Gegensatz dazu betont der Individualismus, dass die Relationen in den Orientierungen der Individuen liegen. So begreift Weber soziales Handeln als ein Handeln, bei dem sich die Handelnden am Verhalten anderer orientieren (Weber 1980: 1). Gezeigt werden müsste dann gegen Webers Position, dass Relationen auch dann einen Einfluss auf das Handeln haben können, wenn sie nicht „gewusst“ werden – also nicht in den Orientierungen von Individuen verankert sind. Geht man hingegen davon aus, dass

10 So sprechen Archer und Donati davon, dass die Relation eine Form erzeugt, welche „with its own properties and causal powers“ versehen ist (Donati & Archer 2015: 28). Bei Elder-Vass ist der Übergang zum Holismus ganz deutlich. Zunächst weist er auf die Bedeutung der Relationen hin, leitet dann aber aus ihnen eine Wirkung des sozialen Ganzen ab: „This is the principle that *if* we explain a causal power in terms of (a) the parts of an entity *H*; plus (b) the relations between those parts that pertain only when they are organised into the form of an *H; then* because we have explained the power in terms of a combination – the parts and the relations – that exist only when an *H* exists, we have not eliminated *H* from our explanation. The entities that are *H*'s parts would not have this causal power if they were not organised into an *H*, hence it is a causal power of *H* and not of the parts.“ (Elder-Vass 2010: 24) Elder-Vass’ Prinzip wurde vorgeworfen, leer zu sein (Wahlberg 2014), es ist aber zunächst auch nicht folgerichtig – denn dass es nicht die kausalen Kräfte der Teile, sondern des Ganzen sind, folgt nicht aus der Existenz von Relationen. Es folgt allein, dass die Teile *und* ihre Relationen die relevanten kausalen Kräfte ausmachen. Da Teile und Relationen mit dem Ganzen identisch sind, lässt sich die Kausalbehauptung auch für das Ganze aufrechterhalten, aber das belegt eben nicht, dass es eine „eigene“ Kausalität des Ganzen gibt, die sich von der Kausalität der Teile und ihrer Relationen unterscheiden lässt.

individuelle Orientierungen soziale Strukturen konstituieren, so können weder Kollektivsubjekte noch etwas wie „die Relation“ als Träger sinnhafter Orientierungen jenseits von Individuen verstanden werden (Greve 2015, Kap. 8).

2.4 Welche sozialen Gebilde sind nicht-reduzierbar?

Umstritten ist auch, welche sozialen Gebilde reduzierbar sind. Während Reduktionisten von einer Reduzierbarkeit aller sozialen Gebilde ausgehen, ist dies im Falle des Emergentismus unklarer. So grenzen sich Sawyer (Sawyer 2005: 98 f.) und Elder-Vass (Elder-Vass 2010: 26) von der „klassischen“ Emergenzposition bei Durkheim dadurch ab, dass sie zwischen resultanten und emergenten Eigenschaften unterscheiden (eine Unterscheidung, die auf George Henry Lewes zurückgeht). Während bestimmte soziale Phänomene reduzierbar sind, gilt dies für andere nicht. In der Regel wird die Schwelle, welche die Differenz beider Formen bestimmt, in der Aggregativität (Wimsatt 1997) der sozialen Phänomene gesehen. Während also eine Selbstmordrate kein emergenter sozialer Tatbestand wäre, weil sie schlicht die Summe individueller Selbstmorde gemessen an einer Gesamtzahl darstellt, wäre eine Organisation oder die Gesellschaft zu komplex, um sie als Summation, Quote oder Rate zu bestimmen. So plausibel diese Unterscheidung ist, so wirft sie zugleich eine Reihe von Folgefragen auf. Die entscheidende lautet dabei, ob nicht auch unter den emergenten Eigenschaften solche sind, welche schwach emergent sind, auch dann, wenn sie nicht resultant sind. Die Eigenschaften des Wassers sind ebenfalls nicht resultant im Sinne einer bloßen Addition von Sauerstoff- und Wasserstoff-Atomen, aber gleichwohl reduzierbar. Mechanismische Erklärungen, welche es erlauben, die Entstehung „höherer“ Eigenschaften zu erklären, sind nicht einfach Erklärungen mittels Summationen.

2.5 Methodologie statt Ontologie?

Verwandt mit dieser Unterscheidung ist eine Debatte um das Verhältnis von Ontologie und Methodologie. Während ein Lager die Frage der Emergenz-Reduktion und des Individualismus-Holismus für eine ontologische hält (so insbesondere in der Tradition des kritischen Realismus, also bei Roy Bhaskar, Archer und Elder-Vass), verwerfen andere diese Perspektive und plädieren für eine methodologische Auffassung dieser Differenzen (Van Bouwel & Weber 2008; Van Bouwel 2014; Kroneberg 2008). Diese Debatte ist natürlich direkt verbunden mit derjenigen um den epistemisch/ontologischen Status der Emergenzfrage

(s. o.). Die These der ontologischen Fundierung in Individuen erzwinge nicht die These, dass auch die Methode der Soziologie individualistisch sein muss. „Of course all causal social processes work through the behaviors and ideas of individual persons – this 'ontological truism' [...] is a basic premise of all post-Hegelian naturalist social science. But this premise (sometimes called 'ontological individualism') in no way necessitates an explanatory (or ‚methodological') individualism." (Jepperson & Meyer 2011: 56) Ronald Jepperson und John W. Meyer ziehen daher – unter anderem unter Berufung auf Sawyer (Sawyer 2005, insbesondere Kap. 5) – den Schluss, „that the levels of analysis featured in a sociological explanation should be an empirical rather than doctrinal matter" (Jepperson & Meyer 2011: 56).

Die Frage nach Holismus und Individualismus lässt sich sicherlich nicht mit den Mitteln einer armchair-philosophy beantworten. Zugleich lässt sich auch mit guten Gründen bezweifeln, dass sich diese Frage empirisch hinreichend beantworten lässt. Auch eine naturalisierte Erkenntnistheorie erkennt ja an, dass es begriffliche Vorentscheidungen gibt, die sich nicht in Empirie allein auflösen lassen. Um ein Beispiel zu nennen: Wo Jepperson und Meyer in ihrem Plädoyer für Mehr-Ebenen-Erklärungen die Annahme machen, dass es oberhalb der individuellen „Ebene" eigene kausale Prozesse gibt, die über sozial-organisatorische Arrangements laufen und die institutionelle Ebene betreffen, berufen sie sich auf eine Interpretation der Weber-These zum Protestantismus, derzufolge die Bedingungen der Haltungen der Protestanten in einer bereits zuvor schon erfolgten Rationalisierung der Kultur zu suchen sind (Jepperson & Meyer 2011: 61 f.). Schwerlich belegt aber diese (zumal nicht ausbuchstabierte) Beobachtung, dass es überindividuelle kausale Prozesse gibt. So folgt aus der Überlegung, dass die Bedingungen, unter denen ein bestimmter Verlauf zu beobachten ist, selbst durch diesen Verlauf nicht erklärt werden können, noch nicht, dass dieser Verlauf durch einen ganz anderen Typ von Erklärungen geschehen muss. Dass die asketischen Protestanten wirtschaftlichen Erfolg als Zeichen ihrer Erwähltheit betrachten, setzt natürlich die Existenz asketisch protestantischer Überzeugungen (Prädestinationslehre) voraus, aber dass diese zu einer spezifischen Wirtschaftsgesinnung führt, erklärt nicht die Entstehung oder Existenz der Prädestinationslehre. Es folgt zudem nicht, dass eine individuelle Erklärung des Prädestinationsglaubens nicht möglich ist. Auch folgt überhaupt nicht, dass die Prädestinationslehre auf einer anderen „Ebene" existiert als die Wirtschaftsgesinnung – eine Unterstellung, welche sich bereits bei James S. Coleman findet (Coleman 1994 [orig. 1990]: 8 f.).

Die Frage nach der Emergenzthese in der Soziologie methodologisch zu fassen, kann demnach nicht bedeuten, sie allein als eine empirische Frage zu betrachten. Eine methodologische Reflexion wird immer auch dazu führen müssen, dass die Bedingungen, unter denen etwas als Beweis für die individualistische oder holistische Erklärung zählen kann, geklärt werden. Entscheidend ist hierbei vor allem die Unterscheidung zwischen einem pragmatischen und einem nicht-pragmatischen Holismus. Unter einem pragmatischen Holismus wird der Gedanke verstanden, dass auch individualistische Erklärungen über Gruppen von Individuen hinweg generalisieren können, ohne dass daraus eine holistische Position folgt. Wenn beispielsweise die französische Revolution auch auf gestiegene Brotpreise zurückgeführt werden kann, dann reicht es natürlich hin, von einer massenhaften Betroffenheit auszugehen – nicht jede individuelle Perzeption der eigenen Situation muss erfasst werden. Dennoch bleibt die Erklärung natürlich eine, welche auf Individuen Bezug nimmt. In der individualistischen Theorie ist das Kriterium der Erklärungsgüte in diesem Sinne als Prinzip der abnehmenden Abstraktion beschrieben worden (Lindenberg 1992). Häufig ist es hinreichend, über große Gruppen zu generalisieren (so schon Weber 1980: 4). Es gibt aber selbstredend auch Fälle, in denen differenziert werden muss. Beispielweise geht die Forschung über soziale Bewegungen nicht davon aus, dass soziale Veränderungen allein auf eine kollektiv geteilte Unzufriedenheit zurückzuführen ist. Niemals werden alle relevanten Personen in der gleichen Weise durch eine Situation betroffen sein und daher müssen unterschiedliche Gruppen mit unterschiedlichen Situationswahrnehmungen und Interessen unterschieden werden. Da Protest gegen ein autoritäres Regime in den Anfangsphasen zudem höhere persönliche Risiken verursacht, werden Personen über unterschiedliche Präferenzen oder Ressourcen verfügen müssen, damit sich ein initialer Protest überhaupt organisieren kann (Opp 2009).

Zudem ist es häufig so, dass aus der Beobachterperspektive soziale Zusammenhänge in den Blick geraten, welche aus der Teilnehmerperspektive nicht sichtbar sind (man denke an vielfältige Verteilungsstrukturen), aber daraus, dass solche Makro-Muster existieren, folgt nicht, dass sie eine Wirksamkeit besitzen, welche sich nicht aus den Mikro-Situationen herleiten lässt. So hat Thomas C. Schelling in seinem mittlerweile klassischen Buch Micromotives and Macrobehavior (Schelling 1978) gezeigt, wie sich aus individuellen Präferenzen für Nachbarn mit ähnlichen Eigenschaften (Schelling dachte insbesondere an ethnische Ähnlichkeiten) Segregationseffekte ergeben können. Die Entstehung großflächig homogener Nachbarschaften wird von den jeweils umziehenden Parteien nicht beabsichtigt, hat aber diese Segregation zur Folge. Die Beschreibung des Makromusters ist reduktiv erklärbar und hat aus der Sicht des Individualismus keine eigenständigen Folgen (sie kann natürlich ihrerseits neues Handeln anleiten, wirkt dann aber wieder nicht autonom). Ein Argument für den Holismus ergibt sich aus „Generalisierungen" also erst dann, wenn „höherstufige" Erklärungen die einzig verfügbaren oder die „besseren" Erklärungen liefern. Dazu aber müssen sie als solche identifizierbar sein.

Fassen wir zusammen: die Debatte um Individualismus und Holismus weist eine Reihe von Gemeinsamkeiten mit der Emergenzdiskussion auf. Es bietet sich daher auch an, wie bei Sawyer und klassisch schon bei Durkheim, von einer Rechtfertigung des Holismus durch die Emergenzfigur auszugehen.

3 Zur Kritik des nicht-reduktiven Individualismus

Sawyer hat in seiner Verteidigung einer holistischen Interpretation der Soziologie zu Recht darauf hingewiesen, dass eine emergentistisch gestützte Argumentation in der Lage sein muss, die folgenden Kausalbeziehungen (1 und 2 in der folgenden Abbildung 2) zu rechtfertigen:

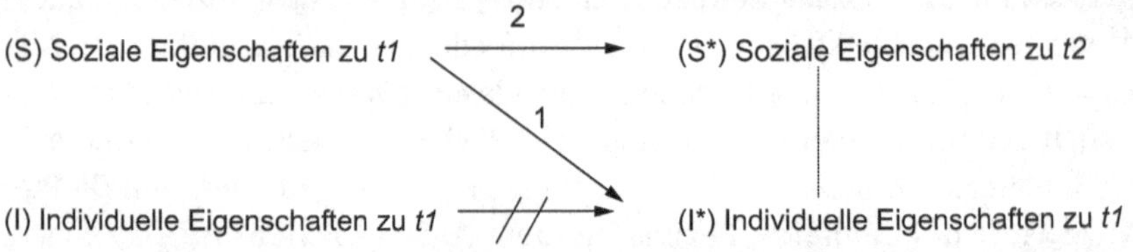

Abb. 2: Nicht-reduzierbare Kausalbeziehungen? (Sawyer 2003: 208).

Sawyer sieht freilich zugleich, dass auch die soziologische Interpretation dem Einwand von Kim Rechnung tragen muss. Seines Erachtens kann dies durch den Rekurs auf Fodors Argument der multiplen Realisierung geschehen. Aus dem Umstand, dass es eine individuelle Realisierung geben muss, folgt nicht, dass diese Realisierung explanativ gehaltvoll ist. So richtig diese Beobachtung auf den ersten Blick ist, so ergeben sich doch fünf Probleme. Erstens bleibt unklar, ob dies dem ontologischen Einwand Kims wirksam begegnen kann. So schreibt Sawyer:

> Social properties can participate in tractable social laws, even if the underlying individual-level explanation is too complex to submit to lawful description. If this is the case, then our laws must be formulated *as if* [Herv., J.G.] social event types have causal powers, even though each token social event is identical to its individual supervenience base. (Sawyer 2003: 216)

Wenn die individuellen Eigenschaften kausal sein müssen, stellt sich das kausale Exklusionsproblem auch für den nicht-reduktiven Individualismus. Wird

Kausalität folglich als eine ontologische Kategorie verstanden, dann lässt sich der Einwand von Kim nicht entkräften. Bei Sawyer überwiegt eine epistemische Fassung – dies unterscheidet seine Arbeit von der deutlich ontologischen Lesart insbesondere im kritischen Realismus (Bhaskar 1975; Bhaskar 1989; Archer, et al. 1998; Archer 1995; Elder-Vass 2010). Eine epistemische Lesart führt aber nicht zur Frage, wie stark die These einer Autonomie sozialer Gebilde und damit der Soziologie überhaupt sein kann. Hinzu kommt das Problem möglicher kausaler Überdeterminationen (Macdonald 2007; Esfeld & Sachse 2010: 28).

Zweitens bereitet der Fall der downward causation im Rahmen einer Argumentation im Anschluss an Fodor besondere Schwierigkeiten. Offensichtlich würden Gesetze, welche die Ebenen verbinden, auch die Vokabulare verschiedener Wissenschaften verbinden müssen, etwas das Fodor aber gerade für einen Indikator für Reduzierbarkeit hält (Greve 2012).

Drittens ergibt sich aus der Besonderheit von Handlungserklärungen eine zusätzliche Herausforderung für die Annahme einer autonomen Wirkung kollektiver Sachverhalte. Sawyer führt als Beispiel für eine multipel realisierte Makroentität Kirchen an.[11] Selbst wenn wir davon ausgehen könnten, dass Kirchen hinreichend ähnlich sind, um ähnliche Effekte zu erzielen, werden Kirchen Effekte nur dann hervorbringen können, wenn sich Personen als Mitglieder dieser Kirchen wahrnehmen. Wenn die Bindung an die Wahrnehmung der Handelnden ihr Handeln hinlänglich erklärt, dann spielt es keine Rolle mehr, ob die Entitäten, auf die Bezug genommen wird, unabhängig von diesen Wahrnehmungen existieren oder nicht. Auch eine Erklärung, welche darauf beruht, dass jemand im Namen einer Organisation handelt (Elder-Vass 2010: 158), bleibt eine individuelle Erklärung, selbst dann, wenn wir nicht davon ausgehen können, dass die oder der Handelnde eine vollständige Beschreibung der Organisation vornehmen kann. Eine genuine nicht-reduzierte Erklärung wäre allein eine, in der die oder der Beobachter*in eine Kirche identifizieren kann und in der Folge Handlungen von Individuen kausal auf die Existenz der Kirche zurechnen kann, ohne dass zugleich gezeigt werden kann, in welcher Weise dies in einer subjektiven Repräsentation präsent ist.

---

11 „A token instance of a collective entity that has the social property 'being a church' also has a collection of individual properties associated with each of its component members; for example, each individual *In* may hold properties 'believing in *Xn*' or 'intending *Yn*' where the sum total of such beliefs and intentions are (in some sense) constitutive of the social property 'being a church.' Yet the property of 'being a church' can be realized by a wide range of individual beliefs and dispositions. The same is true of properties such as 'being a family' and 'being a collective movement.'" (Sawyer 2005: 68)

Viertens: Wenn kollektive Sachverhalte einen nicht-reduzierbaren Einfluss auszuüben in der Lage sein sollen, muss ihre Konstitution nicht-reduzierbar sein. So plausibel es ist, z. B. die Gesellschaft im Ganzen für ein zunächst zu komplexes Gebilde zu halten, um es auf einzelne Beitragsintentionen zurückzuführen, ist das bei kleinen Gruppen schon weniger der Fall. Nach Margret Gilbert liegt eine bestimmte kollektive Überzeugung dann vor, wenn die Mitglieder einer Gruppe gemeinsam wissen, dass sie individuell intentional und öffentlich ihr Einverständnis zum Ausdruck gebracht haben, diese bestimmte Überzeugung gemeinsam mit anderen zu akzeptieren (Gilbert 1992: 306). Aus dieser Analyse ergibt sich dann, dass es denkbar ist, dass die Gruppenüberzeugung und die individuelle Überzeugung nicht identisch sind. Gleichzeitig konstituiert sich die kollektive Überzeugung durch einen Beschluss, welcher von Individuen getragen wird. Gilbert vertritt damit im Grunde eine kontraktualistische Auffassung von Gruppen und Gruppenüberzeugungen. „A participant in a shared action acts in his capacity as the member of a plural subject of the goal of the action. He will count as the member of such a plural subject when, at a minimum, and roughly, he and others have expressed to each other their willingness jointly to accept the goal in question now. They will then count as jointly accepting it, and hence as constituting the plural subject of that goal." (Gilbert 1992: 164) Nun ist umstritten, ob Gilberts Analyse als reduktiv gelten kann,[12] ich verwende sie aber deswegen, weil sie – zumindest in den eben angeführten Zügen – genau dies ist: individualistisch, denn Gruppen werden nicht einfach vorausgesetzt, sondern auf individuelle Beitragsintentionen zurückgeführt. Wenn es zum Beschluss über gemeinsam geteilte Überzeugungen gekommen ist, bestehen diese auch jenseits der einzelnen Überzeugungen, sie hängen aber systematisch von der Zustimmung der einzelnen Gruppenmitglieder ab, die Überzeugung als Gruppenüberzeugung zu vertreten. Wenn nun die Gruppe in der Lage ist, einen Einfluss auf die Individuen zu nehmen, dann hängt dies daher immer noch an den vorausgesetzten individuellen Beitragsintentionen. Die Konstitution und die Fähigkeit zu Reproduktion der Gruppe

---

12 Hans Bernhard Schmid beispielsweise hält sie für reduktiv (Schmid 2005: 220), Deborah Tollefsen hingegen nicht (Tollefsen 2014). Wenn eine gemeinsame Überzeugung einmal besteht, kann sie aus der Sicht des Modells von Gilbert nicht einseitig aufgekündigt werden. Dies ergibt sich aber nicht dadurch, dass nun die Gruppe selbst Überzeugungen besitzt, sondern dadurch, dass die Mitglieder die normative Verpflichtung anerkennen, von ihrem ursprünglichen „Vertrag" nicht einseitig zurücktreten zu können. Wenn man der Ansicht ist, dass eine solche normative Verpflichtung nicht individualistisch erklärt werden kann, dann steht Gilberts Ansatz tatsächlich einem kollektivistischen Ansatz näher (Tollefsen 2014: 95). Dass aber Normativität notwendig mit einer nicht-individualistischen Sozialtheorie verbunden werden muss, ist freilich selbst eine rechtfertigungsbedüftige Annahme.

lassen sich somit nicht trennen. Daraus ergibt sich nun – in Kombination mit der epistemischen Lesart – ein Abgrenzungsproblem: Wenn es soziale Gebilde gibt, die im Hinblick auf ihre Konstitution reduzierbar sind (resultant oder schwach emergent), in welche disziplinäre Zuständigkeit fallen dann diese? Durkheim hatte versucht, die Soziologie im Ganzen auf einer emergentistischen Basis abzugrenzen. Dies gelingt nicht mehr, wenn soziale Phänomene nur zum Teil stark emergent wären.

Fünftens ist es fraglich, ob sich tatsächlich für die Soziologie eine Heterogenität der Vokabulare zur Kennzeichnung sozialer Tatbestände und individueller Tatbestände ergibt (s. u.).

Die Ausklammerung der ontologischen Frage findet sich in der Soziologie im Übrigen häufig. Insbesondere gilt dies für die breite Strömung des Strukturindividualismus, welcher davon ausgeht, dass soziales Handeln zwar durch individuelles Handeln erklärt werden muss, dies aber nicht ausschließt, dass dieses unter strukturellen Bedingungen stattfindet. Problematisch wird der Strukturindividualismus dann, wenn nicht mehr gefragt wird, wie die Struktur realisiert sein muss, um diese Wirkungen zu erzielen. Dies lässt sich am Standardmodell des Strukturindividualismus zeigen, dem Makro-Mikro-Makro Modell, das im Anschluss an die Präsentation bei Coleman eine kanonische Gestalt gewonnen hat (vgl. Abb. 3).

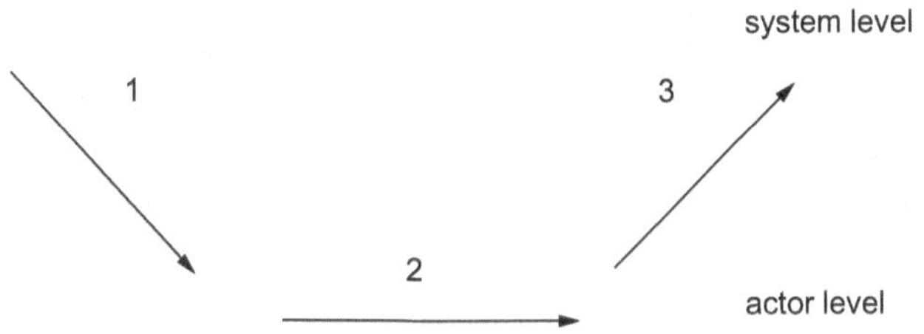

Abb. 3: Das Makro-Mikro-Makro-Modell nach Coleman (Coleman 1994: 167).

Die Beziehungen 1 und 3 müssten – wenn der Strukturindividualismus konsequent reduktiv wäre – als Beziehungen verstanden werden, welche Abkürzungen eines zweistufigen Prozesses darstellen: der Rekonstruktion der relevanten Mikrostruktur einerseits und Rekonstruktion der kausalen Beziehungen auf der Mikroebene andererseits (Vromen 2010; im Anschluss an Craver & Bechtel 2007). Weite Teile der Debatte um die Unabhängigkeit der Makrobedingungen leiden aber darunter, dass nicht geklärt wird, welche Objekte als unabhängige Objekte überhaupt gelten können. Das strukturindividualistische Programm entfernt sich hier in der Regel zu schnell von demjenigen, was natürlicherweise in der Umwelt von Individuen liegt, nämlich natürliche Objekte und andere Handelnde. Genannt werden dann vielmehr: Verteilungen, Preise, Normen, Institutionen, soziale Beziehungen, kollektive Bewegungen, Gruppen und Organisationen (Coleman 1994 [orig. 1990]: 20 f.; Esser 1993: 86). Die Ausblendung der sozialontologischen Fragestellung führt innerhalb der äußerst prominenten Metatheorie des strukturindividualistischen Programms zu einem ungeklärten Nebeneinander von reduktionistischen Behauptungen und Behauptungen ontologischer Unabhängigkeit. Diese Unentschiedenheit lässt sich auf die oben benannte Möglichkeit der epistemisch-unreduzierten Makro-Kausalität zurückführen. Zeigen lässt sich aber, dass sich aus dieser Möglichkeit eben nicht die Rechtfertigung einer ontologischen Unabhängigkeit von Makro-Entitäten ergibt.

Hinzu kommt, dass im strukturindividualistischen Programm häufig auf nicht-intendierte Effekte Bezug genommen wird,[13] die aber eine solche Unabhängigkeit nur um den Preis eines Fehlschlusses rechtfertigen können – denn die Effekte mögen von der Handlung *bestimmter* einzelner Personen unabhängig sein, das heißt aber nicht, dass sie unabhängig vom Handeln aller einzelnen Personen sind (s. o.).

4 Zu einigen Besonderheiten des Sozialen

Über weite Strecken habe ich die Frage nach Holismus und Individualismus in Analogie zur allgemeinen Debatte um Emergenz betrachtet. Dabei ergibt sich, dass die Realisierungsproblematik (also der Umstand, dass der nicht-reduktive Physikalismus gleichwohl auf der Annahme physikalischer Realisierung beruht) auch für die Debatte um den Holismus in der Soziologie gilt, wenn dieser – wie in der Regel der Fall – davon ausgeht, dass Soziales notwendig in Individuen realisiert wird.

Daneben existieren aber einige bereits angesprochene Besonderheiten im Fall der Debatte um Individualismus und Holismus, deren Konsequenzen in der Folge noch einmal diskutiert werden sollen.

Erstens: Die Emergenzthese erhält ihre Plausibilität häufig allein durch unangemessene Auffassungen eines (reduktiven) Individualismus. Drei solche Argumente will ich kurz noch einmal erwähnen: (a) Der Individualismus reduziere auf eine Person unabhängig von der Situation, in der sie sich befindet

13 „The interaction among individuals is seen to result in emergent phenomena at the system level, that is, phenomena that *were neither intended nor predicted* by the individuals." (Coleman 1994 [orig. 1990]: 5)

(Atomismus/Solipsismus). Dies ist aber keine zwingende Kritik, auch wenn sie natürlich an die Frage nach dem Status von Relationen anschließt (s. o). (b) Der Individualismus könne nicht-intendierten Effekten keine Rechnung tragen. Diese Kritik leidet offensichtlich darunter, dass sie den Individualismus auf die unplausiblen Thesen festlegt, dass er entweder nur für vorhersehbare Effekte gilt und/ oder allwissende Individuen zugrunde legen muss. (c) Schließlich könne der Individualismus Komplexität keine Rechnung tragen. Diese Kritik wäre nur dann zutreffend, wenn es für komplexe Zusammenhänge angemessenere nicht-individualistische Erklärungen gäbe. Dies wäre aber zunächst erst zu zeigen und dabei insbesondere, dass diese Erklärungen nicht letztlich doch wieder auf Individuen Bezug nehmen. Dies verbindet sich mit einer zweiten Beobachtung.

Zweitens: Fraglich ist, ob sich die für Fodors Argumentation zentrale These einer Heterogenität der Vokabulare für das Verhältnis kollektiver und individueller Sachverhalte behaupten lässt. Zum einen ergibt sich für viele kollektive Kennzeichnungen, dass sie problemlos resultant zu verstehen sind. Merkmalsverteilungen, Raten und Quoten lassen sich reduzieren (s. o.). Zum anderen lassen sich aber auch Begriffe wie Klassenstruktur offensichtlich nicht fassen, ohne dabei individuelle Eigenschaften zusammenzufassen. In diesem Sinne spricht Peter M. Blau von strukturellen Parametern, für die gilt: „They are attributes of the people that underlie the distinctions they themselves generally make in their social relations, such as age, race, education, and socioeconomic status." (Blau 1977: 30) Dieser Einwand könnte verstanden werden als bloße Wiederholung des Realisierungseinwandes (weil Soziales in Individuen realisiert sein muss, lässt es sich auch explanativ auf diese zurückführen). „Knowledge of groups has been thought to derive only from observations of people and a positivist might infer its reducibility from that." (Mellor 1982: 63; vgl. auch Rosenberg 1988: 116) Der Einwand geht aber darüber hinaus. Um mentale Zustände (wie Angst) oder die Zuschreibung von Wert (wie in Greshams Gesetz) zu erfassen, ist es nicht notwendig, zugleich die genauen physikalischen Zustände zu erheben, in der sich Personen befinden. Genau hier liegt ja die Stärke der Fodor'schen Beobachtung. Fraglich ist aber, ob wir etwas über die Klassenstruktur der Gesellschaft sagen können, ohne beispielsweise die Vermögen, Einkommen oder beruflichen Stellungen von Individuen bereits zugrundezulegen.[14]

---

14 Eher stellt sich ja – wie bereits Durkheim bemerkt – für die Soziologie das an Fodors Argument gemessen „umgekehrte" Problem: Nur an den Individuen sind bestimmte soziale Phänomene überhaupt beobachtbar: „So gibt es gewisse Meinungsströmungen, die je nach der Zeit und dem Orte in ungleicher Stärke den einen beispielsweise zur Ehe, den anderen zum Selbstmord drängen, die Zahl der Geburten beeinflussen usw. das sind gewiß soziale Phänomene. Auf den ersten Blick scheinen sie von der Form, in der sie in den einzelnen Fällen auftreten,

Drittens: Oben hatte ich bereits die Frage nach der Supervenienzbasis angesprochen. Unklar bleibt aus dieser Sicht, ob sich die These durchhalten lässt, dass Soziales immer durch Handeln realisiert werden muss. Die Folgerungen hieraus sind freilich unklar. Wenn Epstein beispielsweise auf die Verankerung in materiellen Objekten hinweist, heißt das noch nicht, dass die sozialen Eigenschaften, welche dem Objekt zukommen, nicht in den individuellen Deutungen liegen, welche dieses Objekt zu einem sozialen Objekt erst machen. Es müsste zudem gezeigt werden, wie die Folgen aus der Existenz unabhängig von den Perzeptionen des Gegenstandes überhaupt wirksam werden. Die autonome Wirkung sozialer Objekte gegenüber individuellen Perzeptionen und Handlungen belegen zu können, darin liegt ja die Herausforderung an den Holismus. Gerade im Strukturindividualismus werden nicht-intendierte Effekte häufig als Argument für die Autonomie sozialer Prozesse angeführt, diese begründen aber keine Autonomie gegenüber Handlungen (und Situationsdeutungen), weil die Effekte vom Handeln anderer Handelnder abhängen (s. o.).

Viertens: Der mentale Charakter der sozialen Tatbestände, also ihre Bindung an Vorstellungen, welche schon der Urvater des Holismus, Durkheim, betont hatte, spricht schließlich eher für den Individualismus.[15] Dies gilt auch für den Status insbesondere von Organisationen (Greve 2015, Kap. 5). Wenn Organisationen intentional konstituiert werden müssen, dann wirken sie plausiblerweise über die Überzeugungen, welche in den Beitragsintentionen der Handelnden enthalten sind. Um behaupten zu können, dass sie nicht nur darüber wirken, müssten Konstitution und Reproduktion als Prozesse verstanden werden, welche über unterschiedliche Mechanismen wirken. Fraglich ist aber, wie diese Differenz verständlich gemacht werden kann.

nicht zu trennen. Aber die Statistik liefert uns das Mittel, sie zu isolieren. Sie sind mit ziemlicher Genauigkeit durch die Häufigkeiten der Geburten, Ehen und Selbstmorde bestimmt, d. h. durch die Zahl, die man erhält, wenn man den Jahresdurchschnitt der Ehen, Geburten und Selbstmorde durch die Anzahl der Menschen dividiert, die in dem zur Ehe, Zeugung oder Selbstmord fähigen Alter stehen. Da in jeder dieser Ziffern alle Einzelfälle unterschiedslos enthalten sind, heben sich die individuellen Verhältnisse, die an ihrem Zustandekommen etwa teilhaben konnten, wechselseitig auf und tragen so zu dem endgültigen Ergebnisse nichts bei. Was die Ziffern ausdrücken, ist vielmehr ein bestimmter Zustand des Kollektivgeistes." (Durkheim 1984: 110) Dass damit aber nicht gezeigt ist, wie das Kollektive als solches die entsprechenden Wirkungen hervorbringt, dürfte offensichtlich sein.

15 „Das kollektive Leben besteht, wie das psychische Leben des Individuums, aus Vorstellungen" (Durkheim 1985: 46).

Schluss

Emergenz ist ein Vervielfältigungsargument. Die Autonomie der Soziologie, insbesondere gegenüber der Psychologie, wird daher nicht zufällig äußerst oft auf die Emergenzannahme zurückgeführt. Zugleich gibt es in der Soziologie immer schon eine anti-emergentistische Strömung. Wie sich gezeigt hat, lassen sich allgemeine Momente der Emergenzdiskussion gewinnbringend auf die innersoziologische Debatte beziehen. Zentral bleibt in dieser die Frage, in welchem Maße sich die Debatte „entontologisieren" lässt und dies insbesondere deswegen, weil im nicht-reduktiven Physikalismus und im nicht-reduktiven Individualismus eine grundsätzliche Spannung zwischen der Autonomiebehauptung und der Realisierungsthese besteht. Fasst man Kausalität ontologisch, so ergibt sich ein starkes Argument für eine reduktionistische Lesart, epistemisiert man den Prozess, so kann die Frage nach Reduzierbarkeit offen gehalten werden, wobei dann aber zugleich offen bleibt, welche Autonomiebehauptung noch gerechtfertigt wird. Für Fodor ergibt sich diese Autonomie zentral aus der Heterogenität der Vokabulare der Wissenschaften. Für die Differenz von Handlungserklärungen und physikalischen Beschreibungen ist dies plausibel. Schwierigkeiten ergeben sich auch hier, wenn Brücken zwischen verschiedenen Wissenschaften gebaut werden – also beispielsweise Handlungsziele auf neuronale Muster bezogen werden.[16] Gleichwohl erscheint die Übersetzung von intentionalem Vokabular in lebenswissenschaftliche Terminologien immer noch bruchstückhaft und zugleich auf höherstufige Beschreibungen angewiesen, um überhaupt die lokalen Realisierungen zu identifizieren. Für die Soziologie leuchtet diese Differenz gegenüber einem intentionalen Vokabular nicht ein. Eine Beschreibung und Erklärung sozialer Prozesse jenseits individueller Orientierungen wird dadurch in Frage gestellt, dass diese Prozesse immer schon auf individuelle Eigenschaften und Orientierungen verweisen und zwar in einem deutlich bestimmteren Sinne als der These, dass ein unbestimmtes individuelles Substrat schon ausreiche, um die Bindung des Sozialen an Individuen zu rechtfertigen. Die Bestimmung der Gehalte sozialer Kategorien verweist auf Individuen und dies verstärkt sich noch vor dem Hintergrund der Reflexivität des Sozialen, also der Bindung an Individuen, welche Deutungen ihrer Situationen vornehmen. Eine Behauptung der Autonomie sozialer Prozesse ist dann verwiesen auf die Figur nicht-intendierter Effekte, aber diese Effekte können ihrerseits nur eintreten, wenn Handelnde sich auf Situationen beziehen.

16 Hier erweist sich Fodor dann als Vertreter einer physikalischen Weltsicht (vgl. Greve 2012: 201 ff.).

Folgt daraus nun, dass die Soziologie sich in Psychologie auflösen lässt, die Vielfalt der Wissenschaften sich hier verringern lässt? Eine solche Folgerung ließe sich nur dann ziehen, wenn man davon ausgeht, dass eine Schichtung der Wirklichkeit das Fundament der Differenzierung der Einzelwissenschaften liefert. Keinesfalls ist das aber eine gerechtfertigte Voraussetzung. Disziplinen differenzieren sich gegeneinander, ohne dass Ebenen unterschieden werden können. Auch intern herrscht eine enorme Vielfalt an konkurrierenden Modellen und Schulen (vgl. den Beitrag von Hoyningen-Huene). Die Idee einer einheitlichen Psychologie beispielsweise, auf die die Soziologie reduziert werden könnte, lässt sich schwerlich vertreten, die Reduktion auf ein intentionales Vokabular entspricht eher der Reduktion auf eine folk-psychology und nicht auf eine disziplinär umgrenzte Theorie. Die Ablehnung der Emergenz als eines Begründungsprogramms (für die Soziologie) sichert daher keine Aufhebung der Unterschiede zwischen den Wissenschaften. Dem Schichtenmodell der Emergenz entspricht vielmehr eine Ordnungsvorstellung, die selbst erst zu rechtfertigen ist.

Literatur

Abbott, A., 2001: Chaos of Disciplines. Chicago: University of Chicago Press.

Archer, M., 1995: Realist social theory: the morphogenetic approach. Cambridge: Cambridge University Press.

Archer, M., 1996: Culture and Agency. Cambridge [u. a.]: Cambridge University Press.

Archer, M., R. Bhaskar, A. Collier & T. Lawson, 1998: Critical Realism. Essential Readings. S. 189–205 in London: Routledge.

Beckermann, A., H. Flohr & J. Kim, 1992: Emergence or reduction? Essays on the prospects of nonreductive physicalism. S. in Berlin/New York: de Gruyter.

Berger, P. L. & T. Luckmann, 1994: Die gesellschaftliche Konstruktion der Wirklichkeit. Eine Theorie der Wissenssoziologie. Frankfurt a.M.: Fischer.

Bhaskar, R., 1975: A Realist Theory of Science. Sussex: The Harvester Press.

Bhaskar, R., 1989: The Possibility of Naturalism. Hemel Hempstead: Harvester.

Bickle, J., 2003: Philosophy and neuroscience. A ruthlessly reductive account. Dordrecht: Kluwer.

Blau, P. M., 1977: A Macrosociological Theory of Social Structure. American Journal of Sociology 83: 26–54.

Bunge, M., 1979: A Systems Concept of Society: Beyond Indivdualism and Holism. Theory and Decision 10: 13–30.

Bunge, M., 1996: Finding Philosophy in Social Science. New Haven: Yale University Press.

Coleman, J. S., 1994: A Rational Choice Perspective on Economic Sociology. S. 166–180 in: N. J. Smelser & R. Swedberg (Hrsg.), The Handbook of Economic Sociology. Princeton/New York: Princeton University Press/Russell Sage.

Coleman, J. S., 1994 [orig. 1990]: Foundations of Social Theory. Cambridge and London: The Belknap Press of Havard University Press.
Collins, R., 2000: Über die mikrosozialen Grundlagen der Makrosoziologie. S. 99–134 in: H.-P. Müller & S. Sigmund (Hrsg.), Zeitgenössische amerikanische Soziologie. Opladen: Leske und Budrich.
Comte, A., 1974: Die Soziologie. Die positive Philosophie im Auszug. Stuttgart: Kröner.
Craver, C. F. & W. Bechtel, 2007: Top-down causation without top-down causes. Biology and Philosophy 22: 547–563.
Diamond, J., 2005: Kollaps. Warum Gesellschaften überleben oder untergehen. Frankfurt a.M.: Fischer.
Donati, P. & M. S. Archer, 2015: The Relational Subject. Cambridge: Cambridge University Press.
Durkheim, E., 1969: Der Dualismus der menschlichen Natur und seine sozialen Bedingungen. S. 178–190 in: F. Jonas (Hrsg.), Geschichte der Soziologie III. Reinbek bei Hamburg: Rowohlt.
Durkheim, E., 1984: Die Regeln der soziologischen Methode. Frankfurt a.M.: Suhrkamp.
Durkheim, E., 1985: Individuelle und kollektive Vorstellungen. S. 45–83 in E. Durkheim, Soziologie und Philosophie. Frankfurt a.M.: Suhrkamp.
Durkheim, E., 2005: Die elementaren Formen des religiösen Lebens. Frankfurt a.M.: Suhrkamp.
Elder-Vass, D., 2007: Luhmann and Emergentism. Philosophy of the Social Sciences 37: 408–432.
Elder-Vass, D., 2010: The Causal Power of Social Structures. Emergence, Structure and Agency. Cambridge u. a.: Cambridge University Press.
Emirbayer, M. & J. Goodwin, 1994: Network Analysis, Culture, and the Problem of Agency. American Journal of Sociology 99: 1411–1454.
Epstein, B., 2014: What Is Individualism in Social Ontology? Ontological Individualism vs. Anchor Individualism. S. 17–38 in: J. Zahle & F. Collin (Hrsg.), Rethinking the Individualism-Holism Debate. Essays in the Philosophy of Social Science. Cham, Heidelberg, New York, Dordrecht, London: Springer.
Esfeld, M. & C. Sachse, 2010: Kausale Strukturen. Einheit und Vielfalt in der Natur und den Naturwissenschaften. Berlin: Suhrkamp.
Esser, H., 1993: Soziologie. Allgemeine Grundlagen. Frankfurt a.M.: Campus.
Esser, H., 2011: Das Modell der Frame-Selektion. Eine allgemeine Handlungstheorie für die Sozialwissenschaften? S. 45–62 in: G. Albert & S. Sigmund (Hrsg.), Soziologische Theorie kontrovers (Sonderheft 50/2010 der Kölner Zeitschrift für Soziologie und Sozialpsychologie). Wiesbaden: VS Verlag für Sozialwissenchaften.
Fodor, J., 2008 [orig. 1974]: Special Sciences (Or: The Disunity of Science as a Working Hypothesis). S. 395–409 in: M. A. Bedau & P. Humphreys (Hrsg.), Emergence. Contemporary Readings in Philosophy and Science. Cambridge, Mass./London, England: A Bradford Book/MIT Press.
Giddens, A., 1984: The Constitution of Society. Outline of the Theory of Structuration. Berkeley/Los Angeles: University of California Press.
Gilbert, M., 1992: On Social Facts. Princeton: Princeton University Press.
Gillett, C., 2002: Strong Emergence as a Defense of Non-Reductive Physicalism. A Physicalist Metaphysics for 'Downward' Determination. Principia 6: 89–120.
Greshoff, R., 2010: Die Theorienvergleichsdebatte in der deutschsprachigen Soziologie. S. 182–216 in: G. Kneer & S. Moebius (Hrsg.), Soziologische Kontroversen. Beiträge zu einer anderen Geschichte der Wissenschaft vom Sozialen. Frankfurt a.M.: Suhrkamp.

Greshoff, R., 2011: Emergenz und Reduktion in sozialwissenschaftlicher Perspektive. S. 214–251 in: J. Greve & A. Schnabel (Hrsg.), Emergenz. Zur Analyse und Erklärung komplexer Strukturen. Berlin: Suhrkamp.
Greve, J., 2008: Zur Reduzibilität und Irreduzibilität des Sozialen in der Handlungs- und der Systemtheorie. Soziale Systeme 13: 21–31.
Greve, J., 2011: Emergenz in der Soziologie: Eine Kritik des nicht-reduktiven Individualismus. S. 286–316 in: J. Greve & A. Schnabel (Hrsg.), Reduktion und Emergenz. Zur Analyse und Erklärung komplexer Strukturen. Frankfurt a.M.: Suhrkamp.
Greve, J., 2012: Emergence in Sociology: A Critique of Non-reductive Individualism (zuerst online erschienen, 2010, doi: 10.1177/ 0048393110381770). Philosophy of the Social Sciences 42: 188–223.
Greve, J., 2015: Reduktiver Individualismus. Zum Programm und zur Rechtfertigung einer sozialtheoretischen Grundposition. Wiesbaden: VS Verlag für Sozialwissenschaften.
Heil, J., 1999: Multiple Realizability. American Philosophical Quarterly 36: 189–208.
Hooker, C., 2011: Michael Esfeld and Christian Sachse, Conservative Reductionism. Notre Dame Philosophical Reviews 2011.08.03.
Horgan, T., 1997: Kim on Mental Causation and Causal Exclusion. Nous 31: 165–184.
Hummell, H. J. & K.-D. Opp, 1971: Die Reduzierbarkeit von Soziologie auf Psychologie. Eine These, ihr Test und ihre theoretische Bedeutung. Braunschweig: Vieweg und Sohn.
Jepperson, R. & J. W. Meyer, 2011: Multiple Levels of Analysis and the Limitations of Methodological Individualisms. Sociological Theory 29: 54–73.
Kim, J., 1993: Supervenience and Mind. Cambridge: Cambridge University Press.
Kim, J., 1998: Mind in a Physical World: An Essay on the Mind-Body Problem and Mental Causation. Cambridge (Mass.): MIT Press.
Kim, J., 2005: Physicalism, or Something Near Enough. Princeton: Princeton University Press.
Kroneberg, C., 2008: Methodologie statt Ontologie. Das Makro-Mikro-Makro-Modell als einheitlicher Bezugsrahmen der akteurstheoretischen Soziologie. S. 222–247 in: J. Greve, A. Schnabel & R. Schützeichel (Hrsg.), Das Mikro-Makro-Modell der soziologischen Erklärung. Wiesbaden: VS Verlag für Sozialwissenschaften.
Kropp, P., 2008: Methodologischer Individualismus und Netzwerkforschung. S. 145–153 in: C. Stegbauer (Hrsg.), Netzwerkanalyse und Netzwerktheorie. Wiesbaden: VS Verlag für Sozialwissenschaften.
Lindenberg, S., 1992: The Method of Decreasing Abstraction. S. 3–20 in: J. S. Coleman & T. J. Fararo (Hrsg.), Rational Choice Theory. Advocacy and Critique. Newbury Park u. a.: Sage.
Lohse, S., 2011: Zur Emergenz des Sozialen bei Niklas Luhmann. Zeitschrift für Soziologie 40: 190–207.
Lohse, S. & J. Greve, 2016: Philosophie der Soziologie. S. 543–582 in: T. Reydon & S. Lohse (Hrsg.), Grundriss Wissenschaftsphilosophie: Die Philosophien der Einzelwissenschaften. Hamburg: Meiner.
Luckmann, T., 1992: Theorie des sozialen Handelns. Berlin: de Gruyter.
Luhmann, N., 2005: Handlungstheorie und Systemtheorie. S. 58–76 in N. Luhmann, Soziologische Aufklärung 3. Soziales System, Gesellschaft, Organisation. Wiesbaden: VS Verlag für Sozialwissenschaften.
Macdonald, G., 2007: Emergence and Causal Powers. Erkenntnis 67: 239–253.
Mandelbaum, M., 1955: Societal Facts. The British Journal of Sociology 6: 305–317.
Margaret Thatcher Foundation, 2015: Interview for Woman's Own ("no such thing as society"). Link: https://www.margaretthatcher.org/document/106689

Mayhew, B. H., 1980: Structuralism versus Individualism: Part 1, Shadowboxing in the Dark. Social Forces 59: 335–375.
Mellor, D. H., 1982: The Reduction of Society. Philosophy 57: 51–75.
Mill, J. S., 2009 [1882]: A System Of Logic, Ratiocinative And Inductive (The Project Gutenberg EBook of A System Of Logic, Ratiocinative And Inductive by John Stuart Mill). New York: Harper & Brothers, Publishers.
Mozetic, G., 1998: Wie viel muß die Soziologie über Handlungen wissen? Eine Auseinandersetzung mit der Rational-Choice-Theorie. S. 199–226 in: A. Balog & M. Gabriel (Hrsg.), Soziologische Handlungstheorie. Opladen: Westdeutscher.
Nagel, E., 1961: The Structure of Science. Problems in the Logic of Scientific Explanation. New York: Hartcourt, Brace & World.
Oevermann, U., 1995: Die objektive Hermeneutik als unverzichtbare methodologische Grundlage für die Analyse von Subjektivität. Zugleich eine Kritik der Tiefenhermeneutik. S. 106–189 in: T. Jung & S. Müller-Doohm (Hrsg.), 'Wirklichkeit' im Deutungsprozeß. Verstehen und Methoden in den Kultur- und Sozialwissenschaften. Frankfurt a.M.: Suhrkamp.
Oevermann, U., T. Allert, E. Konau & J. Krambeck, 1979: Die Methodologie einer "objektiven Hermeneutik" und ihre allgemeine forschungslogische Bedeutung in den Sozialwissenschaften. S. 352–434 in: H.-G. Soeffner (Hrsg.), Interpretative Verfahren in den Sozial- und Textwissenschaften. Stuttgart: J.B. Metzlersche Verlagsbuchhandlung.
O'Neill, J. (Hrsg.), 1972: Modes of Individualism and Collectivism. London: Heinemann.
Opp, K.-D., 2009: Theories of Political Protest and Social Movements. London and New York: Routledge.
Parsons, T., 1951: The Social System. New York: Free Press.
Pettit, P., 2003: Groups with minds of their own. S. 167–193 in: F. F. Schmitt (Hrsg.), Socializing Metaphysics. The Nature of Social Reality. Lanham/Boulder/New York/ Oxford: Rowman & Littlefield Publishers.
Pettit, P., 2014: Three Issues in Social Ontology. S. 77–96 in: J. Zahle & F. Collin (Hrsg.), Rethinking the Individualism-Holism Debate. Essays in the Philosophy of Social Science. Cham, Heidelberg, New York, Dordrecht, London: Springer.
Phelps, E. A. & L. A. Thomas, 2003: Race, Behavior, and the Brain: The Role of Neuroimaging in Understanding Complex Social Behaviors. Political Psychology 24: 747–758.
Reckwitz, A., 2003: Grundelemente einer Theorie sozialer Praktiken. Zeitschrift für Soziologie 32: 282–301.
Ritchie, J., 2005: Causal-Compatibilism – What Chance? Erkenntnis 63: 119–132.
Rizzolatti, G. & C. Sinigaglia, 2008: Empathie und Spiegelneurone – Die biologische Basis des Mitgefühls. Frankfurt a.M.: Suhrkamp.
Rosenberg, A., 1988: Philosophy of Social Science. Oxford: Clarendon Press.
Sawyer, R. K., 2001: Emergence in Sociology: Contemporary philosophy of mind and some implications for sociological theory. American Journal of Sociology 107: 551–585.
Sawyer, R. K., 2002a: Durkheim's dilemma: Toward a sociology of emergence. Sociological Theory 20: 227–247.
Sawyer, R. K., 2002b: Nonreductive Individualism. Part I – Supervenience and Wild Disjunction. Philosophy of the Social Sciences 32: 537–559.
Sawyer, R. K., 2003: Nonreductive individualism, Part 2: Social causation. Philosophy of the Social Sciences 33: 203–224.
Sawyer, R. K., 2004: The Mechanisms of Emergence. Philosophy of the Social Sciences 34: 260–282.

Sawyer, R. K., 2005: Social Emergence. Societies as Complex Systems. New York: Cambridge University Press.
Sawyer, R. K., 2011: Emergenz, Komplexität und die Zukunft der Soziologie. S. 187–213 in: J. Greve & A. Schnabel (Hrsg.), Reduktion und Emergenz. Zur Analyse und Erklärung komplexer Strukturen. Frankfurt a.M.: Suhrkamp.
Schelling, T. C., 1978: Micromotives and Macrobehavior. New York/London: W.W. Norton & Company.
Schmid, H.-B., 2005: Wir-Intentionalität. Kritik des Ontologischen Individualismus und Rekonstruktion der Gemeinschaft. Freiburg und München: Alber.
Schmid, H. B. & D. P. Schweikard, 2009: Kollektive Intentionalität. Eine Debatte über die Grundlagen des Sozialen. S. in Frankfurt a.M.: Suhrkamp.
Schülein, J. A. & A. Balog (Hrsg.), 2008: Soziologie, eine multiparadigmatische Wissenschaft. Erkenntnisnotwenigkeit oder Übergangsstadium? Wiesbaden: VS Verlag für Sozialwissenschaften.
Searle, J. R., 2009: Kollektive Absichten und Handlungen. S. 99–118 in: H. B. Schmid & D. P. Schweikard (Hrsg.), Kollektive Intentionalität. Eine Debatte über die Grundlagen des Sozialen. Frankfurt a.M.: Suhrkamp.
Stephan, A., 1992: Emergence – A Systematic View on its Historical Facets. S. 25–48 in: A. Beckermann, H. Flohr & J. Kim (Hrsg.), Emergence or reduction? Essays on the prospects of nonreductive physicalism. Berlin: de Gruyter.
Stephan, A., 1999a: Emergenz. Von der Unvorhersagbarkeit zur Selbstorganisation. Dresden: Dresden University Press.
Stephan, A., 1999b: Varieties of Emergentism. Evolution and Cognition 5: 49–59.
Sutter, T., 2005: Der Traum von der 'Grand Unified Theory'. Zur Pluralität fachuniversaler Theorien in der Soziologie. Soziologie 34: 54–64.
Tollefsen, D., 2014: Social Ontology. S. 85–101 in: N. Cartwright & E. Montuschi (Hrsg.), Philosophy of Social Science. A New Introduction. Oxford: Oxford University Press.
Turner, J., 2002: Face to Face. Toward a Sociological Theory of Interpersonal Behavior. Stanford: Stanford University Press.
Udehn, L., 2001: Methodogical Individualism. Background, History and Meaning. London/New York: Routledge.
Van Bouwel, J., 2014: Explanatory Strategies Beyond the Individualism/Holism Debate. S. 153–175 in: J. Zahle & F. Collin (Hrsg.), Rethinking the Individualism-Holism Debate. Essays in the Philosophy of Social Science. Cham, Heidelberg, New York, Dordrecht, London: Springer.
Van Bouwel, J. & E. Weber, 2008: De-Ontologizing the Debate on Social Explanations: A Pragmatic Approach Based on Epistemic Interests. Human Studies 31: 423–442.
Van Gulick, R., 2001: Reduction, Emergence and Other Recent Options on the Mind-Body Problem: A Philosophical Overview. Journal of Consciousness Studies 8: 1–34.
Vanberg, V. J., 1975: Die zwei Soziologien. Individualismus und Kollektivismus in der Sozialtheorie. Tübingen: Mohr.
Vromen, J., 2010: MICRO-Foundations in Strategic Management: Squaring Coleman's Diagram. Erkenntnis 73: 365–383.
Wahlberg, T. H., 2014: Elder-Vass on the Causal Power of Social Structures. Philosophy of the Social Sciences 44: 774–791.
Wan, P. Y.-z., 2011: Emergence à la Systems Theory: Epistemological Totalausschluss or Ontological Novelty? Philosophy of the Social Sciences 41: 178–210.

Weber, M., 1980: Wirtschaft und Gesellschaft. Grundriß der verstehenden Soziologie. Tübingen: Mohr.

Weber, M., 1988 [orig. 1913]: Über einige Kategorien der verstehenden Soziologie. S. 427–474 in: M. Weber, Gesammelte Aufsätze zur Wissenschaftslehre. Tübingen: Mohr Siebeck.

Wimsatt, W. C., 1997: Aggregativity: Reductive Heuristics for Finding Emergence. Philosophy of Science 64 (Supplement. Proceedings of the 1996 Biennials Meetings of the Philosophy of Sience Association. Part II): S. 372–S384.

Ylikoski, P., 2014: Rethinking Micro-Macro Relations. S. 117–135 in: J. Zahle & F. Collin (Hrsg.), Rethinking the Individualism-Holism Debate. Essays in the Philosophy of Social Science. Cham, Heidelberg, New York, Dordrecht, London: Springer.

Benedikt Paul Göcke

Theologie als Wissenschaft? Fünf Einwände aus Sicht der naturalistischen Wissenschaftstheorie

Abstract: *Academic Theology and the Challenge of Naturalistic Philosophy of Science*. The possibility of scientific theology is highly contested. Both naturalism and recent philosophy of science provide arguments for the conclusion that a scientific theology is impossible. I briefly clarify both the concepts "theology" and "science" before I analyse some of the arguments against the possibility of a scientific theology. It turns out that theology has the resources to deal with these arguments and to provide a model to account for the possibility of science as such.

Die Frage nach der Wissenschaftlichkeit der Theologie ist aus mindestens zwei Gründen eine aktuelle Frage.

Erstens: Obwohl die theologische Auseinandersetzung mit religiösen Aussagen im letzten Jahrhundert oft als gesellschaftliches Auslaufmodell betrachtet worden ist, konnte eine für viele überraschende Rückkehr des Religiösen im öffentlichen Raum beobachtet werden. Diese bringt die Notwendigkeit mit sich, erneut nach der wissenschaftlichen Relevanz religiöser und theologischer Aussagen zu fragen, die ihnen von vielen ihrer Anhänger zugeschrieben wird.[1]

1 Aussagen wie die folgenden sind keine Seltenheit: „Die Aufklärung hat den Menschen von Gott befreit und ihm zur Autonomie in allen Bereichen verholfen. Religiöser Glaube ist atavistisch, ein Produkt des schlechten Gewissens. Der Europäer blickt auf diejenigen, die immer noch oder schon wieder religiös sind, mit Verachtung herab. Zum Bild des modernen, aufgeklärten Europäers gehört es, den vormodernen Aberglauben überwunden zu haben. Europa aber ist der Schlüssel zur Moderne" (Beck 2008: 34f). Vgl. auch Ruster (2000: 17): „[Ich sehe] keinen Sinn mehr in dem Versuch, den christlichen Glauben vor dem Forum der allgemeinen Vernunft bzw. dem Begriff letztgültigen Sinns zu verteidigen." Trotz dieser verbreiteten Einschätzung konnte in den letzten Jahrzehnten eine für viele überraschende Rückkehr des Religiösen beobachtet werden: „Das Thema Religion hat sich entgegen anders lautender Prognosen keinesfalls erledigt. Politische Konfliktkonstellationen von globalem Ausmaß

Anmerkung: Der vorliegende Beitrag erschien in gekürzter Fassung als „Theologie als Wissenschaft? Erste Antworten auf die Herausforderungen von Naturalismus und Wissenschaftstheorie" In: *Theologie und Glaube*. Vol. 107 (2). 113–136. 2017.

https://doi.org/10.1515/9783110614831-009

Zweitens: Über ihre gesellschaftspolitische Relevanz hinaus ist die Frage nach der Wissenschaftlichkeit der Theologie auch hochschulpolitisch brisant: wenn sich zeigen lässt, dass konfessionsgebundene Theologie keine Wissenschaft ist, dann gehört sie auch nicht an die Universität, und theologische Fakultäten samt ihren Abschlüssen müssten konsequenterweise aus dem universitären Kanon ausgeschlossen werden. Wenn die Frage nach der Wissenschaftlichkeit der Theologie allerdings positiv beantwortet werden kann, dann hat dies ebenfalls Konsequenzen für die universitäre Landschaft, denn in diesem Fall müsste geprüft werden, welche konfessionsgebundenen theologischen Fakultäten zusätzlich zu den bereits bestehenden Fakultäten an staatlichen Universitäten neu eröffnet werden sollten.[2]

Um die Frage beantworten zu können, ob Theologie eine Wissenschaft ist, muss sie zunächst präziser formuliert werden. In einem ersten Schritt wird daher der Begriff der Theologie geklärt, bevor in einem zweiten Schritt zumindest rudimentär einige der notwendigen Bedingungen genannt werden, die es uns erlauben, ein bestimmtes menschliches Forschen als wissenschaftliches im Gegensatz zum pseudo-wissenschaftlichen Forschen zu bezeichnen. Nachdem dies in den ersten beiden Sektionen des Nachfolgenden geschehen sein wird, werden zentrale Argumente gegen die Wissenschaftlichkeit der Theologie analysiert, die vom Naturalismus und der gegenwärtigen Wissenschaftstheorie ins Feld geführt werden. Ich ende mit einer knappen Analyse der Wissenschaftlichkeit der Theologie und argumentiere, dass katholische Theologie als Wissenschaft mit Sonderstatus verstanden werden kann: Die katholische Theologie entspricht in Methodik und Zielsetzung nicht nur zentralen Bedingungen der Wissenschaftlichkeit, sondern kann in der Fundamentaltheologie auch die Bedingungen der Möglichkeit von Wissenschaft überhaupt aus dem Wesen und dem Schöpfungswillen Gottes erklären. Damit hat sie einen prinzipiellen Vorteil

---

drängen ganz im Gegenteil nach einer möglichst konstruktiven Auseinandersetzung mit Fragen der Religion" (Göcke/Wasmaier-Sailer 2011: 11). Vgl. auch Koch 2008.

2 Vgl. Morscher (1974: 352): „Wenn sich der Anspruch der Theologie auf Wissenschaftlichkeit als ungerechtfertigt erweisen sollte oder wenn dieser Anspruch überhaupt aufgegeben wird, so müsste man Überlegungen anstellen, ob man dann die Theologie noch weiterhin wie bisher im Rahmen der Universitäten betreiben soll. Es wird hier der Zusammenhang zwischen einer wissenschafts*theoretischen* Frage und einem ganz *praktischen*, kulturpolitischen Problem sichtbar: Wenn sich (aufgrund theoretischer Überlegungen) herausstellt, dass die Theologie keine Wissenschaft ist, ändert sich auch manches in der Praxis – oder besser gesagt, es *sollte* sich manches ändern." Vgl. auch Werbick (1974: 327): „Die Frage nach der Wissenschaftlichkeit der Theologie hat – durchaus nicht erst seit heute – einen brisanten kulturpolitischen Aspekt: das weithin als Herausforderung an wissenschaftliches Methodenbewusstsein und Wissenschaftsethos empfundene Verbleiben theologischer Fakultäten im Verband der Universität."

gegenüber atheistischen Begründungen der Wissenschaftstheorie, welche die wissenschaftliche Erkennbarkeit der Welt entweder als zufälliges *factum brutum* einer komplizierten metaphysischen Gemengelage annehmen müssen oder gar nicht erklären können.

1 Was ist Theologie?

Der Wortbedeutung nach ist Theologie die vernünftige Rede von Gott. Für die Frage nach der Wissenschaftlichkeit der Theologie ist die etymologische Wortbedeutung alleine jedoch nicht hinreichend, da es mindestens vier verschiedene und zum Teil inkommensurable Disziplinen gibt, welche sich als vernünftiges Sprechen von Gott verstehen lassen: die Religionsphilosophie, die Religionswissenschaft, die Religionen selbst, und die konfessionsgebundene Theologie.

1.1 Religionsphilosophie und Religionswissenschaft

In der Religionsphilosophie wird der Ausdruck „Gott" in der Regel als Kennzeichnung für den ersten Grund oder das letzte Ziel der Existenz des Universums aufgefasst. Die Religionsphilosophie geht auf dieser Grundlage basierend alleine mit den Mitteln der Vernunft und ohne konstitutiven Bezug auf ein jeweiliges religiöses Glaubensbekenntnis der Gottesfrage nach und analysiert zu diesem Zweck Argumente für und wider die Existenz eines letzten Grundes der Wirklichkeit sowie Argumente bezüglich seiner vermeintlichen Beschaffenheit.[3]

Obwohl es in der philosophischen Diskussion keine Einigkeit über die Gültigkeit der Argumente für und wider die Existenz Gottes gibt, sind keine größeren wissenschaftstheoretischen Probleme der Religionsphilosophie zu erkennen: Diejenigen, die philosophisches Forschen generell als wissenschaftstheoretisch unproblematisch erachten, werden auch keine Probleme mit der rein philosophischen Analyse der Existenz und des Wesens des ersten Grundes der Wirklichkeit haben.

Im Gegensatz zur religionsphilosophischen Argumentation für oder wider die Existenz und Beschaffenheit eines letzten Grundes der Welt klammert die Religionswissenschaft Fragen nach der Existenz übernatürlicher Entitäten aus.

3 Vgl. Göcke (2013) und Tetens (2015: 1): „Im Kontext der Philosophie bedeutet Natürliche Theologie, darüber nachzudenken, was sich über Gott, sein Dasein und seine Eigenschaften mit guten Gründen schon allein durch vernünftiges Überlegen und noch ohne Berufung auf die Offenbarung Gottes sagen lässt."

Obwohl es in der Religionswissenschaft keine Einigkeit darüber gibt, was genau ihr eigentliches Proprium ist, findet man Einigkeit darüber, was es nicht sein soll: Die heute betriebene Religionswissenschaft will weder Religionsphilosophie noch konfessionsgebundene Theologie sein. Stattdessen beschäftigt sie sich aus empirischer Sicht – sei es aus kognitionswissenschaftlicher oder kulturwissenschaftlicher Perspektive – mit den verschiedenen in der Welt zu findenden Formen religiösen Lebens und analysiert diese unter Einklammerung des jeweiligen religiösen Wahrheitsanspruches. Sie fragt beispielsweise nicht, *ob* es einen Gott gibt, den wir verehren sollten, sondern nur, *wie* Menschen, die an einen solchen Gott glauben, ihn *de facto* verehren.[4]

Als empirische Wissenschaft der Religionen ist die Religionswissenschaft wissenschaftstheoretisch unproblematisch: Insofern die empirische Erforschung religiösen menschlichen Verhaltens möglich ist, ist auch die Religionswissenschaft ohne Probleme durchzuführen, da sie sich der Methoden anerkannter Wissenschaften bedient.[5]

1.2 Religion und Theologie

Wissenschaftstheoretisch interessanter wird es, wenn wir uns dem dritten Bereich der Rede von Gott zuwenden: der Religion. Da der Begriff der Religion selbst strittig ist, ziehe ich es vor, von religiöser Weltanschauung zu sprechen. Diese definiere ich wie folgt: Eine Weltanschauung ist genau dann religiös, wenn sie sich in ihren grundlegenden weltanschaulichen Annahmen nicht nur auf die Erkenntnisquellen Vernunft und Erfahrung stützt, sondern auch von der erkenntnistheoretischen Legitimität göttlicher Offenbarung und religiöser Tradition ausgeht. Judentum, Christentum und Islam sind dieser Definition folgend religiöse Weltanschauungen, während beispielsweise bestimmte Spielarten des Buddhismus nicht als religiöse, sondern als philosophische Weltanschauungen betrachtet werden müssen.

4 Vgl. Gladigow (2005: 34–35): „Wenn man Religionen in einem kulturwissenschaftlichen Zugriff als einen besonderen Typ eines kulturspezifischen Deutungs- und Symbolsystems versteht, d. h. als Kommunikationssysteme mit einem bestimmten Zeichenvorrat und einer Reihe angebbarer Funktionen, verlagern sich die Anforderungen an die Darstellung religionshistorischer Sachverhalte von der ‚Erschließung religiöser Wahrheiten' hin zu einer Aufarbeitung der Elemente des Zeichensystems, ihrer Konstellationen und ihrer ‚Bedeutungen' für ‚Geber' und ‚Empfänger'."

5 Vgl. Schurz (2014: 43): „Religionswissenschaften, sofern sie faktisch vorliegende Religionssysteme historisch oder logisch rekonstruieren, gehören zum deskriptiven Wissenschaftsprogramm."

Als religiöse Weltanschauungen stellen die drei abrahamitischen Religionen ihren Anhängern sowohl umfangreiche normative Handlungsanweisungen in Bezug auf individuelle, soziale und rituelle Verhaltensformen zur Verfügung als auch Antworten auf grundlegende philosophische Fragen über den Ursprung und den Zweck des Universums sowie den Sinn des individuellen Lebens.[6]

Trotz ihrer expliziten Handlungsanweisungen und Weltdeutungen bleiben religiöse Weltanschauungen aus zwei Gründen oft im Raum des Vorkritischen und Unbewussten. Erstens: Die Heiligen Schriften und Kommentare religiöser Weltanschauungen sprechen von ihrem Gott oder ihren Göttern häufig in einer vorkritischen Art und Weise, da in ihnen die erlebte Begegnung mit dem Göttlichen als heilsgeschichtlich verbürgtes Erleben im Vordergrund steht, an dem zu zweifeln kein Anlass besteht.[7] Zweitens: Die Anhänger einer bestimmten religiösen Weltanschauung sind selten gezwungen, die eigene Sicht der Welt samt ihren Normen und Deutungen bewusst kritisch zu reflektieren. Weltanschauungen, seien sie religiös oder areligiös, strukturieren den Alltag ihrer Anhänger dadurch, dass sie ihnen durch das Bereitstellen von in der jeweiligen Weltanschauungsgemeinschaft akzeptierten Verhaltensnormen und automatisierten Interpretationsprozessen weltlichen Geschehens reflektorische Arbeit abnehmen. Wir kämen schlecht durch den Tag, wenn wir permanent die grundlegenden Annahmen und Handlungsnormen unserer Weltanschauung reflektieren müssten.[8]

---

6 Vgl. Carvalho (2006: 114): „[A religion provides] a complete understanding for the subject's known world and [tries] to introduce ways of living that encompass every aspect of life, including one's religious and ethical perspective as well as social associations."

7 Vgl. Maurer (2005: 23): „Die biblische Sprache ist weithin narrativ. Das ist kein Zufall, denn es geht immer um ein sehr konkretes, ein nicht wiederholbares Handeln Gottes. Die biblischen Texte lassen sich daher nicht auf einen Generalnenner bringen – außer eben auf die sehr allgemein Formel, dass es stets um Gottes Handeln geht." Es gibt natürlich Ausnahmen. So ist sich beispielsweise Paulus in 1 Korinther 15, 13–14 bewusst, dass es radikale Plausibilitätsbedingungen christlichen Glaubens gibt: „Wenn es keine Auferstehung der Toten gibt, ist auch Christus nicht auferweckt worden. Ist aber Christus nicht auferweckt worden, dann ist unsere Verkündigung leer und euer Glaube sinnlos."

8 Wie Vidal (2012: 312) sagt, „most people adopt and follow a worldview without much thinking. Their worldview remains implicit. They intuitively have a representation of the world [...], know what is good and what is bad [...], and have experience about how to act in the world [...]. And this is enough to get by. Every one of us is in need of a worldview, whether it is implicit or explicit." Vgl. auch Kim et al. (2012: 205), „our worldview forms the context within which we base our understanding of reality, knowledge, morality, and life's meaning and purpose. Our worldview has a profound impact on how we decide what is real versus unreal, what is right versus wrong, and what is important versus unimportant. It shapes our culture and expresses itself in all

Die Notwendigkeit einer kritischen Reflexion der eigenen religiösen Tradition tritt systematisch erst dann zutage, wenn es innerhalb der religiösen Weltanschauung zu Unstimmigkeiten, Problemen und damit zu Klärungsbedarf auf der religiösen Objektebene kommt.

An dieser Stelle kommt die vierte Art der Rede von Gott ins Spiel, die im Zentrum unserer weiteren Analyse steht: die konfessionsgebundene Theologie. Das Charakteristikum dieser ist, dass sie sich als vernunftgemäße Reflexion einer jeweiligen religiösen Weltanschauung versteht, welche religiöse Strukturen, Annahmen und Rechtfertigungsprozesse der religiösen Objektebene auf der Metaebene expliziert und dadurch die ursprüngliche religiöse Weltanschauung auf der Objektebene zu transformieren und zu normieren in der Lage ist.[9] In der konfessionsgebundenen Theologie wird gewissermaßen dasjenige expliziert, welches in der Alltäglichkeit religiösen Lebens nur implizit die eigene religiöse Weltanschauung bestimmt. Ähnlich wie in der Physik unsere vorwissenschaftlichen Erfahrungen und Annahmen über die Struktur der materiellen Wirklichkeit reflektiert, hinterfragt, strukturiert und transformiert werden, wird in der Theologie die religiöse Erfahrung der Bibel, der Tora oder des Korans strukturiert, reflektiert, hinterfragt und transformiert.

Da es zwischen den jeweiligen abrahamitischen religiösen Weltanschauungen grundlegende Unterschiede gibt, welche sich notwendigerweise in der dazugehörigen theologischen Arbeit widerspiegeln, und da eine allgemeine Analyse der Frage nach der Wissenschaftlichkeit der verschiedenen abrahamitischen Religionen und ihrer Theologien wohl nur auf Kosten der jeweiligen Eigenheit zu bewerkstelligen wäre, wird der Theologiebegriff im Folgenden auf den der *christlichen* Theologie eingeschränkt.[10]

---

institutions including the arts, religion, education, media, and business." Dasselbe, das für den Skeptizismus gilt, ist auch für die kritische Reflexion der eigenen Weltanschauung gültig. Vgl. Hume (1955: 186): „Der große Gegner, der den Pyrrhonismus oder die übertriebenen Prinzipien des Skeptizismus untergräbt, heißt Tätigkeit, Beschäftigung und die Verrichtungen des täglichen Lebens. In den Schulen mögen diese Prinzipien blühen und obsiegen; dort ist es freilich schwer, wenn nicht unmöglich, sie zu widerlegen. Sobald sie aber aus dem Schatten heraustreten und durch die Gegenwart der wirklichen Dinge, die unsere Affekte und Gefühle in Bewegung setzen, zu den mächtigeren Prinzipien unserer Natur in Gegensatz geraten, so vergehen sie wie Rauch und lassen den entschiedensten Skeptiker in derselben Lage wie andere Sterbliche zurück."

9 Vgl. Bochenski (1965: 14): „Theology may be defined as a study in which, along with other axioms, at least one sentence is assumed which belongs to a given Creed and which is not sustained by persons other than the believers of a given religion."

10 Obwohl der Theologiebegriff auf den der christlichen Theologie eingeschränkt wird, sind die Ergebnisse der vorliegenden Reflexion mutatis mutandis auch relevant für jede auf Offenbarung basierende religiös-monotheistische Religion.

Da es spätestens seit der im 9. Jahrhundert vollzogenen Spaltung zwischen der weströmischen und der oströmischen Kirche und danach erneut verstärkt durch die Abspaltung der protestantischen Kirche von der weströmischen Kirche im 16. Jahrhundert zahlreiche christliche Denominationen mit verschiedener Anordnung und Gewichtung der Heiligen Texte gibt, und da infolgedessen auch methodisch und inhaltlich verschiedene christliche Theologien und Weltanschauungen entstanden sind, ist es notwendig, den Begriff der christlichen Theologie weiter einzugrenzen. Im Folgenden wird es um die Frage nach der Wissenschaftlichkeit der katholischen Theologie gehen.

1.3 Grundstrukturen katholischer Theologie

Obwohl an deutschen Universitäten katholische Theologie als singuläres Studienfach belegt werden kann, setzt sie sich faktisch aus verschiedenen Fächern zusammen. Die Apostolische Konstitution *Sapientia Christiana* nennt folgende Fächer, die an einer katholisch-theologischen Fakultät gelehrt werden müssen:

> Heilige Schrift: Einführung und Exegese; die Fundamentaltheologie, unter Bezugnahme auf die Problematik des Ökumenismus der nichtchristlichen Religionen und des Atheismus; die dogmatische Theologie; die Moraltheologie und Spiritualität; die Pastoraltheologie; die Liturgie; die Kirchengeschichte, Patristik und Archäologie; das Kirchenrecht.[11]

Die Frage nach der Wissenschaftlichkeit der katholischen Theologie kann in Bezug auf diese Fächereinteilung *prima facie* auf zweierlei Weise spezifiziert werden. Zum einen könnte angenommen werden, dass die katholische Theologie genau dann eine Wissenschaft ist, wenn ihre Einzeldisziplinen jeweils den Kriterien der Wissenschaftlichkeit genügen. Dieser Herangehensweise folgend superveniert die Frage nach der Wissenschaftlichkeit der Theologie auf der Frage nach der Wissenschaftlichkeit ihrer Einzeldisziplinen. Um sie zu beantworten, müsste für jede der theologischen Einzeldisziplinen gezeigt werden, dass sie eine Wissenschaft ist.

Zum anderen könnte die Frage nach der Wissenschaftlichkeit der Theologie auf die Frage nach der Wissenschaftlichkeit der theologischen Kerndisziplinen

---

11 Die Wichtigkeit dieser Fächer für die katholische Theologie zeigt sich daran, dass sie kirchenrechtlich notwendig sind für die Ausbildung der Anwärter für das Priesteramt, welche als wichtige Aufgabe der katholisch-theologischen Fakultäten angesehen wird. Vgl. Art. 74. § 1 der Apostolischen Konstitution *Sapientia Christiana*: „Die Theologische Fakultät hat die besondere Aufgabe, die wissenschaftliche theologische Ausbildung jener zu gewährleisten, die auf das Priestertum zugehen oder sich auf die Übernahme von besonderen kirchlichen Aufgaben vorbereiten."

Fundamentaltheologie und Dogmatik eingeschränkt werden. Obwohl es zahlreiche thematische Überschneidungen zwischen Dogmatik und Fundamentaltheologie gibt, lässt sich die Arbeitsteilung zwischen Dogmatik und Fundamentaltheologie *cum grano salis* wie folgt umschreiben: Auf der einen Seite überprüft die Dogmatik die Glaubensüberzeugungen der katholischen Kirche intern sowohl auf Konsistenz und Kohärenz als auch auf ihren Anschluss an das vorausgesetzte Offenbarungsgeschehen Gottes und die kirchliche Tradition.[12] Auf der anderen Seite befasst sich die Fundamentaltheologie mit der grundlegenden philosophischen Plausibilität und Rechtfertigung zentraler katholischer Annahmen wie derjenigen der Existenz Gottes, die zuvörderst das Fundament für die Möglichkeit dogmatischer Reflexionen konstituieren.[13]

In Bezug auf die Frage nach der Wissenschaftlichkeit katholischer Theologie sprechen zwei Argumente dafür, den Fokus auf die Frage nach der Wissenschaftlichkeit der Dogmatik und Fundamentaltheologie zu konzentrieren.

Erstens: Es sind gerade die Dogmatik und die Fundamentaltheologie, die in ihrem Aufgabenbereich systematisch die aus der christlichen Tradition stammenden Glaubenssätze und Glaubensüberzeugungen reflektieren, welche als entscheidende Kennzeichen christlich-metaphysischer und christlich-epistemischer Weltdeutung angesehen werden. Wie Morscher (2003: 326) argumentiert:

---

12 Vgl. Werbick (2009: 48): „Dogmatik ist systematische Theologie (Glaubenswissenschaft), insofern sie an und in den authentischen Bezeugungen der in Gottes Selbstmitteilung erschlossenen, heilsamen Gotteswahrheit Gottes Heilswillen auf den Weg seiner Realisierung – die ‚Ökonomie' des Heils zu verstehen sucht." Vgl. auch Werbick (2009: 38): „Dogmatik ist auf den Glauben der Kirche bezogen und hat ihn zur Voraussetzung. Sie hat an ihm die Norm, die sie mit methodischer Sorgfalt geltend machen muss." Vgl. auch Schulz (2001: 49–50): Zur Dogmatik gehören „die Klärung des Materialobjekts der Dogmatik, d. h. dessen, was Dogma im weiteren und engeren Sinn bedeutet; die Klärung der Methode: der Rekurs auf die biblische und kirchliche Glaubensüberlieferung und auf die lehramtlichen Äußerungen, um den Glauben der Kirche schließlich systematisch darzustellen; die Klärung der dogmatischen Denkform; geschichtlich, transzendental, systematisch, analog."

13 Wie Seckler argumentiert: „Der Identitätspunkt der Fundamentaltheologie liegt [...] in der kognitiven Einholung und vernunfthaften Rekonstruktion der die christliche Existenz konstituierenden Wirklichkeit und Wahrheit, um die dem Glauben eigene Gewissensgewißheit auf dem Feld glaubenswissenschaftlich begründeter Wissensgewissheit kritisch zu verantworten" (Seckler 1988: 470). Vgl. auch Hofman (2008: 30): „In der Fundamentaltheologie geht es darum, die Voraussetzungen aller Theologie und damit ihren Anspruch auf Wahrheit vernünftig einsichtig zu machen. Sie zeigt auf, was es bedeutet, wenn Gott nicht nur ist, sondern wenn er in der Geschichte auch handelt bzw. sich offenbart. Die dogmatische Prinzipienlehre will dagegen klären, wo diese Voraussetzung sich zeigt und wie diese verschiedenen Orte, an denen von Gott gesprochen wird, miteinander zu tun haben."

> Nur diese Kernfächer und deren theoretische Bearbeitung geben nämlich einer Theologischen Fakultät ihre theo-logische Legitimierung: Ohne die religiösen Glaubenssätze, die in diesen Disziplinen behauptet werden, wäre sie nicht *theo*logisch, und ohne deren wissenschaftliche Behandlung wären sie nicht theo*logisch*, sondern eine bloße Ausbildungsstätte für die Funktionäre einer bestimmten Religion.

Zweitens: Die Frage nach der Wissenschaftlichkeit der übrigen theologischen Fächer ist im Wesentlichen die Frage nach der Wissenschaftlichkeit ihrer Kerndisziplinen: Die Frage nach der Wissenschaftlichkeit der Kirchengeschichte ist im Wesentlichen die Frage nach der Wissenschaftlichkeit der Geschichtswissenschaft im Allgemeinen; die Frage nach der Wissenschaftlichkeit des Kirchenrechts ist die Frage nach derjenigen der Rechtswissenschaft im Allgemeinen und so weiter.[14] Wenn sich zeigen lässt, dass Dogmatik und Fundamentaltheologie den Kriterien der Wissenschaftlichkeit genügen, dann folgt, dass auch die übrigen theologischen Disziplinen den Kriterien der Wissenschaftlichkeit genügen, insofern sie ihre Arbeit auf den Ergebnissen der Dogmatik und Fundamentaltheologie sowie auf der Methodik ihrer jeweiligen Kerndisziplinen aufbauen.

2 Was ist Wissenschaft?

Die Frage, ob Dogmatik und Fundamentaltheologie Wissenschaften sind, zieht sofort die Frage nach sich, wonach denn entschieden werden soll, ob eine menschliche Forschungstätigkeit eine Wissenschaft ist oder nicht, also nach den Kriterien für Wissenschaftlichkeit. Das Spektrum möglicher Antworten auf die Frage nach den Kriterien der Wissenschaftlichkeit wird systematisch von zwei Positionen begrenzt.

Auf der einen Seite kann in deflatorischer Weise angenommen werden, dass es eine für alle Wissenschaften verbindliche Definition der Wissenschaft gibt, welche die notwendigen und im Verbund hinreichenden Bedingungen der Wissenschaftlichkeit umfasst, die jede dieser Bezeichnung würdige Disziplin ausnahmslos erfüllen muss. Auf der anderen Seite kann in inflatorischer Weise angenommen werden, dass es keine allgemeinverbindlichen Kriterien gibt, sondern jede Disziplin eigene Kriterien entwickelt anhand derer sie ihre Wissenschaftlichkeit definiert. In diesem Fall müsste man sich von

14 Vgl. Morscher (2003: 325) und Knapp (2010: 277): „Die Theologie [übernimmt] in machen ihrer Arbeitsfelder Methoden anderer Wissenschaften – z. B. der Literaturwissenschaft, der Geschichtswissenschaft oder der Human- und Sozialwissenschaften."

einem gehaltvollen Oberbegriff der Wissenschaften verabschieden und mit einer bloßen Aufzählung derjenigen Disziplinen begnügen, die sich selbst als Wissenschaften bezeichnen. Beide Zugänge bringen einige Probleme mit sich.

Erstens scheint es aus zwei Gründen aussichtslos zu sein, eine wohldefinierte Menge hinreichender und notwendiger Bedingungen zu formulieren, die eindeutig den Umfang des Wissenschaftsbegriffes bestimmen. Auf der einen Seite ist dies in Bezug auf die Geschichte der Wissenschaftsentwicklung inadäquat, da kriteriologisch ganz unterschiedliche Tätigkeiten als Wissenschaften bezeichnet worden sind.[15] Auf der anderen Seite gibt es keine abstrakte Idealwissenschaft, anhand derer wir diese Kriterien bestimmen könnten, da der wissenschaftlich zu erforschende Gegenstand immer ein konkreter Gegenstand ist, dessen Beschaffenheit die Methode seiner Erforschung a priori mitbestimmt.[16]

Zweitens ist es wenig plausibel, davon auszugehen, dass es keinerlei Gemeinsamkeiten der verschiedenen wissenschaftlichen Disziplinen gibt und jede menschliche Forschungstätigkeit gewissermaßen für sich selbst ihre eigenen Kriterien der Wissenschaftlichkeit definiert. Das Problem besteht darin, dass dieser Position folgend wohl kaum eine menschliche Tätigkeit nicht als Wissenschaft bezeichnet werden könnte. Selbst die Astrologie kann ihre eigenen Kriterien der Wissenschaftlichkeit definieren und müsste – entgegen zumindest meiner Intuition – in diesem Fall als Wissenschaft bezeichnet werden.

Es scheint daher vernünftig zu sein, davon auszugehen, dass der Begriff der Wissenschaft ein Clusterbegriff ist,[17] der dadurch gekennzeichnet ist, dass er verschiedene notwendige Kernkriterien der Wissenschaftlichkeit benennt, die von jeder wissenschaftlichen Disziplin erfüllt werden müssen und im Weiteren hinreichende Spezifika bereitstellt, die sich als durch den Untersuchungsgegenstand vorgegebene Adäquatheitsbedingungen verstehen lassen.[18]

15 Vgl. Feyerabend (1986: 21): „Die Idee einer Methode, die feste, unveränderliche und verbindliche Grundsätze für das Betreiben von Wissenschaft enthält und die es uns ermöglicht, den Begriff ‚Wissenschaft' mit bescheidenem, konkreten Gehalt zu versehen, stößt auf erhebliche Schwierigkeiten, wenn ihr die Ergebnisse der historischen Forschung gegenübergestellt werden."

16 Vgl. Schulz (2001: 47): „Jede Wissenschaft [...] wird durch ein Formalobjekt bestimmt, d. h. durch eine Perspektive, aus der man die Wirklichkeit oder einen ihrer Teile betrachtet. [...] Unter dem Materialobjekt versteht man den Teilbereich der Wirklichkeit, der der Gegenstand einer Wissenschaft ist."

17 Siehe dazu auch den Beitrag von Paul Hoyningen-Huene in diesem Band.

18 Einer ähnlichen Analyse folgte schon Scholz (1931: 19): „Wir werden zunächst die Postulate formulieren, die als die Mindestanforderungen an irgend eine Wissenschaft bezeichnet werden dürfen, und erst dann zu den Postulaten übergehen, in denen die Höchstforderungen

Diese Annahme erlaubt uns auf der einen Seite, davon auszugehen, dass es notwendige Gemeinsamkeiten von Naturwissenschaften und Geisteswissenschaften geben muss, wenn man – wie es den Intuitionen der meisten Wissenschaftstheoretiker entspricht – einen allgemeinen Oberbegriff von „Wissenschaft" beibehalten will. Auf der anderen Seite erlaubt sie uns in einem geisteswissenschaftlichen und speziell im theologischen Vorgehen Kriterien anzunehmen, die ganz anders sind als in den Naturwissenschaften und doch nicht eo ipso gegen die Wissenschaftlichkeit der jeweiligen Disziplin sprechen.[19]

Im Folgenden werden einige der notwendigen Merkmale, Ideale und Grundannahmen der Wissenschaftlichkeit benannt und kurz analysiert. Da es kaum ein Kriterium gibt, das in der Wissenschaftstheorie nicht strittig ist, wird jeder Versuch der Spezifizierung zentraler Kernbedingungen der Wissenschaftlichkeit notgedrungen Elemente einer Festsetzung und intuitiven Entscheidung mit sich bringen, die aus anderen Perspektiven angezweifelt werden können. Dies scheint aber kein systematisches Problem zu sein, da philosophische und wissenschaftstheoretische Reflexionen im Allgemeinen zu einem Großteil auf unseren vorphilosophischen Intuitionen basieren.[20]

2.1 Wissenschaft als System wahrer Sätze

Ein zentrales Merkmal einer jeden Wissenschaft besteht darin, dass sie sich als menschliche Tätigkeit verstehen lässt, die darauf ausgerichtet ist, ein System von deklarativen Sätzen zu entwickeln, die untereinander in klar definierten

---

ausgedrückt sind, die überhaupt an eine Wissenschaft im abendländischen Sinne gestellt werden können."

19 Vgl. Maurer (2005: 27): „Die ‚exakten' Wissenschaften sind ebenso Sonderfälle wie die ‚Geistes'-Wissenschaften. Es hat sich mittlerweile in der Wissenschaftstheorie der Gedanke durchgesetzt, dass es wenig sinnvoll ist, allgemeine Strukturen für die Wissenschaftlichkeit festzusetzen, die dann zumeist den technisch (und ökonomisch) verwertbaren Disziplinen entnommen sind. Das ändert aber nichts daran, dass es Grundzüge wissenschaftlicher Arbeit gibt, die sich auf Theoriebildung richten. Damit ist gemeint, dass ein Netz von Aussagen gebildet wird, das sich immer weiter vertiefen lässt und damit immer tiefere und schärfere Durchblicke ermöglicht. Wie das jeweils geschieht, hängt vom Gegenstandsbereich ab." Vgl. auch Knapp (2010: 277): „Der ‚Gegenstandsbereich' der Theologie ist ein anderer als der der Naturwissenschaften; deshalb lässt sich deren wissenschaftliche Methode nicht unbesehen auf die Theologie übertragen."

20 Ich stimme hier mit Kripke überein: "Of course, some philosophers think that something's having intuitive content is very inconclusive evidence in favor to it. I think it is very heavy evidence in favor of anything. Myself, I really don't know, in a way, what more conclusive evidence one can have about anything, ultimately speaking." (Kripke 1980: 42).

logischen, semantischen und explanatorischen Beziehungen stehen und durch einen klar umrissenen Gegenstandsbereich geeint sind.[21]

Die Bedingung, dass sich Wissenschaft als Satzsystem verstehen lässt, muss in zweierlei Hinsicht spezifiziert werden. Erstens: Da wissenschaftliche Tätigkeit kein Glasperlenspiel ist, gehe ich davon aus, dass sie notwendigerweise durch das regulative Ideal der Wahrheit gekennzeichnet ist. Auch angesichts der zahlreichen Schwierigkeiten in Bezug auf unser Erkennen wahrer Sätze ist wissenschaftliche Tätigkeit stets bemüht, ein System an *wahren* Sätzen über einen bestimmten Gegenstandsbereich zu etablieren.[22] Jede menschliche Tätigkeit, die nicht darauf ausgelegt ist, Wissen zu erwerben, ist diesem Kriterium folgend von vornherein aus dem Kanon der Wissenschaften ausgeschlossen. Zweitens: Das Ziel wissenschaftlicher Tätigkeit besteht darin, dass sie uns durch ihre Sätze den jeweiligen Gegenstandsbereich in seinem Wesen transparent und verständlich macht und dadurch konkrete Sachverhalte in der Welt zu erklären in der Lage ist, deren Bestehen uns zunächst in philosophisches Erstaunen versetzt.[23] Im Folgenden werden beide Punkte kurz erläutert.

2.1.1 Wahrheit als regulatives Ideal der Wissenschaft

Obwohl die Forderung, dass Wissenschaften auf den Erwerb von Wissen über einen bestimmten Gegenstandsbereich ausgerichtet sein müssen, zunächst trivial erscheinen mag, versteckt sich hinter dieser Annahme eine ganze Bandbreite philosophischer und wissenschaftstheoretischer Probleme und Vorentscheidungen, denn es besteht keine Einigkeit darüber, wie genau der für den Wissensbegriff konstitutive Begriff der Wahrheit zu verstehen ist.

---

21 Wie Weingartner (1971: 47) argumentiert: „Unter Wissenschaft kann man ein System von Sätzen verstehen." Vgl. auch Weingartner (1971: 38): „Unter ‚wissenschaftlicher Tätigkeit' kann eine geistige und körperliche Tätigkeit des Menschen verstanden werden, deren Zweck das Finden einer in bestimmter Weise strukturierten Antwort auf eine oder mehrere Fragen bzw. Probleme ist."

22 Vgl. Schurz (2014: 23): „Das oberste Erkenntnisziel [...] der Wissenschaft besteht in der Findung von möglichst wahren und gehaltvollen Aussagen, Gesetzen oder Theorien, über einen bestimmten Gegenstandsbereich."

23 Vgl. Weingartner (1971: 38): „Der Zweck der Wissenschaft als Tätigkeit ist die Erklärung von bestimmten Ereignissen, Tatsachen, Strukturen, Gegebenheiten, Sachverhalten. Und eine solche Erklärung besteht darin, dass man Sätze besonderer Art oder weniger allgemeiner Natur (Basissätze, Existenzsätze und Singularsätze), die diese Ereignisse, Tatsachen, Strukturen, Gegebenheiten und Sachverhalte beschreiben, aus universellen Axiomen, Gesetzen, Hypothesen oder Annahmen und einschränkenden Bedingungen deduktiv ableitet."

Mindestens drei verschiedene Wahrheitsdefinitionen sind heute geläufig: Wahrheit als Korrespondenz einer Aussage mit einer außermentalen Wirklichkeit, Wahrheit als Kohärenz mit anderen Aussagen und Wahrheit als Konsens einer bestimmten Sprachgemeinschaft, eine Aussage zu akzeptieren. Obwohl jede dieser Optionen mit guten Gründen angezweifelt werden kann, ist die Korrespondenztheorie der Wahrheit für das Verständnis des in der Wissenschaft angestrebten Wissens die einzige plausible Option.[24]

Erstens: Wissenschaftler gehen nicht davon aus, dass kohärente Aussagensysteme hinreichend dafür sind, um Wissen über ihren jeweiligen Gegenstandsbereich zu etablieren, oder dass das Ziel der Wissenschaften in nichts Weiterem besteht, als darin, einen Konsens unter Wissenschaftlern zu erzielen. Dies könnte ja schnell erreicht werden, wenn sich pfiffige Wissenschaftler auf bestimmte Aussagensysteme einigen.

Zweitens: Wenn Kohärenz oder Konsens hinreichend für die Wahrheit einer wissenschaftlichen Theorie wären, dann würden wissenschaftliche Theorien ihrem Wesen nach prinzipiell von der Wirklichkeit getrennt sein, denn ein Konsens unter Wissenschaftlern und ein kohärentes Satzsystem ist auch möglich ohne den Anspruch der Wirklichkeitserfassung.[25]

Die Kohärenz eines bestimmten Satzsystems und der Konsens der beteiligten Wissenschaftler lässt sich vielmehr durch die Annahme erklären, dass die Wahrheit einer Aussage in ihrer Korrespondenz mit den Tatsachen besteht: Wenn wissenschaftliche Wahrheit korrespondenztheoretisch verstanden wird, und wenn die Wirklichkeit selbst vernünftig strukturiert ist, dann erst ist einsichtig, wie ein Konsens unter Wissenschaftlern und ein kohärentes Aussagensystem möglich sein können: Die in den wahren Aussagen abgebildete Wirklichkeit selbst bürgt in diesem Fall aus metaphysischer Perspektive für die Möglichkeit des Konsens und der Kohärenz wahrer Aussagen. Wie Naess argumentiert, „Wissen und Wirklichkeit können nicht auseinanderfallen" (Naess 1977: 391).

---

24 Vgl. Musgrave (1993: 253–254): „Die Kohärenz-Theorie: Ein Glaube ist genau dann wahr, wenn er mit meinen übrigen Überzeugungen zusammen passt; Die Konsens-Theorie: Ein Glaube ist genau dann wahr, wenn meine intellektuelle Gemeinschaft darin übereinstimmt, dass dies der Fall ist." Für eine weitergehende Diskussion der Wahrheitsfrage siehe Skirbekk (1977).

25 Vgl. Krause (1892: 53): „Soll die Wissenschaft Wissenschaft sein (nämlich Wissenschaft überhaupt), so muss sie systematisch sein. Dies allein macht jedoch die Wissenschaft nicht aus; denn es kann, bei irgend einer Voraussetzung eines unbewiesen Angenommenen, eine systematische Folge von Schlüssen, ein Gliedbau gebildet werden, und doch ist es kein Wissen; denn auch der Irrtum kann gliedbaulich sein."

Da die Geschichte der Wissenschaften allerdings gezeigt hat, dass es zahlreiche Probleme und Schwierigkeiten in Bezug auf unsere konkrete Wahrheitserkenntnis gibt – vermeintliches Wissen stellt sich oft als falsch oder zu kurz gegriffen heraus, liebgewonnene Theorien und Paradigmen werden über Bord geworfen –, können wir nicht vom endgültigen Besitz wissenschaftlicher Wahrheit ausgehen, sondern müssen das Streben nach ihr als regulatives Ideal betrachten.[26]

2.1.2 Erklären und Verstehen als Ziel der Wissenschaft

Neben der Forderung, dass das Ziel wissenschaftlichen Forschens darin besteht, Wissen zu erlangen, besteht ein weiteres Kernkriterium der Wissenschaftlichkeit darin, dass sie Wissen zu erwerben trachtet, um das Bestehen bestimmter ihrem Gegenstandsbereich zugeordneter Sachverhalte zu erklären und somit diese Sachverhalte unserem Verstehen näher zu bringen.

Um dies zu erläutern, ist es hilfreich, die wissenschaftlichen Sätze in *Basis-* und *Sekundärsätze* zu unterteilen. Die Basissätze einer Wissenschaft bilden ihr Explanandum, d. h. in ihnen werden die zu erklärenden Sachverhalte sprachlich formuliert.[27] Sie bilden somit die grundlegende Beschreibung des Gegenstandsbereiches einer Wissenschaft. Zu den Sekundäraussagen einer Wissenschaft gehören ihre Theorien, ihre Gesetze, ihre allgemeinen Normen und ihre besonderen Hypothesen; letztlich also all das, was in den Wissenschaften als Erklärung herangezogen wird. Die Sekundäraussagen einer Wissenschaft erklären die Wahrheit der Basissätze und dadurch das Bestehen der ihnen korrespondierenden Sachverhalte.

---

26 Vgl. zum Verhältnis von Irrtum und Wahrheit Popper (1989: 116): „Die fundamentale methodologische Idee, dass wir aus unseren Irrtümern lernen, kann nicht ohne die regulative Idee der Wahrheit verstanden werden: Der Irrtum, den wir begehen, besteht ja eben darin, dass wir, mit dem Maßstab oder der Richtschnur der Wahrheit gemessen, das uns gesetzte Ziel, unseren Standard, nicht erreicht haben. Wir nennen eine Aussage ‚wahr', wenn sie mit den Tatsachen übereinstimmt oder den Tatsachen entspricht oder wenn die Dinge so sind, wie die Aussage sie darstellt. Das ist der sogenannte absolute oder objektive Wahrheitsbegriff, den jeder von uns dauernd verwendet."

27 Weingartner (1971: 32) definiert die Begriffe ‚Basisaussage' und ‚Basisnorm' wie folgt: „Eine Basisaussage ist definiert als eine konsistente zirkumskripte Existenzaussage, die die Form einer Atomaussage hat [. . .] Basisaussagen haben die Form: ‚Ein so-und so-bestimmtes Ereignis passiert an der Raum-Zeitstelle k' [. . .] Eine Basisnorm ist definiert als eine konsistente zirkumskripte Existenznorm, die die Form einer Atomnorm hat. [. . .] Basisnormen haben die Form: ‚Eine so- und so-bestimmte Handlung soll (darf, darf nicht) von der Person a (oder der Personengruppe b) an der Raum-Zeitstelle k (d. h. in einer bestimmten konkreten Situation) ausgeführt werden."

Da es verschiedene Modelle der Erklärung und des Verstehens gibt, und da verschiedene Gegenstandsbereiche unterschiedliche Erklärungsmodelle erfordern, ist es wenig sinnvoll, einen bestimmten Typus von Erklärung – sei es deduktiv, abduktiv, probabilistisch, kausal oder pragmatisch – als den einzig wissenschaftlich legitimen Erklärungstyp anzunehmen. Es ist sinnvoller, davon auszugehen, dass das allgemeine Merkmal der verschiedenen Erklärungstypen darin besteht, dass sie den in den Basissätzen bestehenden Sachverhalt in einen größeren Erklärungs- und Verstehenszusammenhang einordnen, der unser Erstaunen über sein Bestehen mindert.[28] Wissenschaftliches Erklären kann daher allgemein als der Versuch verstanden werden, unser Erstaunen über das Bestehen bestimmter Sachverhalte durch das Bereitstellen verschiedener in einem größeren Verstehenshorizont verankerter Erklärungstypen zu reduzieren.

2.2 Einzelwissenschaften und das System der Wissenschaft

Obwohl in der durch eine naturalistische Metaphysik motivierten Wissenschaftstheorie in den vergangenen Jahrzehnten davon ausgegangen wurde, dass es genau eine bestimmte Grundwissenschaft gibt – die Physik – und dass alle übrigen Wissenschaften sowohl in Hinsicht auf ihre ontologischen als auch in Hinsicht auf ihre semantischen Implikationen und Forderungen auf die Ontologie und Semantik der Physik reduziert werden können oder andernfalls als nichtig und obsolet aus dem Kanon der Wissenschaften ausgeschlossen werden müssten, hat sich dieses wissenschaftstheoretische Paradigma in großen Teilen der Diskussion als verkürzt und inadäquat herausgestellt. Es ist heute wieder salonfähig, von der Wissenschaft als System oder Organismus zu sprechen, in dem es zwar semantische und ontologische Relationen zwischen den einzelnen Wissenschaften gibt, diese sich aber nicht auf eine empirische Grundlagenwissenschaft reduzieren lassen. Wissenschaft wird zunehmend

28 Diese Annahme hat den Vorteil, dass sie eine strikte Trennung von Natur- und Geisteswissenschaften zurückweist. Vgl. Werbick (1974: 332): „Wenn man den Sinn von ‚Erklären' darin sieht, die sinnvolle Einordnung von Erfahrungsgegebenheiten in ein Paradigma, in eine mehr oder weniger umfassende Sinntotalität reflektiert zu vollziehen, dann lässt sich der so verstandenen Erklärung nicht eine ‚Kunst des Verstehens' als total heterogenes wissenschaftliches Verfahren gegenüberstellen; dann lässt sich auch nicht länger [...] eine auf der Entgegensetzung von Verstehen und Erklären beruhende Einteilung der Wissenschaften in Geists- und Naturwissenschaften aufrechterhalten."

wieder als System von Systemen verstanden, in dem jeder Bereich mit anderen Bereichen in verschiedenen ontologischen, epistemischen und semantischen Relationen steht.[29]

Auf dieser Einsicht basierend kann eine weitere Kernforderung an den Begriff der Wissenschaft formuliert werden, die darin besteht, dass eine beliebige Wissenschaft nicht den Erkenntnissen einer anderen Wissenschaft widersprechen darf und idealerweise die Erkenntnisse einer jeden Wissenschaft mit den Erkenntnissen jeder anderen Wissenschaft harmonieren sollen.[30] Die Kernforderung der interdisziplinären Harmonie führt zu folgender Maxime: Wenn eine vermeintlich wissenschaftliche Disziplin mit anderen anerkannten Wissenschaften nicht übereinstimmt, obwohl man dies durch die Bestimmung ihrer jeweiligen Gegenstandsbereiche erwarten sollte, oder wenn sie direkt den Erkenntnissen der anderen Wissenschaften widerspricht, dann ist dies zumindest *prima facie* ein Grund, den wissenschaftlichen Störenfried einer genauen wissenschaftstheoretischen Analyse zu unterziehen.

29 Vgl. Peacocke (2004: 147): „[T]he different sciences relate to each other and to the world they study – the hierarchy of sciences from particle physics to ecology and sociology. The more complex is constituted of the less complex, and all interact and interrelate in systems of systems." Für den systematisch-organischen Charakter der Wissenschaft als System der Relationen vgl. auch Edwards (2004: 202): „When science looks at any thing at all – whether it be a proton, a galaxy, a cell, or the most complex thing we know, the human brain – it finds systems of relationships. Every entity seems to be constituted by at least two fundamental sets of relationships. First, there are the interrelationships between the components that make up an entity. Thus a carbon atom is constituted from subatomic particles (protons, neutrons, and electrons). Second, there is the relationship between the entity and its wider environment. So a carbon atom in my body is constituted as part of a molecule, which forms part of a cell, which belongs to an organ of my body. I am part of a family, a human society, and a community of interrelated living creatures on earth. The earth community depends upon and is interrelated with the sun, the Milky Way galaxy, and the whole universe."

30 Ich folge hier der Krauseschen Philosophie. Vgl. Krause (1869: 4): Wissenschaft ist ein in sich differenziertes System wahrer Erkenntnisse, in dem alle Teile „mit einander sind und bestehen, nicht bloß ein Ganzes, worin Teile neben einander stehen, in ein bloßes Aggregat verbunden sind, vielmehr in ein solches Ganzes, worin die Teile alle in, mit und durch einander, alle nur in, mit und durch das Ganze sind." Ein solches System an Erkenntnissen kann auch als „Organismus der Wissenschaft" bezeichnet werden. Ein Organismus ist „jedes Wesenliche, welches in sich zum Ganzen verbunden enthält Teile, von denen zwar jeder etwas Bestimmtes ist und für sich besteht, gleichwohl aber nur für sich besteht, indem und so lange er in bestimmter Verbundenheit und Wechselwirkung mit allen andern Gliedern ist, die mit ihm zugleich den Organismus ausmachen." (Krause 1869: 4).

2.3 Transzendentalphilosophische Bedingungen der Wissenschaft

Fassen wir kurz zusammen: Jede Wissenschaft strebt, geleitet vom regulativen Ideal der Wahrheit, die Ausarbeitung eines in Basis- und Sekundärsätze unterteilten Aussagensystems an, in dem die Sekundäraussagen die Basisaussagen unter Bezug auf einen dem Gegenstandsbereich adäquaten Erklärungstyp in ihrem Sein und So-Sein vor dem Hintergrund eines größeren Sinn- und Verstehenshorizonts plausibilisieren. Es gibt keine grundlegende Wissenschaft, auf die alle anderen Wissenschaften semantisch oder ontologisch reduziert werden könnten. Stattdessen konstituieren die Einzelwissenschaften dem Ideal nach ein konsistentes und kohärentes System der Wissenschaft.

Ich möchte die Analyse der Kernbedingungen der Wissenschaftlichkeit mit einer knappen Reflexion zweier der transzendentalphilosophischen Bedingungen der Möglichkeit so verstandener Wissenschaft beenden, da diese für den Status der katholischen Theologie als Wissenschaft noch eine Rolle spielen werden.

Erstens: Die Annahme, dass wissenschaftliche Wahrheit darin besteht, dass ihre Aussagen die Wirklichkeit abbilden und wahr sind genau dann, wenn das in ihnen Behauptete der Fall ist, ist transzendentalphilosophisch anspruchsvoll, denn sie setzt voraus, dass eine Bedingung der Möglichkeit menschlichen Wissens und Erkennens darin besteht, dass die transzendentalen Kategorien menschlichen Verstehens deckungsgleich sind mit den transzendenten metaphysischen Kategorien der in den Aussagen erwähnten Gegenstände und ihrer Eigenschaften. Wäre dies nicht so, dann müssten wir mit Kant davon ausgehen, dass eine Erkenntnis der bewusstseinsunabhängigen Wirklichkeit prinzipiell unmöglich ist, was sowohl dem Anspruch und dem Selbstverständnis der meisten Wissenschaftler widerspricht als auch der Idee einer wissenschaftlichen Erkenntnis der Wirklichkeit an sich. Selbst als Ideal setzt daher der in den Wissenschaften verwendete Wahrheitsbegriff somit die prinzipielle Erkennbarkeit der Welt als eine vor aller empirischen oder rationalen Forschung liegende transzendentale Annahme a priori voraus.[31]

Zweitens wird vorausgesetzt, dass die von den Wissenschaften vorgetragenen Erklärungsmodelle dem vor- und außersprachlichen Geschehen der außermentalen Wirklichkeit entsprechen. Um überhaupt sinnvoll Wissenschaft treiben zu können, muss vorausgesetzt werden, dass die von der Wissenschaft zu erforschende Welt selbst ein vernünftiges und geordnetes Ganzes ist, das sich in einem System von Basis- und Sekundärsätzen eben auch stimmig

31 Vgl. Lowe (2002: 7–11) und Loux (2003: 1–19).

beschreiben lässt. Ein System der Wissenschaften ist, in anderen Worten, nur dann möglich, wenn angenommen wird, dass auch die in den Wissenschaften selbst beschriebene Wirklichkeit den Bedingungen der Harmonie und Ordnung genügt, die sich im System der Wissenschaften wiederfinden lassen.

3 Argumente gegen die Wissenschaftlichkeit der Theologie

Obwohl man erwarten sollte, dass die katholische Theologie ein reges Interesse daran hat, die Wissenschaftlichkeit von Dogmatik und Fundamentaltheologie unter Bezug auf die gegenwärtigen Debatten und Entwicklungen zu zeigen, wird man bis auf wenige Ausnahmen nur ein vornehmes Schweigen vonseiten der Theologie wahrnehmen.[32] Es scheint beinahe so zu sein, dass sich seit dem Scheitern der verifikationistischen Kritik an Theologie und Metaphysik die katholische Theologie aus der wissenschaftstheoretischen Diskussion zurückgezogen hat. Morscher (1974: 332) schätzt die Situation wie folgt ein:

> Die Tatsache, dass sich die Kritik an Disziplinen wie Metaphysik, Ethik und Theologie als überspitzt und [. . .] als letztlich unbegründet herausstellte, führte dazu, dass die Vertreter jener Disziplinen ihre Arbeit fortsetzen konnten, als wäre nichts geschehen: In der erwiesenen Unhaltbarkeit der gegen sie erhobenen Kritik erblickten sie eine Bestätigung für die Wissenschaftlichkeit ihrer Disziplinen, und sie betrachteten die Debatte als abgeschlossen, ohne selbst ernsthaft in die Diskussion eingestiegen zu sein, da ja die Gegner selbst die besten Gegenargumente gegen ihre eigenen Angriffe geliefert hatten; so konnte man sich eine echte Auseinandersetzung mit diesen grundlegenden Fragen ersparen.

Durch das Scheitern des verifikationistischen Kritik hat sich die Frage nach der Wissenschaftlichkeit der Theologie jedoch keinesfalls erledigt. Der wissenschaftstheoretische Status der Dogmatik und Fundamentaltheologie ist in der gegenwärtigen Debatte äußerst umstritten. Auf der einen Seite gibt es zahlreiche wissenschaftstheoretische Argumente, die zu zeigen beanspruchen, dass weder die Dogmatik noch die Fundamentaltheologie zentrale Bedingungen der Wissenschaftlichkeit erfüllen. Auf der anderen Seite wird der katholischen Theologie von Seiten des Naturalismus die gesamte Existenzberechtigung abgesprochen,

32 Vgl. aber Löffler (2010), Löffler (2011), Müller (2009), Müller (2007), Peukert (2009), Quitterer und Runggaldier (1999), Schärtl (2008), Tapp und Breitsameter (2014), Weidemann (2007), Wendel (2002), Werbick (2010).

da sie über keinen Gegenstandsbereich verfüge und ihre Annahmen den anerkannten Wissenschaften widersprächen.

3.1 Begriffsklarheit als Problem der Theologie

Ein erstes Argument gegen die Wissenschaftlichkeit von Dogmatik und Fundamentaltheologie geht davon aus, dass eine wichtige Implikation des skizzierten Wissenschaftsbegriffs besagt, dass eine Wissenschaft die von ihr verwendeten Begriffe verständlich definieren können muss. Verständlichkeit wird dabei wie folgt aufgefasst:

> Verständlich kann ein Wortgebrauch nur dann sein, wenn die Richtigkeit seiner Verwendung zweifelsfrei feststellbar ist. Diese Richtigkeit bezieht sich einerseits auf die Semantik [...], andererseits auf die methodische Funktion eines Wortes [...]; zweifelsfrei feststellbar ist die Richtigkeit der Verwendung in beiden Fällen [...] genau dann, wenn – in Abhängigkeit von explizit berücksichtigten Unterscheidungs- und Mitteilungsabsichten – der Gebrauch eines Wortes in einer Lehr- und Lernsituation anhand von Beispielen und Gegenbeispielen methodisch soweit eingeübt (eingeführt) ist, dass bezüglich neuer, in der Einführungssituation nicht vorkommender Verwendungen eine Übereinstimmung aller am Lernprozess Beteiligten darüber herbeigeführt werden kann, ob diese Verwendung der eingeübten (und damit zugleich normierten) Festlegung entspricht oder nicht. (Gatzemeier 1975: 22)

In Bezug auf die Frage nach der Wissenschaftlichkeit der katholischen Theologie besagt das Kriterium der Begriffsklarheit, dass Fundamentaltheologie und Dogmatik nur dann Wissenschaften sind, wenn sie die Verständlichkeit der in ihnen verwendeten Begriffe garantieren können und Regeln spezifizieren, wie diese in Situationen zu verwenden sind, die über die hypothetischen Worteinführungssituationen hinausgehen. Obwohl es zahlreiche theologische Grundbegriffe gibt, konzentrieren wir uns im Folgenden auf den Begriff Gottes. Das Kriterium der Begriffsklarheit besagt in diesem Fall, dass Dogmatik und Fundamentaltheologie genaue und eindeutige Regeln angeben können müssen, wie sie den Begriff „Gott“ verwenden.[33]

Ein vor allem von Gatzemeier stark gemachter Einwand gegen die Wissenschaftlichkeit katholischer Theologie besagt, dass die katholische Theologie

---

33 Vgl. Gatzemeier (1974: 17): „Die Wissenschaftlichkeit der Theologie kann nur dann sinnvoll behandelt werden, wenn zuvor die Sache der Theologie, die ‚Gottesfrage' geklärt und ihre Wichtigkeit festgestellt ist.“

nicht über eine verständliche Verwendungsweise des Begriffes „Gott" verfügt und somit aus dem Kreis der Wissenschaften herausfällt. Gatzemeier argumentiert wie folgt:

> Die Untersuchung hermeneutisch-traditioneller, logischer und sprachanalytischer theologischer Sprachlehren konnte nicht den Nachweis erbringen, dass eine sinnvolle Einführung des Wortes ‚Gott' möglich ist. (Gatzemeier 1975: 89/90).[34]

Aus mindestens zwei Gründen ist der vorgetragene Einwand gegen die Wissenschaftlichkeit der Theologie nicht überzeugend.

Erstens: Obwohl begriffliche Klarheit legitimerweise als Ideal jeder Wissenschaft angesehen werden kann, geht das von Gatzemeier formulierte Kriterium der Begriffsklarheit von einem zu restriktiven Wissenschaftsverständnis aus. Es impliziert, dass die Klärung grundlegender Begriffe einer Wissenschaft selbst aus dem Raum der Wissenschaftlichkeit ausgeschlossen ist und Wissenschaft nur dann möglich ist, wenn sie schon auf wohldefinierten und rekursiv anwendbaren Begriffsdefinitionen basiert. Beide Implikationen sind sowohl in Bezug auf tatsächliche wissenschaftliche Arbeit inadäquat als auch normativ schwierig zu rechtfertigen: Konsequent angewendet würde das von Gatzemeier vorgetragene Kriterium dazu führen, dass kaum eine menschliche Disziplin als Wissenschaft angesehen werden könnte. So besteht beispielsweise auch in der Physik, die gerne als Prototyp naturwissenschaftlicher Forschung angesehen wird, keine Einigkeit in Bezug auf die Verwendung und Einführung bestimmter grundlegender Begriffe wie Materie, Energie, Gesetz oder Strahlung. In unterschiedlichen Theorien und Disziplinen werden ganz unterschiedliche Verwendungsweisen dieser Begriffe eingeführt und im Laufe der Wissenschaftsentwicklung setzen sich bestimmte Interpretationen – aus den unterschiedlichsten Gründen – gegenüber anderen Verwendungsweisen durch; oder es werden in einem neuen Paradigma Verwendungsweisen eingeführt, die sich gerade durch das Überschreiten bisher akzeptierter Verwendungsweisen auszeichnen, ohne dass dies als generelles Problem der Wissenschaftlichkeit der entsprechenden Disziplin wahrgenommen wird.[35]

34 Gatzemeier weiter: „Auch Ersatzformulierungen wie ‚das Absolute' usw. vermögen nicht das theologisch/kirchliche Begründungs- und Verständlichkeitsdefizit aufzuheben [...] Die Methode, die uns zu diesem Ergebnis führte, kann nicht – wie es von seiten der Theologie häufig geschieht – als formalistisch, naturwissenschaftliche, mathematisch oder positivistisch und damit als für theologisch/religiöse Probleme inadäquat abgetan werden. Wir sind ausgegangen von der Frage nach den Kriterien, denen eine Sprache genügen muss, mit deren Hilfe gesicherte Orientierung gefunden werden soll" (Gatzemeier 1975: 89/90).

35 Vgl. Kuhn (1996: 47–50): „Paradigms could determine normal science without the intervention of discoverable rules. [...] Scientists [...] never learn concepts, laws, and theories in the abstract and by themselves. Instead, these intellectual tools are from the start encountered in

Zweitens: Das Kriterium der Begriffsklarheit führt auch deswegen zu keinem guten Einwand gegen die Wissenschaftlichkeit der Theologie, da es ignoriert, dass sowohl unsere transzendentale Konstitution als auch der Gegenstandsbereich einer jeden Wissenschaft die Möglichkeit seiner Erforschung mitbestimmen und es unvernünftig ist, zu erwarten, dass jeder wissenschaftliche Forschungsgegenstand auf dieselbe Art und Weise erforscht werden kann. Es ist in diesem Zusammenhang erstaunlich, der katholischen Tradition ein mangelndes Problembewusstsein der Schwierigkeiten menschlichen Redens von Gott vorzuwerfen, da ein Großteil fundamentaltheologischer Reflexion der christlichen Tradition sich seit jeher mit genau diesem Problem beschäftigt.

Die Schwierigkeit menschlich adäquater und wohldefinierter Rede von Gott liegt sowohl in den transzendentalen Bedingungen menschlichen Erkennens begründet als auch im zu erkennenden Gegenstand, da das Wort „Gott" eben auf den letzten Grund der Wirklichkeit gerichtet ist und sowohl als Kennzeichnung als auch als Eigenname verwendet werden kann. Dass vom letzten Grund der Wirklichkeit nicht wie von einem beliebigen Erfahrungsgegenstand in der Welt gesprochen werden kann – „Gott" ist ja, wenn man so will, Kennzeichnung der Bedingung der Möglichkeit einer erfahrbaren Welt schlechthin und damit Kennzeichnung des die Welt gründenden Grundes – und dass unser auf die Erkenntnis endlicher Gegenstände ausgerichtetes Erkenntnisvermögen zur analogen, poetischen oder teils auch paradoxen Rede greifen muss, um diesen ersten Grund der Wirklichkeit sprachlich überhaupt zu fassen, spricht daher nicht gegen die Wissenschaftlichkeit der Theologie, sondern folgt schlicht aus der angenommenen Beschaffenheit des theologischen Gegenstandsbereiches. Würde die Theologie von Gott sprechen wie von einem beliebigen Erfahrungsgegenstand in der Welt, würde man ihr vermutlich Anthropomorphismus vorwerfen.[36]

---

a historically and pedagogically prior unit that displays them with and through their applications. A new theory is always announced together with applications to some concrete range of natural phenomena.[...] Consider, for a single example, the quite large and diverse community constituted by all physical scientists. Each member of that group today is taught the laws of, say, quantum mechanics, and most of them employ these laws at some point in their research or teaching. But they do not all learn the same applications of these laws."

36 Man denke hier nur an die unterschiedlichen Traditionen der kataphatischen und apophatischen Theologie. Vgl. Rahner (1976: 56): In Bezug auf das Wort „Gott" „sieht es zunächst so aus, als ob das Wort uns anblicke wie ein erblindetes Antlitz. Es sagt nichts *über* das Gemeinte, und es kann auch nicht einfach wie ein Zeigefinger fungieren, der auf ein unmittelbar außerhalb des Wortes Begegnendes hinweist und darum selbst nichts darüber sagen muss, so wie wenn wir ‚Baum', ‚Tisch', oder ‚Sonne' sagen. Dennoch ist diese schreckliche Konturlosigkeit dieses Wortes [...] doch offenbar dem Gemeinten angemessen, gleichgültig, ob das Wort ursprünglich schon so ‚antlitzlos' gewesen sein mag oder nicht. [...] So ist das antlitzlos

3.2 Revidierbarkeit und Forschungsfreiheit als Problem der Theologie

Ein zweites Argument gegen die Wissenschaftlichkeit der Theologie basiert auf der Annahme, dass sowohl die Grundlagen als auch die Theorien einer Wissenschaft im Lichte neuer, ihnen widersprechender Erkenntnisse revidiert werden müssen. Das Kriterium der Revidierbarkeit verlangt von einer wissenschaftlichen Disziplin sowohl die Klärung derjenigen Umstände, die sie dazu zwingen würden, ihre Annahmen und Theorien zu verwerfen, als auch die Bereitschaft, liebgewonnene Annahmen und Aussagen im Lichte neuer Forschungsfortschritte zu verwerfen, sofern dies nötig sein sollte.[37]

Für die Frage der Wissenschaftlichkeit der katholischen Theologie ist dieses Kriterium von großer Bedeutung und kirchenpolitischer Brisanz: Auf der einen Seite ist die prinzipielle Möglichkeit des Revidierens wissenschaftlicher Aussagen eng verbunden mit der Forschungsfreiheit der Wissenschaftlerinnen und Wissenschaftler, da die Revidierbarkeit bestimmter Aussagen oder Theoreme eben die Freiheit voraussetzt, sie unter Einbezug neuer Erkenntnisse verwerfen zu dürfen. Auf der anderen Seite ist in der katholischen Theologie eine kirchenrechtlich geforderte Rückbindung an bestimmte normative Vorgaben und Aussagen des Lehramtes gegeben, die die Forschungsfreiheit der Wissenschaftler und die

---

gewordene, d. h. das von sich selber her an keine bestimmte Einzelerfahrungen mehr appellierende Wort ‚Gott' doch gerade in der richtigen Verfassung, dass es uns von Gott reden kann, indem es das letzte Wort vor dem Verstummen ist, in welchem wir es durch das Verschwinden alles benennbaren einzelnen mit dem gründenden Ganzen als solchem zu tun haben." Vgl. in Bezug auf die gegenwärtige Debatte Alston (1985): „Thoughtful theists have long felt a tension between the radical 'otherness' of God and the fact that we speak of God in terms drawn from our talk about creatures. If God is radically other than creatures, how can we properly think and speak of Him as acting, loving, knowing, and purposing? Wouldn't that imply that God shares features with creatures and hence is not 'wholly other'? [...] The respects in which God has been thought to differ from creatures can be roughly arranged in a scale of increasingly 'otherness'. Without aspiring to range over all possible creatures, including angels, let's just think of the ways in which one or another thinker has deemed God to be different from human beings: A. Incorporeality. B. Infinity. This can be divided into: B1. The unlimited realization of each 'perfection'. B2. The exemplification of all perfections, everything else equal it is better to be than not to be. C. Timelessness. D. Absolute simplicity. No composition of any sort. E. Not a being. (God is rather 'Being-itself.') Even if D. and E. rule out any commonality of properties between God and man, it may still be, as I shall be arguing in this paper, that A.-C. do not."

37 Im schlimmsten Fall kann das Kriterium der Revidierbarkeit dazu führen, dass ähnlich wie im Fall der Phlogistontheorie eine vormals als Wissenschaft angesehene Teildisziplin ihren Geltungsanspruch und Gegenstandsbereich vollständig verliert.

Revidierbarkeit theologischer Aussagen prima facie in einem unzulässigen Maß einschränken.[38] Das Kriterium der Revidierbarkeit führt daher zu folgendem Argument gegen die Wissenschaftlichkeit der Fundamentaltheologie und Dogmatik:

(1) Die katholische Theologie ist nur dann eine Wissenschaft, wenn sie dazu bereit ist, alle ihre Annahmen und Thesen im Lichte neuer ihnen widersprechender Annahmen zu revidieren. (2) Die katholische Theologie ist nicht bereit, alle ihre Annahmen und Thesen im Lichte neuer Annahmen zu revidieren. (3) Daher ist die katholische Theologie keine Wissenschaft.[39]

Aus mindestens zwei Gründen ist dieser Einwand gegen die Wissenschaftlichkeit der Theologie nicht überzeugend. Erstens basiert er auf einem Verständnis von Dogmatik und Fundamentaltheologie, das mit dem gegenwärtigen Selbstverständnis dieser Disziplinen nicht übereinstimmt. Dogmatik und Fundamentaltheologie werden nicht länger als geschichtslose Disziplinen aufgefasst, die sich „auf die Sicherung und Darlegung der unbezweifelbar gültigen ‚Glaubenswahrheiten'" (Werbick 2009: 43) beschränken, die für alle Zeiten und unter allen Umständen gültig sind. Stattdessen verstehen sich Dogmatik und Fundamentaltheologie als immer wieder neu zu beginnende und neu zu orientierende Auslegung des in der Geschichte wirksam gewordenen Wort Gottes, dessen „Ziel [...] weniger die doktrinale Fassung des Glaubens im Corpus einer überzeitlichen Lehre [ist] als vielmehr die unablässige Arbeit der Auslegung des Wortes Gottes als des einen und selben Grundes des christlichen Glaubens im geschichtlichen Wandel unseres Daseins" (Seckler 1988a: 203).

---

38 Durch die „Nihil-obstat"-Regeln ist hier prima facie auch ein direkter hochschulpolitischer Einfluss auf die Forschungsfreiheit der katholischen Theologen auszumachen. Diese wissenschaftstheoretischen Spannungen in Bezug auf die Forschungsfreiheit werden beispielsweise durch CIC Can. 212 (3) und Can. 218 erzeugt, die den katholischen Theologen (*qui disciplinis sacris incumbunt*) zwar Forschungsfreiheit (*iusta libertas inquirendi*) einräumen, diese jedoch durch die Forderungen des schuldigen Gehorsams gegenüber dem Lehramt der Kirche (*obsequium erga Ecclesiae magisterium*) und durch die Forderung nach der Achtung der Unversehrtheit der Glaubenssätze und -werte (*salva integritas fidei morumque*) im selben Atemzuge einzuschränken scheinen.

39 Wie Weingartner argumentiert: „Wenn die Konsequenzen der theologischen Theorie mit den Sätzen der Bibel übereinstimmen, findet dadurch eine relative Bewährung der Theorie statt. Aus diesem Grund ist es auch möglich, dass theologische Theorien kritisiert werden, nämlich dann, wenn ihre Folgerungen mit Sätzen der Bibel in Konflikt (Widerspruch) geraten" (Weingartner 1971: 146). An dieser Stelle wird angenommen, dass es eindeutige Sätze der Bibel gibt, die nicht von vorneherein von theologischer Hermeneutik vorbestimmt sind.

Die Revidierbarkeit bestimmter Aussagen in der Theologie ist daher prinzipiell möglich, denn der fundamentaltheologische „Grundsatz, dass Vernunft und Offenbarung sich letztlich nicht widersprechen können, gilt nach beiden Richtungen. Er fordert in Konfliktfällen zur Überprüfung unseres Vernunftwissens und unseres Offenbarungsglaubens, die beide geschichtlicher und kontingenter Art sind, heraus" (Seckler 1988a: 195).

Zweitens: Selbst die Tatsache, dass es neben lehramtlich geforderten Annahmen auch unbestreitbar zahlreiche Annahmen und Thesen gibt, deren Negationen die Fundamentaltheologie und Dogmatik nur akzeptieren könnten, wenn sie sich als Disziplinen auflösen würden, spricht nicht *eo ipso* gegen die Wissenschaftlichkeit der katholischen Theologie. Jede Wissenschaft basiert auf bestimmten in der entsprechenden Forschungsgemeinschaft geteilten Grundannahmen, die man zu akzeptieren hat, wenn man als Teil dieser Forschungsgemeinschaft arbeiten möchte.[40]

Wer an der Universität Physik unterrichten möchte, der wird sich zu einem Großteil die Annahmen des gängigen physikalischen Paradigmas aneignen müssen, oder er wird nicht ernst genommen bzw. gar nicht erst eingestellt werden. Dass es also bestimmte Annahmen und Voraussetzungen gibt, die man akzeptieren muss als konstitutiv für ein bestimmtes wissenschaftliches Forschungsprogramm, ist schlicht die Eintrittskarte dafür, Teil dieses Forschungsprogrammes zu sein. Es ist hier prinzipiell kein Sonderfall der katholischen Theologie festzustellen.[41] Nur wenn gezeigt werden könnte, dass diese für die Dogmatik und Fundamentaltheologie konstitutiven Annahmen und Verpflichtungen grundlegenden anderen Erkenntnissen widersprächen und sie sich als

40 Vgl. Seckler (1988a: 226): „Da [die Theologie] nicht nur faktisch, sondern grundsätzlich und axiomatisch einen Glauben, nämlich den christlichen Glauben im Medium des kirchlichen Glaubenszeugnisses, zur sie konstituierenden Voraussetzung habe, sei sie in ihren Voraussetzungen, Methoden und Zielen nicht frei. Dieser Einwand verkennt, dass es eine voraussetzungsfreie Wissenschaft nicht gibt und nicht geben kann."

41 Vgl. Seckler (1988a: 228 FN 86): „Es genügt sich zu fragen, was mit einer medizinischen Wissenschaft wäre, die sich nicht mehr dem Eid des Hippokrates verpflichtet wüsste, oder einer Rechtswissenschaft, die sich nicht der Pflege des Rechts, sondern dem Gegenteil verschrieben hätte. Die Beispiele ließen sich fortsetzen und präzisieren. Dabei wäre nicht nur an die Vorgaben der Verfassung und der Grundwertüberzeugung, ihre Fundierung und Sanktionierung durch Staat und Gesellschaft zu denken, sondern z. B. auch an die ideologischen, politischen und wirtschaftlichen und auch darin noch einmal gruppenspezifischen Vorgänge der alltäglichen politischen, gesellschaftlichen und wirtschaftlichen Wissenschafts- und Forschungslenkung."

unvernünftig oder schlicht als falsch erweisen lassen, bestünde hier ein Problem für eine Theologie als Wissenschaft. Diesen Einwand werden wir weiter unten besprechen, wenn wir uns dem Naturalismus zuwenden.

3.3 Intersubjektive Kritisierbarkeit als Problem der Theologie

Ein dritter und strukturell ähnlicher Einwand gegen die Wissenschaftlichkeit der Theologie basiert darauf, dass eine Kernbedingung der Wissenschaftlichkeit in der intersubjektiven Kritisierbarkeit der Basis- und Sekundärsätze einer Wissenschaft besteht. Katholische Theologie ist diesem Kriterium gemäß nur dann eine Wissenschaft, wenn sich ihre Basis- und Sekundärsätze – also ihr Explanans und ihr Explanandum – intersubjektiv kritisieren lassen. Morscher argumentiert auf dieser Grundlage wie folgt gegen eine Theologie als Wissenschaft:

> 1. Die Theologie enthält Sätze, die nicht intersubjektiv kritisierbar sind. 2. Sätze, die nicht intersubjektiv kritisierbar sind, können nicht in einer Wissenschaft vorkommen. 3. Daher: Die Theologie ist keine Wissenschaft. (Morscher 1974: 341)

Um dem Einwand begegnen zu können, muss geklärt werden, welche Klasse theologischer Sätze Morscher für nicht intersubjektiv kritisierbar hält und welches Verständnis intersubjektiver Kritisierbarkeit vorausgesetzt wird.

Erstens: Morscher geht davon aus, dass das aus Basissätzen bestehende Fundament der Theologie nicht intersubjektiv kritisierbar ist. Den Begriff der Basis einer Wissenschaft definiert er dabei wie folgt:

> Unter der Basis einer Wissenschaft wollen wir hier die Menge der in dieser Wissenschaft als gültig akzeptierten Basissätze verstehen, mit deren Hilfe die anderen (allgemeineren) Sätze dieser Wissenschaft kritisiert werden können. Diese Basissätze dienen als Letztinstanzen bei der Überprüfung und Kritik der theoretischen Sätze und müssen daher auch selbst intersubjektiv kritisierbar sein, wenn die prinzipielle Forderung nach intersubjektiver Kritisierbarkeit nicht ihren Sinn verlieren soll. (Morscher 1974: 342)

Morscher argumentiert also, dass die Basissätze der Theologie, die ihr Explanandum konstituieren, nicht intersubjektiv kritisierbar sind und daher keine Grundlage für eine Wissenschaft begründen.

Zweitens: Obwohl der Begriff der intersubjektiven Kritisierbarkeit der entscheidende Terminus in Morschers Argument ist, findet sich nur eine unzureichende Klärung des Begriffs:

> Es dürfte [...] ratsam sein [...] nur zu verlangen, dass die Sätze einer Wissenschaft kritisierbar [...] sein müssen: Nur Sätze, die im Prinzip kritisierbar sind, können in einer

> Wissenschaft vorkommen, allerdings wird man verlangen müssen, dass diese Sätze intersubjektiv kritisierbar sind; diese intersubjektive Kritisierbarkeit soll aber auch wieder nicht von vorneherein so eingeschränkt aufgefasst werden, dass im Grunde bloß eine Kritik in Frage kommt, die sich letztlich immer nur auf Beobachtungen bzw. auf für wahr angenommene Beobachtungssätze stützen kann. (Morscher 1974: 335–336)[42]

Ich muss gestehen, dass mir alleine aufgrund dieser Definition schleierhaft ist, wie sich Morscher intersubjektive Kritisierbarkeit denkt. Da er jedoch argumentiert, dass religiöse Erlebnisse, die historische Grundlage der Theologie, der übernatürliche Offenbarungsglaube und die Heilige Schrift selbst keine hinreichende intersubjektiv kritisierbare Basis für die Dogmatik und Fundamentaltheologie als Wissenschaft begründen, gehe ich im Folgenden davon aus, dass das Basis-Problem der Theologie darin besteht, dass sich die Annahme, es gäbe überhaupt ein wissenschaftstheoretisch relevantes Explanandum der Theologie in dem Sinne intersubjektiver Kritisierbarkeit entzieht, dass in einem intersubjektiven Dialog nicht notwendigerweise Einigkeit darüber zu erzielen ist, ob es überhaupt ein Explanandum der Theologie gibt. In anderen Worten, Theologie kann nicht als Wissenschaft betrachtet werden, da es keine zwingende Möglichkeit gibt, den anderen von der Wahrheit und Gültigkeit der theologischen Basisätze zu überzeugen.

Wie schon die anderen Einwände gegen die Wissenschaftlichkeit der Theologie ist auch dieser Einwand nicht überzeugend. Er ignoriert fundamentale Strukturen und Funktionsweisen der Logik einer Weltanschauung, die notwendigerweise den breiteren Sinnhorizont für unser Wissenschaftsverständnis bestimmt.

Erstens: Jede Weltanschauung verfügt über Grundannahmen, die selbst nicht weiter begründet werden können, da sie es sind, die erst den Raum für die Interpretation des Weltganzen eröffnen. Aus epistemologischer Perspektive können sie als Akte des Glaubens im Sinne eines Für-wahr-Haltens bestimmter Grundannahmen über die Struktur der Wirklichkeit verstanden werden.[43] Diese

42 Vgl. Popper (1977: 127): „Wie immer wir die Frage der empirischen Basis beantworten werden: wenn wir daran festhalten, dass die wissenschaftlichen Sätze objektiv sind, so müssen auch jene Sätze, die wir zur empirischen Basis zählen, objektiv, d. h. intersubjektiv nachprüfbar sein. Nun besteht aber die intersubjektive Nachprüfbarkeit darin, dass aus den zu prüfenden Sätzen andere nachprüfbare Sätze deduziert werden können; sollen auch die Basissätze intersubjektiv nachprüfbar sein, so kann es in der Wissenschaft keine ‚absolut letzten' Sätze geben, d. h. keine Sätze, die ihrerseits nicht mehr nachgeprüft und durch Falsifikation ihrer Folgesätze falsifiziert werden können."

43 Vgl. Wendel (2002: 258): „In philosophischer Hinsicht ist ‚glauben' vielmehr selbst schon ein Vollzug der Vernunft, eine Form des Vernunftgebrauchs. Denn ‚glauben' gilt in der erkenntnistheoretischen Tradition bereits seit Platon als epistemische Einstellung, also als Erkenntnisform

Annahmen sind nicht immer intersubjektiv kritisierbar, da sie auf Entscheidungen basieren, die Welt und bestimmte Ereignisse in ihr je erst aus einer bestimmten Perspektive heraus zu verstehen.[44]

Zweitens: Da der Gegenstandsbereich der Theologie prinzipiell die Gesamtstruktur der Wirklichkeit ist, wie sie in der christlich religiösen Weltanschauung grob vorgezeichnet wird, und da die Annahme der Gültigkeit des christlichen Offenbarungsgeschehens eine grundlegende existentiell-epistemologische Entscheidung ist, das Ganze der Wirklichkeit aus einer bestimmten Perspektive zu verstehen, ist es nur zu erwarten, dass die Annahme, es gäbe ein Explanandum der Theologie, in bestimmter Hinsicht nicht intersubjektiv kritisierbar ist. Das als gültig akzeptierte Wort Gottes ist vielmehr weltanschaulich grundlegend in dem Sinne, dass das auf dieser Annahme gründende Glaubenswissen ein Wissen des folgenden Typs ist: „So darf ich es bei meinem Umgang mit der Wirklichkeit voraussetzen. Die Glaubensvoraussetzung erschließt mir neue, verheißungsvolle Dimensionen der Wirklichkeit." (Werbick 2010: 58/59).[45]

Damit unterscheidet sich das Glaubenswissen aber nur in Reichweite und nicht im Typ von in anderen Wissenschaften aufgrund epistemischer Glaubensakte angenommenen Grundinterpretationen der Wirklichkeit: Auch in der Physik

und damit als Vollzug der Vernunft. [...] Aristoteles [...] verstand unter ‚glauben' das anerkennende Erkennen der Axiome, der ersten Prinzipien des Wissens, wie etwa den Satz vom Widerspruch. Ohne dieses Anerkennen kommt Wissen nicht aus. Damit steht ‚glauben' nicht im Gegensatz zu ‚wissen', sondern ist vielmehr dessen Möglichkeitsbedingung." Vgl. auch Schärtl (2007) und Müller (2012).

44 Obwohl es heute oft so scheint, als ob Gegner der Religionen davon ausgehen würden, dass es einen rein autonomen und durch sich selbst begründeten Vernunftbegriff gibt, der dann wie selbstverständlich als religions- und offenbarungsfeindlicher Vernunftbegriff verstanden wird, demzufolge alleine die Möglichkeit religiöser Offenbarung nichts weiter als unvernünftig oder dümmlich ist, zeigt sich in philosophischer Reflexion schnell, dass dem entgegen unser Vernunftverständnis je immer schon durch bestimmte epistemische Glaubensakte über die Reichweite der Vernunft bestimmt ist, die historisch nicht selten in religiösen Reflexionen und Annahmen gründen. Vgl. Ratzinger (1996: 369): „Der Versuch mit einer streng autonomen Vernunft, die vom Glauben nichts wissen will, sich sozusagen selbst an den Haaren aus dem Sumpf der Ungewißheiten herausziehen zu wollen, wird letztlich kaum gelingen. Denn die menschliche Vernunft ist gar nicht autonom. Sie lebt immer in geschichtlichen Zusammenhängen. Geschichtliche Zusammenhänge verstellen ihr den Blick (wir sehen es); darum braucht sie auch geschichtliche Hilfe, um über ihre geschichtlichen Sperren hinwegzukommen."

45 Vgl. Schulz (2001: 51): „Das freie Ereignis der Offenbarung ist jedoch philosophisch nicht ableitbar, was nochmals philosophisch einsichtig ist, sobald die Freiheit Gottes mit den Mitteln der Vernunft erkannt wird."

wird die Existenz einer bewusstseinsunabhängigen Außenwelt oder die Existenz kausaler Relationen oder die Adäquatheit mathematischer Beschreibungen der Wirklichkeit schlicht a priori vorausgesetzt. Auch sie sind intersubjektiv nicht immer kritisierbar, da derjenige, der die Existenz bestimmter Annahmen leugnet, sich dadurch zwar aus einem bestimmten Dialog ausschließt, dies aber nicht notwendigerweise seine Unwissenschaftlichkeit impliziert.

Dass die Theologie also allein aus dem Grund keine Wissenschaft sein kann, weil ihre Basissätze teilweise auf Akten epistemischen Glaubens und Anerkennens beruhen, ist somit kein durchschlagendes Argument gegen ihre Wissenschaftlichkeit, sondern ein Charakteristikum jeglicher wissenschaftlicher Tätigkeit. Wir können keine Wissenschaft betreiben ohne bestimmte Annahmen, die selbst nicht weiter zu begründen sind, sondern von der Vernunft durch Akte des Glaubens als die Prämissen der Wirklichkeitsinterpretation festgelegt werden.[46]

3.4 Naturalismus als Problem der Theologie

Die drei besprochenen Einwände gegen die Wissenschaftlichkeit katholischer Theologie basierten auf überwiegend wissenschaftstheoretischen Prämissen. Zahlreiche Gründe gegen die Wissenschaftlichkeit der Theologie sind allerdings nicht im Feld der Wissenschaftstheorie angesiedelt, sondern im Paradigma der derzeit weit verbreiteten naturalistischen Weltsicht. Im Folgenden möchte ich zwei paradigmatische naturalistische Einwände gegen die Wissenschaftlichkeit der Theologie besprechen, welche die Falschheit und Unvernünftigkeit theologischer Annahmen zu zeigen bemüht sind.[47]

---

46 Aussagen wie die folgenden sind daher nur bedingt nachzuvollziehen: „Theologien, die gewisse religiöse Annahmen, die das ‚Credo' der Religion ausmachen, dogmatisch voraussetzen, [verlassen] in doppelter Weise die Grenzen der Wissenschaft [...]: erstens dort, wo sie spekulative Annahmen über Wesen und Existenz Gottes voraussetzen, und zweitens dort, wo sie fundamentale Wertannahmen voraussetzen." (Schurz 2014: 44)

47 Vgl. zum Problem der Theologie Ratzinger (2000: 1): „Am Beginn des dritten christlichen Jahrtausends befindet sich das Christentum gerade im Raum seiner ursprünglichen Ausdehnung, in Europa, in einer tief gehenden Krise, die auf der Krise seines Wahrheitsanspruches beruht. [...] Die philosophische Grundlage des Christentums ist durch das ‚Ende der Metaphysik' problematisch geworden, seine historischen Grundlagen stehen infolge der modernen historischen Methoden im Zwielicht."

3.4.1 Naturalismus und die Existenz Gottes

Obwohl es viele Kernbereiche theologischer Weltanschauung gibt, die im Zentrum der naturalistischen Kritik stehen, konzentriert sich der erste Einwand auf die theologische Grundannahme der Existenz Gottes.[48]

Die Existenz Gottes wird in der gegenwärtigen Debatte aus naturalistischer Sicht entweder schlichtweg geleugnet oder durch Argumente unterschiedlicher Qualität zu widerlegen versucht. Da eine unbegründete Leugnung der Existenz Gottes philosophisch ebenso wenig anspruchsvoll ist wie die bloße Behauptung der Existenz Gottes, werde ich diese Option im Folgenden ignorieren. Das entsprechende Argument gegen die Wissenschaftlichkeit der Theologie lässt sich dann wie folgt formulieren:

1. Katholische Theologie ist nur dann eine Wissenschaft, wenn Gott existiert oder zumindest die Annahme seiner Existenz vernünftig ist. 2. Es lässt sich zeigen, dass Gott nicht existiert oder zumindest, dass die Annahme seiner Existenz unvernünftig ist. 3. Also ist die katholische Theologie keine Wissenschaft; es gibt keinen vernünftigerweise von ihr zu untersuchenden und zu erforschenden Gegenstandsbereich.

In Bezug auf die gegen die Existenz Gottes vorgebrachten Argumente stoßen wir auf zwei unterschiedliche Argumenttypen und eine durchgängige Schwierigkeit.

Der erste Argumenttyp ist agnostischer Natur. Er versucht zu zeigen, dass die Argumente für die Existenz Gottes keine logisch gültigen oder korrekten Argumente sind. Dieser Option folgend kann die Existenz Gottes nicht hinreichend vernünftig begründet werden, ist aber dennoch nicht ausgeschlossen. Beispielsweise wird aus agnostischer Perspektive argumentiert, dass die klassischen ‚Fünf Wege' des Thomas von Aquin, die unter anderem für die Existenz eines unbewegten Bewegers oder einer ersten Ursache aller Ursachen argumentieren, selbst unter Annahme ihrer Korrektheit nicht die Existenz des christlichen Gottes beweisen.[49] Ebenso wenig erfolgversprechend wird aus agnostischer Warte die Tragweite des ontologischen Argumentes eingeschätzt, das versucht, zu zeigen, dass es ein perfektes Wesen geben muss, über das hinaus Größeres nicht gedacht werden kann. Abgesehen von der

48 In der Debatte wird aber auch die Existenz der historischen Person Jesu von Nazareth angezweifelt, oder die theologische Annahme objektiver moralischer Werte oder die Plausibilität des Lebens nach dem Tode.

49 Vgl. Meixner (2012: 175): „Nothing in Thomas Aquinas's argument (. . .) justifies the conclusion that this agent which is a first cause is God or even a god." Vgl. auch Meixner (2009: 34).

Schwierigkeit, eine gültige logische Formalisierung zu finden, sei es auch hier fraglich, ob es die Existenz des christlichen Gottes beweisen kann.

Der zweite Argumenttyp ist atheistischer Natur und offensiver ausgerichtet. Er versucht zu zeigen, dass die Annahme der Existenz Gottes zu Widersprüchen führt und daher ausgeschlossen ist. Um dies zu zeigen, wird zunächst ein Gottesbegriff definiert. Auf diesem basierend wird dann entweder ein inhärenter Widerspruch oder ein Widerspruch zu anderen vermeintlichen Erkenntnissen abgeleitet, so dass geschlossen werden kann, dass Gott nicht existiert. Beispielsweise wird in einem ersten Schritt „Gott" definiert als allmächtige, allwissende und moralisch vollkommene Person, die die Welt aus dem Nichts geschaffen hat. In einem zweiten Schritt wird dann argumentiert, dass, wenn Gott existiert, es kein Leid und Übel in der Welt geben könne, da ein allwissendes, allmächtiges und moralisch vollkommenes Wesen dies verhindern würde.

Die durchgängige Schwierigkeit beider Argumentationstypen besteht darin, dass sie einen Begriff Gottes voraussetzen, der nicht dasjenige wiedergibt, was theologisch unter der Existenz Gottes verstanden wird, oder, dass sie der katholischen Theologie ein Verständnis der Gottesbeweise unterstellen, das sie so nicht unterzeichnen würde.

Erstens: Die katholische Theologie geht zwar von der prinzipiellen Erkennbarkeit der Existenz Gottes als Grund des Seins der Welt aus, aber nicht davon, dass es allgemeinverbindliche Gottesbeweise gibt, die uns einen vollständig begrifflich ausdifferenzierten, genuin christlichen Gottesbegriff auf den Tisch legen, an dem zu zweifeln keine Möglichkeit bestünde. Ebenso wie die Physik akzeptieren kann, dass es keine hinreichenden Beweise für die Existenz einer unabhängigen Außenwelt gibt, kann daher die Theologie auch akzeptieren, dass es keine hinreichenden Beweise für die Existenz des christlichen Gottes gibt, ohne dass dies ihre Wissenschaftlichkeit in Frage stellen würde.[50]

Zweitens: Unter dem Begriff „Gott" wird in den entsprechenden Argumenten oft ein wohldefinierter Gegenstand verstanden, über den wir quantifizieren können und dem wir Eigenschaften zu- und absprechen können wie einem beliebigen Gegenstand in der Welt. Ein solches Gottesverständnis ist allerdings

---

50 Vgl. Bromand und Kreis (2011: 12): „Welche Konsequenzen hätte [...] eine mögliche Widerlegung der Gottesbeweise? Es ist einfacher zu sagen, welche Konsequenzen sie nicht hätte. Angenommen selbst, es könnte gezeigt werden, dass kein einziger Gottesbeweis erfolgreich sein könnte, so würde daraus noch nicht folgen, das kein göttliches Wesen existiert. Denn dazu müsste ein eigener, neuer Beweis formuliert werden, der eine Gotteswiderlegung wäre [...E]s ist nicht unplausibel, dass es in dem Maße, in dem es keine Gottesbeweise gibt, die einen Atheisten überzeugen würden, auch keine Gotteswiderlegungen gibt, die einen Theisten überzeugen würden."

eher ein Folgeprodukt der modernen analytischen Philosophie, wie sie seit dem Wiener Kreis verstanden wird, als das Ergebnis philosophisch-theologischer Reflexion über das, was unter Bezug auf Vernunft und Offenbarung über den christlichen Gott gesagt werden kann.[51] Den meisten Argumenten gegen die Existenz Gottes ist daher aus katholischer Sicht zuzustimmen, denn das, dessen Existenz dort abgestritten wird, ist nicht, was die Dogmatik und Fundamentaltheologie als adäquate Beschreibung Gottes akzeptieren würden.[52]

Die theologische Reflexionsarbeit und ihre Annäherung an den Gottesbegriff kann wie folgt umrissen werden: Aus fundamentaltheologischer Perspektive sind sowohl die Existenz der Welt als auch ihre Beschaffenheit nicht hinreichend, um durch sich selbst verstanden zu werden. Die Welt ist in ihrem Sein und in ihrem So-Sein erklärungsbedürftig. Basierend auf den Annahmen, dass die Welt auch nicht hätte existieren können und anders beschaffen sein könnte, wird daher in einem ersten Schritt unter Zuhilfenahme verschiedener Argumentationstypen – die Palette reicht von deduktiven über induktive bis hin zu transzendentalphilosophischen Argumenten – gezeigt, dass es einen die Welt gründenden Grund geben muss.

---

51 Vgl. Bishop (1998: 174): „Can it be consistent to adhere to theism, and yet to reject the belief that *omniGod* exists, where 'omniGod' means a unique omnipotent, omniscient, omnibenevolent, supernatural person who is creator and sustainer of all else that exists? On the assumptions prevailing within Philosophy of Religion, at least as practised by analytical philosophers, the answer is clearly 'No'. Such philosophers typically presuppose that theism virtually by definition requires belief that omniGod exists."

52 Wenn man über Gott quantifizieren will, dann muss Gott ein Gegenstand unter vielen im Gegenstandsbereich der Quantoren sein. Dann ist Gott ein Gegenstand unter vielen, und die Fragestellung nach seiner Existenz ist von vornherein verfehlt. Dieses Problem der Vergegenständlichung Gottes wird von Tillich wie folgt umschrieben: „Der Theologe kann nicht umhin, Gott zu einem Objekt im logischen Sinne des Wortes zu machen, gerade wie der Liebende nicht umhin kann, den Geliebten zu einem Objekt der Erkenntnis und des Handelns zu machen. Die Gefahr der logischen Objektivierung ist, dass sie niemals rein logisch ist. Sie führt ontologische Voraussetzungen und Implikationen mit sich. Wenn Gott in die Subjekt-Objekt-Struktur des Seins gebracht wird, hört er auf, der Grund des Seins zu sein, und wird ein Seiendes unter anderen." (Tillich 1955: 206). Wird dagegen ein Gegenstandsbegriff verwendet, demzufolge x ein Gegenstand ist genau dann, wenn es eine Aussage über x gibt, dann ist Gott analytischerweise ein Gegenstand in diesem weiten Sinne. Vgl. Carnap (1979: 1–5): „Der Ausdruck ‚Gegenstand' wird [...] stets im weitesten Sinne gebraucht, nämlich für alles das, worüber eine Aussage gemacht werden kann. [...] Ob ein bestimmtes Gegenstandszeichen den Begriff oder den Gegenstand bedeutet, ob ein Satz für Begriffe oder für Gegenstände gilt, das bedeutet keinen logischen Unterschied, sondern höchstens einen psychologischen, nämlich einen Unterschied der repräsentierenden Vorstellung. [...] Gegenstand ist alles, worüber eine Aussage möglich ist."

Da dieser Grund konsequent als der Ursprung der uns bekannten Welt gedacht wird und daher eben nicht am Modell der gegründeten Gegenständlichkeit gedacht werden kann, dessen Möglichkeitsbedingung er ja ist, beginnt die theologische Theoriebildung damit, diesen Grund der Welt unter Einbezug offenbarungstheologischer, metaphysischer und transzendentalphilosophischer Reflexionen genauer zu fassen. Sie bemüht sich dabei um ein Reflexionsgleichgewicht zwischen Vernunft und Offenbarungswissen, um die christlich-religiöse Weltanschauung unter der freien weltanschaulichen Annahme, dass Gott sich geoffenbart hat, zu einer allumfassenden theologischen Weltdeutung konsistent und vernünftig zu entwickeln.[53]

Da der erste Grund der Wirklichkeit die Bestimmungen alles endlichen Seins in der Einheit seines Wesens vereint, selbst durch nichts bestimmt wird und als Grund des Seins in seinem Sein von nichts Weiterem abhängt, in christlicher Tradition aber dennoch davon ausgegangen wird, dass sich dieser Grund der Wirklichkeit auch geschichtlich offenbart hat und in das Geschick der Welt eingebunden ist – die Welt bleibt nicht folgenlos für Gott –, ist es nur verständlich, dass die in der katholischen Tradition zu findenden fundamentaltheologischen Gottesbegriffe zwischen der radikalen Transzendenz und der radikalen Immanenz Gottes schwanken: Als Grund der Welt müssen wir Gott zwar vom Begründeten verschieden denken, als durch nichts in der Unendlichkeit seines Seins Beschränktes können wir aber das von ihm Begründete nicht als ontologisch Verschiedenes denken.[54]

Das einzig durschlagende Argument gegen die Existenz Gottes wäre in diesem Zusammenhang also ein Argument, das zeigt, dass die fundamentaltheologische Annahme der Existenz eines Grundes der Existenz und Beschaffenheit der Welt philosophisch unvernünftig ist oder es keinen Grund der Existenz und Beschaffenheit der Welt gibt. Dieses Argument allerdings wäre nur plausibel,

---

53 Vgl. Maurer (2005: 30): „Die Gegenstände der ‚Geisteswissenschaften' sind demnach so komplex, dass sie ein andere Theoriebildung nahelegen als in den ‚exakten' Wissenschaften. Man könnte auch umgekehrt sagen, dass ‚exakte' Wissenschaften nur möglich sind, weil der Gegenstandsbereich vergleichsweise einfach ist."

54 Im Zentrum fundamentaltheologischer Reflexionen steht damit „die Frage nach dem Verhältnis von Gott und Welt [...] und ob denn dieses Verhältnis im Letzten nicht als intensive Einheit beider zu bestimmen sei oder zumindest so, dass die Unterscheidung ihrerseits nochmals von einer Hyper-Einheit umgriffen werden. (Müller 2010: 17). Vgl. auch Rentsch (2008: 45): „An der Grenze philosophischer Vernunfterkenntnis, die bis zur Entfaltung einer Theologie der Transzendenz in der Immanenz – auch und gerade im Blick auf ihre lebensermöglichende und lebenssinnkonstitutive Wirklichkeit und Wirksamkeit – reicht, beginnt das Verstehen und Begreifen der Geschichtlichkeit und Sprachlichkeit der großen monotheistischen Weltreligionen."

wenn von der notwendigen Existenz der Welt und ihrer Beschaffenheit ausgegangen würde und damit die Verlässlichkeit der philosophischen Reflexion, der sich die Welt in ihrer Existenz und Beschaffenheit als kontingent zeigt, generell zurückgewiesen werden würde. Dass die Theologie über keinen Gegenstandsbereich verfügt, kann also nur derjenige behaupten, der die Erklärungsbedürftigkeit der Existenz und Beschaffenheit der Welt leugnet.[55] Wie dann aber die Rechtfertigung für die Möglichkeit von Wissenschaft überhaupt noch zu leisten ist, ist nur schwer zu sehen, da die Existenz und Beschaffenheit der Welt selbst ja als nicht erklärungsbedürftig angesehen wird.

3.4.2 Naturalismus und das Handeln Gottes in der Welt

Ein letzter Einwand gegen die Wissenschaftlichkeit der Theologie will zeigen, dass die Annahmen und Thesen der Theologie direkt den Annahmen der meisten Wissenschaften, zumal den Natur- und Geschichtswissenschaften, widersprechen. Es wird wie folgt argumentiert:

1. Theologie ist nur dann eine Wissenschaft, wenn ihre Annahmen und Thesen den (meisten) anderen Wissenschaften nicht widersprechen. 2. Die Annahmen und Thesen der Theologie widersprechen den Erkenntnissen der (meisten) anderen Wissenschaften. 3. Daher ist die katholische Theologie keine Wissenschaft.

Dieses Argument wird oft so vorgetragen als sei es eine Implikation der Naturwissenschaften oder der Geschichtswissenschaften, dass theologische

---

55 Vgl. Turner (2004: 242): „[What] is the minimum the atheist has to deny is his denials are to be worth the theologian's bother entertaining? And the answer is going to be that the atheist's minimum denial is of the validity of the question itself, 'Why is there anything at all?' Once you admit that question you are already a theist. For since any question which is not merely idle must have an answer, you have conceded, in conceding that the question is intelligible, that there is an answer: the world is created out of nothing." Vgl. auch Hoersters Analyse der gegenwärtigen Einschätzung der Tragweite rationaler Argumente für die Existenz eines die Welt gründenden Grundes: „Ist der Glaube an Gott überhaupt rational oder vernünftig? Diese grundlegende Frage, mit der sich jeder Glaube monotheistischer Art [und nicht nur ein solcher, BPG] konfrontiert sieht, wird in der deutschen Philosophie und Theologie seit langem nur noch stiefmütterlich behandelt. Der Gottesglaube als Fundament christlicher Religion wird weithin als Ergebnis individueller Veranlagung, sozialer Prägung oder persönlicher Entscheidung betrachtet, das sich jeder rationalen Erörterung entzieht. Man nimmt zur Kenntnis, dass nicht wenige Menschen tatsächlich im Rahmen einer religiösen Einstellung an Gott glauben und diesen Glauben offenbar auch brauchen. Rationale Argumente pro und kontra hält man unter diesen Umständen für unpassend: Religion sei ja keine Wissenschaft." (Hoerster 2005: 7f)

Aussagen und Annahmen unseren physikalischen, biologischen und historischen Erkenntnissen widersprechen und von daher heute niemand mehr ernsthaft diese Annahmen als Teile einer Theologie als Wissenschaft akzeptieren kann. Ich möchte diesen Einwand kurz am Beispiel des Handelns Gottes in der Welt verdeutlichen, da sich die meisten in der Diskussion besprochenen Probleme religiöser und theologischer Annahmen – wie die unbefleckte Empfängnis Mariens oder die Inkarnation und Auferstehung Jesu Christi – auf die Möglichkeit göttlichen Handelns in der Welt reduzieren lassen.

Die Möglichkeit des Handelns Gottes in der Welt ist eine konstitutive Annahme der christlich religiösen Weltanschauung und spielt in der Bibel eine zentrale Rolle: Gott greift an zahlreichen Stellen aktiv in den geschichtlichen Verlauf der Welt ein, um auf menschliches Verhalten zu reagieren oder den Verlauf der Geschichte seinen Wünschen entsprechend zumindest grob zu verändern.[56] Um die Unwissenschaftlichkeit katholischer Theologie zu zeigen, wird aus naturalistischer Perspektive gerne argumentiert, dass ein Handeln Gottes in der Welt grundlegenden naturwissenschaftlichen Erkenntnissen widersprechen würde. Es wird argumentiert, dass aus naturwissenschaftlicher Perspektive ausgeschlossen ist, dass Gott, verstanden als eine übernatürliche Ursache, in die Welt eingreifen und etwas in ihr bewirken kann.[57] Diese Annahme verletze das für die Wissenschaft konstitutive Prinzip der kausalen Geschlossenheit der physikalischen Welt. Dem Prinzip kausaler Geschlossenheit zufolge kann jedes physikalische Ereignis nur physikalische Ursachen haben.[58] Gott als übernatürliche Ursache weltlichen Geschehens sei daher von den Naturwissenschaften ausgeschlossen und die theologische Annahme der Möglichkeit göttlichen Handelns in der Welt und alles auf ihr Aufbauende widerspräche somit erwiesenen Erkenntnissen der Naturwissenschaften.

Das Problem dieser Argumentationsweise besteht, abgesehen von der Frage nach der fundamentaltheologischen Adäquatheit eines von außen in die

---

56 Vgl. Cobb (1973: 207): „The idea that God is active in a way that affects the course of human affairs is too basic to the Biblical-Christian tradition to be set aside [. . .] A God who in no sense acts in or on history would be a very different God from that of Western religion and philosophy. God must be some kind of cause of events or else there is no point in speaking of him at all."

57 Vgl. Mautner (1996: 416): „Supernatural beings exist above or beyond nature, where 'nature' is to be understood in a wide sense, to take in all of space and time and everything existing within that framework, i. e. the whole of the physical universe."

58 Papineau (2002: 17) definiert die kausale Geschlossenheit der physikalischen Welt wie folgt: „All physical effects are fully caused by purely physical prior histories." Vgl. Papineau (2000) für eine Rechtfertigung der Annahme der kausalen Geschlossenheit und Göcke (2008) sowie Lowe (2008) für eine kritische Diskussion.

Welt eingreifenden Gottes, darin, dass oft Annahmen und Thesen als naturwissenschaftlich *erwiesene* oder *irgendwie* notwendige Annahmen deklariert werden, die *de facto* wenig bis nichts mit naturwissenschaftlichen Erkenntnissen zu tun haben. Beispielsweise ist die Annahme der kausalen Geschlossenheit der physikalischen Welt keine naturwissenschaftliche Erkenntnis und keine notwendige Bedingung naturwissenschaftlicher Forschung, was alleine aus dem Grund offensichtlich sein sollte, dass man sie weder empirisch verifizieren noch falsifizieren könnte. Sie ist vielmehr eine metaphysische Annahme, die der naturalistische Atheist aus metaphysischen Gründen als Teil seiner Weltanschauung annimmt. Man kann sie begründet zurückweisen, ohne in Widerspruch zu den naturwissenschaftlichen Erkenntnissen zu gelangen, die zwar davon ausgehen, dass ein Großteil des Geschehens in der Welt als gesetzmäßiges Geschehen verstanden werden kann, aber nicht davon ausgehen, dass alles, was geschieht, aufgrund der Naturgesetze geschieht, denn dieses ist eine metaphysisch weltanschauliche und keine naturwissenschaftliche Frage.[59]

Da der Naturalismus als Weltanschauung selbst eine metaphysische Position über das Gesamt der Wirklichkeit ist, die nicht durch die Ergebnisse der Naturwissenschaften impliziert wird und als solche auf bestimmten Annahmen basiert, die genau wie bestimmte theologische Annahmen nicht intersubjektiv kritisierbar sind, folgt, dass es keine naturwissenschaftliche Erkenntnis ist, die der Theologie widerspricht, sondern eine metaphysisch naturalistische Annahme einer Weltanschauung, die der katholischen Weltanschauung prinzipiell konträr gegenübersteht. Damit widerspricht aber die Theologie nicht anderen wissenschaftlichen Erkenntnissen, sondern nur anderen metaphysischen Interpretationen dieser Erkenntnisse. Auch dieses Argument gegen die Wissenschaftlichkeit der Theologie ist daher nicht überzeugend.[60] In anderen

59 Vgl. Ratzsch (2009: 65): „The simplest challenge science could pose would be inarguable *results* of science contradicting fundamental religious beliefs. But while accepted results may contradict specific doctrines of specific groups [...], one cannot seriously hold that plate tectonics, biological or stellar evolution, relativity, or quantum mechanics entail the nonexistence of God. Obviously, one cold coherently claim that God used evolution, or that the world is quantum mechanical because that is the way God wanted it. Since those are *coherent* claims, then those theories do not contradict the existence of God."

60 Leider ist es oft so, dass sich Theologien unterschiedlichster Denominationen dem Naturalismus beugen und beginnen den eigentlich metaphyischen Gehalt theologischer Aussagen abzuschwächen, nur damit eine vermeintliche Konsistenz mit naturalistischen Prämissen erreicht wird. Vgl. Tetens (2015: 13): „Offensichtlich scheint es für viele Theologen verlockend, den intellektuellen Eliten dadurch nicht zu nahe zu treten, dass man den christlichen Glauben und seine Explikation in der Theologie als metaphysikfrei und als in den bloßen Grenzen des gemäßigten Naturalismus möglich ausgibt. Allein, es fehlt mir jeder Glaube, dass sich die intellektuellen

Worten, man kann zwar behaupten, dass die Theologie naturwissenschaftlichen Erkenntnissen widerspricht, kann dies aber nicht auf die Sache der Naturwissenschaften gründen, sondern nur auf einen Naturalismus, der selbst die tatsächliche Arbeit der Naturwissenschaftler aus einer bestimmten wissenschaftstheoretischen Perspektive betrachtet und ebenso wie die Theologie auf Annahmen aufbaut, die nicht zwingend notwendig sind, sondern den Raum für eine bestimmte Interpretation der Wirklichkeit eröffnen.[61]

4 Katholische Theologie als Wissenschaft mit Sonderstatus

Keiner der gegen die Wissenschaftlichkeit der katholischen Theologie erhobenen Einwände konnte überzeugen. Ich möchte mit einigen knappen Bemerkungen über den Status der Theologie als Wissenschaft enden.

Als Wissenschaft versucht die katholische Theologie unter Bezug auf ihre Tradition und bestimmte glaubenstheoretische Grundannahmen über die Struktur und Geschichte der Wirklichkeit die christlich-religiöse Weltanschauung vernunftgemäß zu reflektieren und dadurch ein das Gesamt der Wirklichkeit ein- und erschließendes und unter dem regulativen Ideal der Wahrheit stehendes philosophisch-theologisches Gesamtsystem zu entwerfen. Dieses erstreckt sich sowohl auf das theoretische Erkennen der Grundstrukturen der Wirklichkeit als auch auf normative Handlungsanweisungen und ist auf das Wohlergehen der Schöpfung und der menschlichen Gemeinschaft ausgerichtet.

Es gibt einen zentralen Punkt, den die katholische Theologie im Gegensatz zu atheistischen und naturalistischen Weltanschauungen einfangen und letztbegründen kann.[62] Wir haben weiter oben gesehen, dass der Wissenschaftsbegriff

---

Eliten für solch artige Zugeständnisse an die zeitgeistkonforme naturalistische Weltsicht mit einem neu entfachten Interesse für die Sache des Glaubens, der Kirchen und ihrer Theologien bedanken werden. Daher keine intellektuelle Leisetreterei! Mit dem vorherrschenden Naturalismus hart ins Gericht zu gehen, das scheint mir in unserer Zeit vonnöten."

61 Vgl. Schulz (2001: 48–49): „Konflikte mit anderen Wissenschaften können auftreten, wenn verallgemeinernde philosophische Schlussfolgerungen aus naturwissenschaftlichen Detailerkenntnissen gezogen werden: Wenn die ohne Zweifel gegebene genetische Prägung des Menschen zum philosophischen Argument gegen die Willensfreiheit erhoben und/oder Religion nur als Überlebensstrategie der Gene definiert wird, so dass sich die Frage nach der Wahrheit der Religion erübrigt."

62 Der Begriff der Letztbegründung ist in den letzten Jahrzehnten in der Philosophie nicht so sehr problematisiert, sondern schlicht ignoriert oder *ex cathedra* für unmöglich oder sinnlos erklärt worden. So zum Beispiel durch Autoren wie Ruster, welche erklären, dass sie „keinen

selbst auf bestimmten transzendentalpragmatischen Annahmen basiert, die a priori die Möglichkeit der Wissenschaft als System der Welterkenntnis erst ermöglichen. Zu diesen Annahmen gehört auf der einen Seite die Annahme der prinzipiellen Erkennbarkeit der uns umgebenen Wirklichkeit und auf der anderen Seite die Annahme, dass die Welt selbst eine vernünftige und geordnete Welt ist, die sich eben auch durch wissenschaftliche Beschreibung dem Ideal nach akkurat einfangen und vertehen lässt.

Die katholische Theologie hat den Vorteil, dass sie aus wissenschaftstheoretischer Perspektive die Vernünftigkeit dieser transzendentalpragmatischen Annahmen aus ihrer Weltsicht erklären und letztbegründen kann, denn sie stützt sich auf den Gedanken, dass Gott als Grund und Ursprung der Welt von jeher als das Vernünftige zu verstehen ist, das die Vernünftigkeit der Welt durch sein Wesen verbürgt. Für die Theologie folgt die Möglichkeit der Wissenschaft als System daher aus der wesensmäßigen Bestimmung und dem Schöpfungswillen Gottes als des vernünftigen Grundes der Wirklichkeit.[63]

Im Gegensatz zur Theologie können atheistische Ansätze in der Wissenschaftstheorie die prinzipielle Erkennbarkeit der Welt und die Möglichkeit der Wissenschaft als System von Systemen nur schwerlich einfangen. Entweder wird argumentiert, dass die Erkennbarkeit unseres Universums nicht erstaunlich ist, da unser Universum Teil eines unendlichen Multiversums ist und wir es dem Zufall zu verdanken haben, dass wir in einem Universum leben, das eben erkennbar und vernünftig ist. Dies setzt aber eine metaphysische Theorie voraus, die sich empirischer Nachprüfbarkeit entzieht und epistemologisch wohl komplexer ist als die katholische Alternative. Oder es wird argumentiert, dass

---

Sinn mehr in dem Versuch [sehen], den christlichen Glauben vor dem Forum der allgemeinen Vernunft bzw. dem Begriff letztgültigen Sinns zu verteidigen." (Ruster 2000: 17). Gegen eine solche für große Teile der gegenwärtigen Philosophie charakteristische Auffassung von Letztbegründung muss festgehalten werden, dass das metaphysische Fundament christlicher Weltdeutung ohne Letztbegründung nichts zu halten vermag. Philosophische Theologie muss systematisch an der prinzipiellen Möglichkeit von Letztbegründung festhalten, denn was auch immer für ein Gottesbegriff verwendet wird, er wird ein Begriff des letzten Grundes sein oder kein Begriff des christlichen Gottes. Vgl. Cramer (1967: 9f): „Diejenigen, die meinen, uns sagen zu müssen, was man heute nicht mehr denken kann, sollten doch wissen, dass es Philosophie mit Sachfragen zu tun hat und daher mit Argumenten, die nicht durch das Faktum einer allgemein verbreiteten Denkweise widerlegt werden können. Sonst sollten wir die Lösung philosophischer Fragen den Instituten für Meinungsforschung übergeben."

63 Vgl. Ratzinger (2000: 6): „Diese Letztfrage kann nicht mehr durch naturwissenschaftliche Argumente entschieden werden, und auch das philosophische Denken stößt hier an seine Grenzen. In diesem Sinn gibt es eine letzte Beweisbarkeit der christlichen Grundoption nicht. Aber kann die Vernunft auf die Priorität des Vernünftigen vor dem Unvernünftigen, auf die Uranfänglichkeit des Logos verzichten, ohne sich selbst aufzuheben?"

es eine nicht weiter zu erklärende und unbegründet anzunehmende Voraussetzung sei, eben von der Erkennbarkeit der Welt auszugehen, über deren Wahrheit und Plausibilität keine Rechenschaft abgelegt werden kann. Damit aber gibt man zu, dass das Spiel der Wissenschaften letzten Endes im luftleeren Raum hängt.[64]

Ich möchte mit einem Zitat Ratzingers enden, das den springenden Punkt treffend zusammenfasst:

> Letzten Endes geht es um die Frage, ob die Vernunft beziehungsweise das Vernünftige am Anfang aller Dinge steht oder nicht. Es geht um die Frage, ob das Wirkliche auf Grund von Zufall und Notwendigkeit, also aus dem Vernunftlosen entstanden ist, ob mithin die Vernunft ein zufälliges Nebenprodukt des Unvernünftigen und im Ozean des Unvernünftigen letztlich auch bedeutungslos ist oder ob wahr bleibt, was die Grundüberzeugung des christlichen Glaubens und seiner Philosophie bildet: In principio erat verbum – am Anfang steht die schöpferische Kraft der Vernunft. (Ratzinger 2000: 6)

Literatur

Alston, William. 1985. „Functionalism and Theological Language." In: *American Philosophical Quarterly*. Vol. 22. 221–230.

Beck, Ulrich. 2008. *Der eigene Gott. Von der Friedensfähigkeit und dem Gewaltpotential der Religionen*. Frankfurt: Suhrkamp.

Bishop, John. 1998. „Can There be Alternative Concepts of God?" In: *Nous*. Vol. 32. 174–188.

Bochenski, Joseph M. 1965. *The Logic of Religion*. New York.

Bromand, Joachim, Guido Kreis. 2011. „Was sind Gottesbeweise?". In: Joachim Bromand und Guido Kreis (Hrsg.): Gottesbeweise von Anselm bis Gödel. Frankfurt: Suhrkamp.

Carnap, Rudolf. 1979. *Der logische Aufbau der Welt*, Frankfurt am Main: Ullstein.

Carvalho IV, John J. 2006. „Overview of the Structure of a Scientific Worldview." In: *Zygon*. Vol. 41. 113–124.

Cobb, John B. 1973. „Natural Causality and Divine Action." In: *Idealistic Studies*. Vol. 3. 207–222.

Cramer, Wolfgang. 1967. *Gottesbeweise und ihre Kritik. Prüfung ihrer Beweiskraft*. Frankfurt: Klostermann.

Edwards, Denis. 2004. „A Relational and Evolving Universe. Unfolding within the Dynamism of the Divine Communion.", in: Philip Clayton, Arthur Peacocke (Hrsg.), *In Whom We Live and Move and Have Our Being. Panentheistic Reflections on God's Presence in a Scientific World*, Cambridge: Eerdmans Publishing Company.

Feyerabend, Paul. 1986. *Wider den Methodenzwang*. Frankfurt: Suhrkamp.

Hoerster, Norbert. 2005. *Die Frage nach Gott*. München: Beck.

64 Häufig werden auch alternative Modelle der Wissenschaft entwickelt, die gar nicht erst die Erkennbarkeit der Wirklichkeit voraussetzen, sondern Wissenschaft nur als Ordnungsinstrument unserer Erfahrungen verstehen, die mit der eigentlichen Wirklichkeit wenig bis nichts zu tun haben.

Hofman, Peter. 2008. *Katholische Dogmatik*. Paderborn: Ferdinand Schöningh.
Gatzemeier, Matthias. 1974. Theologie als Wissenschaft? Band 1: Die Sache der Theologie. Stuttgart: frommann-holzboog.
Gatzemeier, Matthias. 1975. Theologie als Wissenschaft? Band 2: Wissenschafts- und Institutionenkritik. Stuttgart: frommann-holzboog.
Gladigow, Burkhard. 2005. *Religionswissenschaft als Kulturwissenschaft*. Herausgegeben von Christoph Auffarth und Jörg Rüpke. Stuttgart: Kohlhammer.
Göcke, Benedikt Paul, Margit Wasmaier-Sailer. 2011. „Idealismus als Chance für die natürliche Theologie." In: Benedikt Paul Göcke, Margit Wasmaier-Sailer (Hrsg.): *Idealismus und Natürliche Theologie*. München: Verlag Karl Alber.
Göcke, Benedikt Paul. 2008. „Physicalism Quaerens Intellectum." In: *The Philosophical Forum*. Vol. 39 (4). 463–468.
Göcke, Benedikt Paul. 2013. „An Analytic Theologian's Stance on the Existence of God". In: *European Journal for Philosophy of Religion*. Vol. 5(2). 129–146.
Göcke, Benedikt Paul. 2014a. *A Theory of the Absolute*. Basingstoke: Palgrave Macmillan.
Göcke, Benedikt Paul. 2014b. „Did God do it? Metaphysical Models and Theological Hermeneutics." In: International Journal for Philosophy of Religion. Online First.
Hume, David. 1955. *Eine Untersuchung über den menschlichen Verstand*. Hamburg: Meiner.
Kim, David; David McCalman; Dan Fisher. 2012. „The Sacred/Secular Divine and the Christian Worldview." In: *J Bus Ethics*. Vol. 109. 203–208.
Knapp, Markus. 2010. „Fundamentaltheologie als wissenschaftstheoretische Grundlegung der Theologie. Stellungnahme zu Jürgen Werbick." In: Roman Siebenrock, Josef Meyer zu Schlochtern (Hrsg.): *Wozu Fundamentaltheologie? Zur Grundlegung der Theologie im Anspruch von Glaube und Vernunft*. Paderborn: Schöningh. 273–283.
Koch, Kurt. 2008. „Die Gottesfrage in Gesellschaft und Kirche." In: Georg Augustin und Klaus Krämer (Hrsg.): Gott denken und bezeugen. Festschrift für Kardinal Walter Kasper zum 75. Geburtstag. Freiburg: Herder. 171–187.
Krause, Karl Christian Friedrich. 1892. *Anfangsgründe der Erkenntnislehre, aus dem handschriftlichen Nachlasse des Verfassers herausgegeben von Paul Hohlfeld und August Wünsche*. Leipzig: Otto Schulze.
Krause, Karl Christian Friedrich. 1869. *Der zur Gewissheit der Gotteserkenntnis als des höchsten Wissenschaftsprinzips emporleitende Theil der Philosophie*. Prag: F. Tempsky.
Krause, Karl Christian Friedrich. 1893. *Der Begriff der Philosophie*. Leipzig: Otto Schulze.
Krause, Karl Christian Friedrich. 1886. *Abriss des Systems der Philosophie*, Leipzig: Otto Schulze.
Kripke, Saul. 1980. *Naming and Necessity*. Cambridge, MA: Harvard University Press.
Kuhn, Thomas. 1996. *The Structure of Scientific Revolutions*. Chicago: The University of Chicago Press.
Lowe, E. J. 2008. *Personal Agency. The Metaphysics of Mind and Action*. Oxford: Oxford University.
Löffler, Winfried. 2010. „Naturalismus und Anti-Naturalismus. Eine philosophische Kriteriologie." In: H.-G. Nissing (Hg.). *Natur. Ein philosophischer Grundbegriff*. Wissenschaftliche Buchgesellschaft. 149–165.
Löffler, Winfried. 2011. „Brüchige Demarkationsformeln. Über ‚methodischen Naturalismus', ‚NOMA', und ‚POMA' als Deutungen des Verhältnisses von Religion und Wissenschaft." In: *Zeitschrift für Katholische Theologie*. 133. 465–490.
Loux, Michael. 2003. *Metaphysics. A Contemporary Introduction*. Oxford: Routledge.

Lowe, E. J. 2002. *A Survey of Metaphysics*. Oxford: Oxford University Press.
Maurer, Ernstpeter. 2005. „Dogmatik als Wissenschaft" In: Ernstpeter Maurer (Hrsg.): *Grundlinien der Dogmatik*. Rheinbach: CMZ. 23–40.
Mautner, Gareth (eds.). 1996. *A Dictionary of Philosophy*. Oxford: Blackwell.
Meixner, Uwe. 2009. „Three Indications for the Existence of God in Causal Metaphysics." In: *International Journal for Philosophy of Religion*. Vol. 66. 33–46.
Meixner, Uwe. 2012. „A Cosmo-Ontological Argument for the Existence of a First Cause – Perhaps God." In: *European Journal for Philosophy of Religion*. Vol. 4. 169–178.
Morscher, Edgar. 1974. „Das Basis-Problem in der Theologie." In: Erika Weinzierl (Hrsg.): *Der Modernismus. Beiträge zu seiner Erforschung*. Graz: Styria. 331–368.
Morscher, Edgar. 2003. „Was ist gute Theologie?" In: Clemens Sedmak (Hrsg.): *Was ist gute Theologie?* Tyrolia.
Müller, Klaus. 2009. *Glauben-Fragen-Denken*. Band 3. Aschendorff.
Müller, Klaus. 2007. „Neuer Atheismus? Alte Klischees, aggressive Töne, heilsame Provokationen." In: *Herder Korrespondenz*. 61. 552–557.
Müller, Klaus. 2010. „Gott – größer als der Monotheismus? Kosmologie, Neurologie und Atheismus als Anamnesen einer verdrängten Denkform" In: Frank Meier-Hamidi, Klaus Müller (Hrsg.): *Persönlich und alles zugleich. Theorien der All-Einheit und christliche Gottrede*. Regensburg: Verlag Friedrich Pustet.
Müller, Klaus. 2012. *In der Endlosschleife von Vernunft und Glaube. Einmal mehr Athen versus Jerusalem (via Jena und Oxford)*. Lit-Verlag.
Musgrave, Alan. 1993. *Alltagswissen, Wissenschaft und Skeptizismus*. Tübingen: J.C.B. Mohr.
Naess, Arne. 1977. „Kann man Wissen erreichen?". In: Gunnar Skirbekk (Hrsg.): *Wahrheitstheorien. Eine Auswahl aus den Diskussionen über Wahrheit im 20. Jahrhundert*. Frankfurt: Suhrkamp.
Papineau, David. 2000. „The Rise of Physicalism." In: M. Stone and J. Wolff (eds.). *The Proper Ambition of Science*. London: Routledge.
Papineau, David. 2002. *Thinking about Consciousness*. Oxford: Oxford University Press.
Peacocke, Arthur. 2004. „Articulating God's Presence in and to the World unveiled by the Sciences", in: Philip Clayton, Arthur Peacocke (Hrsg.), *In Whom We Live and Move and Have Our Being. Panentheistic Reflections on God's Presence in a Scientific World*, Cambridge: Eerdmans Publishing Company, 2004
Peukert, Helmut. 2009. *Wissenschaftstheorie. Handlungstheorie. Fundamentale Theologie. Analysen zu Ansatz und Status theologischer Theorienbildung*. Frankfurt: Suhrkamp.
Popper, Karl. 1977. „Grundprobleme der Erkenntnislogik. Zum Problem der Methodenlehre." In: Gunnar Skirbekk (Hrsg.): *Wahrheitstheorien. Eine Auswahl aus den Diskussionen über Wahrheit im 20. Jahrhundert*. Frankfurt: Suhrkamp.
Popper, Karl R. 1989. „Die Logik der Sozialwissenschaften" In: Theodor Adorno et al.: *Der Positivismusstreit in der deutschen Soziologie*. Hamburg: Dtv. 103–123.
Quitterer, Josef und Edmund Runggaldier (Hg.). 1999. *Der neue Naturalismus – eine Herausforderung an das christliche Menschenbild*. Kohlhammer.
Quine, Willard Van Orman. 1979. *Von einem logischen Standpunkt. Neun logisch-philosophische Essays*. Mit einem Nachw. v. Peter Bosch. Frankfurt a.M.; Berlin; Wien
Rahner, Karl. 1976. *Grundkurs des Glaubens. Einführung in den Begriff des Christentums*. Freiburg: Herder.
Ratzinger, Joseph. 1996. Zur Lage von Glaube und Theologie heute. In: IKZ 25 (1996) 359–372.

Ratzinger, Joseph Kardinal. 2000. „Der angezweifelte Wahrheitsanspruch. Die Krise des Christentums am Beginn des dritten Jahrtausends." In: *Frankfurter Allgemeine Zeitung*. 08.01.2000. Nr. 6.

Ratzsch, Del. 2009. „Science and Religion." In: Thomas Flint, Michael Rea (Hrsg.): The Oxford Handbook of Philosophical Theology. Oxford: Oxford University Press. 54–777.

Rentsch, Thomas. 2008. „Wie ist Philosophische Theologie heute möglich?" In: Ermengildo Bidese, Alexander Fidora, Paul Renner (Hrsg.): *Philosophische Gotteslehre heute*. Darmstadt: WBG. 27–45.

Ruster, Thomas. 2000. *Der verwechselbare Gott. Theologie nach der Entflechtung von Christentum und Religion*. Freiburg; Basel; Wien.

Schärtl, Thomas. 2007. *Glaubens-Überzeugung. Philosophische Bemerkungen zu einer Erkenntnistheorie des christlichen Glaubens*. Aschendorff.

Schärtl, Thomas. 2008. „Neuer Atheismus: Zwischen Argument, Anklage und Anmaßung." In: *Stimmen der Zeit*. 226. 147–161.

Scholz, Heinrich. 1931. „Wie ist evangelische Theologie als Wissenschaft möglich?" In: *Zwischen den Zeiten*. Vol. 9. 8–53.

Schulz, Michael. 2001. *Dogmatik/Dogmengeschichte*. Paderborn: Bonifatius.

Schurz, Gerhard. 2014. *Einführung in die Wissenschaftstheorie*. Darmstadt: WBG.

Seckler, Max. 1988. „Fundamentaltheologie: Aufgaben und Aufbau, Begriff und Namen." In: Kern, Walter et al.: *Handbuch der Fundamentaltheologie. Band 4: Traktat Theologische Erkenntnislehre. Schlußteil: Reflexion auf Fundamentaltheologie*. Freiburg: Herder.

Seckler, Max. 1988a. „Theologie als Glaubenswissenschaft?" In: Kern, Walter et al.: *Handbuch der Fundamentaltheologie. Band 4: Traktat Theologische Erkenntnislehre. Schlußteil: Reflexion auf Fundamentaltheologie*. Freiburg: Herder.

Skirbekk, Gunnar (Hrsg.). 1977. *Wahrheitstheorien. Eine Auswahl aus den Diskussionen über Wahrheit im 20. Jahrhundert*. Frankfurt: Suhrkamp.

Tapp, Christian und Christof Breitsameter (Hg.). 2014. *Theologie und Naturwissenschaften*. De Gruyter.

Tetens, Holm. 2015. „Der Gott der Philosophen. Überlegungen zur Natürlichen Theologie." In: *NZSTh*. Vol. 57 (1). 1–13.

Tillich, Paul. 1955. *Systematische Theologie*, Bd. 1, Stuttgart: Evangelisches Verlagswerk.

Turner, Denys. 2004. Faith, Reason and the Existence of God. Cambridge. Cambridge University Press.

Vidal, Clément. 2012. „Metaphilosophical Criteria for Worldview Comparison." In: *Metaphilosophy*. Vol. 43. 306–347.

Weidemann, Christian. 2007. *Die Unverzichtbarkeit natürlicher Theologie*. Verlag Karl Alber.

Weingartner, Paul. 1971. *Wissenschaftstheorie I. Einführung in die Hauptprobleme*. Stuttgart: frommann-holzboog.

Wendel, Saskia. 2002. „Die Rationalität der Rede von Gott. Thesen zur Legitimation der Theologie als Wissenschaft." In: *Stimmen der Zeit*. 254–262.

Werbick, Jürgen. 1974. „Theologie als Wissenschaft? Zu Wolfhart Pannenbergs Buch 'Wissenschaftstheorie und Theologie." In: StZ 192. 327–338.

Werbick, Jürgen. 2009. „Prolegomena" In: Theodor Schneider (Hrsg.): *Handbuch der Dogmatik. Band 1*. Düsseldorf: Patmos.

Werbick, Jürgen. 2010. *Einführung in die theologische Wissenschaftslehre*. Freiburg: Herder.

Über die Autoren/Herausgeber

Eric Achermann ist Professor für Neuere Deutsche Literatur an der Westfälischen Wilhelms-Universität Münster. Seine Arbeitsschwerpunkte sind die europäische Literatur der Frühen Neuzeit, die Literaturtheorie, die Geschichte der Autobiographie sowie Beziehungen zwischen Literatur und Wissenschaftsgeschichte. Er ist u. a. Verfasser von *Worte und Werte* (Niemeyer), Herausgeber von *Johann Christoph Gottsched. Philosophie, Poetik und Wissenschaft* (de Gruyter) sowie Mitherausgeber der Hamann-Studien. Sein wissenschaftstheoretisches Interesse äußert sich insbesondere in dem laufenden Projekt „Literary Modelling and Energy Transition", das von der VolkswagenStiftung in dem Förderformat „Offen – für Außergewöhnliches" unterstützt wird.

Benedikt Paul Göcke ist Juniorprofessor für Religionsphilosophie und Wissenschaftstheorie an der Katholisch-Theologischen Fakultät der Ruhr Universität-Bochum. Zu seinen Forschungsbereichen gehören neben der Religionsphilosophie und Wissenschaftstheorie die Metaphysik, die Philosophie des Geistes sowie die Klassische Deutsche Philosophie und der Transhumanismus. Göcke ist der Autor von *Alles in Gott? Zur Aktualität des Panentheismus Karl Christian Friedrich Krauses*, Regensburg 2012, *A Theory of the Absolute*, Basingstoke 2014 und *The Panentheism of Karl Christian Friedrich Krause (1781–1832). From Transcendental Philosophy to Metaphysics*, Oxford/Berlin 2018. Neben diversen Herausgeberschaften hat er zahlreiche Fachartikel in nationalen und internationalen Fachzeitschriften veröffentlicht und ist assoziiertes Mitglied der Theologischen Fakultät der Universität Oxford, England.

Jens Greve ist wissenschaftlicher Mitarbeiter am Institut für Soziologie der Georg-August-Universität Göttingen. Seine Arbeitsschwerpunkte sind u. a. soziologische Theorie, Gesellschaftsanalyse und philosophische Grundlagen der Sozialwissenschaften. Ausgewählte neuere Veröffentlichungen: *Reduktiver Individualismus. Zum Programm und zur Rechtfertigung einer sozialtheoretischen Grundposition*. VS Verlag für Sozialwissenschaften, 2015; Gesellschaftskritik und die Krise der kritischen Theorie. In: *Verhandlungen des Kongresses der Deutschen Gesellschaft für Soziologie: Routinen der Krise – Krise der Routinen*. DGS, 2016; Philosophie der Soziologie (zusammen mit Simon Lohse). In: Simon Lohse und Thomas Reydon (Hg.): *Grundriss Wissenschaftsphilosophie: Die Philosophien der Einzelwissenschaften*, Meiner, 2017; Praxistheorie und Individualismus: Die Rolle des Impliziten. In: Gregor Bongaerts, Christian Meyer und Rainer Schützeichel (Hg.): Praxistheorien in der Diskussion. Sonderband der *Zeitschrift für Theoretische Soziologie*. Beltz, im Erscheinen.

Hermann Haken ist emeritierter Professor für theoretische Physik und Leiter des Zentrums für Synergetik an der Universität Stuttgart. Sein Forschungsschwerpunkt ist v. a. die nichtlineare Optik, auf deren Grundlage er in den 1960er Jahren die Synergetik als interdisziplinäre Theorie sich selbst organisierender komplexer Systeme begründete. Veröffentlichungen u. a.: *Quantenfeldtheorie des Festkörpers*, Stuttgart 1973; *Licht und Materie Bd. 1/2*, Mannheim 1979/1981; *Atom- und Quantenphysik*, Heidelberg 2004 (mit H.C. Wolf); *Synergetik. Eine Einführung*, Heidelberg 2014.

https://doi.org/10.1515/9783110614831-010

Paul Hoyningen-Huene ist pensionierter Professor für Theoretische Philosophie, insbesondere Wissenschaftsphilosophie, an der Leibniz Universität Hannover. Sein primäres Forschungsgebiet ist die allgemeine Wissenschaftsphilosophie. Seine Arbeiten beziehen sich u. a. auf die Philosophien von Thomas S. Kuhn und Paul Feyerabend, auf Inkommensurabilität, Reduktion, Emergenz, wissenschaftlichen Realismus, die Abgrenzung von Wissenschaft und Alltagswissen und auf Fußball. Veröffentlichungen u. a.: *Die Wissenschaftsphilosophie Thomas S. Kuhns. Rekonstruktion und Grundlagenprobleme*, Braunschweig 1989; *Formale Logik. Eine philosophische Einführung*, Stuttgart 1998; *Systematicity. The nature of science*, New York 2013.

Claus Jacob ist Professor für Bioorganische Chemie an der Universität des Saarlandes. Seine Forschungsschwerpunkte umfassen die Entwicklung intelligenter Sensor/Effektor Wirkstoffe für Krankheiten in Zusammenhang mit oxidativem Stress, die Erforschung reaktiver Schwefelspezies und des zellulären Thiolstats, intrazelluläre Diagnostik, nanoskopische Wirkstoffe und das Upcycling von organischen Abfällen in medizinisch und landwirtschaftlich interessanten Produkten. Darüber hinaus beschäftigt er sich mit philosophischen, insbesondere epistemologischen Aspekten der Chemie und Pharmazie, z. B. dem „Purple Publishing" Projekt zur offenen Dissemination in den Naturwissenschaften. Veröffentlichungen u. a.: „Philosophy and biochemistry. Research at the interface between chemistry and biology", in: *Found. Chem.* 4 (2002), S. 97–125; „Risk and responsibility in chemical research. The case of agent orange", in: *Hyle* 11 (2005, mit A. Walters), S. 147–166; *Redox signaling and regulation in biology and medicine*, Weinheim 2009 (hg. mit P.G. Winyard).

Michael Klasen ist Vorstandsmitglied des Zentrums für Wissenschaftstheorie und Direktor des Instituts für theoretische Physik an der Westfälischen Wilhelms-Universität Münster. Seine Forschungsgebiete sind die theoretische Elementarteilchenphysik und die Wissenschaftstheorie der Naturwissenschaften, insbesondere des Higgs-Mechanismus und der dunklen Materie. Er ist Autor eines Lehrbuchs zur relativistischen Quantenmechanik (Dunod), von über 160 physikalischen Übersichts- und Forschungsartikeln in *Reviews of Modern Physics, Physical Review Letters* (American Physical Society) etc. sowie mehrerer populärwissenschaftlicher Beiträge für die *Physikalischen Blätter* (Wiley-VCH), etwa zum Brückenschlag zwischen Biologie und Physik und zur Bedeutung physikalischer Grundlagenforschung für die Entwicklung des Internets. Darüber hinaus ist er Herausgeber eines Sammelbands zur Rolle des Photons bei Experimenten am Large Hadron Collider (Elsevier).

Georg Schiemer ist Assistenzprofessor am Institut für Philosophie der Universität Wien sowie externer Fellow am Munich Center for Mathematical Philosophy der LMU München. Seine Forschungsschwerpunkte liegen in den Bereichen der Philosophie der Mathematik, der Geschichte und Philosophie der Logik sowie der formalen Wissenschaftstheorie. Neben diversen Beiträgen in Fachzeitschriften wie *Philosophia Mathematica, Review of Symbolic Logic, Bulletin of Symbolic Logic* und *British Journal for the Philosophy of Science* ist er Herausgeber eines Special Issues von *Synthese* zum Thema „Carnap on Logic". Georg Schiemer ist momentan Leiter eines ERC Starting Grant Projekts mit dem Titel „The Roots of Mathematical Structuralism" an der Universität Wien.

Markus Seidel ist Lehrkraft für besondere Aufgaben am Zentrum für Wissenschaftstheorie der Westfälischen Wilhelms-Universität Münster. Seine Arbeitsschwerpunkte liegen im Bereich der allgemeinen Wissenschaftstheorie, der Wissens- und Wissenschaftssoziologie, der Wissenschaftstheorie der Sozialwissenschaften und der Erkenntnistheorie. Neben mehreren Beiträgen in ausgewiesenen Fachzeitschriften wie *Studies in History and Philosophy of Science, Journal for General Philosophy of Science* und *Informal Logic* ist er Autor des Buches *Epistemic Relativism* (Palgrave Macmillan) und Co-Herausgeber der Sammelbände *The Problem of Relativism in the Sociology of (Scientific) Knowledge* (Ontos/DeGruyter) und *Ernest Sosa* (Springer).

Wolfgang Tschacher ist Leiter des Forschungsbereichs Experimentelle Psychologie an der Universitätsklinik für Psychiatrie und Psychotherapie in Bern und Fellow des Freiburg Institute for Advanced Studies (FRIAS) der Albert-Ludwigs-Universität Freiburg sowie Organisator der seit 1990 laufenden Tagungsreihe „Herbstakademie“. Seine Arbeitsschwerpunkte sind Psychotherapieforschung und Forschung zu Embodiment und Leiblichkeit sowie zur Kunstpsychologie. Zahlreiche Fachartikel und Buchveröffentlichungen (www.embodiment.ch), z. B. *Prozessgestalten*, Göttingen 1997, *The Dynamical Systems Approach to Cognition*, New Jersey/London 2003 (Hrsg. mit J.-P. Dauwalder), *The Implications of Embodiment*, Exeter 2011 (Hrsg. mit C. Bergomi), *Embodiment. Die Wechselwirkung von Körper und Psyche verstehen und nutzen*, Bern 2007 (mit Storch, M., Cantieni, B. und G. Hüther), *Embodied Communication – Kommunikation beginnt im Körper, nicht im Kopf*, Göttingen 2015 (mit M. Storch), *The Process of Psychotherapy – Causation and Chance* (im Druck, mit H. Haken).

Personenregister

https://doi.org/10.1515/9783110614831-011

Kolibri 360 GmbH
Ferdinand-Jühlke-Straße 7
99095 Erfurt, Deutschland
produktsicherheit@kolibri360.de